高等教育力学"十三五"规划教材

工程力学

GONGCHENG LIXUE

主编 王胜永 田淑侠

郑州大学出版社
郑 州

图书在版编目(CIP)数据

工程力学/王胜永,田淑侠主编.—郑州:郑州大学出版社,2017.2
(高等教育力学“十三五”规划教材)
ISBN 978-7-5645-3794-4

Ⅰ.①工… Ⅱ.①王…②田… Ⅲ.①工程力学-高等学校-教材 Ⅳ.①TB12

中国版本图书馆 CIP 数据核字(2017)第014693号

郑州大学出版社出版发行
郑州市大学路40号　　邮政编码:450052
出版人:张功员　　发行部电话:0371-66966070
全国新华书店经销
郑州市诚丰印刷有限公司印制
开本:787 mm×1 092 mm　1/16
印张:17
字数:413千字
版次:2017年2月第1版　　印次:2017年2月第1次印刷

书号:ISBN 978-7-5645-3794-4　　定价:29.00元

本书作者

Authors

主　　编　王胜永　田淑侠

副 主 编　王红卫　李育文　杨改云

编　　委　(以姓氏笔画为序)

王胜永　王红卫　田淑侠

李育文　苏二伟　宋学谦

杨改云

内容简介

本书包括静力学和材料力学两部分。主要内容包括:静力学公理和物体的受力分析、平面力系的合成与平衡、考虑摩擦的平面力系问题、空间力系、拉伸和压缩、剪切、扭转、弯曲、应力状态和强度理论、组合变形、动荷载和交变应力、压杆稳定等内容。

本书适合于高等院校工科专业和高职院校工科专业 48 ~ 70 学时教授,在内容安排上力求做到深入浅出、须循渐进,理论联系实际,注重工程应用。培养学生应用工程力学基本原理解决工程实际问题的能力。本书也可作为相关工程技术人员的参考用书。

前 言

Preface

工程力学是各高等学校工科类专业的一门重要专业基础课。近年来，随着高等教育改革的不断深入，多数高等学校对工程力学课程的教学内容和学时进行了调整，本书是为了适应这种新的教学形式，在总结近年来探索与实践经验的基础上进行编写的，其内容涵盖了“理论力学”和“材料力学”中的大部分内容，适用于各高等院校工程力学的教学要求。通过工程力学的教学，培养学生解决工程技术问题的初步技能。

教学改革是一个不断探索的过程，也是一个不断创新的过程。自从《国家中长期教育改革和发展规划纲要(2010-2020)》实施以来，许多高校都在积极进行这方面的探索。工程力学作为高等院校工科类专业的一门专业基础课，既要做到在课时设置和内容讲解上的科学合理，同时也必须从力学发展和工程需要的实际出发，进行创新改革。具体要做的就是要以适应社会发展和科技进步为目标，在内容上，使学生能掌握工程力学最基本的概念、原理，通过学习本门课程，初步具有设计机械零部件的本领，培养提高解决工程问题的素质和能力。

我们在编写本书时，力求做到以下几点：

首先，在内容编写中，突出工程力学的课程的基本概念、基本原理的阐述，做到循序渐进、浅显易懂。

其次，突出工程应用，所选取的例题和习题突出工程背景，使学生看了教材后，能理论联系实际，懂得工程实例和工程力学模型之间的联系，着力培养学生分析解决工程实际问题的能力。

再次，在编写中做到由浅入深，注重教学体系的完整性，内容较为丰富。教师在具体讲授时，可根据需要适当取舍。

参加本书编写的有郑州轻工业学院王胜永(绪论、第一章、第二章、第三章、第四章、第十一章)、王红卫(附录)、田淑侠(第五章、第七章)、李育文(第六章)、杨改云(第八章)、苏二伟(第九章)、宋学谦(第十章)。本书由王胜永、田淑侠担任主编，王红卫、李育文、杨改云担任副主编。

本书在编写的过程中,得到不少专家和学者的关心与支持,在此谨表谢意!

由于编者水平有限,对书中的不足和疏漏之处在所难免,欢迎读者批评指正。

编　者

2016 年 11 月

目录 CONTENTS

绪 论

一、工程力学的研究对象及任务

就工程力学而言，包含的内容极其广泛，但本书所论"工程力学"，主要包含了"静力学"（第一章至第四章）和"材料力学"（第五章至第十一章）两部分内容。这两部分内容都是机械工程设计工作中所涉及的基础内容。其中的静力学主要研究物体的受力和平衡规律；材料力学主要研究杆类零件在外力作用下的承载能力问题。

静力学的任务是研究力系的简化与平衡条件。力系是指作用在物体上的一群力，所谓简化是指用一组最简单的力系代替给定的力系，同时保持对物体的作用效果不变。或者说，用最简单的等效力系代替给定的力系。平衡条件是指在物体平衡时作用于物体上的力系所应满足的条件。显然，力系简化是寻求力系平衡条件的有效途径，当然力系的简化不仅只局限于静力学。力系平衡条件可用于计算构件在给定力系作用下构件的内力或支撑力，以便为结构的设计提供依据，因而在工程中的应用十分广泛。

工程设计的任务之一就是保证构件在确定的外力作用下正常工作而不失效，即保证机械零部件在工作过程中具有足够的强度、刚度和稳定性。所谓强度是指构件或材料抵抗破坏的能力，这里的破坏指的是断裂和塑性变形。所谓刚度是指构件或材料抵抗变形的能力。而稳定性的概念是指构件在原始位置维持平衡状态的能力。

若构件横截面积尺寸不足或形状不合理，或材料选用不当，将不能满足上述要求，从而不能保证构件或机械的安全工作。相反，也不应不恰当地加大横截面尺寸或不分场合地选用优质材料，这虽然能够满足了上述要求，却多使用了材料和增加了成本，造成浪费，使设计的产品在目前市场经济条件下没有市场优势。因此材料力学的任务就是在满足强度、刚度和稳定性的前提条件下，为设计既经济又安全的构件提供必要的理论基础和计算方法。

二、工程力学的研究方法

人们为了认识客观规律，不仅要在生产和生活中进行观察和分析，还要主动地进行试验，定量地测定机械运动中各因素之间的关系，找出其内在规律。在对事物观察和试验的基础上，经过抽象化建立力学模型，形成概念，在基本规律的基础上，经过逻辑推理和数学演绎，建立理论体系。

客观事物都是具体的、复杂的，为找出其共同规律，要应用辩证唯物主义方法论，必须抓住主要因素，舍弃次要因素，建立抽象化的力学模型。在静力学的研究中，我们主要研究的是物体在力系作用下的平衡问题，即已知作用在物体上的主动力，利用平衡条件求解各种约束下的支撑力。在这里，物体的变形是次要因素，因此在静力学研究中忽略物体的微小变形，建立起在力的作用下物体形状、大小均不变的刚体模型。

在材料力学中，研究构件的强度、刚度和稳定性时，构件的变形是引起构件失效的主要因素，因此材料力学杆类零构件的力学模型就是变形体。但对于受外力作用的变形固体，为掌握物体受力以后的变形规律，也必须忽略一些材料的次要属性，即对变性固体做一些基本的假设。在材料力学中，首先，认为组成物体的物质不留空隙地充满了固体的体积。实际上组成固体的粒子之间存在着空隙并不连续，但这种空隙与杆件的尺寸相比极其微小，可以不计，这就是连续性假设。其次，认为构件各处都有相同的密度，那些由于铸造、锻造所引起的各部分疏密程度不同是次要的，可以忽略不计，这就是均匀性假设。再次，认为固体内各处的力学性能一致，就使用最多的金属来说组成金属的各晶粒的力学性能并不完全相同，但因构件的任一部分中都包含为数极多的晶粒，而且无规则排列，固体的力学性能是各晶粒的力学性能的统计平均值，所以可以认为各部分的力学性能指标是相同的，这就是各向同性假设。

三、学习工程力学的基本要求

工程力学是将力学原理应用于有实际意义的工程系统的科学。作为一门课程，是理论性和实践性密切结合的专业技术基础课。工程力学解决问题的一般研究方法可归纳为：提出问题，选择相关的研究系统，对系统进行抽象简化，建立力学模型；利用力学原理进行分析、推理，得出结论；进行实验验证或者和已知的结论相比较；确认模型或者进一步改善模型，进行分析，深化认识。

工程力学来源于实践又服务于实践。在研究工程力学时，现场观察和实验是认识力学规律的重要环节。在学习本课程时，观察实际生活中的力学现象，学会用力学基本知识去解释这些现象；通过实验验证理论的正确性，并提供测试数据资料作为理论分析、简化计算的依据。

工程力学有较强的系统性，各部分之间内容联系较紧密，学习重在循序渐进，要认真理解基本概念，基本原理和基本方法。要注意所学概念的来源、含义、力学意义及其应用；要注意有关公式的根据、适用条件；要注意分析问题的思路，解决问题的方法。在学习中一定要认真研究，独立完成一定量的习题，以巩固和加深对所学概念、理论、公式的理解、记忆和应用。

第一章　静力学公理和物体的受力分析

静力学是研究物体在力系作用下的平衡规律的科学，重点解决刚体在满足平衡条件的基础上，根据已知主动力求解未知的约束力的为题。静力学理论是从生产实践中发展起来的，是机械零部件承载力设计计算的基础，在工程中有着广泛的应用。

第一节　力的概念

在我们生活的世界里，每时每刻都存在力的作用。例如：人本身受到地球的引力而产生重力；人拉车前进，人对车施加了向前的拉力，使车产生运动；球拍击打乒乓球，乒乓球受到了力的作用。由此人们对力的作用有了认识，这种作用使物体的机械运动状态发生变化。

物体间的机械作用，大致可以分为两类：一是接触作用，如人推物体前进的推力，球拍击打乒乓球的作用等；二是“场”对物体的作用，如地球引力场对物体的引力，磁场对带电导体的作用力等。

尽管各种物体间相互作用力的来源和性质不同，但是力学中将只研究各种力的共同表现，即力对物体产生的效应。这种效应一般也可分为两个方面：①力的运动效应：物体运动状态的改变。②力的变形效应：物体形态的改变。

所以力的概念可以总结为：**力是物体间相互的机械作用，这种作用的效应使物体的运动状态和形状发生改变**。前者称为力的外效应，后者称为力的内效应。

实践证明，力对物体的作用效应取决于力的大小、方向和作用点，我们称这三者为力的三要素。

在国际单位制中，力的基本单位是牛顿(N)，常用单位还有千牛顿(kN)。

力是矢量，常用一带有箭头的线段表示，线段的长度表示力的大小(按一定的比例尺画)，线段的方位和箭头的指向表示力的方向，线段的起点或终点表示力的作用点。通常用黑体字母表示力矢量(手写时在字母上加箭头或短横线)，而与之对应的普通体字母仅表示力的大小。

在力的作用下，任何物体都会产生变形。但在工程实际中，许多零部件受力后所产生的变形与其本身的尺寸相比显得非常小，对研究物体的外效应影响极小，可以忽略不计。为了便于研究，常略去物体受力后的变形。**受力后不变形的物体称为刚体**。刚体是一种科学抽象化的力学模型，在静力学中，一般将所研究的物体均视为刚体。

第二节　静力学公理

公理是人类在长期的实践中所积累的经验，经过抽象、归纳得到的客观规律。静力学公理是关于力的基本性质的概括和总结，是静力学以及整个力学的理论基础。

一、公理一：力的平行四边形法则

作用于物体上同一点的两个力，可以合成为一个合力，合力仍作用于该点，其大小和方向由由这两个力为边所构成的平行四边形的对角线来确定。如图 1.1a 所示，以 F_R 表示 F_1 和 F_2 的合力，O 点为作用点，合力矢量即

$$\boldsymbol{F}_R=\boldsymbol{F}_1+\boldsymbol{F}_2$$

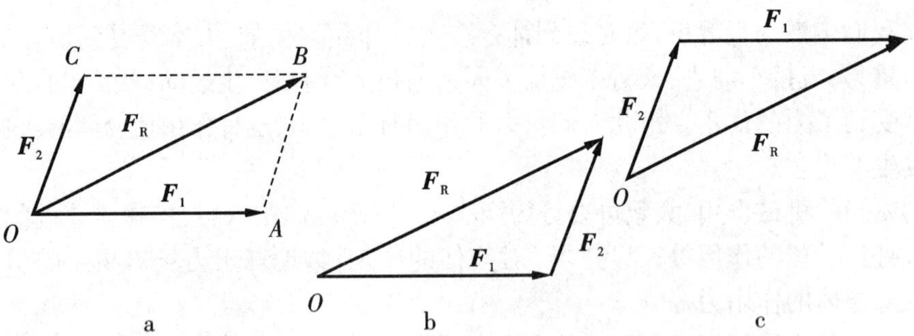

图 1.1

平行四边形法则又称为矢量加法，它不仅适用于力的合成，而且对所有矢量（如速度等）的合成均适用。应用此公理求两个汇交力合力的大小和方向时，可由任一点起，作一力三角形。如图 1.1b、c 所示，力三角形的两个边分别为力的矢量 $\boldsymbol{F}_1$ 和 $\boldsymbol{F}_2$，第三边即代表合力矢量 $\boldsymbol{F}_R$，而合力的作用点仍在汇交点 O。

二、公理二：二力平衡公理

作用于同一刚体上的两个力，使刚体保持平衡的必要与充分条件是：这两个力的大小相等、方向相反且作用于同一直线上。该公理是关于平衡的最简单、最基本的性质，是各种力系平衡的理论依据。

凡是只在两个点受力，且不计自重的平衡物体称为二力构件或二力杆。由二力平衡公理可知，无论二力杆是直的还是弯的，其所受的二力必沿两受力点的连线且等值反向 ，如图 1.2 所示。

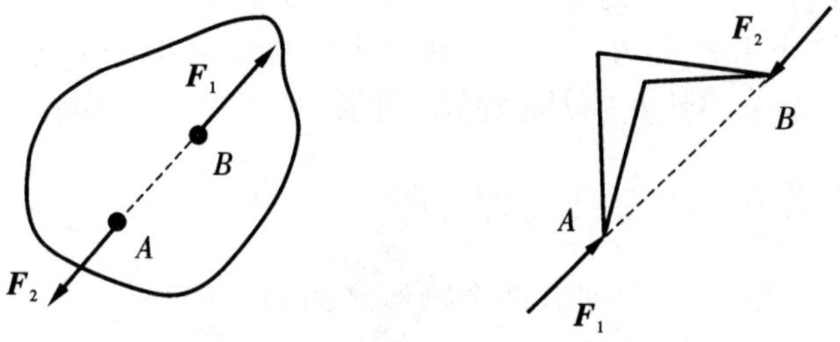

图 1.2

三、公理三:加减平衡力系公理

在作用于刚体上的已知力系中,加上或减去任意一个平衡力系,并不改变原力系对刚体的运动效应。加减平衡力系公理只适用于刚体,不适用于变形体,因为加减平衡力系会影响其变形。

由以上三个公理可以推出如下两个推论:

推论一:力的可传性原理

作用于刚体上的力,可沿其作用线移至刚体上的任一点,而不改变它对刚体的作用效应。

证明:如图 1.3a 所示为作用于 A 点力 $\boldsymbol{F}$,根据加减平衡力系原理,可在力的作用线上任取一点 B,并且加上一对平衡力系 $\boldsymbol{F}_1$ 和 $\boldsymbol{F}_2$,使得 $\boldsymbol{F}=\boldsymbol{F}_1=-\boldsymbol{F}_2$,如图 1.3b 所示。由于力 $\boldsymbol{F}$ 和 $\boldsymbol{F}_2$ 也是一对平衡力系,故可减去。这样只剩下作用于 B 点的力 $\boldsymbol{F}_1$,如图 1.3c 所示。于是,就相当于原来的力沿其作用线平移到了 B 点。这就证明了力的可能性。

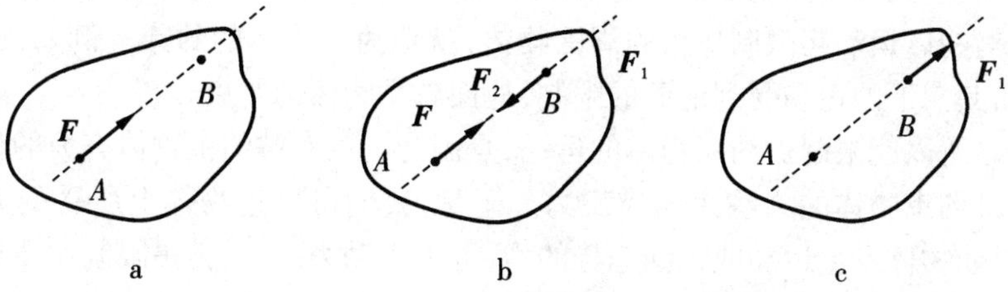

图 1.3

由力的可传性原理可知,对于刚体而言,力的三要素为力的大小、方向、作用线。

推论二:三力平衡汇交定理

刚体受三个力的作用而处于平衡时,若其中两力作用线汇交于一点,则第三个力作用线也必然汇交于该点,且此三个力的作用线位于同一平面内。

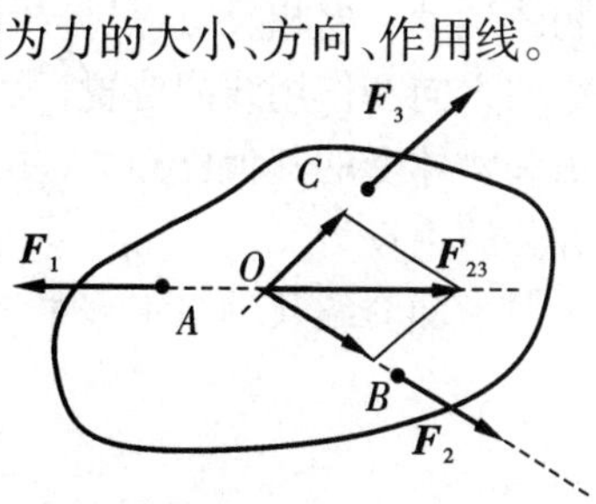

图 1.4

证明:如图 1.4 所示,刚体上三个力 $\boldsymbol{F}_1$、$\boldsymbol{F}_2$ 和 $\boldsymbol{F}_3$,分别作用于 A、B、C 三点,它们构成了平衡力系,根据力

的可传性原理，现将 $\boldsymbol{F}_2$ 和 $\boldsymbol{F}_3$ 移到汇交点 O，再根据力的平行四边形法则，得合力 $\boldsymbol{F}_{23}$，则刚体上就只有两个力 $\boldsymbol{F}_1$ 和 $\boldsymbol{F}_{23}$ 的作用，由二力平衡公理可知，力 $\boldsymbol{F}_1$ 的延长线必汇交于 O 点，$\boldsymbol{F}_1$ 和 $\boldsymbol{F}_{23}$ 共线，当然此三力必在同一平面内，于是定理得证。

四、公理四：作用力和反作用力公理

作用力和反作用力公理是研究两个物体之间的相互作用关系的，即两物体间的相互作用力总是大小相等、方向相反、在同一直线上，且分别作用在两个相互作用的物体上。如图 1.5 所示，灯对绳的作用力 $\boldsymbol{F}$ 和绳对灯的反作用力 $\boldsymbol{F}'$，大小相等、方向相反、并作用在同一直线上。

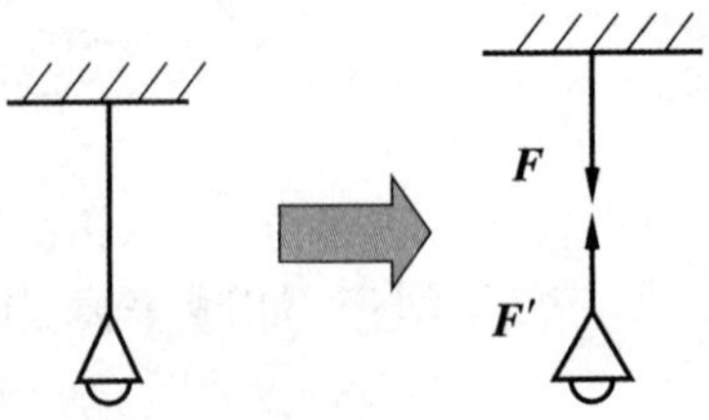

图 1.5

该公理说明，力总是成对出现的，有作用力就必有反作用力，二者同时存在同时消失。作用力和反作用力分别作用在两个物体上，与二力平衡有本质的区别。

第三节　约束和约束反力

一、约束与约束反力

有些物体，例如飞行的飞机、火箭和炮弹等，它们在空间的位移不受任何限制。这种位移不受限制的物体称为自由体。在工程实际中，每个构件都以一定的形式与周围物体相互连接，因而其运动受到一定的限制。位移受到限制的物体都称为非自由体。

凡是对物体运动起限制作用的周围物体，就称为对物体的约束。例如，放在地面上的物体，其向下的运动受到地面的限制，地面就是物体的约束。

约束之所以能限制被约束物体的运动，是因为约束对被约束物体有力的作用。**约束作用于被约束物体的力称为约束反力**。于是，我们可以把物体上所受的力分为两类：一类是使物体产生运动或运动趋势的力，称为**主动力**；另一类是限制物体运动或运动趋势的力，称为**被动力**，**即约束反力**。

显然，约束反力的作用点在被约束物体与约束的接触点处，其方向与其所限制的物体运动方向相反，这是分析约束反力的基本原则。运用这个原则，可以确定约束反力的方向和作用线的位置，至于约束反力的大小则是未知的，在静力学问题中，约束反力和物体受的其他已知力（主动力）可以组成平衡力系，因此运用平衡条件能求出未知的约束反力。

下面介绍几种在工程中经常遇到的简单的约束类型及确定约束反力方向的方法。

二、常见的约束类型

1. 具有光滑接触表面的约束

由光滑面接触所形成的约束称为光滑接触表面约束。比如:支持物体的固定面(图1.6a、b所示)、啮合齿轮的齿面(图1.6c)等,当摩擦忽略不计时,都属于这类约束。

这类约束的特点是:不能限制物体沿约束表面切线方向的位移,只能限制物体沿接触面法线方向指向约束内部的位移。即只能受压而不能受拉,只限靠近而不限背离,只限法向而不限切向。因此,光滑面约束的约束反力通过接触点沿接触面的公法线指向被约束物体,即物体受压力,常用字母 $\boldsymbol{F}_N$ 表示,如图1.6所示。

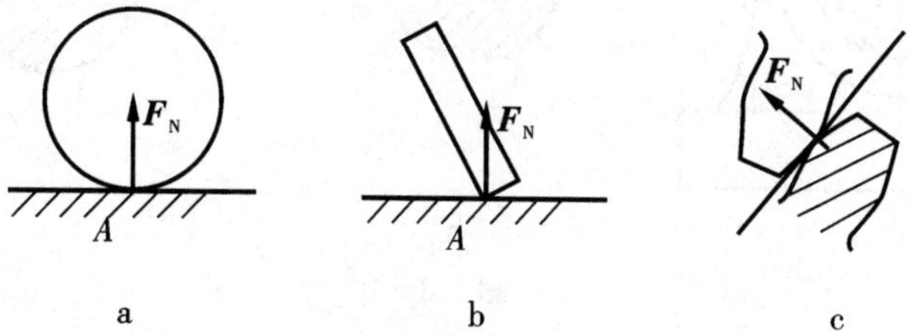

图1.6

2. 柔性体约束

由绳索、皮带、链条等各种柔性物体所形成的约束,称为柔性体约束。

这种约束的特点是:只能受拉不能受压,只能限制物体沿柔性体中心线方向背离柔性体的运动,不能限制物体沿其它方向的运动。因此,柔性体约束的约束反力通过接触点沿柔性体的中心线方向背离被约束物体,即物体受拉力,常用字母 $\boldsymbol{F}_T$ 或 $\boldsymbol{T}$ 表示。如图1.7所示起吊重物时,绳子对重物的约束(图1.7a),皮带传动装置中皮带对轮的约束(图1.7b)均是柔性体约束。

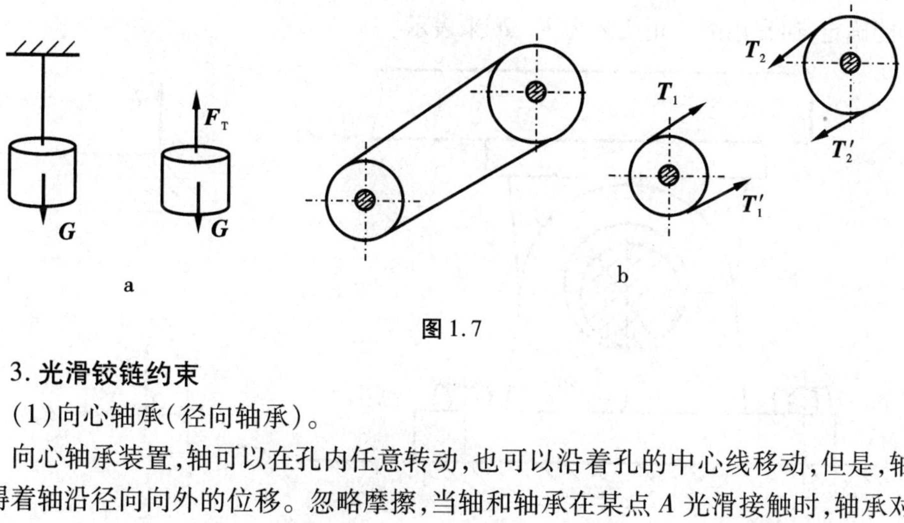

图1.7

3. 光滑铰链约束

(1)向心轴承(径向轴承)。

向心轴承装置,轴可以在孔内任意转动,也可以沿着孔的中心线移动,但是,轴承阻碍着轴沿径向向外的位移。忽略摩擦,当轴和轴承在某点 A 光滑接触时,轴承对轴的约束反力作用在接触点 A 处，且沿公法线方向指向轴心 O（图 1.8a、b）。

但是，随着轴所受的主动力不同，轴和孔的接触点的位置也随之不同。所以，当主动力尚未确定时，约束反力的方向预先不能确定。然而，无论约束反力朝向何方，它的作用线必垂直于轴线并通过轴心 O。这样一个方向不能预先确定的约束反力，通常可以用通过轴心的两个大小未知的正交分力来表示，如图 1.8c 所示，这两个分力的指向暂可任意假定。

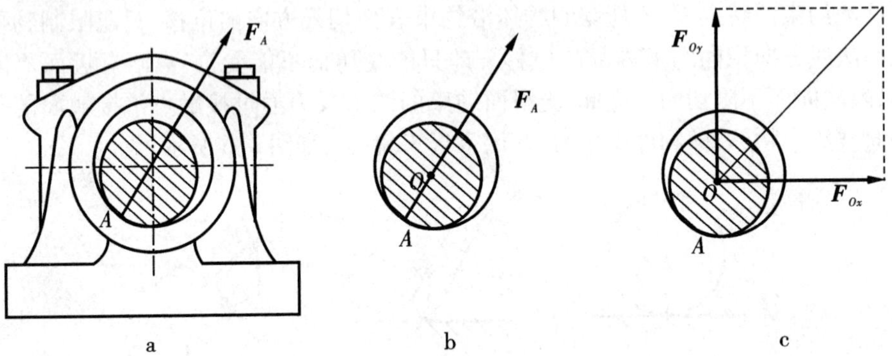

图 1.8

(2) 固定铰链支座。

固定铰链支座约束是指用圆柱形销钉将两个构件连接在一起所形成的约束，如图 1.9a 所示，约束与被约束物体通过销钉连接在一起。若不计接触处的摩擦，则称为光滑圆柱铰链约束，简称铰链约束。显然其实质是光滑面约束，因此，其约束反力一定通过接触点的公法线方向，即通过销钉的中心。

若将被约束物体与销钉看作一个整体，固定铰链支座只能限制被约束物体间的相对移动，不能限制其相对转动。

如图 1.9 中的 b 和 c 所示是固定铰链支座的力学符号和约束反力的画法，约束反力通过接触点并通过销钉的中心，但是，由于接触点的位置不能确定，故其反力的方向也不能确定，通常用两个正交分力 $\boldsymbol{F}_x$、$\boldsymbol{F}_y$ 来表示。

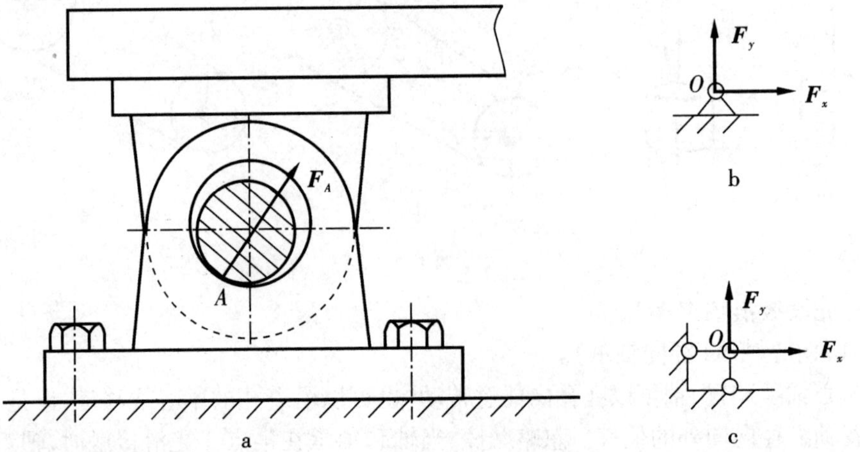

图 1.9

(3)中间铰链连接。

在机器中,经常用圆柱形销钉将两个带孔零构件连接在一起,如图 1.10a、b 所示。这种铰链只能限制物体之间的径向移动,不能限制物体绕圆柱销轴线的转动和平行于圆柱销轴线的移动,图 1.10c 所示是中间铰链的简化力学模型,由于圆柱销与圆柱孔为光滑面接触,则约束反力应在接触线上一点到圆柱销中心 O 的连线上,垂直于轴线,如图 1.10d 所示。因为接触线位置不能事先确定,所以,与固定铰链支座相同,其约束反力通常也用通过圆柱销中心 O 的两个正交分力来表示,如图 1.10e 所示。

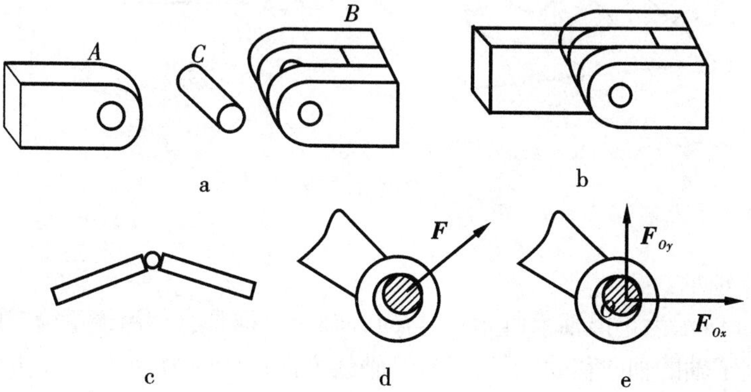

图 1.10

(4)滚动支座。

若在固定铰链支座的下面放置一排辊轴,支座便可以沿支承面移动,称为滚动支座,又称滚轴支座。在桥梁、屋架中经常采用滚动支座约束,如图 1.11a 所示。图 1.11b、c 所示为这种支座的力学符号。显然滚动支座只能限制物体沿垂直于支承面方向的运动,不能限制物体沿支承面的运动和绕销钉的转动,因此其约束反力通过铰链中心并垂直于支承面(既可压物体,也可拉物体),如图 1.1d 所示。

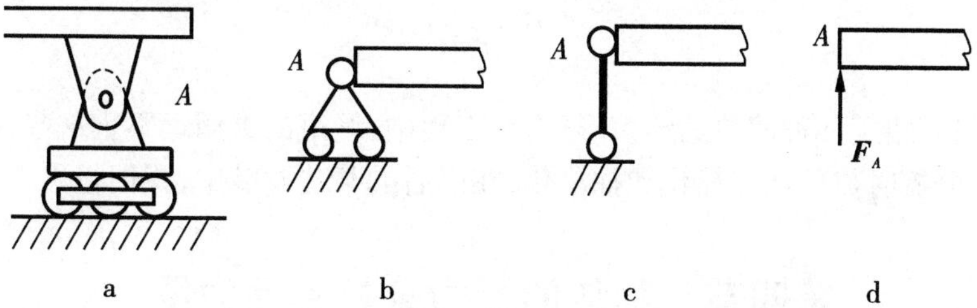

图 1.11

(5)球形铰链支座。

球铰链简称球铰,与一般铰链相似,但也有固定球铰和活动球铰之分。结构简图如图 1.12a 所示,即被约束物体上的球头与约束物体上的球窝连接。这种约束特点是被约束物体只绕球心做空间运动,空间三个正交坐标方向移动位移受限。因此,球铰的约束力为空间力，一般用三个正交分力 $\boldsymbol{F}_x$、$\boldsymbol{F}_y$、$\boldsymbol{F}_z$ 表示，如图 1.12b 所示。

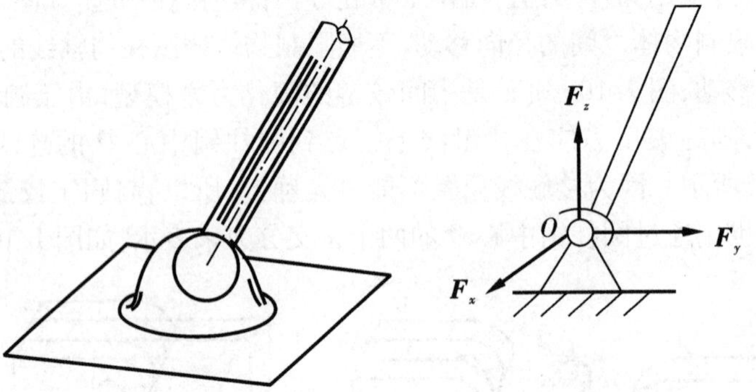

a　　b

图 1.12

(6)止推轴承。

图 1.13a 所示为止推轴承，它除了与向心轴承一样具有作用线不确定的径向约束力外，还限制了轴的轴向移动，因而还有沿轴线方向的约束力，如图 1.13b 所示。

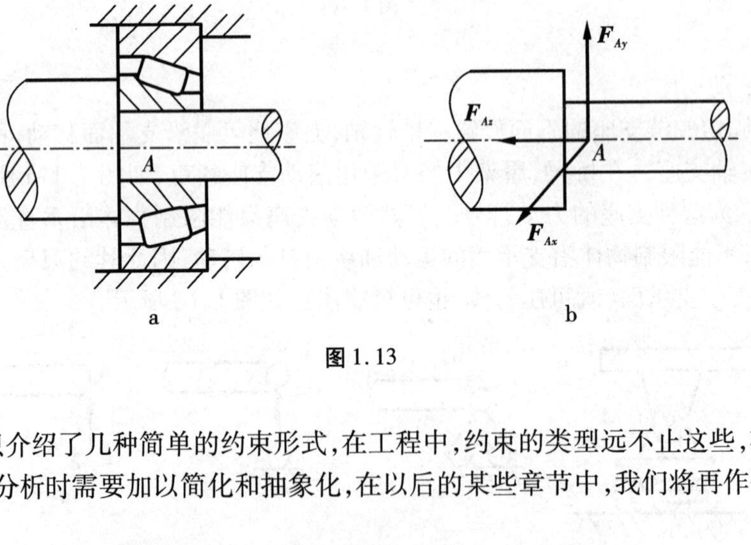

a　　b

图 1.13

以上只介绍了几种简单的约束形式，在工程中，约束的类型远不止这些，有的约束比较复杂，分析时需要加以简化和抽象化，在以后的某些章节中，我们将再作介绍。

第四节　物体的受力分析和受力图

由于力有使物体运动的效应，所以无论是研究静力学问题还是动力学问题，一般均需首先分析并研究物体上作用的力，分析其中哪些力是已知的，哪些力是未知的。这就是物体的受力分析。

在工程实际结构所受的主动荷载中，除了其作用范围可以不计的集中力之外，有时还有作用于整个物体或其一部分上的分布荷载，当载荷分布于某一体积上时，称之为体积载荷,简称体载荷,如考虑重力作用时的重力载荷等;当载荷分布于某一面内时,称之为面载荷,如水塔立柱受到风的作用力,水库大坝受到水的作用力,轧钢的轧辊受到钢板对其的作用力等;当载荷为分布于长条形状的体积和面积上时,则可简化为沿其长度方向中心线分布的线载荷。

载荷图在某处的高度也就是载荷在该处的集度,用字母 q 表示。载荷集度为常量,荷载图为矩形时,称为均布荷载,如图 1.14 a 所示,当载荷集度沿其分布的直线变化时,则称为非均布荷载,如图 1.14b 所示,线载荷集度的单位是 N/m 或 kN/m,而面载荷集度和体载荷集度的单位分别是 N/m^2 和 N/m^3。

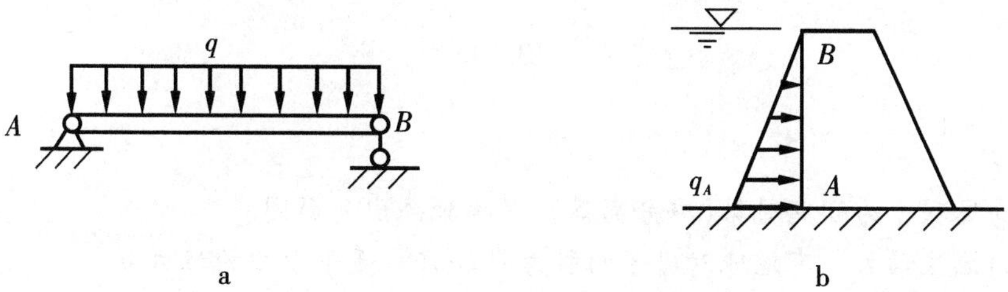

图 1.14

为了能够求出未知的约束反力,需要根据已知的主动力,应用力系的平衡条件求解。因此,首先要正确地确定出构件受了几个力的作用,每个力的作用位置和力的作用方向,这种分析过程称为物体的受力分析。

一、受力图的概念

工程实际中遇到的物体都是非自由体,其上既受有主动力的作用,又有约束力的作用。将物体所受的全部主动力和约束反力都表示出来的图形称为受力图。它揭示了研究对象与周围物体间相互作用的关系。正确地画出受力图,是分析和计算力学问题的前提。

二、画受力图的步骤

(1)明确研究对象,解除约束,画出分离体。所谓分离体就是人为地将所研究物体的所有约束全部解除,将物体从与其相联系的周围物体中分离出来而得到的图形。研究对象既可以是一个物体,也可以是几个物体的组合。

(2)分析并在分离体上画出主动力。

(3)分析并在分离体上画出约束反力。先找出研究对象与周围物体的接触处,分析每个接触处的约束类型,在根据约束类型正确画出约束反力。

例 1.1　用力 F 拉动碾子以压平路面,重量为 $\boldsymbol{P}$ 的碾子受到一石块的阻碍,如图 1.15a 所示,画出碾子的受力图。

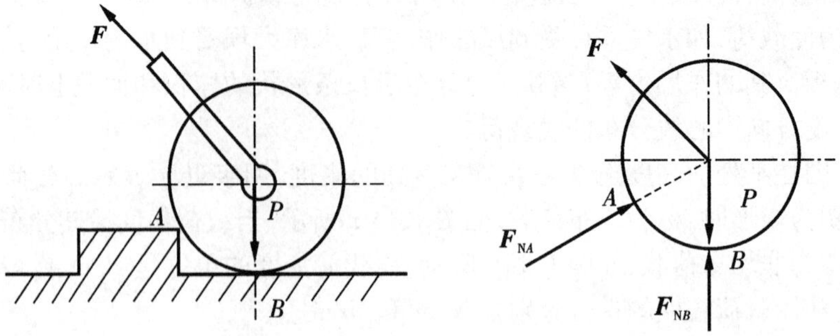

a　　b

图 1.15

解：

(1)取碾子为研究对象(取分离体)，并单独画出其简图。

(2)画主动力。有地球对碾子的引力 $\boldsymbol{P}$ 和杆对碾子中心的拉力 $\boldsymbol{F}$。

(3)画约束反力。因碾子在 A 和 B 两处受到石块和地面的约束，如果不计摩擦，均属于光滑接触表面约束类型，故在 A 处受到石块的法向反力 $\boldsymbol{F}_{\mathrm{NA}}$ 的作用，在 B 处受到地面的法向反力 $\boldsymbol{F}_{\mathrm{NB}}$ 的作用，两者都是沿着碾子上接触点的公法线方向而指向圆心。画出的碾子的受力图如图 1.15b 所示。

例 1.2　如图 1.16a 中所示，AB、CD 杆的自重不计，A、C、D 三处均为光滑铰链连接。试分别画出 AB、CD 杆的受力图。

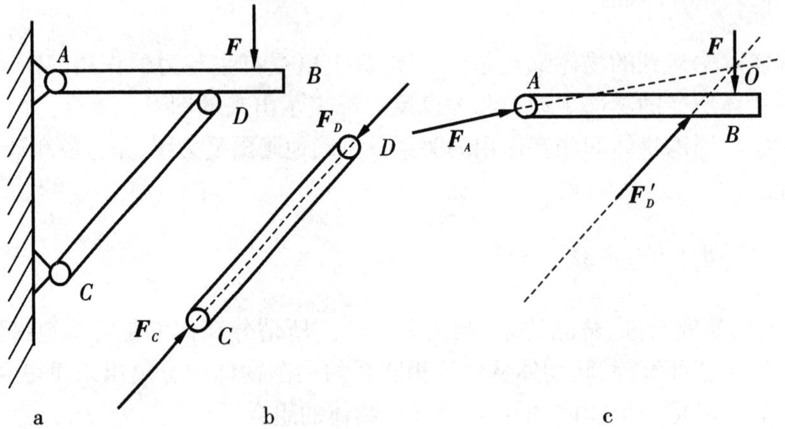

a　　b　　c

图 1.16

解：

(1)先分析斜杆 CD 的受力。由于斜杆 CD 的自重不计，因此杆只在铰链 C、D 处受到两个约束反力 $\boldsymbol{F}_C$ 和 $\boldsymbol{F}_D$ 的作用。根据光滑铰链的特性，这两个约束反力必定通过铰链 C、D 的中心，方向暂时不确定。考虑到 CD 杆只在 $\boldsymbol{F}_C$、$\boldsymbol{F}_D$ 二力作用下平衡，根据二力平衡公理，这两个力必定沿同一直线，而且等值、反向。由此可以确定 $\boldsymbol{F}_C$ 和 $\boldsymbol{F}_D$ 的作用线应沿铰链中心 C 与 D 的连线。由经验判断,此处 CD 杆受压力。其受力图如图 1.16b 所示。一般情况下,$\boldsymbol{F}_C$和 $\boldsymbol{F}_D$的指向不能预先判定,可先任意假设杆受拉力或者压力。若根据平衡方程求得的力为正值,说明假设力的指向正确;若为负值,则说明实际杆的受力和原来假设的指向相反。

两端只有铰链连接,杆件不计自身重量,并且杆上不存在其它的主动力,这种只在两个力作用下平衡的构件,称为二力构件,简称二力杆。它所受的两个约束反力必定在两个铰链孔的连线上,即在连线上共线,而且等值、反向。

(2)取 AB 杆为研究对象,由于杆的自重不计,因此杆 AB 上的主动力只有 $\boldsymbol{F}$。AB 杆在铰链 D 处受到杆 CD 给它的约束反力 $\boldsymbol{F}'_D$的作用,根据作用力和反作用力公理,$\boldsymbol{F}'_D = -\boldsymbol{F}_D$。$AB$ 杆在 A 处受到固定铰链支座给它的约束反力 $\boldsymbol{F}_A$的作用,由于方向未定,可以用两个大小未知的正交分力来表示;或者也可以运用三力平衡汇交定理来确定 $\boldsymbol{F}_A$的约束反力的方向,如图 1.16c 所示。

例 1.3　如图 1.17a 中所示的三铰拱桥,由 AC、CB 两拱组成,拱不计自重,在拱 AC 上作用有力 $\boldsymbol{F}$。试分别画出 AC、CB 两拱的受力图。

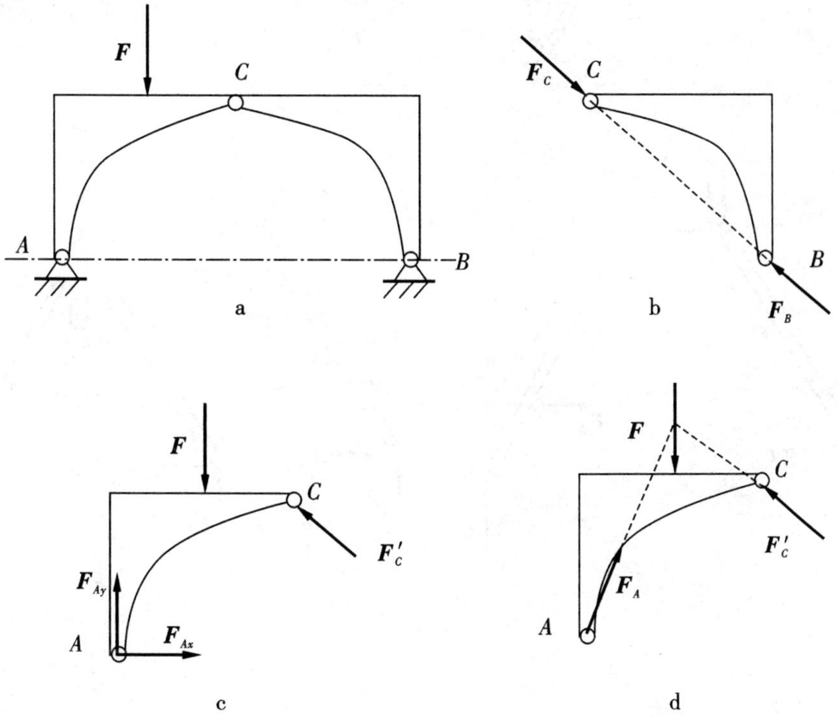

图 1.17

解:

(1)先分析拱 CB 的受力。由于拱 CB 不计自重,且只有 B、C 两处受到铰链的约束,因此拱 CB 是二力杆。在铰链中心 B、C 两处分别受 $\boldsymbol{F}_B$、$\boldsymbol{F}_C$两力作用。且 $\boldsymbol{F}_B = -\boldsymbol{F}_C$,这两力的方向如图 1.17b 所示。

(2)取拱 AC 为研究对象，由于拱不计自重，因此主动力只有 $\boldsymbol{F}$，拱在铰链 C 处受有拱 CB 给它的约束反力 $\boldsymbol{F}'_C$ 的作用，根据作用力反作用力关系原理，有 $\boldsymbol{F}_C=-\boldsymbol{F}'_C$。拱在 A 处受有固定铰链支座给它的约束反力 $\boldsymbol{F}_A$ 的作用，由于方向未定，可用两个大小未知的正交分力 $\boldsymbol{F}_{Ax}$ 和 $\boldsymbol{F}_{Ay}$ 代替，如图 1.17c 所示。也可由三力平衡汇交定理确定力 $\boldsymbol{F}_A$ 的方向，如图 1.17d 所示。

例 1.4 如图 1.18a 中所示为一简易起重机。它由三根杆子 AC、BC 和 DE 以铰链连接而成，A 处是固定铰链支座，B 处是滑轮，它相当于一个可滚动铰支座，C 为滑轮，而滑轮轴相当于销钉。用力 $\boldsymbol{F}_T$ 拉住绳子的一端并使另一端重为 $\boldsymbol{G}$ 的重物匀速缓慢上升。不计各杆和滑轮的重量。试画出各物的受力图：

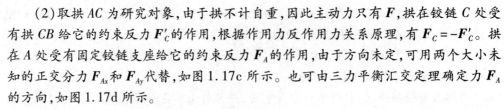

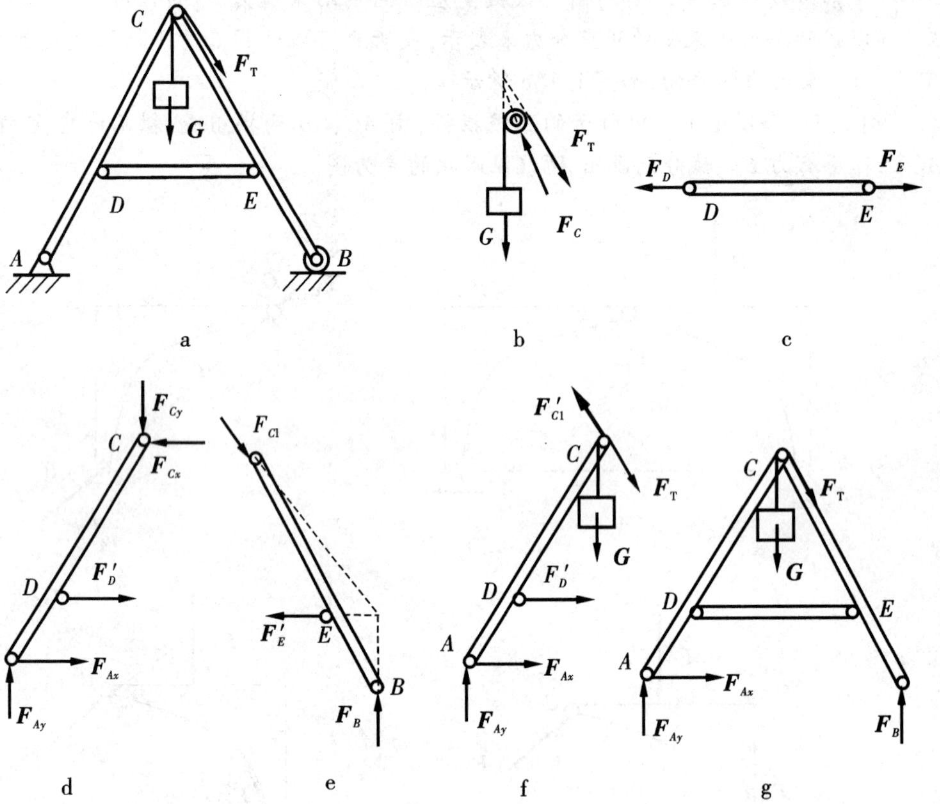

图 1.18

(1)重物连同滑轮；

(2)DE 杆；

(3)BC 杆；

(4)AC 杆；

(5)AC 杆连同滑轮和重物；

(6)整体。

解：

(1)取重物连同滑轮为分离体。主动力有作用于重物上的重力 $\boldsymbol{G}$，绳子的拉力 $\boldsymbol{F}_T$，因为重物是匀速缓慢上升，可以认为它处于平衡状态，故 $\boldsymbol{F}_T$ 与 $\boldsymbol{G}$ 应等值。又因为约束力 $\boldsymbol{F}_C$ 为 AC 杆和 BC 杆共同对滑轮轴的支撑合力，它作用于滑轮中心且其作用线与 $\boldsymbol{F}_T$、$\boldsymbol{G}$ 的作用线汇交于一点，图 1.18b 为重物连同滑轮的受力图。

(2)取 DE 杆为分离体。DE 杆自重不计，它仅在两端通过铰链 D 及 E 与 AC 和 BC 杆相连接，所以它是二力杆，其受力如图 1.18c 所示，且有 $\boldsymbol{F}_D=-\boldsymbol{F}_E$。

(3)取 BC 杆为分离体。它所受的主动力有滑轮连同 AC 杆通过滑轮轴给它的力 $\boldsymbol{F}_{C1}$。约束反力有 DE 杆通过铰链 E 给它的反力 $\boldsymbol{F}_E'$($\boldsymbol{F}_E'$ 与 $\boldsymbol{F}_E$ 互为作用力与反作用力)，以及滚轮 B 对它的反力 $\boldsymbol{F}_B$。根据三力平衡汇交定理，力 $\boldsymbol{F}_E'$ 与 $\boldsymbol{F}_B$ 的作用线汇交于一点，$\boldsymbol{F}_{C1}$ 力的作用线通过汇交点和铰链 C 的孔心，在这两点的连线上，其受力如图 1.18e 所示，且有 $\boldsymbol{F}_E=-\boldsymbol{F}_E'$。

(4)取 AC 杆为分离体。它所受的主动力有滑轮连同 BC 杆通过滑轮轴给它的力，即为 $\boldsymbol{F}_{C1}$ 和 $\boldsymbol{F}_C$ 二力的反作用力的合力。为简单起见，用通过 C 点的两个相互垂直的分力 $\boldsymbol{F}_{Cx}$ 和 $\boldsymbol{F}_{Cy}$ 表示。约束反力有 DE 杆通过铰链 D 给它的反作用力 $\boldsymbol{F}_D'$，且由作用于反作用力定律可知，$\boldsymbol{F}_D'=-\boldsymbol{F}_D$；固定铰链支座 A 处的约束力用两个相互垂直的分力 $\boldsymbol{F}_{Ax}$ 和 $\boldsymbol{F}_{Ay}$ 表示。应当注意的是，虽然 AC 构件仅在 A、D、C 三点受力，但由于仅仅知道 D 点的约束反力 $\boldsymbol{F}_D'$ 的作用线方向，故无法找到三力作用线的汇交点，因而 A 处的约束力作用线方向无法由三力平衡汇交定理确定。其受力如图 1.18d 所示。

(5)取 AC 杆、重物连同滑轮为分离体。作用于其上的主动力有重物的重力 $\boldsymbol{G}$ 滑轮连同绳子的拉力 $\boldsymbol{F}_T$。约束反力有固定铰链支座 A 对它的约束力 $\boldsymbol{F}_{Ax}$ 和 $\boldsymbol{F}_{Ay}$。铰链 D 对它的约束力 $\boldsymbol{F}_D'$ 以及 **BC** 杆通过滑轮轴给它的力 $\boldsymbol{F}_{C1}'$，由作用力和反作用力公理可知，$\boldsymbol{F}_{C1}'=-\boldsymbol{F}_{C1}$。其受力图如图 1.18f 所示。注意此图中的 $\boldsymbol{F}_{Ax}$、$\boldsymbol{F}_{Ay}$ 和 $\boldsymbol{F}_D'$ 应与 AC 构件中的 F_{Ax}、$\boldsymbol{F}_{Ay}$ 和 $\boldsymbol{F}_D'$ 完全一致。

(6)以整体为研究对象。作用于其上的主动力有重物的重力 $\boldsymbol{G}$ 和绳子的拉力 $\boldsymbol{F}_T$。约束反力有固定铰链支座 A 对它的约束力 $\boldsymbol{F}_{Ax}$ 和 $\boldsymbol{F}_{Ay}$，滚轮 B 对它的反力 $\boldsymbol{F}_B$。受力图如图 1.18g 所示。

通过以上几个例子可见，在进行受力分析时，应特别注意以下几点：

(1)先确定二力杆，如果有，先画二力杆的受力图，由此可以确定二力杆上力的方位。

(2)画与二力杆相联系的其他刚体的受力，应用作用力和反作用力公理确定反作用力的方位。

(3)若隔离体上有且仅有三个力作用，则平衡时这三个力一定满足三力平衡汇交定理。

(4)对不满足上述关系的构件要分析其约束类型，按照不同类型约束的约束力画法画约束反力。

(5)受力图上只画外力，不画内力。

习题

1.1 说明二力平衡公理、作用力和反作用力公理,两者有什么区别?

1.2 凡是两端用铰链连接的构件都是二力杆吗?分析二力杆受力时与构件本身的形状有无关系。

1.3 什么是二力杆?凡是不计自重的构件都是二力杆吗?

1.4 下图中各物体的受力图是否正确,试指出错误并加以改正。

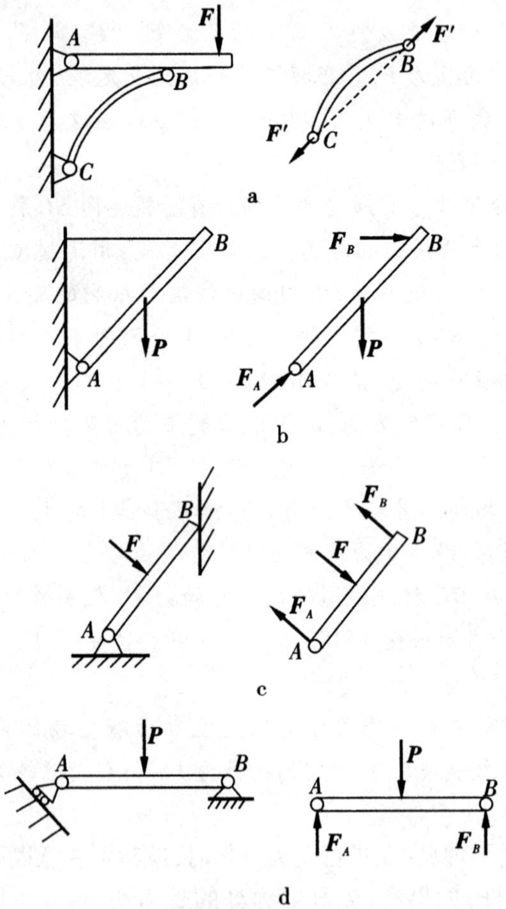

习题1.4图

1.5 画出下列各物体的受力图,未画重力的物体不计自重,所有接触处均为光滑接触。

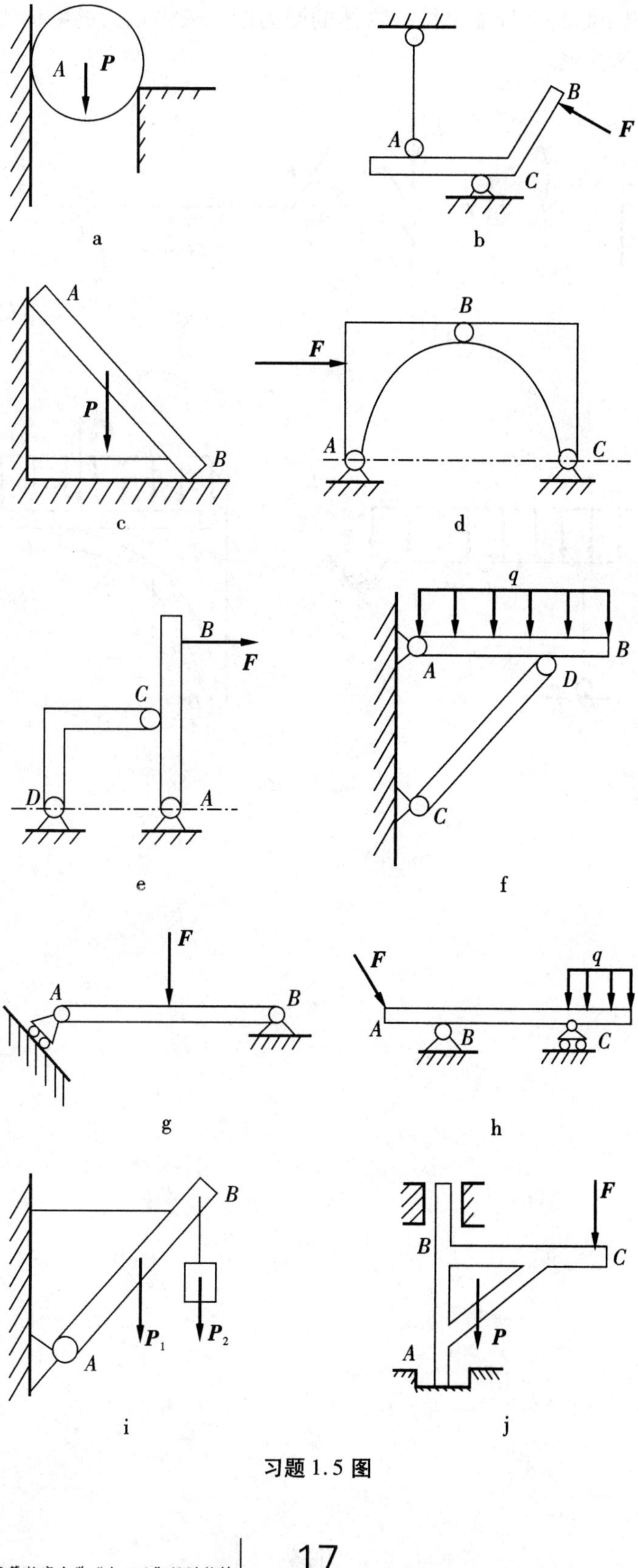
A
P
a
B
F
A
C
b
A
P
B
c
B
F
A
C
d
B
F
C
D
A
e
q
B
A
D
C
f
F
A
B
g
F
q
A
B
C
h
B
P
1
P
2
A
i
F
B
C
P
A
j

习题 1.5 图

1.6　画出下列每个标注字符的物体的受力图。未画重力的物体不计自重,所有接触处均为光滑接触。

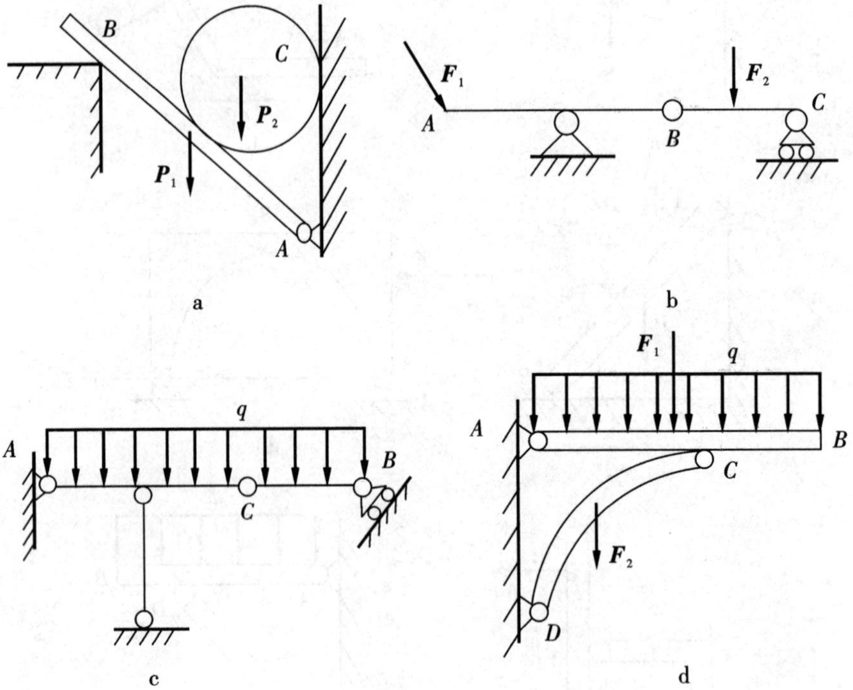

习题 1.6 图

第二章　平面力系的合成与平衡

第一节　平面汇交力系的合成与平衡

刚体所受力的作用线分布在同一平面内，且各力作用线汇交于一点的力系称为平面汇交力系。求平面汇交力系合成和平衡的方法有几何法和解析法两种。

一、几何法

1. 两汇交力合成的三角形法则

设力 $\boldsymbol{F}_1$ 和 $\boldsymbol{F}_2$ 作用于刚体上的 A 点，则由公理一知，以 $\boldsymbol{F}_1$、$\boldsymbol{F}_2$ 为邻边作平行四边形，其对角线 AD 即为它们的合力 $\boldsymbol{F}_R$，并记作 $\boldsymbol{F}_R=\boldsymbol{F}_1+\boldsymbol{F}_2$，如图 2.1a 所示。

根据平行四边形性质，作图时 $\boldsymbol{F}_1$ 保持不变，将 $\boldsymbol{F}_2$ 的起点连在 $\boldsymbol{F}_1$ 的末端，然后连接 AD，即通过 $\triangle ABD$ 求得合力 $\boldsymbol{F}_R$，如图 2.1b 所示。此法就称为求两汇交力合力的三角形法则。按一定比例作图，可直接量得合力 F_R 的近似值。

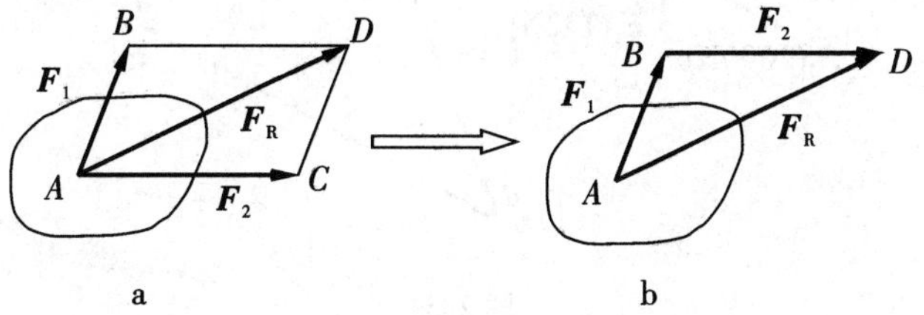

图 2.1

2. 多个汇交力合成的力多边形法则

如图 2.2a 所示，设作用于刚体 O 点有三个力 $\boldsymbol{F}_1$、$\boldsymbol{F}_2$、$\boldsymbol{F}_3$，为求合力 $\boldsymbol{F}_R$，只需将各力首尾相接，形成一条折线，最后连接封闭边，即从首力 $\boldsymbol{F}_1$ 的始端 O 点向末力 $\boldsymbol{F}_3$ 的终端连线所形成的矢量，即表示合力 $\boldsymbol{F}_R$ 的大小与方向。这一方法称为力多边形法则。如图 2.2b 所示. 当然，在力的合成时，力的次序可以任意排列。图 2.2c 为 $\boldsymbol{F}_3$、$\boldsymbol{F}_1$、$\boldsymbol{F}_2$ 次序时，上述三力合成的几何法原理。

设在刚体某平面上作用一汇交力系 $\boldsymbol{F}_1$、$\boldsymbol{F}_2$、…、$\boldsymbol{F}_n$，力系作用线汇交于 O 点，其合力 $\boldsymbol{F}_R$ 即可连续使用上述力三角形法则来求得。其矢量式表示为：

$$\boldsymbol{F}_R=\boldsymbol{F}_1+\boldsymbol{F}_2+\cdots+\boldsymbol{F}_n=\sum_{i=1}^{n}\boldsymbol{F}_i \tag{2.1}$$

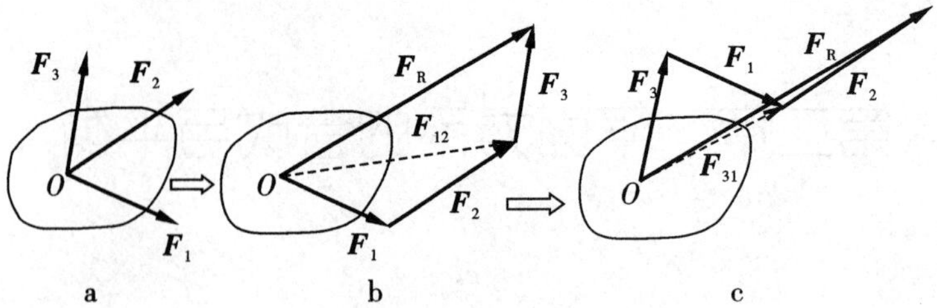

图 2.2

平面汇交力系合成的一般结果为一合力 F_R，合力 F_R 为力系中各力的矢量和，其作用点仍为各力的汇交点，且合力 F_R 的大小和方向与各力合成的顺序无关。

3. 多个汇交力合成为平衡力系

如果某一平面汇交力系是一平衡力系，其合力为零，则此力系组成的力多变形自行封闭。下面举例说明用几何法求合力方法。

例 2.1 一固定于房顶的吊钩上有三个力 F_1、F_2、F_3，其数值与方向如图 2.3a 所示。试用几何法求此三力的合力。

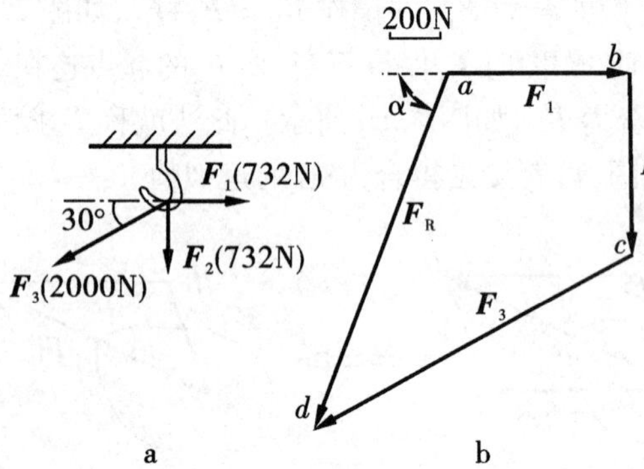

图 2.3

解：

(1)取比例尺，以图示 1 cm 代表 200 N。

(2)将三个力 F_1、F_2、F_3 排序，不妨就按 F_1、F_2、F_3 为序。

(3)首尾相连画力多边形，连接其封闭边就得合力 F_R。

(4)用尺子度量 ad 长度得合力大小为 2 000 N。用量角器度量合力方位角 $\alpha=60°$。

二、解析法

1. 力在直角坐标轴上的投影

力 F 的作用效应取决于其大小、方向和作用点（对刚体而言是作用线），其大小、方向对作用效应的影响，可用力在坐标轴上的投影来描述。力在坐标轴上的投影不仅表示了力对物体的移动效应，而且还是平面汇交力系合成的基础。

在力的作用面内任选一坐标轴，由力的作用线的始端和末端分别向该轴做垂线，得垂足 a、b 和 a'、b'。线段 ab 和 $a'b'$ 分别为力 $\boldsymbol{F}$ 在 x 轴和 y 轴上的投影，如图 2.4 所示。投影是标量，其正负规定为：从 a 到 b（或从 a' 到 b'）的指向与坐标轴正向相同为正，相反为负。

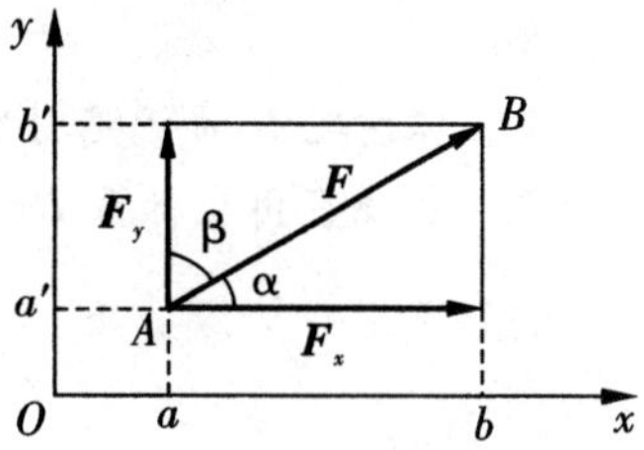

图 2.4

设力 $\boldsymbol{F}$ 作用于物体上的 A 点，其作用线为 AB，在力的作用线所在的平面内建立直角坐标系 Oxy。力 $\boldsymbol{F}$ 与 x 轴的夹角为 α，则有

$$\left.\begin{aligned} F_x &= F\cos\alpha \\ F_y &= F\sin\alpha \end{aligned}\right\} \tag{2.2}$$

如将力 $\boldsymbol{F}$ 沿坐标轴分解，所得分力为 $\boldsymbol{F}_x$ 和 $\boldsymbol{F}_y$，分力是矢量；在相同轴上的投影分别为 F_x 和 F_y，投影是代数量。分力与投影有关系：$\boldsymbol{F}=\boldsymbol{F}_x+\boldsymbol{F}_y=\boldsymbol{F}_x i+\boldsymbol{F}_y j$。

若已知投影 $\boldsymbol{F}_x$、$\boldsymbol{F}_y$ 值，可求出 $\boldsymbol{F}$ 的大小和方向，即

$$\left.\begin{aligned} F &= \sqrt{F_x^2 + F_y^2} \\ \tan\alpha &= \left| F_y / F_x \right| \end{aligned}\right\} \tag{2.3}$$

2. 平面汇交力系合成的解析法

假设在刚体上 A 点有平面汇交力系 $\boldsymbol{F}_1$、$\boldsymbol{F}_2 \cdots \boldsymbol{F}_n$ 的作用，如果将式(2.1)两边分别向坐标轴 x 和 y 轴投影，即有

$$\left.\begin{aligned} F_{Rx} &= F_{1x} + F_{2x} + \cdots + F_{nx} = \sum_{i=1}^{n} F_{ix} \\ F_{Ry} &= F_{1y} + F_{2y} + \cdots + F_{ny} = \sum_{i=1}^{n} F_{iy} \end{aligned}\right\} \tag{2.4}$$

由此得到合力投影定理：力系的合力在某轴上的投影等于力系中各个分力在同轴上投影的代数和。

若进一步按公式(2.3)推导，则可得到合力 F_R 的大小及方向，即

$$\left.\begin{aligned} F_R &= \sqrt{\left(\sum F_{ix}\right)^2 + \left(\sum F_{iy}\right)^2} \\ \tan\alpha &= \left| \frac{\sum F_{iy}}{\sum F_{ix}} \right| \end{aligned}\right\} \tag{2.5}$$

3. 平面汇交力系平衡的解析法

若式(2.4)中合成结果满足

$$\left.\begin{aligned} F_{Rx} &= \sum F_{ix} = 0 \\ F_{Ry} &= \sum F_{iy} = 0 \end{aligned}\right\}$$

则平面汇交力系为平衡力系，下面举例说明解析法的应用。

例 2.2　如图 2.5a 所示，铰车通过绳索将物体吊起。已知物体的重量 $G=20\ \text{kN}$，

杆 AB、BC 及滑轮的重量不计，滑轮 B 的大小可忽略不计，求 AB 杆及 BC 杆所受的力。

解：

(1)取滑轮 B 为研究对象，忽略其大小，画其受力图如图 2.5b 所示，

(2)建立直角坐标系 Bxy，列平衡方程求解：

$$\sum F_y = 0$$

$$F_{BC} \cdot \sin 30^\circ - T\cos 30^\circ - G = 0$$

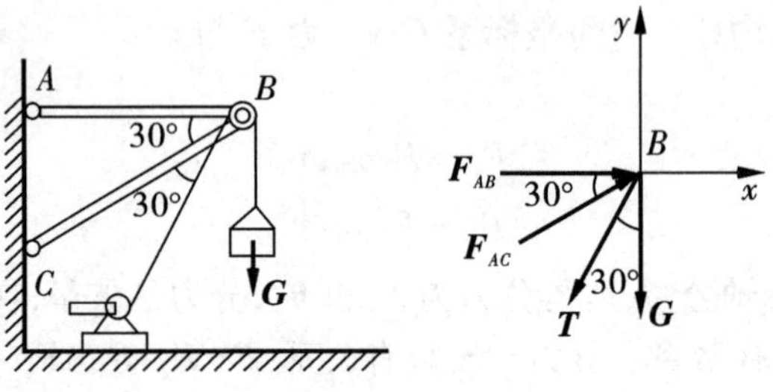

a　　　　　　　　b

图 2.5

代入数据，解得：

$$F_{BC} = 74.64 \text{ kN}$$

因

$$\sum F_x = 0$$

则

$$F_{AB} + F_{BC} \cdot \cos 30^\circ - T \cdot \sin 30^\circ = 0$$

解得：

$$F_{AB} = -54.64 \text{ kN}$$

$\boldsymbol{F}_{AB}$ 为负值，说明其实际方向与图示方向相反。

由作用力与反作用力公理可知，AB 杆所受的力的大小等于 $\boldsymbol{F}_{AB} = -54.64$ kN，受拉力；BC 杆所受的力的大小等于 $\boldsymbol{F}_{BC} = 74.64$ kN，受压力。

第二节　力对点之矩

力对物体的作用效应，除移动效应外，还有转动效应。其移动效应取决于力的大小和方向，可用力在坐标轴上的投影来描述。那么力对物体的转动效应与哪些因素有关？又如何描述呢？

一、力对点之矩的概念

如图 2.6 所示，当我们用扳手拧螺母时，力 $\boldsymbol{F}$ 使螺母绕 O 点转动的效应不仅与力 $\boldsymbol{F}$ 的大小有关，而且还与转动中心 O 到 $\boldsymbol{F}$ 作用线的距离 d 有关。实践表明，转动效应随 $\boldsymbol{F}$ 或 d 的增加而增强，可用 $\boldsymbol{F}$ 与 d 的乘积来度量。

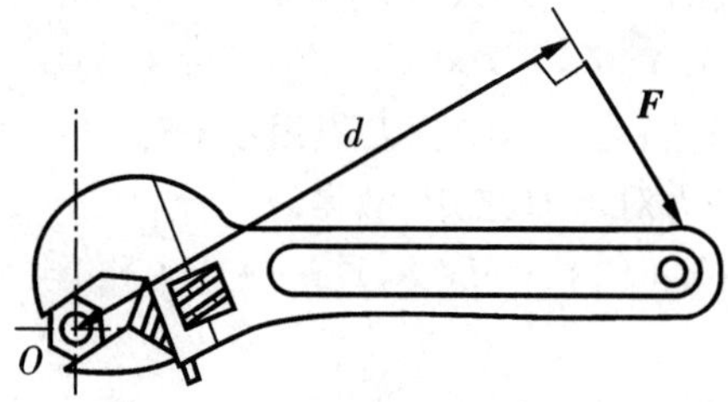

图 2.6

因此，我们用力对点之矩来度量力使物体绕某点（矩心 O）的转动的效应，将力（$\boldsymbol{F}$）的大小与矩心到力的作用线的距离 d（力臂）的乘积 Fd，冠以适当的正负号，所得的物理量称为力 $\boldsymbol{F}$ 对 O 点之矩，简称力矩，记作 $M_o(\boldsymbol{F})$，即，

$$M_o(\boldsymbol{F}) = \pm Fd \tag{2.6}$$

力对点之矩是一个代数量，其正负号的规定为：力使物体绕矩心逆时针转动时，取正号；反之，取负号。图 2.6 中力对点之矩取负号。

力对点之矩单位为牛顿米（N·m）或千牛顿米（kN·m），显然，1 kN·m = 1 000 N·m。

由力矩的定义式可知，力矩具有以下性质：

（1）力矩的大小和转向与矩心位置有关，同一力对不同矩心的力矩不同。

（2）力沿其作用线平移时，力对点之矩不变，因为此时力的大小、方向未变，力臂也未变。

（3）当力的作用线通过矩心时，力臂为零，力矩也为零。

例 2.3　求图 2.7 所示丁字杆各力对 O 点之矩。图上所注的力、距离、角度均为已知。

解：

由定义直接求得：

$$M_O(F_1) = -F_1 c\sin\alpha$$

$$M_O(F_2) = F_2\sqrt{a^2 + b^2}$$

$$M_O(F_3) = 0$$

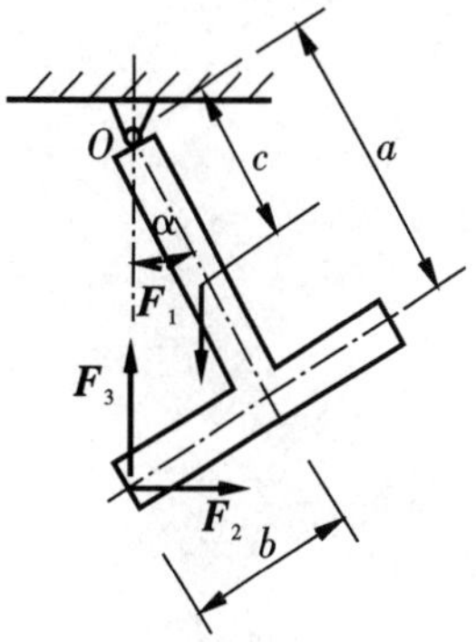

图 2.7

二、合力矩定理

合力矩定理：平面汇交力系合力对平面内任意一点之矩，等于所有分力对同一点之矩的代数和。即，

若　　$\boldsymbol{F}_R = \boldsymbol{F}_1 + \boldsymbol{F}_2 + \cdots + \boldsymbol{F}_n$

则　　$$M_o(\boldsymbol{F}_R) = M_o(\boldsymbol{F}_1) + M_o(\boldsymbol{F}_2) + \cdots + M_o(\boldsymbol{F}_n) \tag{2.7}$$

证明：设平面汇交力系 $\boldsymbol{F}_1$、$\boldsymbol{F}_2 \cdots \boldsymbol{F}_n$ 的合力为 $\boldsymbol{F}_R$，即

$$\boldsymbol{F}_R = \boldsymbol{F}_1 + \boldsymbol{F}_2 + \cdots + \boldsymbol{F}_n$$

用矢径 $\boldsymbol{r}$ 左乘以上式两端(作矢积),有

$$\boldsymbol{r}\times\boldsymbol{F}_{\mathrm{R}}=\boldsymbol{r}\times(\boldsymbol{F}_1+\boldsymbol{F}_2+\cdots+\boldsymbol{F}_n)$$

由于各力与矩心共面,因此上式中各矢积相互平行,矢量和可按代数和进行计算,而各矢量积的大小也就是力对点 O 之矩,故得

$$M_o(\boldsymbol{F}_{\mathrm{R}})=M_o(\boldsymbol{F}_1)+M_o(\boldsymbol{F}_2)+\cdots+M_o(\boldsymbol{F}_n)=\sum M_o(\boldsymbol{F}_{\mathrm{i}})$$

定理得证。

应当注意,合力矩定理不仅对平面汇交力系成立,而且对于有合力的其它任何力系都成立。

三、力对点之矩的求法

求力对点之矩的方法一般有以下两种:

1. 直接根据定义

这种方法的关键是求力臂 d。需要特别注意的是,力臂是矩心到力的作用线的距离,而点到线段的距离是垂线段的长度,即力臂一定要垂直于力的作用线。

2. 按合力距定理

在计算力矩时,有时力臂值未在图上标出,计算起来比较麻烦,这时就可以将力沿图上标注尺寸的方向做正交分解,分别计算各分力的力矩,然后代数相加求出原力对该点之矩。

例 2.4 如图 2.8 所示,圆柱齿轮受啮合力作用,已知啮合力 $\boldsymbol{F}_{\mathrm{n}}=1\ 400\ \mathrm{N}$,压力角 $\alpha=20°$,齿轮的节圆半径 $r=60\ \mathrm{cm}$,计算啮合力 $\boldsymbol{F}_{\mathrm{n}}$ 对圆心 O 之矩。

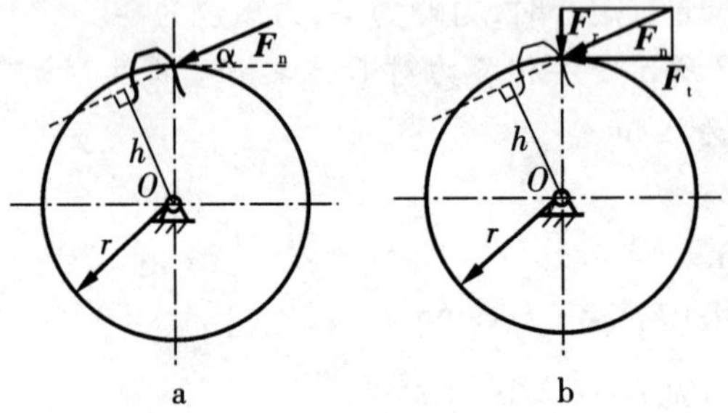

图 2.8

解:

(1)根据力矩定义求(图 2.8a):

$$h=r\cos\alpha=0.6\cos 20°=0.563\ 8\ \mathrm{m}$$

$$Mo(\boldsymbol{F}_{\mathrm{n}})=F_{\mathrm{n}}h=1\ 400\times 0.563\ 8=789.32\ \mathrm{N\cdot m}$$

(2)根据合力矩定义求(图 2.8b):

将力 $\boldsymbol{F}_{\mathrm{n}}$ 分解为圆周力 $\boldsymbol{F}_{\mathrm{t}}=\boldsymbol{F}_{\mathrm{n}}\cos\alpha$ 和径向力 $\boldsymbol{F}_r=\boldsymbol{F}_{\mathrm{n}}\sin\alpha$,

则:

$$Mo(\boldsymbol{F}_{\mathrm{n}})=Mo(\boldsymbol{F}_{\mathrm{t}})+Mo(\boldsymbol{F}_r)=\boldsymbol{F}_{\mathrm{n}}\cos 20°\cdot r+\boldsymbol{F}_{\mathrm{n}}\sin\alpha\cdot 0=789.32\ \mathrm{N\cdot m}$$

第三节　平面力偶系的合成与平衡

一、力偶及力偶矩

在日常生活中，用水要拧水龙头，汽车司机开车转弯要转动方向盘。从受力角度考虑，水龙头和方向盘上受到一对大小相等、方向相反、作用线不共线的力的作用。如图2.9所示。

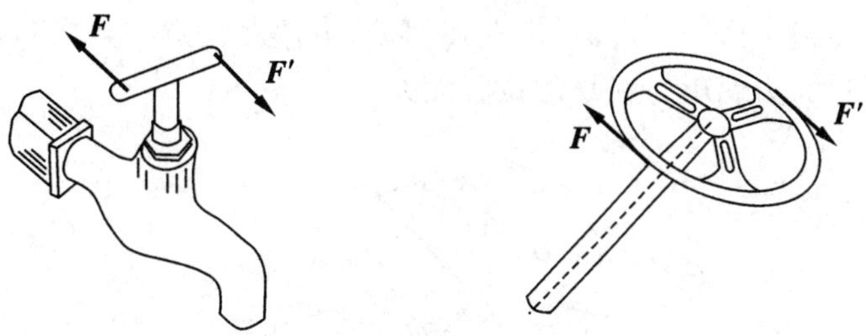

图2.9

我们把作用在同一物体上，大小相等、方向相反、但不共线的一对平行力称为力偶，记作 $(\boldsymbol{F},\boldsymbol{F}')$，力偶中两个力的作用线间的距离 d 称为力偶臂，两个力所在的平面称为力偶的作用面。

因此，我们用二者的乘积 Fd 冠以适当的正负号所得的物理量来量度力偶对物体的转动效应，称之为力偶矩，记作 $M(\boldsymbol{F},\boldsymbol{F}')$ 或 M，即，

$$M(\boldsymbol{F},\boldsymbol{F}') = \pm Fd \tag{2.8}$$

在平面内，力偶矩与力矩一样，也是代数量，正负号表示力偶的转向，其规定与力矩相同，即逆时针转向的力偶矩为正，顺时针转向的力偶矩负。另外，力偶的单位也与力矩相同，常用 N · m 和 kN · m 来表示。

二、力偶的三要素

力偶对物体的转动效应取决于力偶矩的大小、转向和力偶的作用面的方位，我们称这三者为力偶的三要素。三要素中，有任何一个改变，力偶的作用效应就会改变。

(1)力偶矩的大小：转动效应的强弱。

(2)力偶的转向：转动方向。

(3)力偶的作用面的方位：在哪个面内转动。

三、力偶的性质

性质1　力偶在任意轴上的投影恒等于零，故力偶无合力，不能与一个力等效，也不能用一个力来平衡。

力偶无合力，故力偶对物体的平移运动没有影响，力与力偶不能相互替代，不能构成平衡，因此，力偶只能用力偶来平衡。可见，力偶和力是组成力系的两个基本物理量。

性质 2　力偶对其作用面内任意一点之矩，恒等于其力偶矩，而与矩心的位置无关。

证明：如图 2.10 所示，在力偶作用面内任取一点 O 为矩心，设 O 点与力 $\boldsymbol{F}$ 的距离为 x，力偶臂为 d，则力偶的两个力对点 O 的矩之和为

$$-\boldsymbol{F}(x+d)+\boldsymbol{F}'x=-\boldsymbol{F}d$$

而

$$M(\boldsymbol{F},\boldsymbol{F}')=-\boldsymbol{F}d$$

由此可知，距离 x 为任意量，不论选在何处，力偶对任意一点之矩都等于其力偶矩。这一结果说明，力偶矩与点 O 的位置无关。

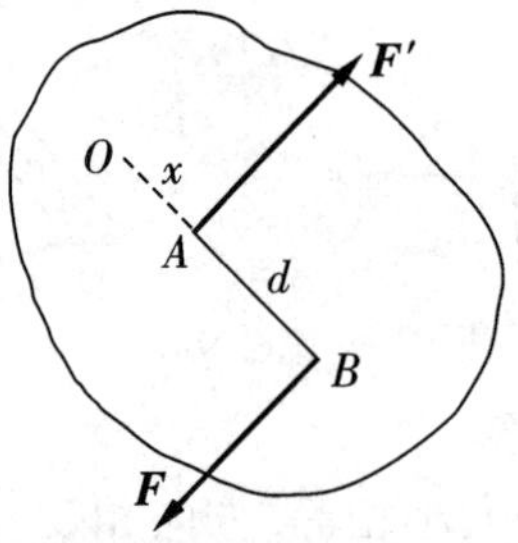

图 2.10

性质 3　力偶的等效性：凡是三要素相同的力偶，彼此等效，可以相互代替。此即力偶的等效性。

根据力偶的等效性，可得出以下两个推论：

推论一　力偶对物体的转动效应与它在作用面内的位置无关，力偶可以在其作用面内任意移动或转动，而不改变它对刚体的作用效应。

推论二　在保持力偶矩的大小和转向不变的情况下，可同时改变力偶中力的大小和力偶臂的长短，而不改变它对刚体的作用效应。

在平面力系中，由于力偶对物体的转动效应完全取决于力偶矩的大小和转向，因此，在表示力偶时，没有必要表明力偶的具体位置以及组成力偶的力的大小、方向和力偶臂的值，仅以一个带箭头的弧线来表示，并标出力偶矩的值即可，其中箭头表示力偶的转向。如图 2.11 所示。

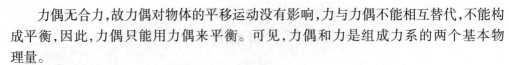

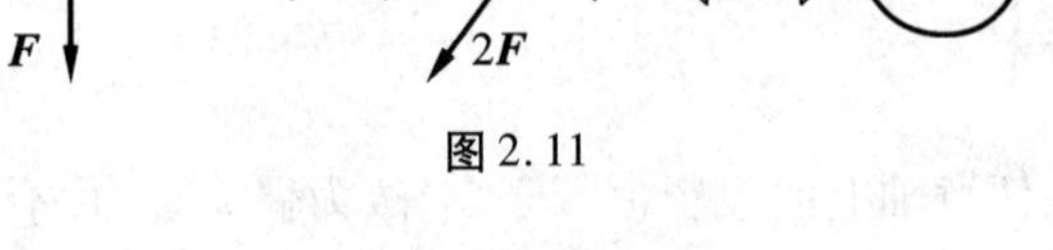

图 2.11

四、平面力偶系的合成与平衡

作用于同一物体上的若干个力偶组成一个力偶系，若力偶系中各力偶均作用在同一平面，则称为平面力偶系。

既然力偶对物体只有转动效应，而且，转动效应由力偶矩来度量，那么，平面内有若干个力偶同时作用时（平面力偶系），也只能产生转动效应，显然其转动效应的大小也等于各力偶转动效应的总和。可以证明，平面力偶系合成的结果为一合力偶，其合力偶矩等于各分力偶矩的代数和。即

$$M = \sum_{i=1}^{n} M_i = M_1 + M_2 + \cdots + M_n \tag{2.9}$$

证明：如图 2.12 所示，设有平面力偶系 M_1、M_2、⋯、M_n，在力偶作用面内任意选取两点 A 和 B，以其连线作为公共力偶臂 d，保持各力偶的力偶矩不变，将各力偶分别表示成作用在 A 和 B 两点的反向平行力，如图 2.12b 所示，则有

$$\boldsymbol{F}_1 = \frac{M_1}{d}\ ,\ \boldsymbol{F}_2 = \frac{M_2}{d}\ ,\cdots、\boldsymbol{F}_n = \frac{M_n}{d}$$

于是在 A 和 B 两点处各得一组共线力系，其合力分别为 $\boldsymbol{F}_R$ 和 $\boldsymbol{F}_R'$，如图 2.12c 所示，且有

$$\boldsymbol{F}_R = \boldsymbol{F}'_R = \boldsymbol{F}_1 + \boldsymbol{F}_2 + \cdots + \boldsymbol{F}_n = \sum_{i=1}^{n} \boldsymbol{F}_i$$

$\boldsymbol{F}_R$ 和 $\boldsymbol{F}_R'$ 为一对等值、反向、不共线的平行力，它们组成的力偶称为合力偶，所以有

$$M = \boldsymbol{F}_R d = (\boldsymbol{F}_1 + \boldsymbol{F}_2 + \cdots + \boldsymbol{F}_n)\, d$$

$$M_1 + M_2 + \cdots + M_n = \sum_{i=1}^{n} M_i$$

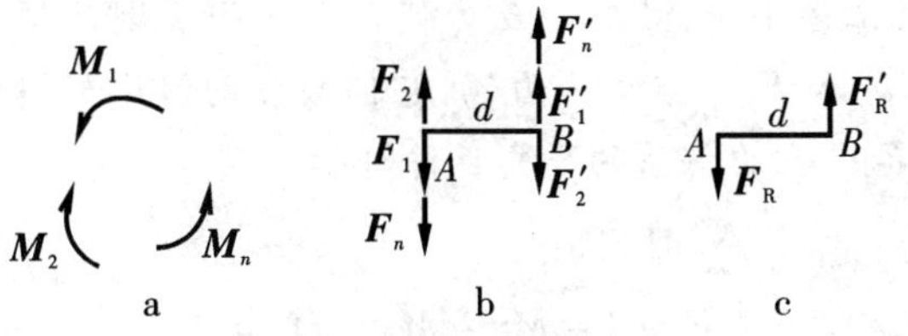

图 2.12

由于力偶系可以用它的合力偶来等效地代替，因此，当合力偶的力偶矩为零时，则力偶系是一个平衡的力偶系。由此，平面力偶系平衡的充要条件是：力偶系中所有力偶的力偶矩的代数和等于零。即

$$\sum_{i=1}^{n} M_i = 0 \tag{2.10}$$

例 2.5 如图 2.13a 所示，梁 AB 受力偶 M 的作用，求 A、B 两处的约束反力。

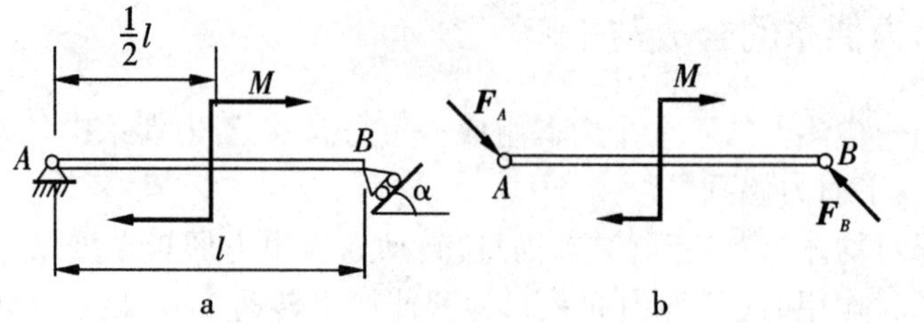

图 2.13

解：

(1)取梁 AB 为研究对象，画其受力图如图 2.13b 所示。因力偶只能用力偶来平衡，故 $\boldsymbol{F}_A$ 与 $\boldsymbol{F}_B$ 一定组成一对力偶，又因 $\boldsymbol{F}_B$ 的方向可定，于是 $\boldsymbol{F}_A$ 的方向随之而定，且 $\boldsymbol{F}_A = \boldsymbol{F}_B = \boldsymbol{F}$

(2)列平衡方程求解：

由
$$\sum M = 0$$
$$\boldsymbol{F} \cdot l\cos\alpha - M = 0$$

解得
$$\boldsymbol{F} = \frac{M}{l \cdot \cos\alpha}$$

故
$$\boldsymbol{F}_A = \boldsymbol{F}_B = \boldsymbol{F} = \frac{M}{l \cdot \cos\alpha}$$

例 2.6 如图 2.14 所示，工件上作用有三个力偶。已知三个力偶分别为 $M_1 = M_2 = 10\ \text{N} \cdot \text{m}$，$M_3 = 20\ \text{N} \cdot \text{m}$，固定螺柱 A、B 之间的距离 $l = 200$ mm。求 A、B 两处的约束反力。

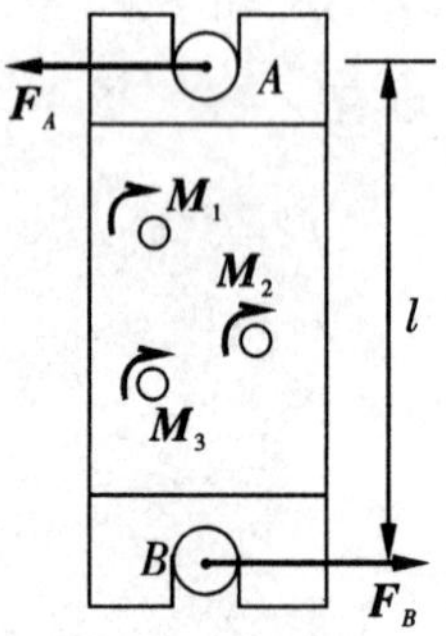

图 2.14

解：选工件为研究对象。工件在水平面内受三个力偶和两个螺柱的水平反力作用。根据力偶系的合成定理，三个力偶合成后仍然为一力偶，如果工件平衡，必有一反力偶与之平衡。因此螺柱 A、B 的水平反力 $\boldsymbol{F}_A$ 和 $\boldsymbol{F}_B$ 必组成一力偶，它们的方向假设如图 2.14 所示，则 $\boldsymbol{F}_A = \boldsymbol{F}_B$。由力偶系的平衡条件可知

$$\sum M = 0$$
$$\boldsymbol{F}_A \cdot l - M_1 - M_2 - M_3 = 0$$

解得
$$\boldsymbol{F}_A = \frac{M_1 + M_2 + M_3}{l} = 200\ \text{N}$$

因为 $\boldsymbol{F}_A$ 是正值，故所假设的方向是正确的，而螺柱 B 所受力则应与 $\boldsymbol{F}_A$ 大小相等，方向相反。

例 2.7 如图 2.15a 所示构件的自重不计，圆轮上的销子 A 放在摇杆 BC 上的光滑导槽内。圆轮上作用一力偶，其力偶矩为 $M_1 = 2\ \text{kN} \cdot \text{m}$，$OA = r = 0.5$ m。图示位置时 OA 与 OB 垂直，$\alpha = 30°$，且系统平衡。求作用于摇杆 BC 上的力偶矩 M_2 及铰链 O、B 两处的约束反力。

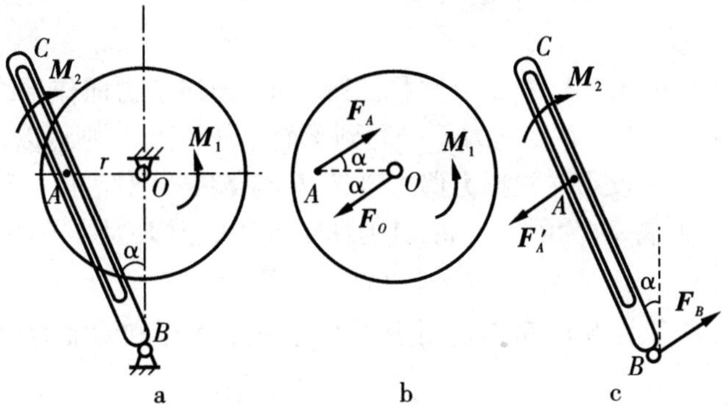

图 2.15

解:先选圆轮为研究对象。其上受有力偶矩为 $M_1=2\ \text{kN}\cdot\text{m}$ 的力偶及光滑导槽对销子 A 的作用力 $\boldsymbol{F}_A$和铰链 O 处约束力 $\boldsymbol{F}_O$的作用。由于力偶必须由力偶来平衡,因而 $\boldsymbol{F}_A$与 $\boldsymbol{F}_O$必组成一力偶,力偶矩的方向与 M_1 相反,由此定出 $\boldsymbol{F}_A$指向,如图 2.15b 所示。而 $\boldsymbol{F}_A$与 $\boldsymbol{F}_O$等值且反向。由力偶平衡条件

$$\sum M = 0$$

$$M_1 - \boldsymbol{F}_A r\sin\alpha = 0$$

解得

$$\boldsymbol{F} = \frac{M_1}{r\sin\alpha}$$

再以摇杆为研究对象。其上受有力偶矩为 M_2的力偶及力 $\boldsymbol{F}_A{}'$和 $\boldsymbol{F}_B$,如图 2.15c 所示。同理,$\boldsymbol{F}_A{}'$和 $\boldsymbol{F}_B$必组成一力偶,由力偶平衡条件

$$\sum M = 0$$

$$-M_2 + \boldsymbol{F}'_A\frac{r}{\sin\alpha} = 0$$

其中 $\boldsymbol{F}_A = \boldsymbol{F}_A{}'$,故得

$$M_2 = 4M_1 = 8\ \text{kN}\cdot\text{m}$$

$\boldsymbol{F}_O$与 $\boldsymbol{F}_A$组成一力偶,$\boldsymbol{F}_B$和 $\boldsymbol{F}_A{}'$组成一力偶,则有

$$\boldsymbol{F}_o = \boldsymbol{F}_B = \boldsymbol{F}_A = \frac{M_1}{r\sin\alpha} = 8\ \text{kN}$$

方向如图 2.15b 和 2.15c 所示。

第四节　力的平移定理

由力的基本性质可知,在刚体内,力沿其作用线滑移,其作用效应不变。如果将力的作用线平行移动到另一位置,其作用效应是否改变呢? 由经验可知,力的作用线平移后,将改变原力对物体的作用效果。力的作用线平移后,要保证其效应不变,应附加一定的条件。可以证明,将作用于刚体上的力平移到刚体上任意一点,必须附加一个

力偶才能与原力等效，附加力偶的力偶矩等于原力对平移点之矩，此即为**力的平移定理**。

力的平移定理可用图 2.16 予以解释。图 2.16 描述了力向作用线外一点的平移过程。欲将作用于刚体上 B 点的力 $\boldsymbol{F}$ 平移到平面上任一点 A，则可以在 A 点施加一对与 $\boldsymbol{F}$ 等值的平衡力 $\boldsymbol{F}'$、$\boldsymbol{F}''$，又根据力偶的定义，$\boldsymbol{F}$ 与 $\boldsymbol{F}'$ 是一对等值、反向、不共线的平行力，组成了一个力偶，称为附加力偶，其力偶距等于原力 $\boldsymbol{F}$ 对 A 点的力矩，即

$$M = M_A(\boldsymbol{F}) = \pm \boldsymbol{F}d$$

于是作用在 B 点上的 $\boldsymbol{F}$，就与作用于 A 点的平行力 $\boldsymbol{F}'$ 和附加力偶 M 的共同作用等效。

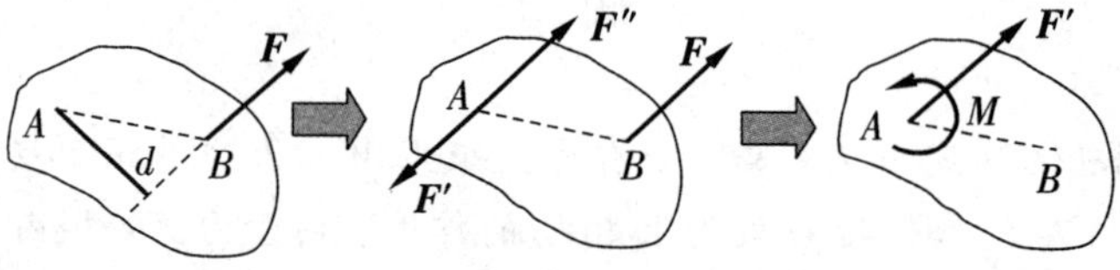

图 2.16

由此可以看出，作用在刚体上的力，均可以平移到刚体内任一点，但同时附加一个力偶，力偶的力偶距等于原力对该点之矩。

应用力的平移定理时必须注意：

(1) 力平移时所附加的力偶矩的大小、转向与平移点的位置有关。

(2) 力的平移定理只适用于刚体，对变形体不适用，并且力的作用线只能在同一刚体内平移，不能平移到另一刚体。

(3) 力的平移定理的逆定理也成立。

力的平移定理表明了力对绕力的作用线外的中心转动的物体有两种作用，一种是平移力的作用，一种是附加力偶对物体产生的旋转作用。

力的平移定理不仅是力系简化的依据，而且也是分析力对物体作用效应的一个重要方法，能解释许多工程和生活中的现象。例如，用丝锥攻丝时，为什么单手操作时容易断锥或攻偏；打乒乓球时，为什么搓球能使乒乓球旋转等。请大家自己试着分析一下。

第五节　平面任意力系向作用面内任一点的简化

作用于物体上的各力的作用线都处于同一平面内，既不全都汇交于一点，又不全都平行，是任意分布于面内的力系，这样的力系称为平面任意力系。它是工程实际中最常见的一种力系。平面任意力系的简化以力的平移定理为依据。

一、平面任意力系简化方法

设刚体上作用着平面任意力系 $\boldsymbol{F}_1$、$\boldsymbol{F}_2$、$\cdots \boldsymbol{F}_n$，各力的作用点分别为 A_1、A_2、$\cdots A_n$，如

图2.17a 所示。为了分析此力系对刚体的作用效应，在力系所在平面内任选一点 O 作为简化中心，并根据力的平移定理将力系中各力均平移到 O 点，同时附加相应的力偶。于是原力系等效地简化为两个力系：作用于 O 点的平面汇交力系 $\boldsymbol{F}_1'$、$\boldsymbol{F}_2'$……$\boldsymbol{F}_n'$ 和力偶矩分别为 M_1、M_2、……M_n的附加平面力偶系，如图 2.17b 所示。

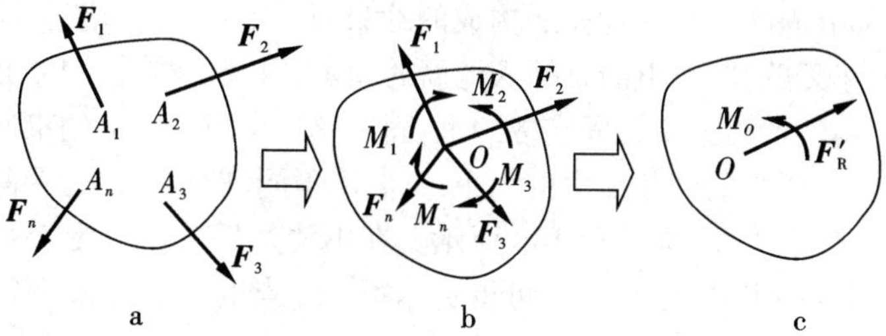

图2.17

其中，$\boldsymbol{F}_1' = \boldsymbol{F}_1$、$\boldsymbol{F}_2' = \boldsymbol{F}_2$、…、$\boldsymbol{F}_n' = \boldsymbol{F}_n$；$M_1 = M_o(\boldsymbol{F}_1)$ 、$M_2 = M_o(\boldsymbol{F}_2)$ 、…、$M_n = M_o(\boldsymbol{F}_n)$ ，然后再分别将这两个力系合成。

对平面汇交力系 $\boldsymbol{F}_1'$、$\boldsymbol{F}_2'$……$\boldsymbol{F}_n'$，可进一步合成为一个力 $\boldsymbol{F}'_R$，有

$$\boldsymbol{F}'_R = \boldsymbol{F}'_1 + \boldsymbol{F}'_2 + \cdots\cdots + \boldsymbol{F}'_n = \sum \boldsymbol{F}' = \sum \boldsymbol{F} \tag{2.11}$$

$\boldsymbol{F}_R'$称为原力系的主矢量，简称主矢。它等于原力系中各分力的矢量和，但并不是原力系的合力，因为它不能代替原力系的全部作用效应，只体现了原力系对物体的移动效应。其作用点在简化中心 O，大小、方向可用解析法计算：

$$\left.\begin{aligned} \boldsymbol{F}'_{Rx} &= \boldsymbol{F}_{1x} + \boldsymbol{F}_{2x} + \cdots + \boldsymbol{F}_{nx} = \sum \boldsymbol{F}_{ix} \\ \boldsymbol{F}'_{Ry} &= \boldsymbol{F}_{1y} + \boldsymbol{F}_{2y} + \cdots + \boldsymbol{F}_{ny} = \sum \boldsymbol{F}_{iy} \end{aligned}\right\} \tag{2.12}$$

$$\boldsymbol{F}_R' = \sqrt{\boldsymbol{F}'^2_{Rx} + \boldsymbol{F}'^2_{Ry}} = \sqrt{\left(\sum \boldsymbol{F}_{ix}\right)^2 + \left(\sum \boldsymbol{F}_{iy}\right)^2}$$

$$\tan\theta = \left|\frac{\boldsymbol{F}'_{Ry}}{\boldsymbol{F}'_{Rx}}\right| = \left|\frac{\sum \boldsymbol{F}_{iy}}{\sum \boldsymbol{F}_{ix}}\right| \tag{2.13}$$

式中，θ 表示 $\boldsymbol{F}_R'$与 x 轴所夹的锐角，$\boldsymbol{F}_R'$的指向可由 $\sum \boldsymbol{F}_x$ 、$\sum \boldsymbol{F}_y$ 的正负确定。显然主矢的大小和方向与简化中心的位置无关。

对于附加平面力偶系，可进一步合成为一个合力偶，其力偶矩

$$M_O = M_1 + M_2 + \cdots\cdots + M_n = \sum_{i=1}^{n} M_o(\boldsymbol{F}_i) \tag{2.14}$$

M_O称为原力系的主矩。它等于原力系中各力对简化中心之矩的代数和。同样，它也不是原力系的合力偶矩，因为它也不能代替原力系对物体的全部效应，只体现了原力系使物体绕简化中心转动的效应。显然主矩的大小和转向与简化中心的位置有关。

综上所述，平面任意力系向平面内任一点简化，可得一个力和一个力偶，该力称为原力系的主矢量，它等于原力系中各力的矢量和，作用点在简化中心上，其大小、方向

与简化中心无关；该力偶的矩称为原力系的主矩，它等于原力系中各力对简化中心之矩的代数和，其值一般与简化中心的位置有关。

二、固定端约束

物体的一部分固嵌于另一物体所构成的约束，称为固定端约束。例如，建筑物中的阳台、车床上车刀的固定、电线杆插入地面的固定，以及焊铆连接和用螺栓连接的结构等，这些工程实例都可抽象为固定端约束，固定端约束所产生的约束反力比较复杂，物体插入部分各点所受的约束反力的大小、方向均不同，但在平面力系问题中，这些反力组成一个平面任意力系，如图 2.18a 所示。在不清楚插入部分受力情况的条件下，把这个力系向固定端上的 A 点简化，可得到作用于 A 点的一个力和一个力偶，如图 2.18b 所示。一般情况下，力的方向未知，常用两个正交反力 $\boldsymbol{F}_{Ax}$、$\boldsymbol{F}_{Ay}$来表示，因此，固定端约束有两个约束反力和一个约束反力偶，其中两个约束反力 $\boldsymbol{F}_{Ax}$、$\boldsymbol{F}_{Ay}$限制物体的移动，约束反力偶 M_A限制物体的转动，如图 2.18c 所示。

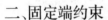

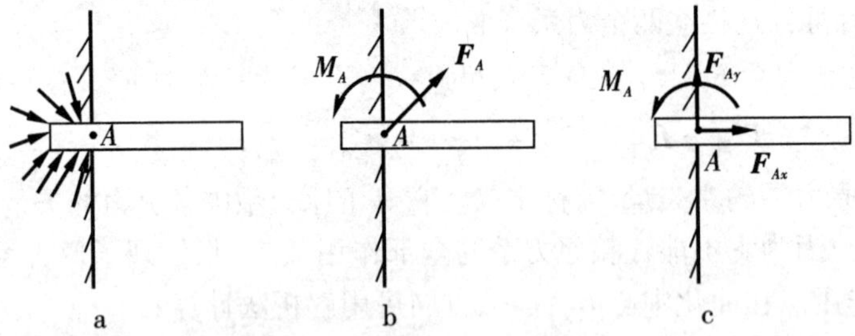

图 2.18

比较固定端约束和固定铰链支座的约束性质，可以看出固定端约束除了限制物体在水平和铅直方向的位移外，还能限制物体在平面内的转动。而固定铰链支座没有约束力偶，因为它不能限制物体在平面内的转动。

第六节　平面任意力系的简化结果分析

平面任意力系向作用面内一点简化的结果，可能有四种情况：

(1) $\boldsymbol{F}_R{}'=0, M_O \neq 0$；

(2) $\boldsymbol{F}_R{}' \neq 0, M_O = 0$；

(3) $\boldsymbol{F}_R{}' \neq 0, M_O \neq 0$；

(4) $\boldsymbol{F}_R{}'=0, M_O = 0$。

下面对这几种情况做进一步的讨论分析。

一、平面任意力系简化为一个力偶的情形

如果力系的主矢等于零，力系对于简化中心的主矩不等于零，即 $\boldsymbol{F}_R{}'=0, M_O \neq 0$，

在这种情况下，平面任意力系就简化为一个力偶的情形，即原力系合成为一个合力偶，合力偶矩为：

$$M_O = \sum_{i=1}^{n} M_O(\boldsymbol{F}_i)$$

因为力偶对于平面内任意一点的矩都相同，所以当力系合成为一个力偶时，主矩与简化中心选择无关。

二、平面任意力系简化为一个合力的情形

如果平面力系向点 O 简化的结果为主矢不等于零，主矩等于零，即 $\boldsymbol{F}_R' \neq 0, M_O = 0$；在这种情况下，平面任意力系就简化为一个合力的情形，此时附加力偶系相互平衡，只有一个与原来力系等效的力 $\boldsymbol{F}_R'$。显然，$\boldsymbol{F}_R'$就是原力系的合力，而合力的作用线恰好通过选定的简化中心 O。

$$\boldsymbol{F}'_R = \boldsymbol{F}'_1 + \boldsymbol{F}'_2 + \cdots\cdots + \boldsymbol{F}'_n = \sum_{i=1}^{n} \boldsymbol{F}'$$

如果平面力系向点 O 简化的结果是主矢和主矩都不等于零，即 $\boldsymbol{F}'_R \neq 0, M_O \neq 0$；在这种情况下，如图 2.19 所示。此时如果将力偶用两个力 $\boldsymbol{F}_R$和 $\boldsymbol{F}_R''$表示，并令 $\boldsymbol{F}_R' = \boldsymbol{F}_R = -\boldsymbol{F}_R''$，再去掉平衡力（$\boldsymbol{F}_R', \boldsymbol{F}_R''$），于是就合成为一个作用于另一点 O_1的力 $\boldsymbol{F}_R$。这个力 $\boldsymbol{F}_R$就是原力系的合力，合力矢等于主矢，合力的作用线在点 O 的哪一侧，需要根据主矢和主矩的方向确定，合力作用线到点 O 的距离 d，可按下式算得：

$$d = \frac{M_O}{\boldsymbol{F}_R}$$

故这种情况下，平面任意力系可进一步简化为一个合力（图 2.19）。

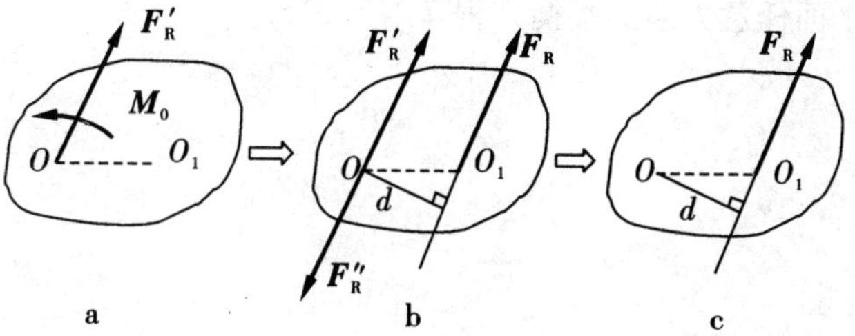

图 2.19

下面证明平面任意力系的合力矩定理。由图 2.19b 可以看出，合力 $\boldsymbol{F}_R$对点 O 的矩为

$$M_O(\boldsymbol{F}_R) = \boldsymbol{F}_R d = M_O$$

由式（2.14）得知：

$$M_O = \sum_{i=1}^{n} M(\boldsymbol{F}_i)$$

所以得证：

$$M_O(\boldsymbol{F}_R) = \sum_{i=1}^{n} M(\boldsymbol{F}_i) \tag{2.15}$$

由于简化中心 O 是任意选取的，故上式有普遍意义，可以得到如下描述的合力矩定理：平面任意力系的合力对作用面内任意一点的矩都等于力系中各分力对同一点的矩的代数和。

三、平面任意力系平衡的情形

如果力系的主矢，主矩均等于零，即

$$\boldsymbol{F}_R' = 0, M_O = 0$$

则原平面任意力系处于平衡，这种情形将在下节单独的讨论。

第七节　平面任意力系的平衡方程及其应用

一、平面任意力系的平衡方程

平面任意力系向一点简化可得主矢 $\boldsymbol{F}_R'$ 和主矩 M_O，主矢表示了原力系对物体的移动效应，主矩表示了原力系对物体的转动效应。若 $\boldsymbol{F}_R'$、M_O 均为零，则力系对物体既无移动效应也无转动效应，即物体平衡；反过来，若物体平衡，则 $\boldsymbol{F}_R'$、M_O 均为零。因此，平面任意力系平衡的必要和充分条件为

$$\left.\begin{aligned} \boldsymbol{F}_R' &= 0 \\ M_O &= 0 \end{aligned}\right\} \tag{2.16}$$

由此可得，平面任意力系的平衡方程基本形式为

$$\left.\begin{aligned} \sum_{i=1}^{n} \boldsymbol{F}_{ix} &= 0 \\ \sum_{i=1}^{n} \boldsymbol{F}_{iy} &= 0 \\ \sum_{i=1}^{n} M_o(\boldsymbol{F}_i) &= 0 \end{aligned}\right\} \tag{2.17}$$

上式表明，平面任意力系的平衡条件为：力系中各力在任意两坐标轴上投影的代数和等于零，各力对平面内任意一点之矩的代数和等于零。通常称前两个方程为投影方程，称后一个方程为力矩方程。

需要指出的是，上述方程中的坐标轴和矩心是任选的，为了解题方便，应使所选的坐标轴尽量与未知力垂直，使所选的矩心尽量位于两个未知力的交点，这样可使每一个方程只含一个未知量，少解或不解联立方程。同时还应注意，平面任意力系只能列三个独立的平衡方程（虽然多选几次坐标轴和矩心可以列出更多的方程，但其中独立的仍然只有三个），最多只能解三个未知量。通过多选坐标轴和矩心是不能多解未知

量的。

除了上述的基本形式，还有二距式

$$\begin{cases} \sum F_x = 0 \text{ 或 } \sum F_y = 0 \\ \sum_{i=1}^{n} M_A(F_i) = 0 \\ \sum_{i=1}^{n} M_B(F_i) = 0 \end{cases} \tag{2.18}$$

附加条件：x(或 y)轴不能垂直于 AB 连线。

还有三距式

$$\begin{cases} \sum_{i=1}^{n} M_A(F_i) = 0 \\ \sum_{i=1}^{n} M_B(F_i) = 0 \\ \sum_{i=1}^{n} M_C(F_i) = 0 \end{cases} \tag{2.19}$$

附加条件：A、B、C 三点不在同一直线上。

二、平面任意力系平衡问题的解题步骤

(1)选取研究对象，画出其受力图。正确地画出受力图是求解平衡问题的基础，取有已知力和未知力作用的物体，画出其分离体的受力图。

(2)建立直角坐标系，选取矩心。应尽可能使坐标轴与未知力平行(重合)或垂直；尽可能将矩心选在两个未知力的交点，这样可使解题过程简化。一般水平和垂直的坐标轴可以不画，但倾斜的坐标轴必须要画出。

(3)列平衡方程并求解未知量。

例 2.8　如图 2.20a 所示，为一悬臂吊车示意图，已知横梁 AB 的自重 $G=4$ kN，小车及其载荷共重 $Q=10$ kN，梁的尺寸如图所示。求 BC 的杆的拉力及 A 处的约束反力。

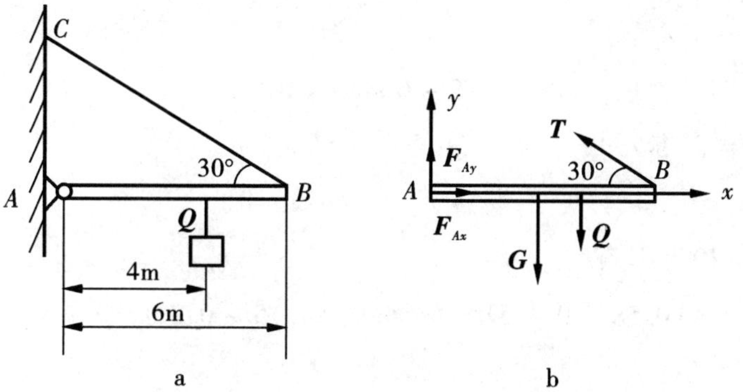

图 2.20

解:

(1)取 AB 梁为研究对象,画出其受力图如图 2.20b 所示。

(2)建立直角坐标系 Axy,列平衡方程并求解。

由 $\sum M_A(\boldsymbol{F}) = 0$,有

$$T \times 6\sin 30° - G \times 3 - Q \times 4 = 0$$

由 $\sum \boldsymbol{F}_x = 0$,有

$$\boldsymbol{F}_{Ax} - T\cos 30° = 0$$

由 $\sum \boldsymbol{F}_y = 0$,有

$$\boldsymbol{F}_{Ay} + T\sin 30° - G - Q = 0$$

解得

$$T = 17.33\ \text{kN},\ \boldsymbol{F}_{Ax} = 15\ \text{kN},\ \boldsymbol{F}_{Ay} = 5.33\ \text{kN}$$

例 2.9　矿车在钢绳的牵引下沿与水平面成 30°角的倾斜轨道匀速上升,矿车(连同物料)的重量为 G=40 kN,重心在 C 点,尺寸如图 2.21a 所示。求两车轮对轨道的压力及钢绳的拉力。

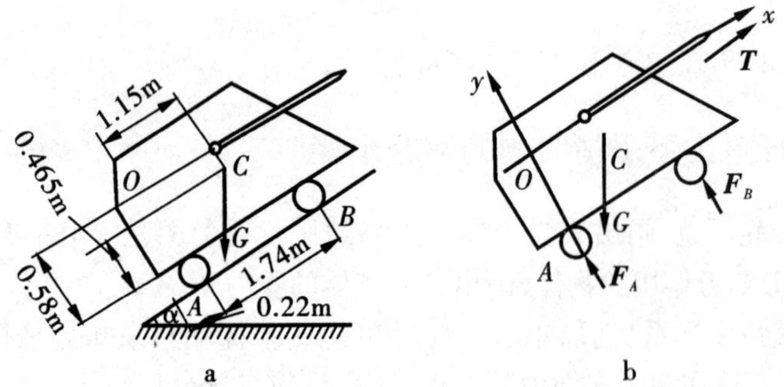

图 2.21

解:

(1)取矿车为研究对象,其受力图如图 2.21b 所示。

(2)建立直角坐标系 Oxy,列平衡方程并求解:

由 $\sum \boldsymbol{F}_x = 0$,有

$$T - G\sin\alpha = 0$$

由 $\sum \boldsymbol{F}_y = 0$,有

$$\boldsymbol{F}_A + \boldsymbol{F}_B - G\cos\alpha = 0$$

由 $\sum M_O(\boldsymbol{F}) = 0$,有

$$-G\sin\alpha \times (0.58 - 0.465) - G\cos\alpha \times (1.15 - 0.22) + \boldsymbol{F}_B \times 1.74 = 0$$

解得

$$T = 20\ \text{kN},\ \boldsymbol{F}_B = 19.8\ \text{kN},\ \boldsymbol{F}_A = 14.8\ \text{kN}$$

由作用力和反作用力公理可知,两轮对轨道的压力分别是$\boldsymbol{F}_A$和$\boldsymbol{F}_B$的反作用力,大小分别等于$\boldsymbol{F}_A$和$\boldsymbol{F}_B$,即两轮对轨道的压力分别为14.8 kN和19.8 kN。

例2.10　如图2.22a所示,已知$q=8$ kN/m,$P=8$ kN,$M=2$ kN,$a=1$ m。求A、B两支座的约束反力。

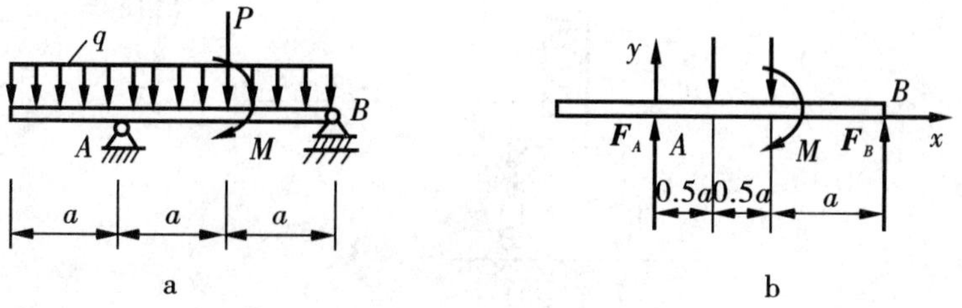

图2.22

本例中有一种新的外力作用形式——均布载荷。所谓均布载荷是指沿某一长度(面积或体积)均匀分布的载荷,其集度q是指单位长度(面积或体积)上的载荷。沿长度分布的均布载荷可用作用于分布范围中点的合力$Q=ql$来代替。

解:

(1)取AB梁为研究对象,画其受力图如图2.22b。其中$Q=3qa$。因梁AB在水平方向没有受到主动力的作用,故其在水平方向也无约束反力。

(2)列平衡方程并求解未知量:

由$\sum M_A(\boldsymbol{F})=0$,有

$$\boldsymbol{F}_B\times 2a-M-Pa-Q\times 0.5a=0$$

由$\sum \boldsymbol{F}_y(F)=0$,有

$$\boldsymbol{F}_A+\boldsymbol{F}_B-P-Q=0$$

解得

$$\boldsymbol{F}_A=21\ \text{kN}\ ,\ \boldsymbol{F}_B=11\ \text{kN}$$

例2.11　塔式起重机如图2.23所示,机架重$\boldsymbol{F}_1=700$ kN,作用线通过塔架的中心。最大起重量$\boldsymbol{F}_2=200$ kN,最大悬臂长度12 m,轨道AB间距离为4 m。平衡载荷$\boldsymbol{F}_3$到机身中心线距离6 m。试问

(1)要保证塔式起重机在满载和空载工况下都不倾翻,求平衡载荷$\boldsymbol{F}_3$的大小。

(2)当平衡载荷$\boldsymbol{F}_3=180$ kN时,求满载工况下轨道A、B作用于起重机轮子上的力有多大。

解:该塔式起重机受有三个主动力$\boldsymbol{F}_1$、$\boldsymbol{F}_2$、$\boldsymbol{F}_3$,以及两个轨道A、B作用于起重机轮子上的约束力$\boldsymbol{F}_A$、$\boldsymbol{F}_B$,如选取x轴与各力作用线垂直,y轴竖直朝上为正,建立平面直角坐标系,则各力作用线平行于y轴,不论力系是否平衡,每一个力在x轴上的投影为零,即

$$\sum \boldsymbol{F}_x\equiv 0$$

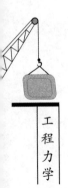

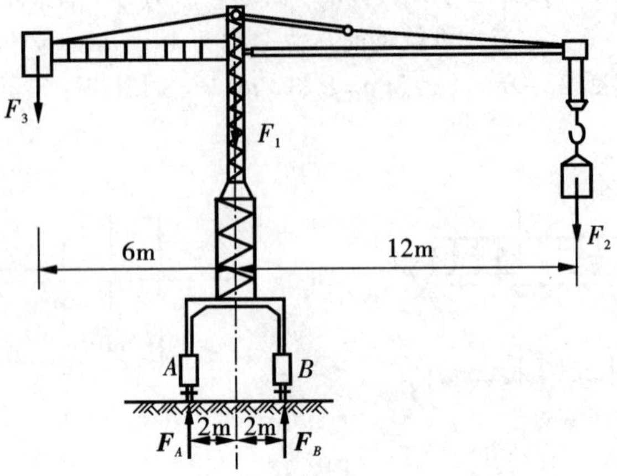

图 2.23

于是,平行力系的独立平衡方程数目只有两个,即

$$\begin{cases}\sum F_y = 0 \\ \sum M_O(F_i) = 0\end{cases}$$

对于本题第一问,分两种情形讨论:

(1)考虑满载工况,此时起重机上作用有主动力 F_1、F_2、F_3,约束力 F_A、F_B,则起重机有绕 B 点倾翻的趋势,当达到临界平衡状态时,有 $\sum M_B(F_i) = 0$,此时 A 点的约束力 $F_A=0$。这时求出的 F_3 值是保证起重机不倾翻的最小值

由 $\sum M_B(F_i) = 0$,有

$$F_{3\min}(6 + 2) + F_1 \times 2 - F_2 \times (12 - 2) = 0$$

解得
$$F_{3\min} = \frac{1}{8}(10F_2 - 2F_1) = 75\ \text{kN}$$

(2)当空载时,吊重 $F_2=0$,起重机则有绕 A 点倾翻的趋势,当达到临界平衡状态时,有 $\sum M_A(F) = 0$,此时 B 点的约束力 $F_B=0$。这时求出的 F_3 值是保证起重机不倾翻的最大值,即

由 $\sum M_A(F) = 0$,有

$$F_{3\max} \times (6 - 2) - F_1 \times 2 = 0$$

解得
$$F_{3\max} = \frac{2}{4}F_1 = 350\ \text{kN}$$

起重机实际工作时不允许处于临界状态,要使起重机安全工作,不至于倾翻,平衡荷重应处于这两者之间,即

$$75\ \text{kN} < F_3 < 350\ \text{kN}$$

对于第二问,取 $F_3=180$ kN,求满载时,作用于轨道 A、B 轮子上的约束力 F_A、F_B,此时,起重机在主动力 F_1、F_2、F_3和约束力 F_A、F_B作用下平衡,根据平行力系的平衡方

程，有

由 $\sum F_y = 0$，有

$$-F_3 - F_1 - F_2 + F_A + F_B = 0 \quad \text{(a)}$$

由 $\sum M_A(F) = 0$，有

$$F_3 \times (6-2) - F_1 \times 2 - F_2 \times (12+2) + F_B \times 4 = 0 \quad \text{(b)}$$

联立(a)、(b)两式求得

$$F_B = \frac{1}{4}(14F_2 + 2F_1 - 4F_3) = 870\ \text{kN}$$

$$F_A = 210\ \text{kN}$$

第八节　物体系统的平衡问题

构件是由若干个相互联系的物体通过约束组合在一起，称为物体系统，简称物系。前面讨论的均是单个物体的平衡问题，而工程实际中还会经常遇到物系的平衡问题。

求解物系平衡问题的基本依据是：若整个物系平衡，则组成物系的各个物体都平衡。其一般步骤是：

(1)适当选取研究对象，注意这时的研究对象可以是物系整体，单个物体，也可以是物系中几个物体组成的部件。

(2)正确画出物系整体、局部以及每个物体的受力图，确定求解顺序。应特别注意受力图之间要彼此协调，符合作用力和反作用力公理。

(3)分别对物系整体及组成物系的各个物体，列平衡方程，逐个解出未知量。需要特别注意的是，应先从有已知力作用且能解出部分未知量的物体入手，争取列一个方程求出一个未知量，逐步把未知力转化为已知力，扩大已知量的数量，尽可能避免解联立方程。

由于同一问题中有几个受力图，所以在列平衡方程前进行受力分析和画受力图时，应加上受力图号，以示区别。

例 2.12　一构架如图 2.24a 所示，已知 F 和 a，并且 $F_1 = 2F$。试求两个固定铰链 A、B 和活动铰链 C 的约束反力。

解：

(1)分别取构架 ACD 和 BEC 作为研究对象，画出各分离体的受力图，如图 2.24b、c 所示。

(2)由图 2.24c，可先求出 F_{Bx} 和 F'_{Cx}。

由 $\sum M_C(F) = 0$，得

$$F_{Bx} \times 2a - Fa = 0$$

$$F_{Bx} = \frac{1}{2}F$$

由 $\sum F_x = 0$，得

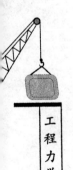

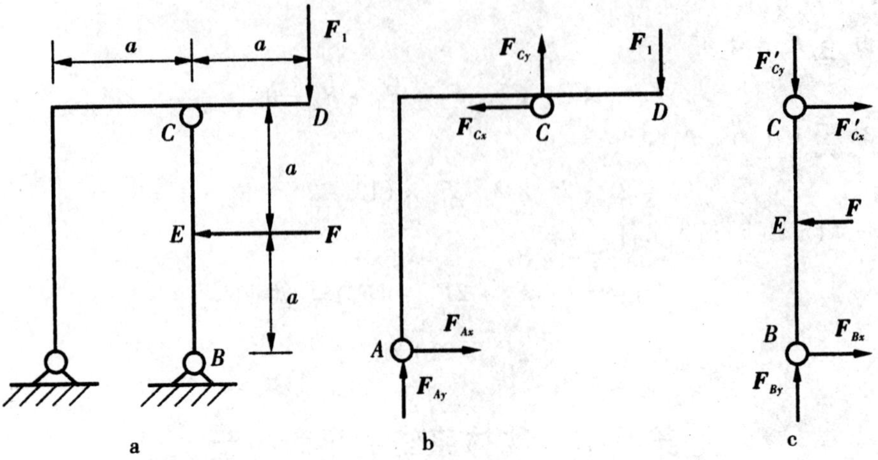

图2.24

$$F'_{Cx}+F_{Bx}-F=0$$

$$F'_{Cx}=F-F_{Bx}=F-\frac{1}{2}F=\frac{1}{2}F$$

解出 F'_{Cx} 后,利用作用力和反作用力公理,图2.24b中的 F_{Cx} 变为已知量,因而可继续求其他未知量。

由 $\sum M_A(F)=0$,有

$$F_{Cy}\times a+F_{Cy}\times 2a-F_1\times 2a=0$$

$$F_{Cy}=2F_1-2F_{Cx}=2F_1-2\frac{F}{2}=3F$$

由 $\sum F_y=0$,有

$$F_{Ay}+F_{Cy}-F_1=0$$

$$F_{Ay}=F_1-F_{Cy}=2F-3F=-F$$

由 $\sum F_x=0$,有

$$F_{Ax}-F_{Cx}=0$$

得

$$F_{Ax}=F_{Cx}=\frac{F}{2}$$

求出 F_{Cy} 后,再由2.24c求解出 F_{By}。

由 $\sum F_y=0$,有

$$F_{By}-F'_{Cx}=0$$

故

$$F_{By}=F'_{Cx}=3F$$

例2.13 如图2.25a所示的人字梯 ACB 置于光滑水平面上,且处于平衡,已知人重为 G,夹角为 α,长度为 l。求 A、B 和铰链 C 处的约束反力。

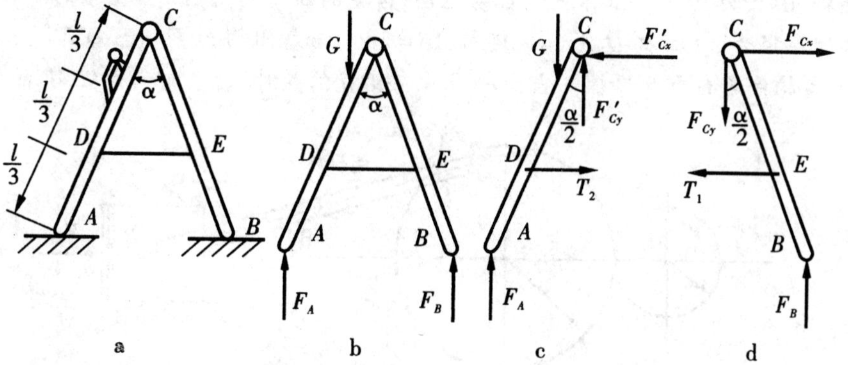

图2.25

解：

(1)选取研究对象，画出整体，每个物体的受力图，如图2.25b、c、d所示。AC和BC所受的力系均为平面任意力系，每个杆都有四个未知力，暂不可解。但由于物系整体受平面平行力系作用，故是可解的。先以整体为研究对象，求出$\boldsymbol{F}_A$、$\boldsymbol{F}_B$，则AC、BC便可解了，故再取BC为研究对象，求出C处反力。

(2)以整体为研究对象，列平衡方程求解：

由$\sum M_A(\boldsymbol{F})=0$，有

$$\boldsymbol{F}_B\times 2l\sin\frac{\alpha}{2}-G\times\frac{2}{3}l\sin\frac{\alpha}{2}=0$$

$$\boldsymbol{F}_B=\frac{G}{3}$$

由$\sum \boldsymbol{F}_y=0$，有

$$\boldsymbol{F}_A+\boldsymbol{F}_B-G=0$$

$$\boldsymbol{F}_A=G-\boldsymbol{F}_B=\frac{2}{3}G$$

(3)以BC杆为研究对象，列平衡方程求解：

由$\sum \boldsymbol{F}_y=0$，有

$$\boldsymbol{F}_B-\boldsymbol{F}_{Cy}=0$$

$$\boldsymbol{F}_{Cy}=\boldsymbol{F}_B=\frac{G}{3}$$

由$\sum M_E(\boldsymbol{F})=0$，有

$$\boldsymbol{F}_B\times\frac{l}{3}\sin\frac{\alpha}{2}+\boldsymbol{F}_{Cy}\times\frac{2}{3}l\sin\frac{\alpha}{2}-\boldsymbol{F}_{Cx}\times\frac{2}{3}l\cos\frac{\alpha}{2}=0$$

$$\boldsymbol{F}_{Cx}=\frac{G}{2}\tan\frac{\alpha}{2}$$

例2.14　往复式水泵如图2.26a所示，作用在齿轮上的驱动力偶矩M_O，通过齿轮

Ⅱ及连杆 AB 带动活塞在缸体内作往复运动，齿轮的压力角为 α，齿轮Ⅰ的半径为 r_1，齿轮Ⅱ的半径为 r_2，曲柄 $O_2A=r_3$，连杆 $AB=5r_1$，活塞阻力为 $\boldsymbol{F}$。已知 $\boldsymbol{F}$、r_1、r_2、r_3 和 α，不计各构件的自重及摩擦。当曲柄 O_2A 在铅直位置时，试求驱动力矩 M_O 的值。

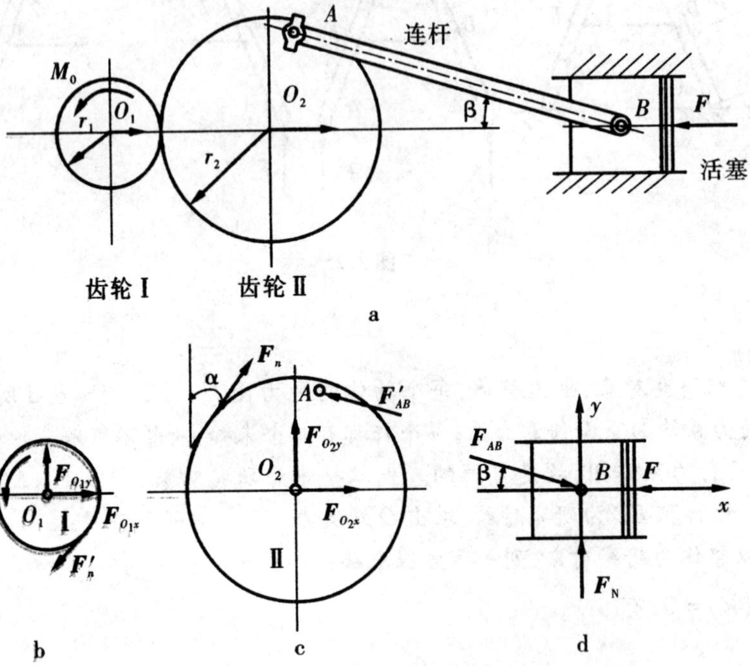

图 2.26

解：

(1)分别选取齿轮Ⅰ和齿轮Ⅱ及活塞 B 为研究对象，画出每个物体的受力图，如图 2.26b、c、d 所示。

(2)图 2.26d 中，活塞受平面汇交力系作用，$\boldsymbol{F}$ 已知，只有两个未知力 $\boldsymbol{F}_N$、$\boldsymbol{F}_{AB}$，都是可解的

由 $\sum \boldsymbol{F}_x=0$，有

$$\boldsymbol{F}_{AB}\cos\beta-\boldsymbol{F}=0$$

$$\boldsymbol{F}_{AB}=\boldsymbol{F}/\cos\beta$$

(3)由于 $\boldsymbol{F}_{AB}$ 已经解出，图 2.26c 变为可解，列平衡方程求解

由 $\sum M_{O_2}(\boldsymbol{F})=0$，有

$$\boldsymbol{F}'_{AB}\cos\beta r_3-\boldsymbol{F}_n\cos\alpha r_2=0$$

$$\boldsymbol{F}_n=\frac{\boldsymbol{F}'_{AB}\cos\beta r_3}{r_2\cos\alpha}=\frac{\frac{\boldsymbol{F}}{\cos\beta}\cos\beta r_3}{r_2\cos\alpha}=\frac{\boldsymbol{F}r_3}{r_2\cos\alpha}$$

(4)由图 2.26b 可列平衡方程，

由 $\sum M_{O_1}(\boldsymbol{F})=0$，有

$$M_O - F'_n\cos\alpha r_1 = 0$$

$$M_O = F'_n\cos\alpha r_1 = \frac{Fr_3}{r_2\cos\alpha}\cos\alpha r_1 = \frac{Fr_1r_3}{r_2}$$

第九节　平面静定桁架内力计算

桁架是由一些杆件彼此在两端通过铰链连接而组成的一种结构,工程实际中的铁架桥梁、电视塔、房屋架等都是桁架结构。各个杆件处于同一平面内的桁架称为平面桁架。桁架中各构件彼此连接的地方称为节点。

对于桁架的内力简化计算,可以采用如下假设:

(1)桁架中各杆都不计自重,载荷加在节点上。

(2)各杆件两端用光滑铰链连接。

以上假设保证了桁架中各杆件均为二力杆,内力均为沿着杆件的轴线方向。

在工程实际中,一般桁架都采用焊接或铆接,但是根据上述假设所得的计算结果,可以基本满足工程的需要。桁架中杆件内力的计算办法,一般有节点法和截面法两种。

一、节点法

由于桁架的外力和桁架的内力汇交与节点,故桁架各节点承受平面汇交力系作用,可逐个取节点为研究对象,解出各杆的内力。这种方法称为节点法。由于平面汇交力系只有两个独立的平衡方程,故求解时应从只有二个未知力的节点开始。在解题中,为了计算方便,可以统一假设杆件受到拉伸作用,即可以将杆件内力按背离节点的方向画出,这样我们可以根据计算结果的正负号,来判断杆件内力的性质。如果求得的未知力为正则是拉力,反之为压力。

下面举例说明如何运用节点法进行求解。

例 2.15　试用节点法求图 2.27a 所示的平面桁架各杆件的内力。

解:

(1)求外约束力,取桁架整体作为研究对象,画受力图如图 2.27b 所示,列平衡方程式:

由 $\sum M_A(\boldsymbol{F}) = 0$,有

$$\boldsymbol{F}_B \times 16 - 10\,000 \times 4 - 10\,000 \times 8 - 10\,000 \times 12 = 0$$

$$\boldsymbol{F}_B = 15\,000\ \text{N}$$

由 $\sum \boldsymbol{F}_y = 0$,有

$$\boldsymbol{F}_A - 10\,000 - 10\,000 - 10\,000 + \boldsymbol{F}_B = 0$$

$$\boldsymbol{F}_A = 15\,000\ \text{N}$$

(2)求各杆的内力

首先选取只作用有两个未知杆件内力的节点为研究对象,可选节点 B 作为研究

对象，画出受力图如图 2.27c 所示，这里先假定杆件受拉，即杆件内力按背离节点的方向画出，从而列平衡方程式：

由 $\sum F_y = 0$，有

$$F_B - F_2 \times \frac{3}{5} = 0$$

$$F_2 = 25\ 000\ \text{N}$$

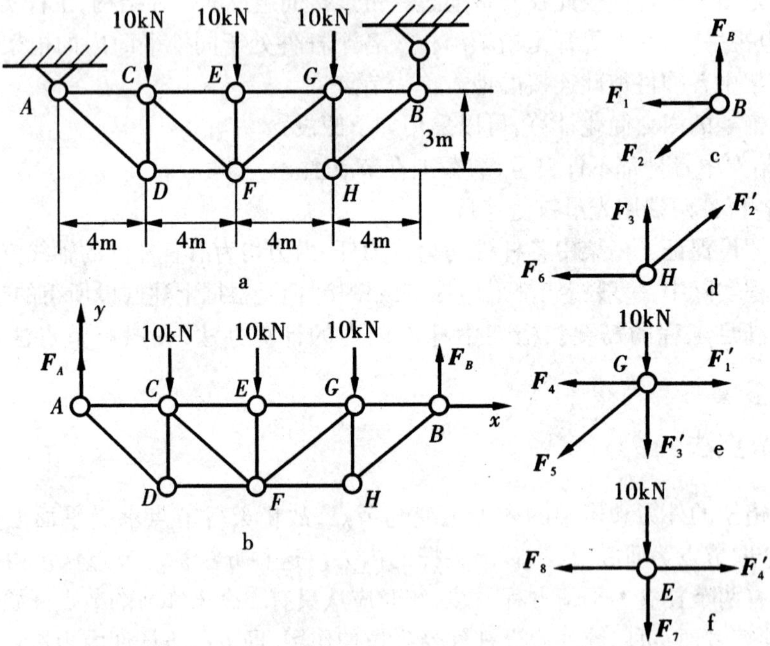

图 2.27

由 $\sum F_x = 0$，有

$$-F_1 - F_2 \times \frac{4}{5} = 0$$

$$F_1 = -20\ 000\ \text{N}$$

取节点 H 为研究对象，画受力图如图 2.27d 所示，从而列平衡方程式：

由 $\sum F_x = 0$，有

$$F'_2 \frac{4}{5} - F_6 = 0$$

$$F_6 = 20\ 000\ \text{N}$$

由 $\sum F_y = 0$，有

$$F_3 + F'_2 \times \frac{3}{5} = 0$$

$$F_3 = -15\ 000\ \text{N}$$

取节点 G 为研究对象，画受力图如图 2.27e 所示，从而列平衡方程式：

由 $\sum F_y = 0$，有

$$-10\ 000 - F_5 \times \frac{3}{5} - F'_3 = 0$$

$$F_5 = 8\ 330\ \text{N}$$

由 $\sum F_x = 0$，有

$$F'_1 - F_4 - F_5 \times \frac{4}{5} = 0$$

$$F_4 = -26\ 670\ \text{N}$$

取节点 E 为研究对象，画出受力图如图 2.27f 所示，从而列平衡方程式：

由 $\sum F_y = 0$，有

$$-10\ 000 - F_7 = 0$$

$$F_7 = -10\ 000\ \text{N}$$

由于桁架的结构及所受载荷都对称，其他各杆件的内力不需要再进行计算，可对称得到结果。如果本例载荷不对称，则仍需要计算其余各节点，但是，在计算了 C、D 点之后，全部的杆件内力已经求出，节点 A 的平衡方程可作校核使用，请读者自行校核。

二、截面法

截面法是假想用一个截面将桁架切开，任取其中的一半为研究对象，在切开位置处画出杆件的内力，所取的分离体上受平面任意力作用，它可解三个未知力。要注意以下两点：

(1)所取截面必须将桁架切成两半，不能有一根杆件相连。

(2)每取一次截面，截开的杆件都不应该超过三根。

例 2.16　如图 2.28 所示平面桁架，各杆件的长度都等于 1 m。在节点 E 上作用载荷 $P_1 = 10$ kN，在节点 G 上作用载荷 $P_2 = 7$ kN。试计算 1、2 和 3 的内力。

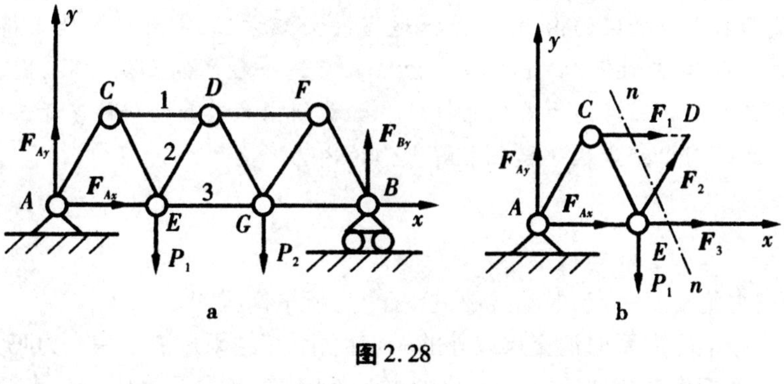

图 2.28

解：先求桁架的支座反力。以桁架整体为研究对象，在桁架上受主动力 P_1 和 P_2，以及约束反力 $\boldsymbol{F}_{Ax}$、$\boldsymbol{F}_{Ay}$、$\boldsymbol{F}_{By}$ 的作用，列出平衡方程式：

由 $\sum \boldsymbol{F}_x = 0$，有

$$\boldsymbol{F}_{Ax} = 0$$

由 $\sum \boldsymbol{F}_y = 0$，有

$$\boldsymbol{F}_{Ax} + \boldsymbol{F}_{By} - P_1 - P_2 = 0$$

由 $\sum M_B(\boldsymbol{F}) = 0$，有

$$P_1 \times 2 + P_2 \times 1 - \boldsymbol{F}_{Ay} \times 3 = 0$$

解上述方程得：

$$\boldsymbol{F}_{Ax} = 0\ \text{N},\ \boldsymbol{F}_{Ay} = 9\ \text{kN},\ \boldsymbol{F}_{By} = 8\ \text{kN}$$

为求杆1、2和3的内力，可取截面 n-n 将三杆截断。选取桁架左半部分为研究对象，假定所截断的三杆都受拉力，受力图如图2.28b所示，为一平面任意力系。列平衡方程

由 $\sum M_E(\boldsymbol{F}) = 0$，有

$$-\boldsymbol{F}_1 \times \frac{\sqrt{3}}{2} \times 1 - \boldsymbol{F}_{Ay} \times 1 = 0$$

由 $\sum \boldsymbol{F}_y = 0$，有

$$\boldsymbol{F}_{Ay} + \boldsymbol{F}_2 \times \frac{\sqrt{3}}{2} - P_1 = 0$$

由 $\sum M_D(\boldsymbol{F}) = 0$，有

$$P_1 \times \frac{1}{2} + \boldsymbol{F}_3 \times \frac{\sqrt{3}}{2} \times 1 - \boldsymbol{F}_{Ay} \times \frac{3}{2} = 0$$

解得：

$$\boldsymbol{F}_1 = -10.4\ \text{kN}(\text{压力}) \quad \boldsymbol{F}_2 = 1.15\ \text{kN}(\text{拉力}) \quad \boldsymbol{F}_3 = 9.81\ \text{kN}(\text{拉力})$$

如果选取桁架的右半部分为研究对象，可以得到同样的结果。同样，可以用截面截断另外的三根杆件，计算其他各杆的内力，或者用以校核已求得的结果。

采用截面法求解桁架的内力时，选择适当的力矩方程，常可较快地求得某些指定杆件的内力。当然，应注意到，平面任意力系只有三个独立的平衡方程，因而，作截面时每次最多只能截断三根内力未知的杆件。如截断内力未知的杆件多于三根，就需要联合由其他截面列出的方程一起来求解它们的内力。

习题

2.1　三力汇交于一点，但不共面，这三个力能平衡吗？

2.2　平面汇交力系向汇交点以外的一点简化，其结果可能是一个力吗？

2.3　某平面力系向 A、B 两点简化的主矩都为零，此力系简化的最终结果可能是一个力吗？可能是一个力偶吗？可能平衡吗？

2.4 用解析法求解平面汇交力系的平衡问题时，x 与 y 轴是否一定要相互平衡？当两轴不平衡时，建立平衡方程式 $\sum F_x = 0$ 和 $\sum F_y = 0$ 能满足平面汇交力系的平衡条件吗？

2.5 用手拔钉子拔不动，为什么羊角锤就容易拔起？如图所示，如果锤把上作用有 50 N 的推力，问拔钉子的力有多大？加在锤把上的力沿什么方向最省力？

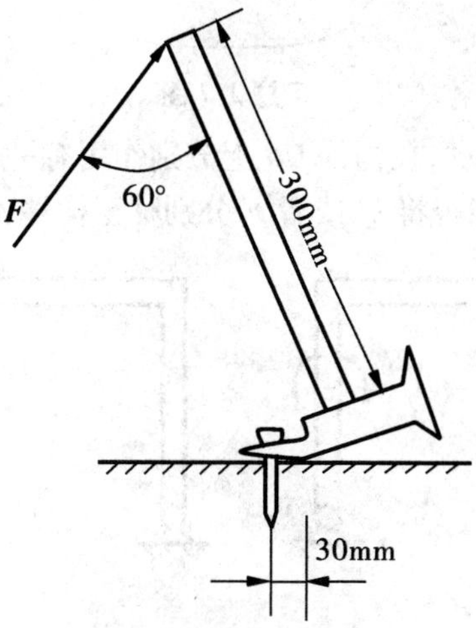

习题 2.5 图

2.6 如图所示力 $\boldsymbol{F}$ 和力偶（$\boldsymbol{F}'$，$\boldsymbol{F}''$）对轮的作用有何不同？设轮的半径均为 r，并且 $\boldsymbol{F}' = \dfrac{\boldsymbol{F}}{2}$。

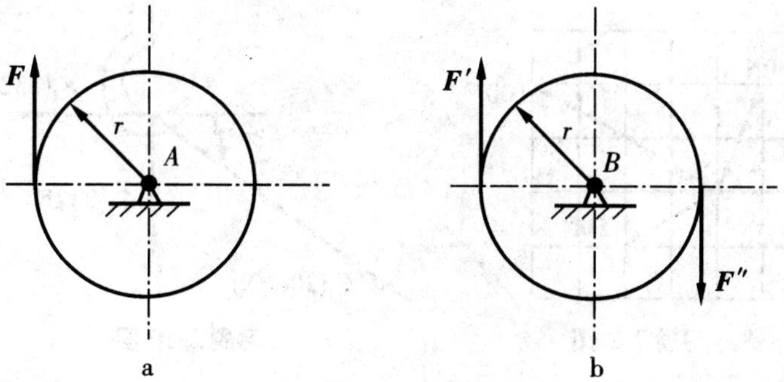

习题 2.6 图

2.7 在物体上 A、B、C 三点分别作用三个力 $\boldsymbol{F}_1$、$\boldsymbol{F}_2$、$\boldsymbol{F}_3$，各力的方向如图所示，大小恰好与三角形 ABC 的边长成比例。问该力系是否平衡？为什么？

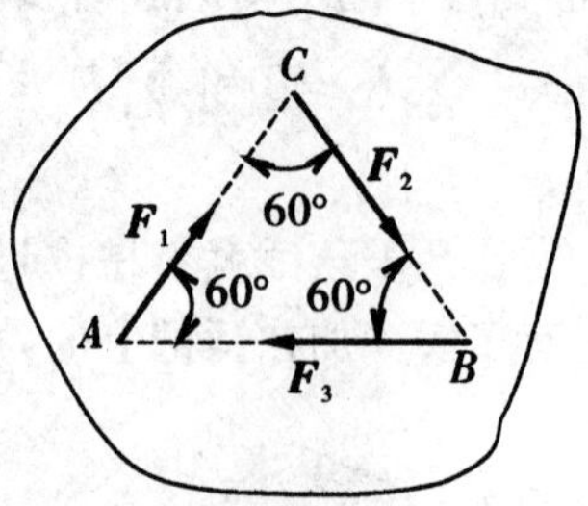

习题 2.7 图

2.8　如图所示的三铰拱，在构件 CB 上分别作用有一个力偶 M 或者力 $\boldsymbol{F}$，当求铰链 A、B、C 的约束反力时，能否将 M 或者 $\boldsymbol{F}$ 分别移至构件 AC 上？为什么？

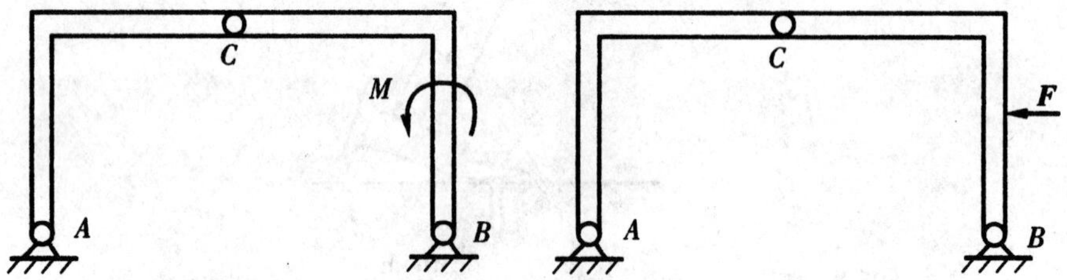

a　　　　b

习题 2.8 图

2.9　三个力作用于一点如图所示。图中方格为 10 mm，求此力系的合力。

2.10　一固定于房顶的吊钩上的三个力 $\boldsymbol{F}_1$、$\boldsymbol{F}_2$、$\boldsymbol{F}_3$，其数值与方向如图所示，试用解析法求吊钩所受合力的大小和方向。

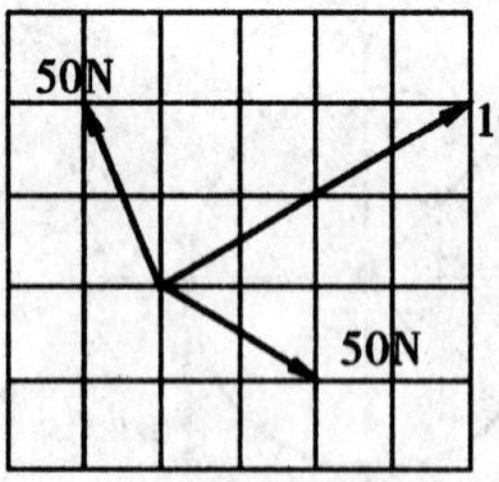

习题 2.9 图

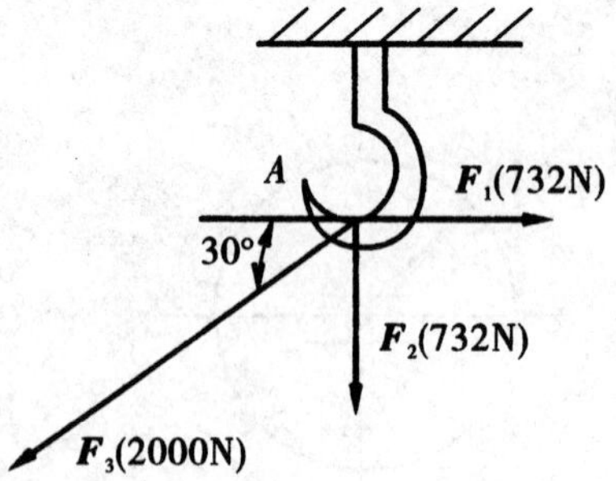

习题 2.10 图

2.11　AC 和 BC 两杆用铰链 C 连接，两杆的另一端分别铰支在墙上，如图所示。在 C 点悬挂 20 kN 的物体，已知：$AB=AC=4$ m，$BC=2$ m，如果不计杆重，求两杆所受的力。

2.12　在下图所示刚架的 B 点作用一力 $\boldsymbol{F}$，与水平线呈 45° 角，刚架重量忽略不计。求支座 A、D 的反力。

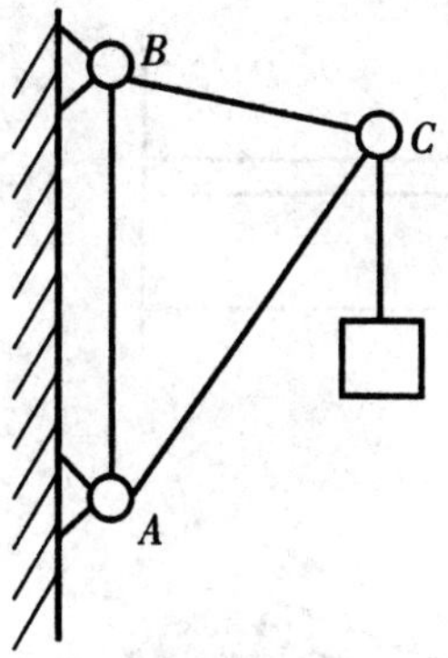

习题 2.11 图

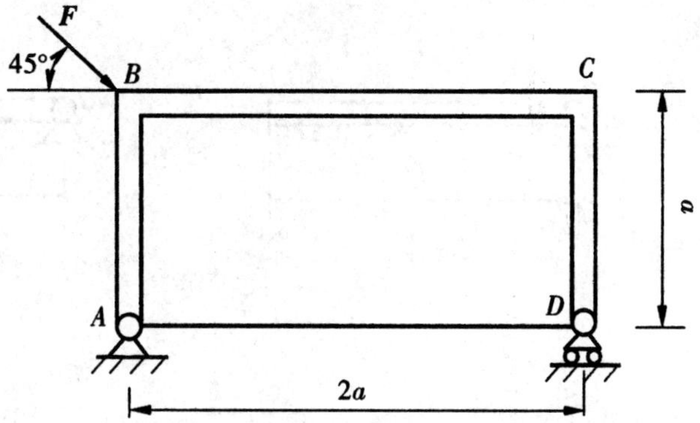

习题 2.12 图

2.13　电动机重 $P=2\ 500$ N，放在水平梁 AC 中央，如图所示。梁的 A 端以铰链固定，另一端以撑杆 BC 支撑，撑杆与水平呈 30°，如忽略梁和杆的重量，求撑杆 BC 的内力及铰支座 A 处的约束反力。

2.14　如图所示，在杆 AB 的两端用光滑铰链与两轮中心 A、B 连接，并将它们置于互相垂直的两光滑斜面上。假设两轮重量均为 P，杆 AB 的重量不计，试求它们平衡时的 θ 角之值。如果 A 重量为 300 N，若要使平衡时杆 AB 在水平位置（$\theta=0°$），轮 B 的重量应该为多少？

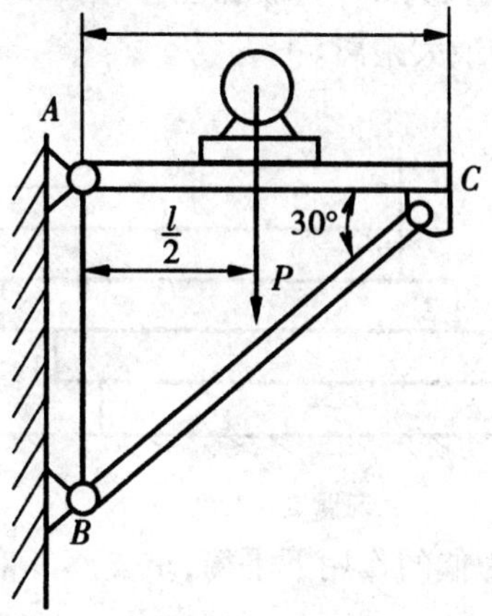

习题 2.13 图

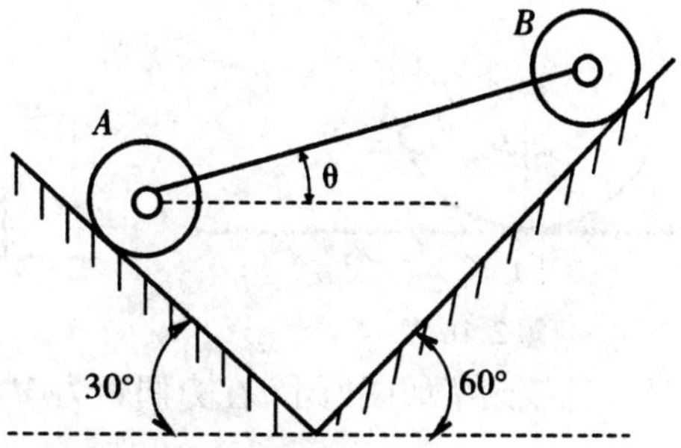

习题 2.14 图

2.15　试计算下列各图中力 F 对 O 点之距。

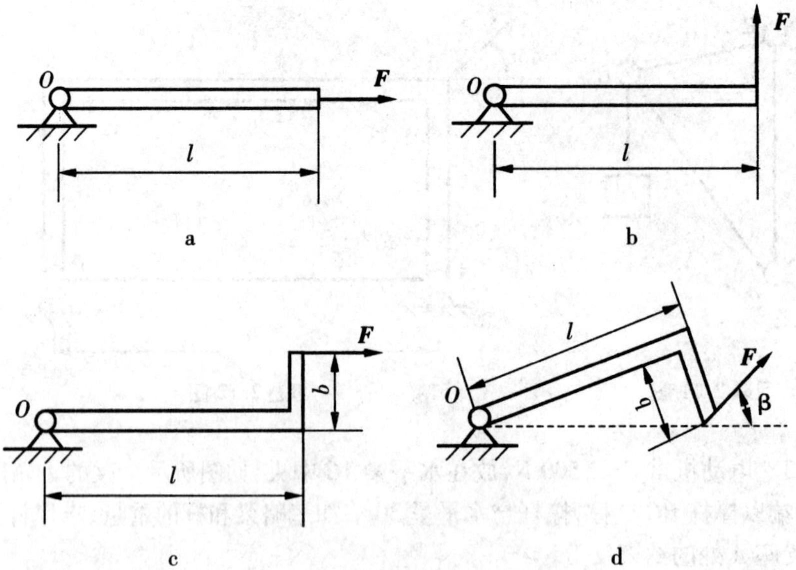

习题 2.15 图

2.16　如图所示一轮在轮轴 B 处受一切向力 $\boldsymbol{F}$，已知 $\boldsymbol{F}$、R、r 和 α。求此力对接触点 A 的力距。

2.17　四块砖，假设质量分布均匀，各重为 P，长为 $2b$，叠放如图。在砖 1 右端 A 加上力为 $2P$，欲使各砖都平衡，求每块砖可伸出的最大距离。

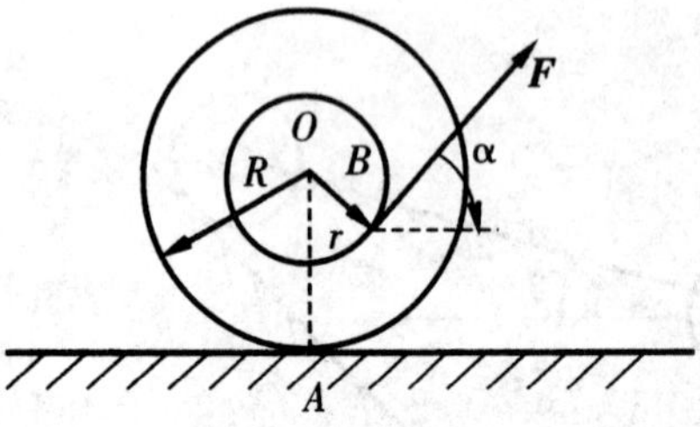

习题 2.16 图

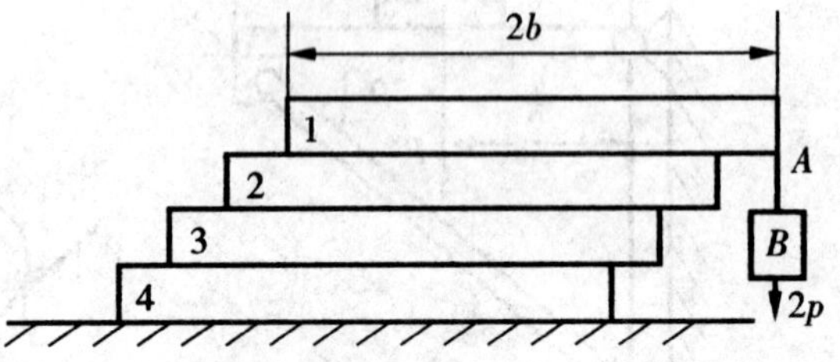

习题 2.17 图

2.18　三铰刚架如图所示，在力偶距为 M 的力偶的作用下平衡，求支座 A 和 B 的约束反力。

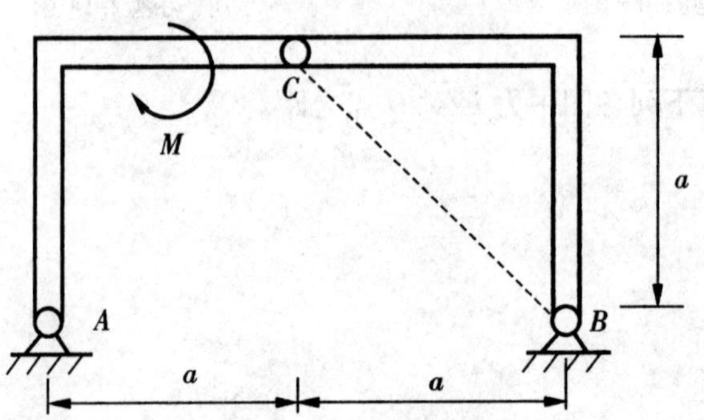

习题 2.18 图

2.19　如图所示结构中，A 为光滑接触面。求在力偶距为 M 的力偶的作用下，支座 D 的约束反力。

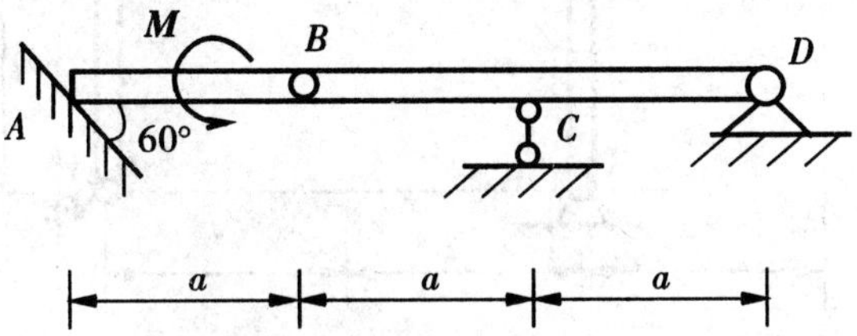

习题 2.19 图

2.20　如图所示，支架的横梁 AB 和斜杆 DC 彼此以铰链 C 连接，并各以铰链 A、D 连接于铅直的墙上，已知 $AC=CB$，杆 DC 与水平方向夹角为 45°角。载荷 $\boldsymbol{F}=10$ kN 作用于 B 处。设梁和杆的重力不计，求铰链 A 的约束反力和杆 DC 所受到的力。

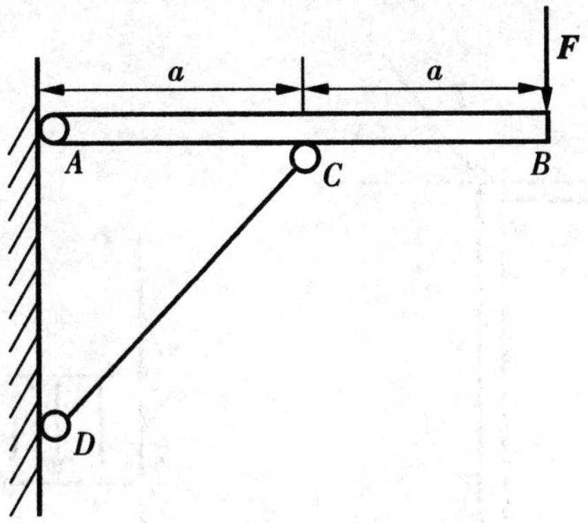

习题 2.20 图

2.21　已知梁 AB 上作用一力偶，力偶距为 M，梁长为 l，梁重不计，求在下图两种情况下，支座 A 和 B 的约束反力。

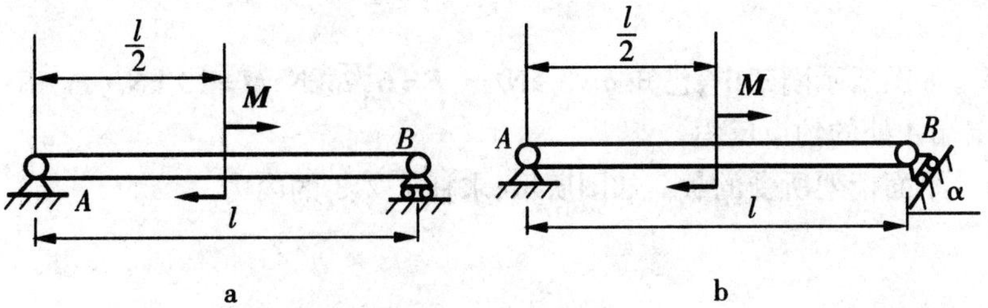

习题 2.21 图

2.22　如图所示结构中，各构件的自重略去不计，在构件 BC 上作用一力偶距为 M 的力偶，各尺寸如图，求支座 A 的约束反力。

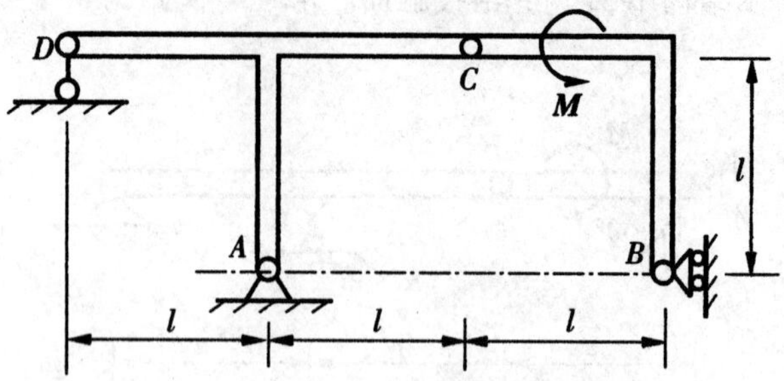

习题 2.22 图

2.23 如图所示刚架，在其 A、B 两点分别作用 $\boldsymbol{F}_1$、$\boldsymbol{F}_2$ 两力，已知 $F_1 = F_2 = 10$ kN。要使以过 C 点的一个力 $\boldsymbol{F}$ 代替 $\boldsymbol{F}_1$、$\boldsymbol{F}_2$，求 $\boldsymbol{F}$ 的大小、方向及 BC 间的距离。

2.24 如图所示，在支撑窗外凉台的水平梁上承受强度为 q 的均布载荷，在水平梁外端从柱上传递载荷 P，柱的轴线到墙距离为 l。求梁根部的支反力。

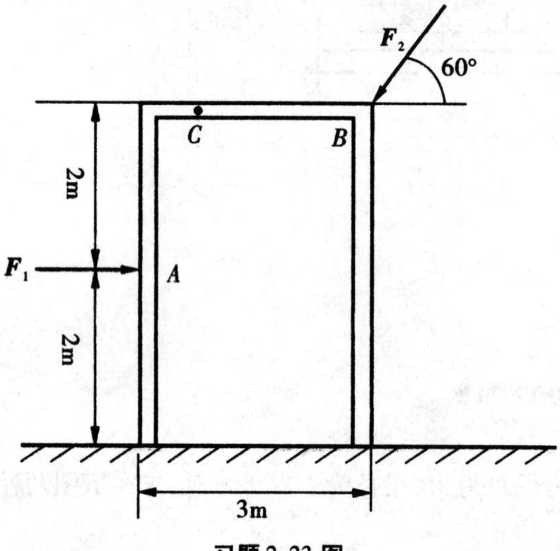

习题 2.23 图

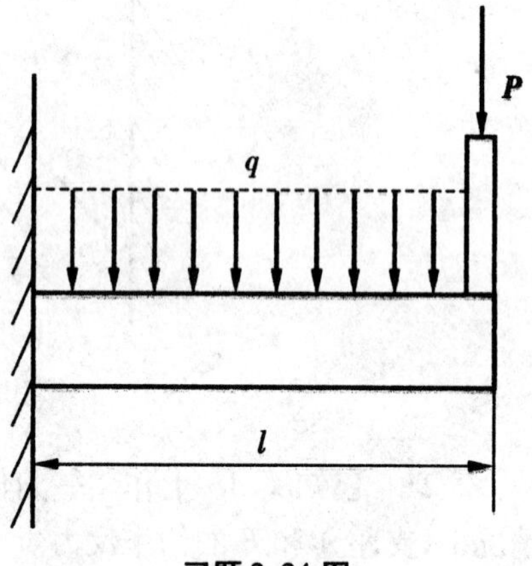

习题 2.24 图

2.25 如图所示刚架中，已知 $q = 3$ kN/m，$F = 6\sqrt{2}$ kN，$M = 10$ kN·m，不计刚架自重，求固定端 A 处的约束反力。

2.26 平面桁架所受的载荷如图所示，求杆 1、2、3 的内力。

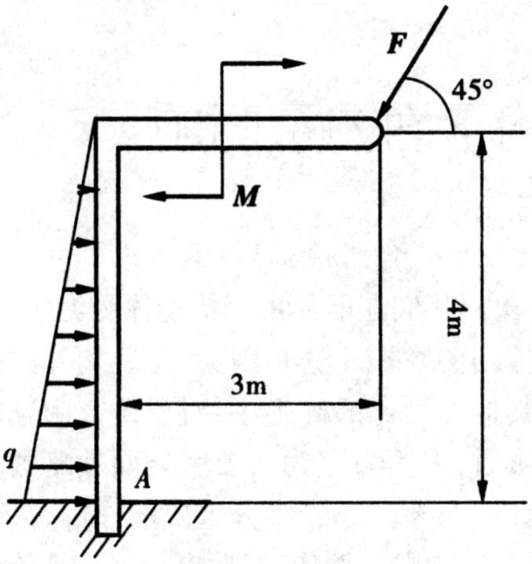

习题 2.25 图

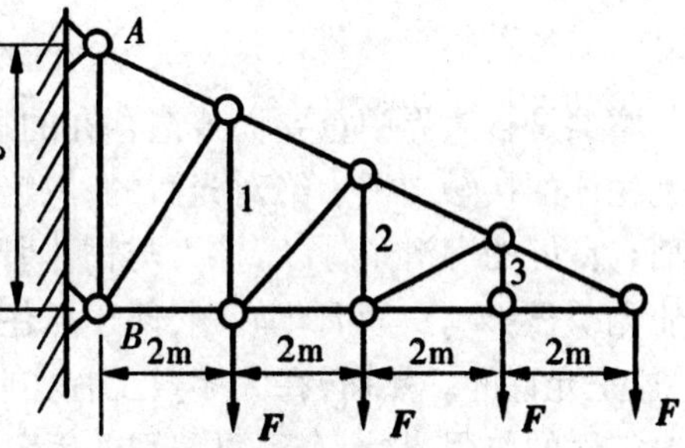

习题 2.26 图

第三章 考虑摩擦的平面力系问题

摩擦是自然界中重要而普遍存在的物理现象。我们在前几章分析物体受力时,总是把物体的接触面视为绝对光滑的,忽略了物体间的摩擦。这是因为,有些构件的接触面有良好的润滑条件,摩擦力与物体所受的其他力相比的确很小,对所研究问题的实质无明显影响。为简化问题,便于抓住主要矛盾,摩擦力作为次要因素而被略去不计,这是允许的。然而,在大多数工程实际问题中,摩擦力起着十分重要的作用,甚至是决定性的作用,是一个不可忽视的因素,必须予以考虑。例如,摩擦离合器和带传动要靠摩擦力才能工作,螺纹连接及工件装夹靠摩擦力起紧固作用,车辆靠驱动轮与地面间的摩擦力来启动,制动器靠摩擦力来刹车等。同时,摩擦也有其有害的一面,摩擦要消耗能量,并使机器磨损而降低精度和使用寿命。据估计,目前在能源使用中,有一半以上是用于克服各类摩擦,约 80% 的机械因磨损而失效。因此,要充分利用摩擦有利的一面,克服其有害的一面,掌握一些摩擦现象的客观规律是非常必要的。

为了便于研究,一般将摩擦现象作如下分类:

(1)按物体接触部分可能存在的相对运动形式,分为滑动摩擦和滚动摩擦;

(2)按两接触物体间是否发生相对运动,分为静摩擦和动摩擦;

(3)按接触面间是否有润滑,分为干摩擦和湿摩擦。

本节将在古典摩擦理论基础上,讨论干摩擦条件下的滑动摩擦及考虑干摩擦时物体的平衡问题。

第一节 滑动摩擦的概念

两个相互接触的物体,发生相对滑动或存在相对滑动趋势时,在接触面处,彼此间就会有阻碍相对滑动的力存在,此力称为滑动摩擦力。显然,滑动摩擦力作用在物体的接触面处,其方向沿接触面的切线方向与物体相对滑动或相对滑动趋势方向相反。按两接触物体间的相对滑动是否存在,滑动摩擦力又可分为静滑动摩擦力和动滑动摩擦力。

一、静滑动摩擦力

当两个相互接触的物体间只有相对滑动趋势时,接触面间所产生的摩擦力称为静滑动摩擦力,简称静摩擦力。显然,其方向与物体相对滑动趋势方向相反。

下面通过图 3.1 所示的简单实验,来分析静滑动摩擦力的特征。

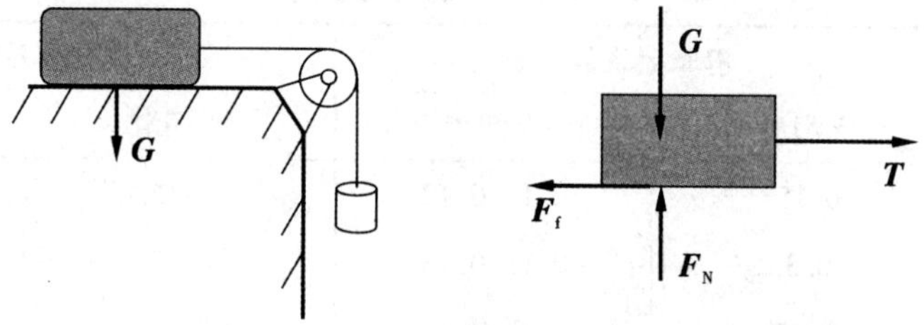

图3.1

在水平桌面上放一重 $\boldsymbol{G}$ 的物块，用一根绕过滑轮的绳子系住，绳子的另一端挂一砝码盘。若不计绳重和滑轮的摩擦，物块平衡时，绳对物块的拉力 $\boldsymbol{T}$ 的大小就等于砝码及砝码盘重量的总和。拉力 $\boldsymbol{T}$ 使物块产生向右的滑动趋势，而桌面对物块的静摩擦力 $\boldsymbol{F}_f$ 阻碍物块向右滑动。当拉力 $\boldsymbol{T}$ 不超过某一限度时，物块静止，因此，由物体的平衡条件可知，摩擦力与拉力大小相等，$\boldsymbol{F}_f=\boldsymbol{T}$；若拉力 $\boldsymbol{T}$ 逐渐增大，物块的滑动趋势随之逐渐增强，静摩擦力 $\boldsymbol{F}_f$ 也相应增大。

可见，静摩擦力具有约束反力的性质，其大小取决于主动力，是一个不固定的值。然而，静摩擦力又与一般的约束反力不同，不能随主动力的增大而无限增大，当拉力 T 增大到某一值时，物块处于将动未动的状态（临界平衡状态，简称临界状态），静摩擦力也达到了其极限值，该值称为最大静滑动摩擦力，简称最大静摩擦力，记作 $\boldsymbol{F}_{f\max}$。此时，只要主动力 T 增加，物块即开始滑动。这说明，静摩擦力是一种有限的约束反力。

由以上实验可见，静摩擦力的大小由平衡条件（$\sum \boldsymbol{F}_{ix}=0$）确定，其数值决定于使物体产生滑动趋势的外力，但不超过某一限度。当物体处于临界平衡状态时，摩擦力达到最大值 $\boldsymbol{F}_{f\max}$。即，

$$0 \leqslant \boldsymbol{F}_f \leqslant \boldsymbol{F}_{f\max} \tag{3.1}$$

大量实验证明，最大静摩擦力 $\boldsymbol{F}_{f\max}$ 的大小与两物体间的正压力（即法向压力）成正比，即，

$$\boldsymbol{F}_{f\max}=f_s \cdot \boldsymbol{F}_N \tag{3.2}$$

这就是静滑动摩擦定律（又称为库仑定律）。式中的比例常数 f_s 称为静滑动摩擦因数，简称静摩擦因数。它是一个无量纲的数，其大小主要取决于接触面的材料及表面状况（粗糙度、温度、湿度等），与接触面积无关。静摩擦因数的数值由实验确定，也可从有关手册中查到，表3.1中列出了一部分常用材料的摩擦系数。需说明的是，由于摩擦理论尚不完善，影响摩擦因数的因素也很复杂，鉴于实际情况的差别，摩擦因数的值可能会有较大出入，要想得到精确的摩擦因数值，应在特定条件下通过实验测定。

表 3.1　常用材料的滑动摩擦系数

材料名称	静摩擦系数		动摩擦系数	
	无润滑	有润滑	无润滑	有润滑
钢-钢	0.15	0.1～0.12	0.15	0.05～0.1
钢-铸铁	0.3	0.1～0.15	0.18	0.05～0.15
钢-青铜	0.15	0.18	0.15	0.1～0.15
铸铁-铸铁			0.15	0.07～0.12
铸铁-青铜			0.15～-0.2	0.07～0.15
青铜-青铜		0.1	0.2	0.07～0.1
木材-木材	0.4～0.6	0.1	0.2～0.5	0.07～0.15

应当指出,式(3.2)是近似的,它远不能完全反映出静滑动摩擦的复杂想象,但是由于计算公式简单,方便,并且又有足够的准确性,所以被广泛应用在工程实际中。

静摩擦定律给我们指出了利用摩擦和减少摩擦的途径。要增大最大静摩擦力,可以通过加大正压力或者增大摩擦系数来实现。例如,汽车一般都用后轮来驱动,这是因为后轮的正压力大于前轮,可以允许产生较大的向前推动的摩擦力。又例如,火车在下雪后行驶时要在铁轨上洒上细沙,就是为了来增大摩擦系数,避免打滑。

二、动滑动摩擦力

在图 3.1 所示的实验中,当 T 的值超过 $\boldsymbol{F}_{\mathrm{fmax}}$,物体就开始滑动了。当两个相互接触的物体发生相对滑动时,接触面间的摩擦力称为动滑动摩擦力,简称动摩擦力。显然,动摩擦力的方向与物体相对滑动的方向相反。

大量实验证明,动滑动摩擦力的大小也与物体间的正压力成正比。即

$$\boldsymbol{F}=f\boldsymbol{F}_{\mathrm{N}} \tag{3.3}$$

此即动滑动摩擦定律,式中比例系数 f 称为动滑动摩擦因数,简称动摩擦因数。它也是无量纲量,其值除与接触面材料及表面状况有关外,还与物体间相对滑动速度的大小有关,随速度的增大而减小。但当速度变化不大时,一般不考虑速度的影响,可将动摩擦系数近似地视为个常数,参阅表 3.1。

动摩擦力与静摩擦力不同,没有变化范围。一般情况下,动摩擦因数小于静摩擦因数,即,

$$f<f_{\mathrm{s}}$$

在机器中,往往用降低接触表面的粗糙度或加入润滑剂等方法。使动摩擦系数降低,以减少摩擦和磨损。

第二节　考虑摩擦时物体的平衡问题

考虑摩擦时,求解物体平衡问题的步骤与前几章所述的大致相同,首先要分清物体处于哪种情况,然后选用相应的方法计算。但求解时有以下几个特点:

(1)分析物体受力的时候,必须考虑到接触面间的摩擦力,通常就增加了未知量的数目;

(2)为确定这些新增的未知量,就需要列出补充方程,即 $\boldsymbol{F}_{\mathrm{f}} \leqslant f_{\mathrm{s}}\boldsymbol{F}_{\mathrm{N}}$,补充方程的数目与摩擦力的数目相同;

(3)由于物体平衡时摩擦力有一定的范围,即 $0 \leqslant \boldsymbol{F}_{\mathrm{f}} \leqslant \boldsymbol{F}_{\mathrm{fmax}}$,所以有摩擦时平衡问题的解亦有一定的范围,而不是一个确定的值。

工程上有不少问题只需要分析物体平衡的临界状态,这时静摩擦力等于其最大值,补充方程只取等号($F_{\mathrm{fmax}}=f_{\mathrm{s}}F_{\mathrm{N}}$)。有时为了计算方便,也先在临界状态下计算,求得结果后再分析、讨论其解的平衡范围。其一般步骤是:

(1)假定物体静止,画受力图;

(2)列平衡方程,求摩擦力 $\boldsymbol{F}_{\mathrm{f}}$和正压力 $\boldsymbol{F}_{\mathrm{N}}$;

(3)列补充方程,求最大静摩擦力 $\boldsymbol{F}_{\mathrm{fmax}}$;

(4)将按平衡方程求出的摩擦力 F_{f} 与最大静摩擦力 $\boldsymbol{F}_{\mathrm{fmax}}$ 比较。若 $|\boldsymbol{F}_{\mathrm{f}}| < \boldsymbol{F}_{\mathrm{fmax}}$,则物体静止,摩擦力为 F_{f};若 $|\boldsymbol{F}_{\mathrm{f}}| = \boldsymbol{F}_{\mathrm{fmax}}$,则物体处于临界平衡状态,摩擦力为 $\boldsymbol{F}_{\mathrm{fmax}}$;若 $|\boldsymbol{F}_{\mathrm{f}}| > \boldsymbol{F}_{\mathrm{fmax}}$,则物体滑动,摩擦力为 $\boldsymbol{F}_{\mathrm{f}} \approx \boldsymbol{F}_{\mathrm{fmax}}$ 。

例3.1　在倾角 α 的固定斜面上,放有重 $\boldsymbol{G}$ 的物块,它与斜面间的摩擦系数为 f_{s},为了维持这物块在斜面上静止不动,在物块上作用了水平力 $\boldsymbol{F}$,试求力 F 允许值的范围。

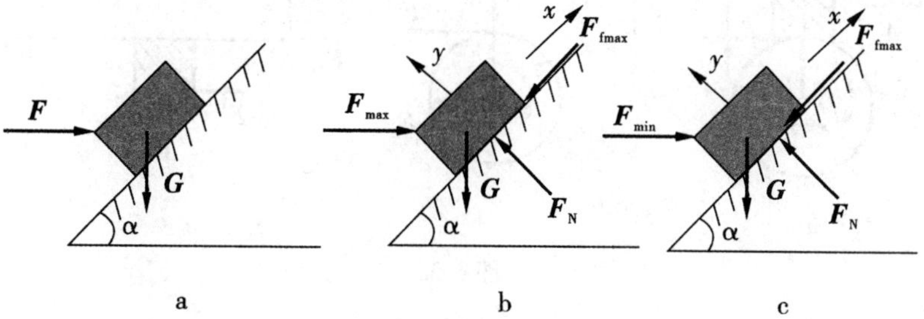

图3.2

解:由经验可知,力 $\boldsymbol{F}$ 太大时,物块将上滑;力 $\boldsymbol{F}$ 太小时,物块将下滑,因此力 $\boldsymbol{F}$ 的允许值必在一定的范围内,即 $\boldsymbol{F}$ 应在最大值和最小值之间。

(1)先求物块有上滑趋势,$\boldsymbol{F}$ 取最大值。在这种情形下,摩擦力沿着斜面向下,并达到最大值 $\boldsymbol{F}_{\mathrm{fmax}}$,如图 3.2b 所示,列平衡方程式为:

由 $\sum \boldsymbol{F}_x = 0$,有

$$F_{max}\cos\alpha - G\sin\alpha - F_{fmax} = 0$$

由 $\sum F_y = 0$,有

$$F_N - F_{max}\sin\alpha - G\cos\alpha = 0$$

补充方程:$F_{fmax} = f_s F_N$

三式联立,可解得 F 的最大值:$F_{max} = G\dfrac{\sin\alpha + f_s\cos\alpha}{\cos\alpha - f_s\sin\alpha}$

(2)再求物块有下滑趋势,F 取最小值。在此情形下,摩擦力沿斜面向上,并达到另一最大值 F_{fmax},如图 3.2c 所示,列平衡方程式为:

由 $\sum F_x = 0$,有

$$F_{min}\cos\alpha - G\sin\alpha + F_{fmax} = 0$$

由 $\sum F_y = 0$,有

$$F_N - F_{min}\sin\alpha - G\cos\alpha = 0$$

补充方程:

$$F_{fmax} = f_s F_N$$

三式联立,可解得 F 的最小值:$F_{min} = G\dfrac{\sin\alpha - f_s\cos\alpha}{\cos\alpha + f_s\sin\alpha}$

综上所述的两个结果可知,为使物块在斜面上静止,力 F 所允许的值的范围为:

$$G\frac{\sin\alpha - f_s\cos\alpha}{\cos\alpha + f_s\sin\alpha} \leqslant F \leqslant G\frac{\sin\alpha + f_s\cos\alpha}{\cos\alpha - f_s\sin\alpha}$$

例 3.2 图 3.3a 是一种刹车装置的示意图。若鼓轮与刹车片间的静摩擦因数为 f_s,鼓轮上作用着力偶矩为 M 的力偶,几何尺寸如图 3.3 所示。试求刹车所需的力 P 的最小值。

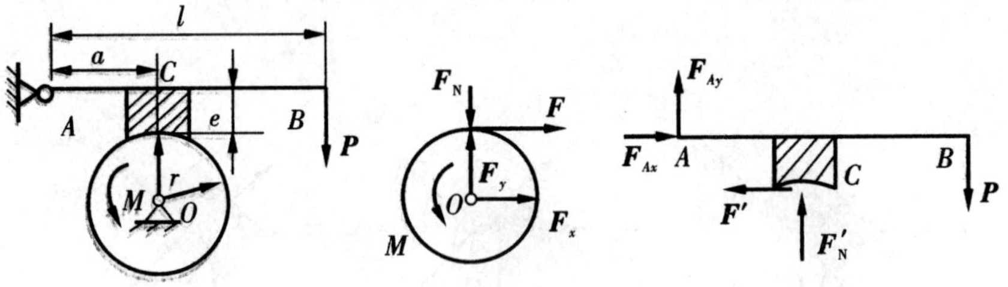

a　　　　b　　　　c

图 3.3

解:

(1)以鼓轮为研究对象,画其受力图如图 3.3b,列平衡方程:

由 $\sum M_O(F) = 0$,有

$$M - Fr = 0$$

当鼓轮处于临界平衡状态时,所需 P 的值最小,列补充方程:

$$F = F_{max} = f_s F_N$$

联立两式，解得：

$$\boldsymbol{F}=\frac{M}{r},$$

$$\boldsymbol{F}_N=\frac{m}{fr}$$

(2)以制动杆为研究对象，画其受力图，如图 3.3c 所示，其中，

$$\boldsymbol{F}'_{\mathrm{N}}=\boldsymbol{F}_{\mathrm{N}}=\frac{M}{fr},\ \boldsymbol{F}'=\boldsymbol{F}=\frac{M}{r}$$

列平衡方程：由 $\sum M_O(\boldsymbol{F})=0$，有

$$\boldsymbol{F}'_{\mathrm{N}}a-\boldsymbol{F}'e-P_{\min}l=0$$

解得：

$$P_{\min}=\frac{M(a-fe)}{fr}$$

第三节　摩擦角与自锁

一、摩擦角

当考虑摩擦时，接触面对物体的约束反力由两部分组成，即法向反力 $\boldsymbol{F}_{\mathrm{N}}$ 和摩擦力 $\boldsymbol{F}_{\mathrm{f}}$，两者的合力 $\boldsymbol{F}_{\mathrm{R}}$ 代表了接触面对物体的全部作用，称为全约束反力，如图 3.4a 所示。显然，全约束反力 $\boldsymbol{F}_{\mathrm{R}}$ 与法向约束反力 $\boldsymbol{F}_{\mathrm{N}}$ 之间的夹角 φ，随摩擦力 $\boldsymbol{F}_{\mathrm{f}}$ 的增大而增大，当物体处于临界平衡状态时，摩擦力 $\boldsymbol{F}_{\mathrm{f}}$ 达到最大值 $\boldsymbol{F}_{\mathrm{fmax}}$，夹角 φ 也达到最大值 φ_{m}，φ_{m} 称为临界（或极限）摩擦角，简称摩擦角。由图 3.4b 可得：

$$\tan\varphi_{\mathrm{m}}=\frac{\boldsymbol{F}_{\mathrm{fmax}}}{\boldsymbol{F}_{\mathrm{N}}}=f_{\mathrm{s}} \tag{3.4}$$

即摩擦角的正切等于静摩擦因数。因此，摩擦角也是表征接触面摩擦性质的物理量，给出摩擦角 φ_{m} 就相当于给出了静摩擦因数 f。

当物块的滑动趋势方向改变时，全约束反力作用线的方位也随之改变，但偏角的两个方位均不超过 φ_{m}。

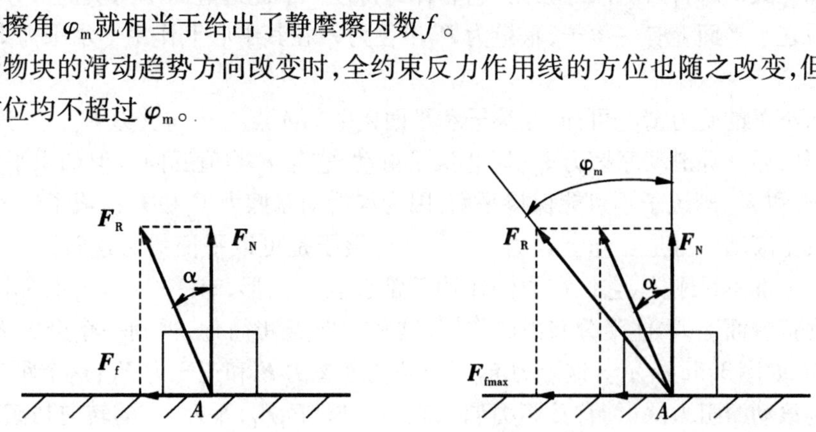

a　　　　b

图 3.4

二、自锁现象

摩擦角表示了全约束反力能够存在的范围，即全约束反力 $\boldsymbol{F}_R$ 的作用线必定在摩擦角内，物体处于临界平衡状态时，全约束反力的作用线在摩擦角的边缘。因此，全约束反力与法线间的夹角 φ 在零和摩擦角 φ_m 之间变化，即

$$0 \leqslant \varphi \leqslant \varphi_m$$

由此可知：

(1)用 a 表示主动力合力作用线与法向约束反力 F_N 作用线之间的夹角，若物体所受全部主动力的作用线位于摩擦角之内，即 $\alpha \leqslant \varphi_m$。则无论主动力多大，物体总是保持静止。这是因为，当主动力增大时，正压力 $\boldsymbol{F}_N$ 随之增大，最大静摩擦力 $\boldsymbol{F}_{fmax}$ 也随之增大，接触面处总能产生一个全约束反力 $\boldsymbol{F}_R$ 之平衡，这种现象称为自锁现象，$\alpha \leqslant \varphi_m$ 称为自锁条件。自锁在工程实际中应用十分广泛，如螺旋千斤顶、压榨机、圆锥销钉、螺纹等，均是借助自锁原理来使它们始终保持在平衡状态工作的。

(2)若全部主动力的作用线在摩擦角之外，即，$\alpha > \varphi_m$，则无论这个力怎样小，物块都一定会滑动。这是因为在这种情况下，接触面不可能产生一个作用线在摩擦角之外的全约束反力与之平衡，故无论主动力多么小，物体都一定滑动，即不自锁。应用这个道理，可以设法避免发生自锁现象。

第四节　滚动摩阻的概念

由于滚动比滑动要省力，所以在工程中，为了提高效率，减轻劳动强度，就经常利用物体的滚动代替滑动。例如当搬运重物的时候，在物体下面垫上管子，就是以滚动代替滑动的应用实例。

当物体滚动时，存在什么阻力？它有什么特性？下面通过简单的实例来分析这些问题。设在水平面上有一滚子，重量为 $\boldsymbol{P}$，半径为 r，在其中心上作用一水平力 $\boldsymbol{F}$，如图3.5a 所示。

分析滚子的受力情况可知，在滚子和平面接触的 A 点有法向反力 $\boldsymbol{F}_N$，它与 $\boldsymbol{P}$ 等值反向；另外，还有静滑动摩擦力 $\boldsymbol{F}_f$，阻止滚子滑动，它与 $\boldsymbol{F}$ 等值反向。但如果平面的反力仅有 $\boldsymbol{F}_N$ 和 $\boldsymbol{F}_f$，则滚子不可能保持平衡，因为静滑动摩擦力 $\boldsymbol{F}_f$ 和 $\boldsymbol{F}$ 组成了一力偶，将使滚子发生滚动。可是实际上当力 $\boldsymbol{F}$ 不大时，滚子是可以平衡的。这时因为平面和滚子实际上都不是刚体，它们在力的作用下都会发生变形，有一个接触面，如图3.5b 所示。在接触面上，物体受分布力的作用，这些力向点 A 简化，得到一个合力 $\boldsymbol{F}_R$ 和一个力偶 M，如图3.5c 所示。这个力 $\boldsymbol{F}_R$ 可分解为摩擦力 $\boldsymbol{F}_f$ 和正压力 F_N，这个距为 $\boldsymbol{M}$ 的力偶称为滚动摩阻力偶(简称滚阻力偶)，它与力偶($\boldsymbol{F}$, $\boldsymbol{F}_f$)平衡，它的转向与滚动的趋向相反，如图3.5d。

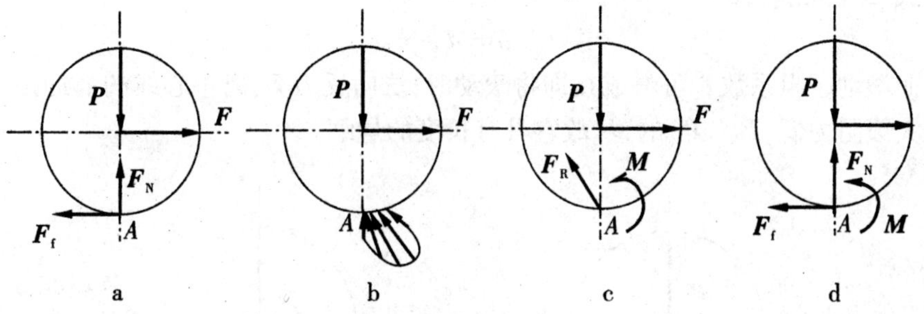

图 3.5

与静滑动摩擦力相似，滚动摩阻力偶距 $\boldsymbol{M}$ 随着主动力偶距的增加而增大，当力 $\boldsymbol{F}$ 增加到某个值时，滚子处于将滚而未滚动的临界平衡状态，这时，滚动摩阻力偶距达到最大值，称为最大滚动摩阻力偶距，用 $\boldsymbol{M}_{max}$ 表示。若力 $\boldsymbol{F}$ 再增大一点，轮子就会滚动，在滚动过程中，滚动摩阻力偶距近似等于 $\boldsymbol{M}_{max}$。

由此可知，滚动摩阻力偶距 $\boldsymbol{M}$ 的大小介于零与最大值之间，即

$$0 \leqslant \boldsymbol{M} \leqslant \boldsymbol{M}_{max} \tag{3.5}$$

实验表明：最大滚动摩阻力偶距 $\boldsymbol{M}_{max}$ 与滚子半径无关，而与支承面的正压力（法向反力）$\boldsymbol{F}_N$ 的大小成正比，即

$$M_{max} = \delta \boldsymbol{F}_N \tag{3.6}$$

这就是滚动摩阻定律，其中 δ 是比例系数，称为滚动摩阻系数。由上式可知，滚动摩阻系数具有长度的量纲，单位一般用 mm。

滚动摩阻系数由实验测定，它与滚子和支承面的材料的硬度和湿度等有关，与滚子的半径无关。表 3.2 是几种材料的滚动摩阻系数值。

表 3.2　滚动摩阻系数 δ

材料名称	δ (mm)	材料名称	δ (mm)
铸铁与铸铁	0.5	淬火钢珠对钢	0.01
钢质车轮与钢轨	0.05	有滚珠轴承的料车与钢轨	0.09
木与钢	0.3～0.4	无滚珠轴承的料车与钢轨	0.21
木与木	0.5～0.8	钢质车轮与木面	1.5～2.5
软木与软木	1.5	轮胎与路面	2～10

滚动摩阻系数的物理意义如下：滚子在即将滚动的临界平衡状态时，其受力图如图 3.6a 所示。根据力的平移定理，可将其中的法向反力 $\boldsymbol{F}_N$ 与最大滚动摩阻 $\boldsymbol{M}_{max}$ 合成为一个力 $\boldsymbol{F}_N'$，且 $\boldsymbol{F}_N' = \boldsymbol{F}_N$。力 $\boldsymbol{F}_N'$ 的作用线距中心线的距离为 d，如图 3.6b 所示。

$$d = \frac{M_{max}}{F'_N}$$

与式(3.6)比较,得

$$\delta = d$$

因而滚动摩阻系数δ可看成在即将滚动时,法向反力$\boldsymbol{F}_N$离中心线的最远距离,也就是最大滚阻力偶($\boldsymbol{F}_N'$,$\boldsymbol{P}$)的臂,故它具有长度的量纲。

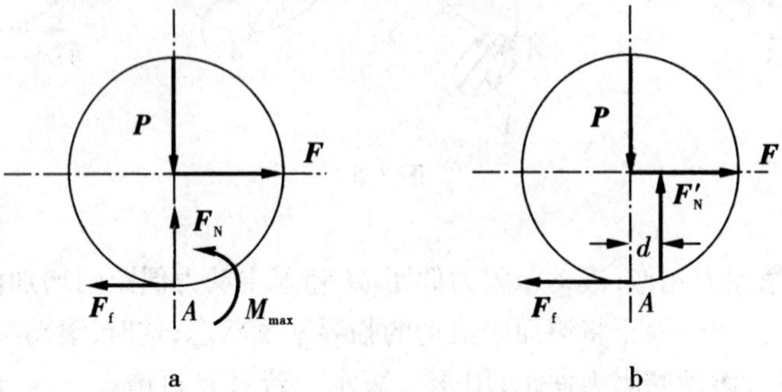

图3.6

由于滚动摩阻系数较小,因此,在大多数情况下滚动摩阻是可以忽略不计的。

由图3.6a,可以分别计算出使滚子滚动或者滑动所需要的水平拉力$\boldsymbol{F}$,以分析究竟是使滚子滚动省力还是使滚子滑动省力。

由平衡方程$\sum M_A(\boldsymbol{F}) = 0$,可以求出

$$\boldsymbol{F}_{滚} = \frac{M_{max}}{R} = \frac{\delta \boldsymbol{F}_N}{R} = \frac{\delta}{R}P$$

由平衡方程$\sum \boldsymbol{F}_x = 0$,可以求出

$$\boldsymbol{F}_{滑} = \boldsymbol{F}_{max} = f_s \boldsymbol{F}_N = f_s P$$

一般情况下,有

$$\frac{\delta}{R} << f$$

因而使滚子滚动比滑动省力得多。

习题

3.1　如图所示,已知一重为$P = 100$ N的物块放在水平面上,其摩擦系数$f_s = 0.3$。当作用在物块上的水平推力分别为10 N,20 N,40 N时,试分析这三种情况下,物块是否平衡？摩擦力等于多少？

3.2　已知一物块重$\boldsymbol{P} = 100$ N,用$\boldsymbol{F} = 500$ N的力压在一铅直表面上,如图所示,其摩擦系数$f_s = 0.3$,问此时物块所受的摩擦力等于多少？

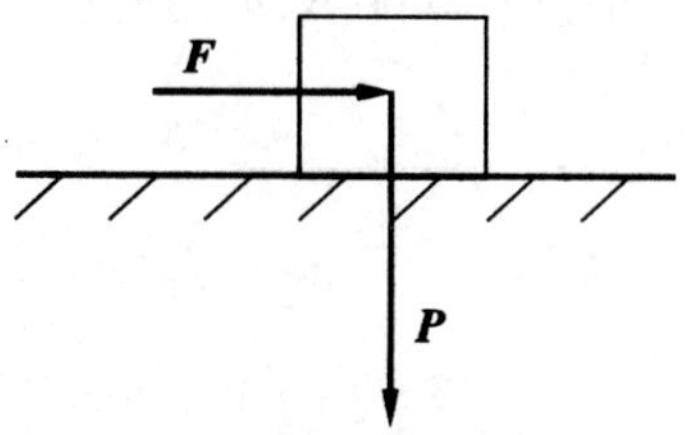

习题 3.1 图

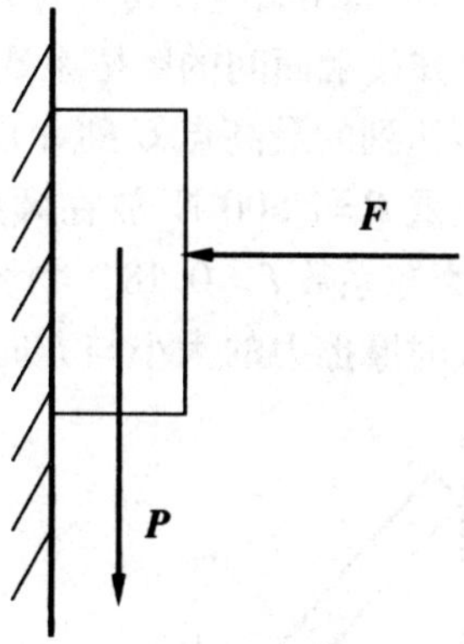

习题 3.2 图

3.3　已知物块重 $P = 100$ N,斜面的倾角 $\alpha = 30^{\circ}$,物块与斜面间的摩擦系数 $f_s = 0.38$。求物块与斜面间的摩擦力？并问,此时物块在斜面上是静止还是下滑(下图 a)？如果使物块沿斜面向上运动,求施加于物块并与斜面平行的力 $\boldsymbol{F}$ 至少应该为多大(下图 b)？

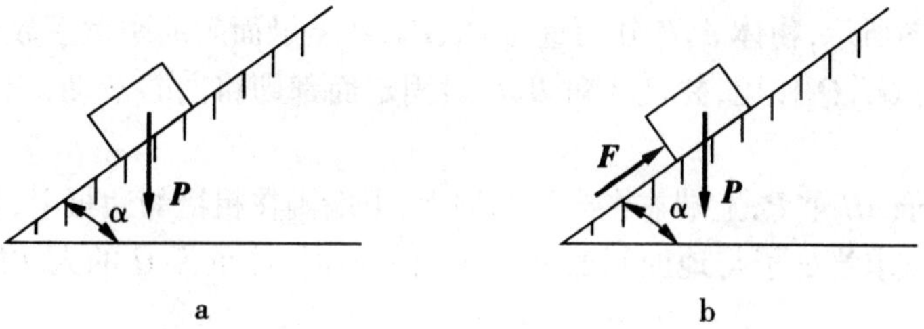

习题 3.3 图

3.4　物块重 P,放在粗糙的水平面上,接触处的摩擦系数为 f_s,要使物块沿水平面向右滑动,可沿 OA 方向施加拉力 $\boldsymbol{F}_1$(下图 b),也可沿 BO 方向方向施加推力 $\boldsymbol{F}_2$(下图 a),试问哪种方法省力。

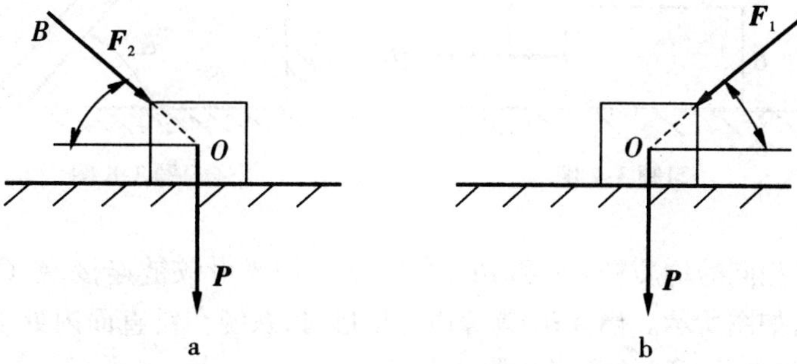

习题 3.4 图

3.5　梯子 AB 靠在墙上，其重为 $P=200$ N，如图所示。梯子长度为 l，与水平面夹角 $\theta=60°$。已知接触面间的摩擦系数均为0.25。今有一重为650 N的人沿着梯子向上爬，问人所能达到的最高点 C 到 A 点的距离应为多少？

3.6　物块重 $P=1\ 500$ N，放在倾角 $\alpha=60°$ 的斜面上，它与斜面间的静摩擦系数为 $f_s=0.2$，动摩擦系数 $f=0.18$。物块受水平力 $\boldsymbol{F}=400$ N，如图所示。试判断物块是否静止，并求此时摩擦力的大小与方向。

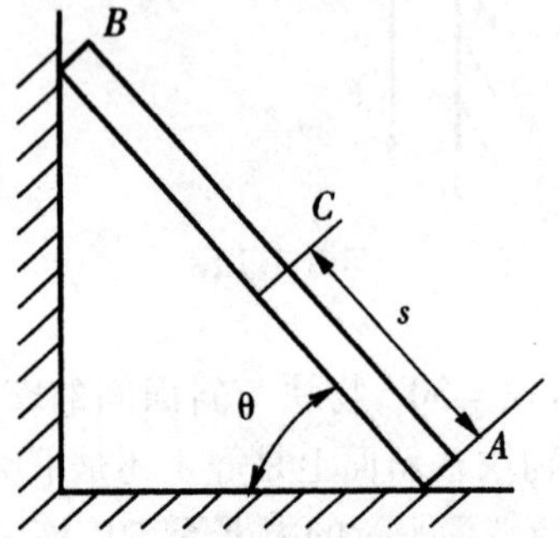

习题3.5图

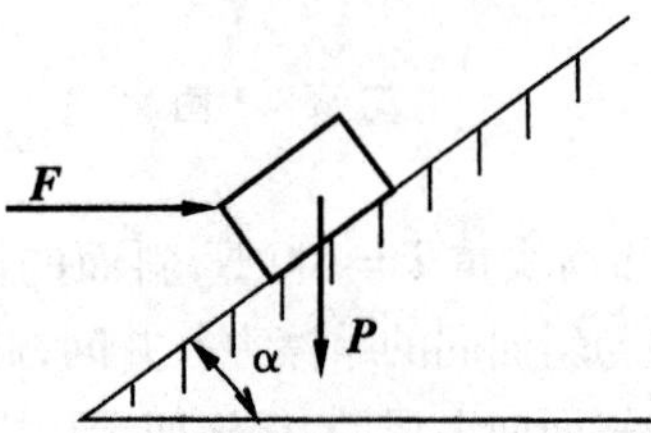

习题3.6图

3.7　如图所示，物体 A，B 分别重为 P_A，P_B，各接触面间的摩擦系数都是 f_s。设两物体分别受力 $\boldsymbol{Q}_1$，$\boldsymbol{Q}_2$ 作用，并且 A 对 B、B 对固定面都即将向右滑动，求力 $\boldsymbol{Q}_1$ 和 $\boldsymbol{Q}_2$ 的大小。

3.8　梯子 AB 重 P，上端靠在光滑的墙上，下端搁在粗糙的地板上，如图所示。摩擦系数为 f_s，试求当梯子与地面间的夹角 α 为何值时，体重为 Q 的人才能爬到梯子的顶点？

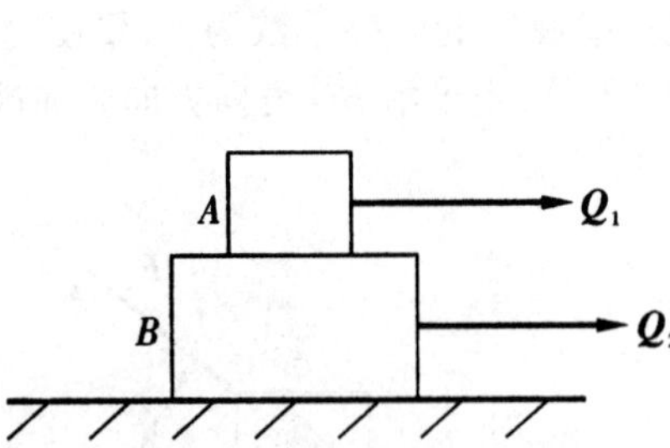

习题3.7图

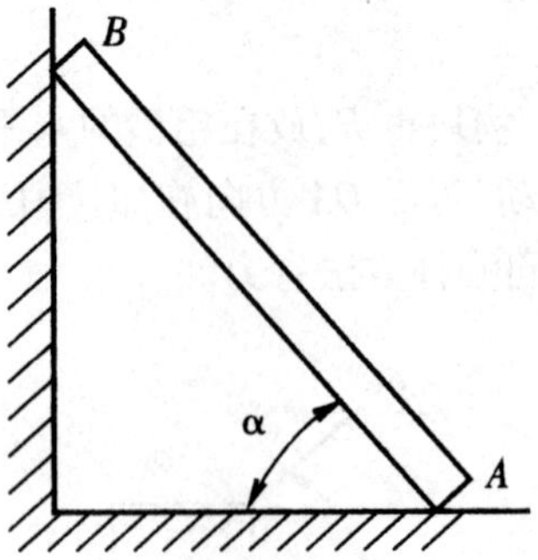

习题3.8图

3.9　两根相同的均质杆 AB 和 BC，在端点 B 用光滑铰链连接，A、C 端放在不光滑的水平面上，如图所示。当 ABC 成等边三角形时，系统在铅直面内处于临界平衡状态。试求杆端与水平面间的摩擦系数。

3.10　如图所示，一轮半径为 R，在其铅直直径的上端 B 点作用水平力 $\boldsymbol{Q}$。轮与水平面间的摩阻系数为 δ。试求当水平力 $\boldsymbol{Q}$ 使轮只滚动而不滑动时，轮与水平面的滑动摩擦系数f需要满足什么条件？

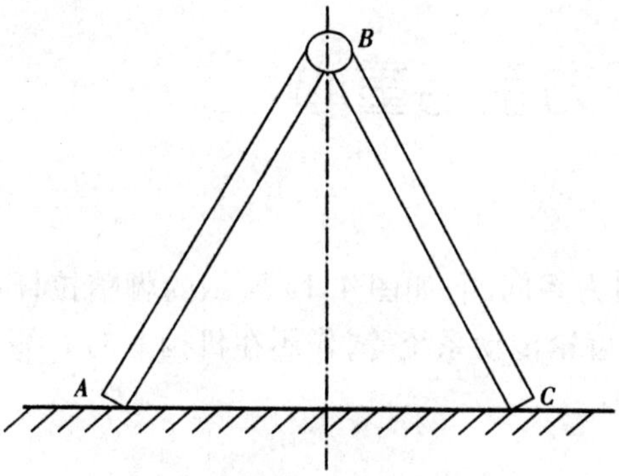

习题3.9图

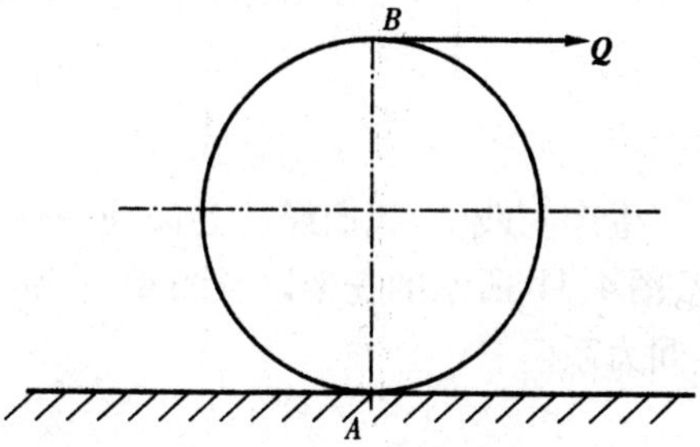

习题3.10图

3.11　均质杆AB长$2b$，重为$\boldsymbol{P}$，放在水平面和半径为$\boldsymbol{R}$的固定圆柱上（下图所示），设各处的摩擦系数都是f_s，试求杆处于平衡时φ的最大值。

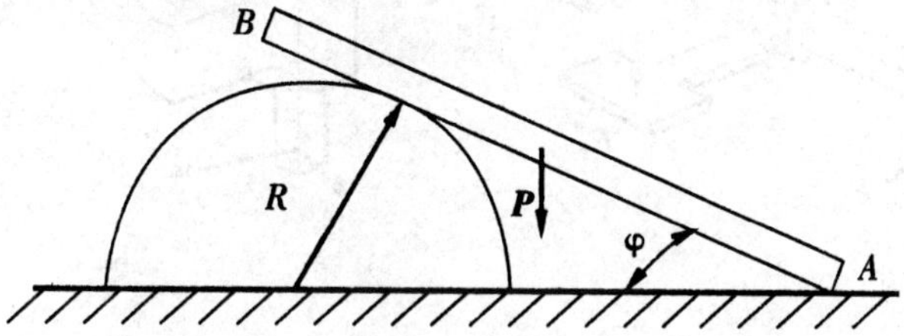

习题3.11图

3.12　重为$\boldsymbol{Q}$，半径为R的球放在水平面上，球与水平面间的滑动摩擦系数为f，滚阻系数为δ，求在什么条件下作用于球心的水平力$\boldsymbol{P}$能使球作匀速只滚动而不滑动的运动？

第四章　空间力系与重心

生产实践中，我们经常会碰到一些空间力系问题，如图 4.1a 所示的脚踏拉杆系统，图 4.1b 所示的托架以及图 4.1c 所示的齿轮传动系统等，作用在机构上的力都是空间力系。

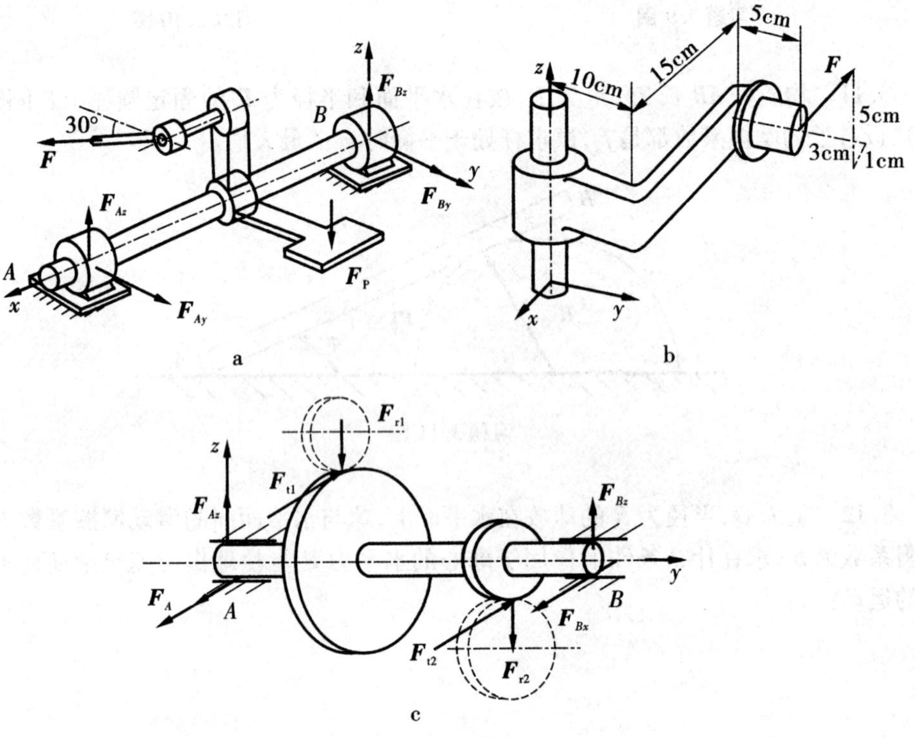

图 4.1

本章主要介绍空间力系的概念、空间任意力系的平衡方程及其应用、重心的概念。

下面讨论力在空间直角坐标系中的投影、力对轴之矩的概念与运算以及空间任意力系的平衡问题的求解方法，并由空间平行力系导出重心的概念及其求重心位置的方法。

第一节　力在空间直角坐标轴上的投影

力在空间的方位通常有三种情况。

第一种情况是力的方位与某坐标轴重合或平行，我们称这种力为轴向力。轴向力不需要标注其方向角，如图 4.2 中的 F_1、F_2、F_3 等力。轴向力在与之重合或平行的坐标轴上的投影等于实际力的大小，而在另外两个坐标轴上的投影为零。例如，F_1 是与 y 轴方向平行的力，则其投影分别为 $F_{1x}=0$，$F_{1y}=F_1$，$=F_z=0$。

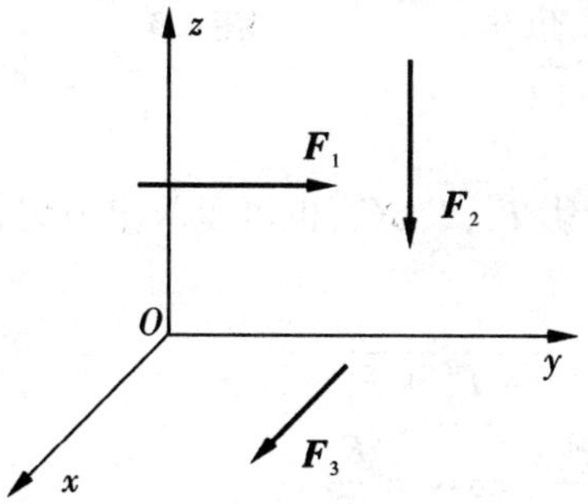

图 4.2

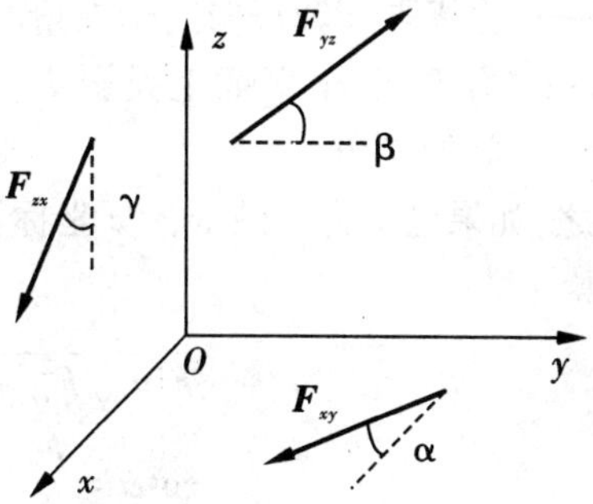

图 4.3

第二种情况是力的方位与某坐标平面重合或平行，我们称这种力为平面力。平面力 F 的下标用两个字母表示，代表其所处的平面，如图 4.3 中的 F_{xy}、F_{yz}、F_{zx} 等力。平面力在与之垂直的坐标轴上的投影等于零，而在另外两个坐标轴上的投影要根据投影规则确定。例如，F_{xy} 是 xOy 平面上的力，则其投影分别为 $F_x=F_{xy}\cos\alpha$，$F_y=F_{xy}\sin\alpha$，$F_z=0$。

第三种情况是力的方位既不与任何坐标轴方向平行或重合，也不与任何坐标平面相平行，这种力属于空间力。根据力在坐标轴上投影的定义，力在空间直角坐标轴上的投影有以下两种投影方法。

一、一次投影法

以力矢 F 为对角线作直角平行六面体，其三个棱边分别平行于坐标轴 x、y、z，如图 4.4 所示，可得力 F 在空间直角坐标轴上的投影 F_x，F_y，F_z 为

$$\left.\begin{aligned}F_x &= F\cos\alpha\\ F_y &= F\cos\beta\\ F_z &= F\cos\gamma\end{aligned}\right\}\qquad(4.1)$$

式中：α、β、γ——力 F 与 x 轴、y 轴、z 轴正向间的夹角。

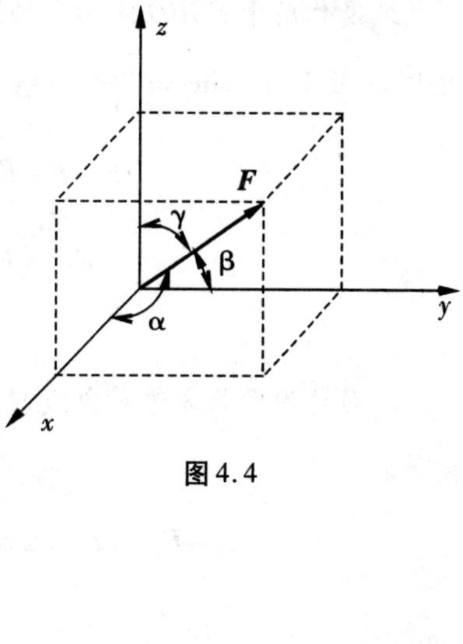

图 4.4

二、二次投影法

若已知 γ 和 φ，如图 4.5 所示，则可先将力 F 投影到 z 轴和 xy 坐标平面上，分别得到 F_z 和 F_{xy}，然后再将 F_{xy} 向 x、y 轴上投影。

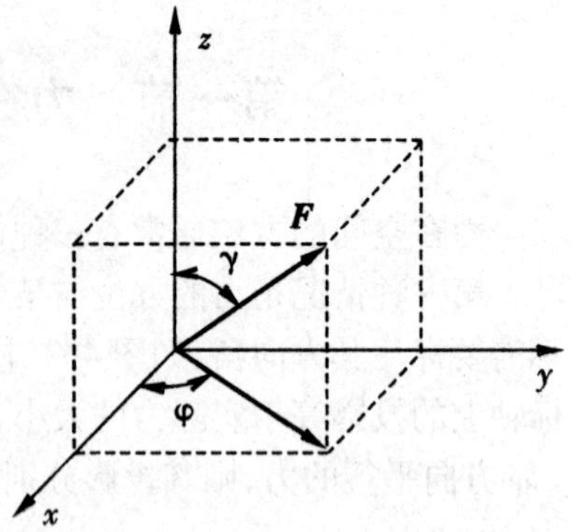

图 4.5

$$\left.\begin{aligned} F_x &= F\sin\gamma\cos\varphi \\ F_y &= F\sin\gamma\sin\varphi \\ F_z &= F\cos\gamma \end{aligned}\right\} \tag{4.2}$$

式中：γ——力 F 与 z 轴正向间的夹角。

φ——力 F 与 xy 平面上投影 F_{xy} 与 x 轴正向间的夹角。

反之，如果已知力 F 在 x、y、z 坐标轴上的投影 F_x，F_y，F_z，也可以求出力 F 的大小和方向。

$$F = \sqrt{F_{xy}^2 + F_z^2} = \sqrt{F_x^2 + F_y^2 + F_z^2} \tag{4.3}$$

$$\cos\alpha = \frac{F_x}{F},\ \cos\beta = \frac{F_y}{F},\ \cos\gamma = \frac{F_z}{F} \tag{4.4}$$

例 4.1 一长方体上作用有三个力，如图 4.6 所示，$F_1 = 100$ N，由 G 指向 B；$F_2 = 100$ N，由 E 指向 H；$F_3 = 200$ N，由 H 指向 A，求三力在坐标轴上的投影。

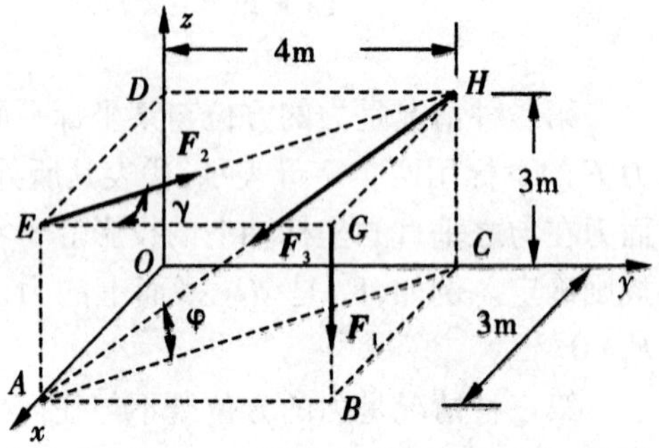

图 4.6

解：由于 F_1 是轴向力，并且与 z 轴平行，所以有

$$F_{1x} = 0$$

$$F_{1y} = 0$$

$$F_{1z} = -F_1$$

F_2 是作用于 $EGHD$ 平面内的平面力，并且与 xy 面平行，$\sin\gamma = \dfrac{3}{5}$，$\cos\gamma = \dfrac{4}{5}$，所以有

$$F_{2x} = -F_2\sin\gamma = -100 \times \frac{3}{5} = -60 \text{ N}$$

$$F_{2y} = F_2\cos\gamma = 100 \times \frac{4}{5} = 800 \text{ N}$$

$$F_{2z} = 0$$

F_3 是作用于长方体对角线 HA 上的力，它是空间力，$\sin\varphi \approx \dfrac{3}{5.83}$，$\cos\varphi \approx \dfrac{5}{5.83}$，所以有

$$F_{3x} = F_3\cos\varphi\sin\gamma = 200 \times \frac{5}{5.83} \times \frac{3}{5} \approx 103 \text{ N}$$

$$F_{3y}=-F_3\cos\varphi\cos\gamma=-200\times\frac{5}{5.83}\times\frac{4}{5}\approx-137\ \text{N}$$

$$F_{3z}=-F_3\sin\varphi=-200\times\frac{3}{5.83}\approx-103\ \text{N}$$

第二节　空间汇交力系的合成与平衡

一、空间汇交力系的合成

若分布于空间的一群力的作用线汇交于一点,则称该力系为空间汇交力系。按照求平面汇交力系的合成方法,也可以求得空间汇交力系的合力,即合力的大小和方向可以用力多边形求出,合力的作用线通过汇交点。与平面汇交力系不同的是,空间汇交力系的力多边形的各边不在一个平面内,它是一个空间多边形。空间汇交力系的合力矢量表达式为

$$F_R=F_1+F_2+\cdots+F_n=\sum_{i=1}^{n}F_i \tag{4.5}$$

解析法求合力的合力投影定理为:合力在某一轴上的投影,等于各分力在同一轴上投影的代数和。

合力投影定理的解析表达式为

$$F_{Rx}=\sum_{i=1}^{n}F_{ix}\ ,\ F_{Ry}=\sum_{i=1}^{n}F_{iy}\ ,\ F_{Rz}=\sum_{i=1}^{n}F_{iz} \tag{4.6}$$

式中:F_{Rx}、F_{Ry}、F_{Rz}为合力 F_R 在各轴上的投影。

若已知各力在坐标轴上的投影,则合力的大小和方向为

$$F_R=\sqrt{F_{Rx}^2+F_{Ry}^2+F_{Rz}^2} \tag{4.7}$$

$$\cos\alpha=\frac{F_{Rx}}{F_R},\quad \cos\beta=\frac{F_{Ry}}{F_R},\quad \cos\gamma=\frac{F_{Rz}}{F_R} \tag{4.8}$$

二、空间汇交力系的平衡

若空间汇交力系的合力等于零,即

$$F_R=\sqrt{F_{Rx}^2+F_{Ry}^2+F_{Rz}^2}=0 \tag{4.9}$$

亦即

$$F_{Rx}=\sum_{i=1}^{n}F_{ix}=0\ ,\ F_{Ry}=\sum_{i=1}^{n}F_{iy}=0\ ,\ F_{Rz}=\sum_{i=1}^{n}F_{iz}=0 \tag{4.10}$$

式(4.10)即为空间汇交力系的解析平衡方程式。

例4.2　有一空间钢架固定在相互垂直的墙上。支架由垂直于两墙的铰接二力杆件 DA、DB 和钢绳 DC 组成。已知 $\theta=30°$,$\varphi=60°$,D 点吊一重量 $G=2$ kN 的重物(图4.7a)。试求两杆和钢绳所受的力。图中 O、A、B、D 都在同一水平面内,杆和钢绳的

重量忽略不计。

解：

(1)选取铰链为研究对象，受力分析如图 4.7b 所示。

(2)D 铰链在吊重、杆和钢绳的作用下处于平衡状态，各力的力作用线汇交于点 D，列写平衡方程式

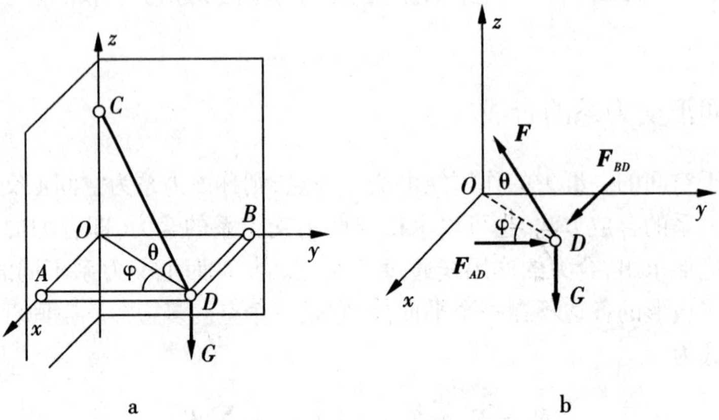

图4.7

由 $\sum F_{ix}=0$，有

$$F_{BD}-F\cos\theta\sin\varphi=0$$

由 $\sum F_{iy}=0$，有

$$F_{AD}-F\cos\theta\cos\varphi=0$$

由 $\sum F_{iz}=0$，有

$$F\sin\theta-G=0$$

解上述方程得

$$F=\frac{G}{\sin\theta}=\frac{2}{\sin 30^{\circ}}=4\ \text{kN}$$

$$F_{BD}=F\cos\theta\sin\varphi=4\cos 30^{\circ}\sin 60^{\circ}=3\ \text{kN}$$

$$F_{AD}=F\cos\theta\cos\varphi=4\cos 30^{\circ}\cos 60^{\circ}=\sqrt{3}\ \text{kN}$$

第三节　力对轴之矩

一、力对轴之矩的概念

在生产和生活实际中，有些物体（如门、窗等）在力的作用下能绕某轴转动。本节讨论如何表示力使物体绕某轴转动的效应。

如图 4.8 所示，力 F 作用于门上的 A 点，设门的转动轴线为 z 轴，为了研究力 F 绕 z 轴的转动效应，首先将力 F 分解为与转轴 z 平行的力 F_z 和通过 A 点与 z 轴垂直的平面上的力 F_{xy}。由经验可知，无论分力 F_z 有多大，均不能使门绕 z 轴转动；而能使门转动的力只能是 F_{xy}。故力 F 使门绕 z 轴转动的效应就等于其分力 F_{xy} 使门绕 z 轴转动的效应。而分力 F_{xy} 使门绕 z 轴转动的效应可用分力 F_{xy} 绕 O 点转动的力对点之矩来表示，O 点是分力 F_{xy} 所在平面和 z 轴的交点。

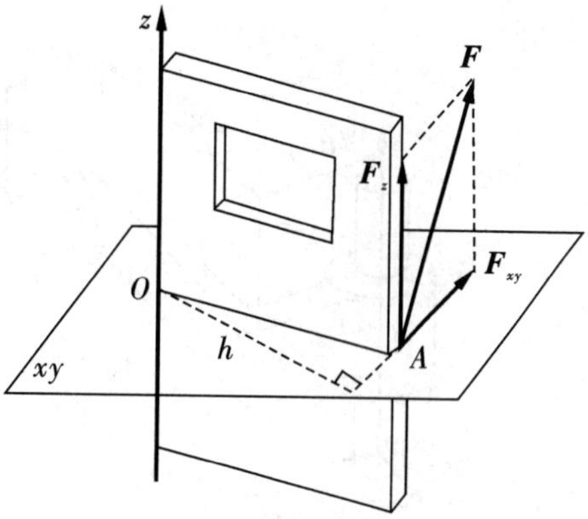

图 4.8

由此可见，力使物体绕某轴转动的效应可用此力在垂直于该轴的平面上的分力对此平面与该轴的交点之矩来度量。我们将该力矩称为力对轴之矩。如将力 F 对 z 轴之矩表示为，$M_z(F)$，则有

$$M_z(F) = \pm F_{xy}h$$

式中：h——分力 F_{xy} 所在的平面与 z 轴的交点 O 到力 F_{xy} 作用线的垂直距离。正负号表示力使物体绕 z 轴转动的转向，绕 z 轴逆时针转动规定为正，顺时针转动规定为负。显然，当力 F 与 在轴平行（此时的分力 F_{xy} 等于零），或者相交（此时的 h 等于零）时，力 F 对 z 轴之矩为零。力对轴之矩的单位为 N · m 或 kN · m。

二、合力矩定理

空间力系的合力对某轴之矩等于力系中各力对于同一轴之矩的代数和。用公式表示为

$$M_z(F_R) = M_z(F_1) + M_z(F_2) + \cdots + M_z(F_n) = \sum_{i=1}^{n} M_z(F_i) \qquad (4.11)$$

这就是空间力系的合力矩定理。

关于力对轴之矩的计算，同平面问题的力对点之矩的计算一样，除了按照力对轴之矩的定义计算之外，还可以根据合力矩定理来进行计算。现举例说明。

例 4.3　托架 OC 套在转轴 z 上，在 C 点作用一力 F，F=1 000 N，方向如图 4.9 所示，力作用点 C 位于 Oxy 平面内，试求 F 对三个坐标轴的距。

解：首先将力 F 沿三个坐标轴分解，由图看出

$$F_z = F\sin\varphi = 1\ 000 \times \frac{5}{\sqrt{35}} \approx 845\ \text{N}$$

$$F_{xy} = F\cos\varphi = 1\ 000 \times \frac{\sqrt{10}}{\sqrt{35}} \approx 534.5\ \text{N}$$

由于 F_z 与 z 轴平行，它对 z 轴的矩等于零，所以只计算 F_{xy} 对 z 轴的矩。F_{xy} 沿 x 轴和 y 轴分解为

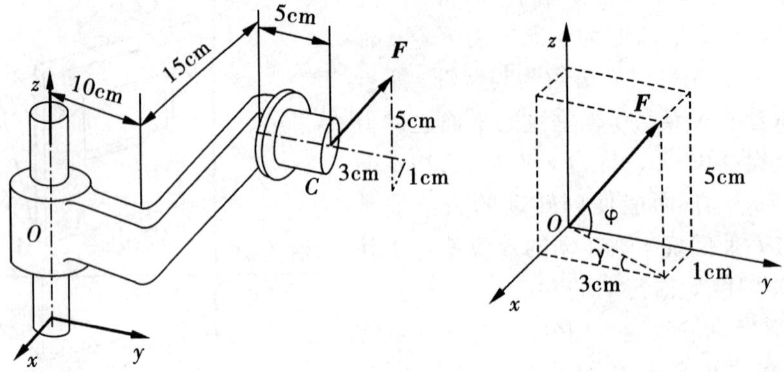

图 4.9

$$F_x = F_{xy}\sin\gamma = 534.5 \times \frac{1}{\sqrt{10}} \approx 169 \text{ N}$$

$$F_y = F_{xy}\cos\gamma = 534.5 \times \frac{3}{\sqrt{10}} \approx 507 \text{ N}$$

F_{xy} 的作用点距离转轴 Z 的位置为

$$x = -15 \text{ cm}, \quad y = 15 \text{ cm}$$

根据合力矩定理,有

$$M_z(F_R) = M_z(F_x) + M_z(F_y)$$

$$M_z(F_R) = -F_x y + F_y x$$

$$= -169 \times 0.15 + 507 \times (-0.15) = -101.4 \text{ N} \cdot \text{m}$$

第四节 空间任意力系的平衡方程及其应用

与平面任意力系的处理方法一样,空间任意力系也可应用力的平移定理,将空间任意力系向一点简化得到一个空间汇交力系和一个空间力偶系。从而得到一个合力和一个合力偶,此合力与合力偶与原来力系等效。

合力即主矢,表达式为

$$F_R = \sqrt{\left(\sum F_{ix}\right)^2 + \left(\sum F_{iy}\right)^2 + \left(\sum F_{iz}\right)^2} \tag{4.12}$$

合力偶即主矩,表达式为

$$M_O = \sum M_O(F) = \sqrt{\left[\sum M_x(F)\right]^2 + \left[\sum M_y(F)\right]^2 + \left[\sum M_z(F)\right]^2} \tag{4.13}$$

当空间任意力系为平衡力系时,与平面任意力系一样,主矢和主矩都为零。则式(4.12)和式(4.13)可表示为

$$\begin{cases} \sum F_{ix} = 0 \\ \sum F_{iy} = 0 \\ \sum F_{iz} = 0 \end{cases} \quad 和 \quad \begin{cases} \sum M_x(F) = 0 \\ \sum M_y(F) = 0 \\ \sum M_z(F) = 0 \end{cases} \tag{4.14}$$

由此可知,空间任意力系平衡的充分和必要条件是:力系中所有的力在任意互相垂直的三个坐标轴的每一个轴上的投影代数和为零,以及力系对于这三个坐标轴的矩的代数和为零。

空间任意力系有六个独立的平衡方程式,可以求解六个未知量。

现举例说明空间任意力系平衡方程式的应用。

例4.4　均质长方块重 $G=80$ N,在平面 $DEIJ$ 平面上作用一力偶,力偶矩 $M=60$ N·m,A 点为球铰链,B 点为光滑接触,尺寸如图4.10所示。试求绳 DQ 及 CN 的拉力 T_1 和 T_2(CJ 平行于 Oyz 平面)。

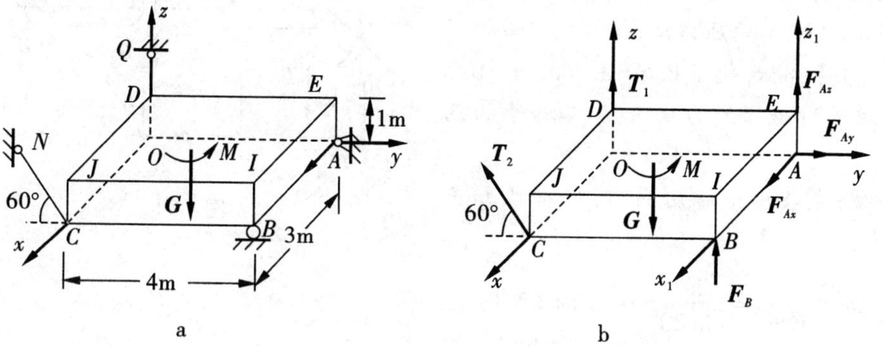

图4.10

解:选取长方体为研究对象,受力分析如图4.10b所示。共有六个未知力,且组成了空间任意力系,建立辅助坐标轴 x_1 和 z_1,列些平衡方程:

由 $\sum F_{ix}=0$,有

$$F_{Ax}=0$$

由 $\sum M_{Z1}=0$,有

$$M - T_2\cos 60^\circ \times 3 = 0$$
$$T_2 = 40 \text{ N}$$

由 $\sum F_{iy}=0$,有

$$F_{Ay} - T_2\cos 60^\circ = 0$$
$$F_{Ay} = 20 \text{ N}$$

由 $\sum M_y=0$,有

$$1.5G - T_2\sin 60^\circ \times 3 - F_B \times 3 = 0$$
$$F_B = 5.36 \text{ N}$$

由 $\sum M_{x1} = 0$，有

$$2G - T_2 \sin 60^\circ \times 4 - T_1 \times 4 = 0$$

$$T_1 = 5.36 \text{ N}$$

由 $\sum F_{iz} = 0$，有

$$-G + F_{Az} + T_2 \sin 60^\circ + T_1 + F_B = 0$$

$$F_{Az} = 34.64 \text{ N}$$

空间任意力系有六个独立平衡方程式，可求解六个未知量。但在具体应用式(4.14)求解时，为使求解问题方便简单，每个方程中尽量只出现一个未知量，为此，我们在求解过程中还增设了辅助坐标轴。

例 4.5 如图 4.11 所示的传动轴，皮带拉力 T_1、T_2 以及齿轮的径向力均铅直朝下，已知皮带的拉力 $T_1/T_2=2$，齿轮的径向力 $F_t=1$ kN，齿轮压力角 $\alpha=20°$，皮带轮半径 $R=0.5$ m，齿轮半径 $r=0.3$ m，$a=0.5$ m。试求齿轮圆周力及 A、B 二轴承的约束力。

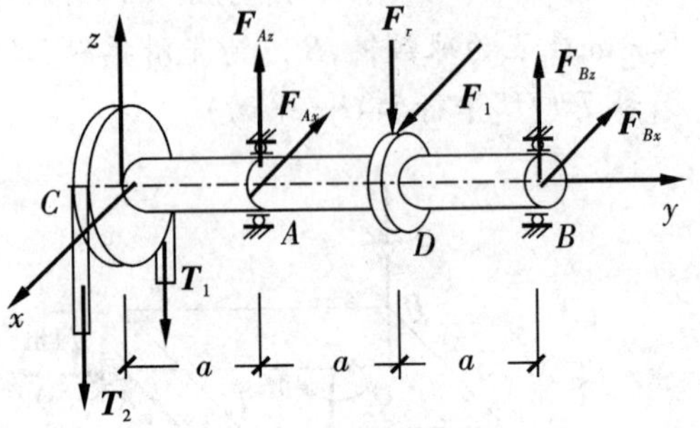

图 4.11

解：先求齿轮的切向力，根据已知条件，有

$$F_t = \frac{F_r}{\tan\alpha} = \frac{1}{\tan 20^\circ} \approx 2.75 \text{ kN}$$

该系统是空间任意力系问题，对 x 轴取矩平衡，求皮带拉力

由 $\sum M_y = 0$，有

$$F_t r = (T_1 - T_2) R$$

又因为 $T_1/T_2=2$，所以

$$T_2 = 1.65 \text{ kN}, \ T_1 = 3.3 \text{ kN}$$

设轴承 A、B 处的约束力如图 4.11 所示，列平衡方程式

由 $\sum F_{ix} = 0$，有

$$-F_{Ax} + F_t - F_{Bx} = 0$$

由 $\sum M_z = 0$，有

$$F_{Ax} a - 2F_t a + 3F_{Bx} a = 0$$

因此求得 $F_{Bx} = 1.735$ kN　　　$F_{Ax} = 1.735$ kN

由 $\sum F_{iz} = 0$，有

$$F_{Az} - F_r - T_2 - T_1 + F_{Bz} = 0$$

由 $\sum M_x = 0$，有

$$F_{Az} a - 2F_r a + 3F_{Bz} a = 0$$

$$F_{Bz} = -1.975\ \text{kN} \qquad F_{Ax} = 7.925\ \text{kN}$$

此例也是空间任意力系的平衡问题，有六个未知力需要求解，在求解齿轮切向力和皮带轮拉力时，分别应用了齿轮切向力和径向力的三角函数关系及绕 y 轴的矩的平衡方程式。在求 A、B 二轴承的约束力时，例如水平约束力，无论是 x 方向的力平衡式还是绕 z 轴的矩平衡式，都含有两个未知量，需联立求解。当然求解方法不仅限于此，可以设辅助坐标轴使矩平衡式里只含一个未知力进行求解。

第五节　重　心

一、重心的概念及其坐标公式

在地球附近的物体都受到地球对它的作用力，即物体的重力。重力作用于物体内每一微小部分，是一个分布力系。对于工程中受重力作用的物体，这种重力可以看作是空间平行力系。所谓重力，就是这个空间平衡力系的合力。不变形的物体（刚体）在地表面无论怎样放置，其平行分布重力的合力作用线，都通过此物体上或物体之外的某一确定的点，这一点称为物体的重心。

重心在工程实际中具有重要的意义。如重心的位置会影响物体的平衡和稳定，对于飞机和船舶至关重要。高速转动的转子，如果转轴不通过重心，将会产生巨大的惯性离心力而引起振动，甚至引起破坏。

下面通过平衡力系的合力推导物体重心的坐标公式，这些公式也可用于确定物体的质量中心、面积形心和液体的压力中心等。

如将物体分割成许多微小体积，每小块体积为 ΔV_i，所受的重力为 P_i。这些重力组成平衡力系，其合力 P 的大小就是整个物体的重量，即

$$P = \Sigma P_i \tag{4.15}$$

取直角坐标系 $Oxyz$，使物体每小块所受的重力及其合力与 z 轴平行，如图 4.12 所示。设任一微元体的坐标为 x_i、y_i、z_i，中心 C 的坐标为 x_C、y_C、z_C。根据合力矩定理，对 x 轴取矩，有

$$-Py_C = -(P_1y_1 + P_2y_2 + \cdots + P_ny_n) = -\sum_{i=1}^{n} P_iy_i$$

再对 y 轴取矩，有

$$Px_C = -(P_1x_1 + P_2x_2 + \cdots + P_nx_n) = -\sum_{i=1}^{n} P_ix_i$$

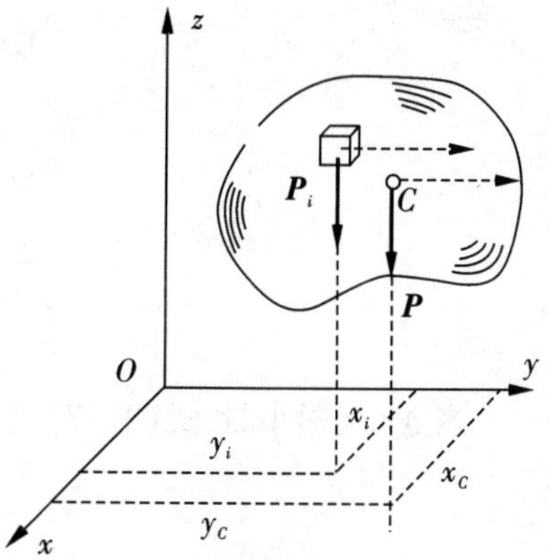

图 4.12

为求坐标 z_C，由于重心在物体内有确定的位置，可将物体连同坐标系 $Oxyz$ 一起绕 x 轴顺时针转过 90°，使 y 轴朝下，这样各重力 P_i 及其合力 P 都与 y 轴平行。这也相当于将各重力及其合力相对于物体按逆时针方向转 90°，使之

与 y 轴平行。如图 4.12 中的虚箭头所示。这时，再对 x 轴取矩，得

$$-Pz_C=-(P_1z_1+P_2z_2+\cdots+P_nz_n)=-\sum_{i=1}^{n}P_iz_i$$

由以上三式可的计算重心的坐标公式为

$$\left.\begin{aligned}x_C&=\frac{\sum\limits_{i=1}^{n}P_ix_i}{\sum\limits_{i=1}^{n}P_i}\\y_C&=\frac{\sum\limits_{i=1}^{n}P_iy_i}{\sum\limits_{i=1}^{n}P_i}\\z_C&=\frac{\sum\limits_{i=1}^{n}P_iz_i}{\sum\limits_{i=1}^{n}P_i}\end{aligned}\right\}\tag{4.16}$$

物体分割的越多，即每一块微元体体积越小，则按照式(4.16)计算的重心位置越准确。在极限情况下可将上式改为积分运算式。

如果物体是均质的，单位体积的重量即重度 γ 为常量，以 ΔV_i 表示微元体的体积，物体总体积为 $V=\sum\Delta V_i$。将 $P_i=\gamma\Delta V_i$ 代入式(4.16)，得

$$\left.\begin{aligned}x_C&=\frac{\sum\limits_{i=1}^{n}x_i\Delta V_i}{\sum\limits_{i=1}^{n}\Delta V_i}=\frac{\sum\limits_{i=1}^{n}x_i\Delta V_i}{V}\\y_C&=\frac{\sum\limits_{i=1}^{n}y_i\Delta V_i}{\sum\limits_{i=1}^{n}\Delta V_i}=\frac{\sum\limits_{i=1}^{n}y_i\Delta V_i}{V}\\z_C&=\frac{\sum\limits_{i=1}^{n}z_i\Delta V_i}{\sum\limits_{i=1}^{n}\Delta V_i}=\frac{\sum\limits_{i=1}^{n}z_i\Delta V_i}{V}\end{aligned}\right\}\tag{4.17}$$

当 ΔV_i 无限小时，式(4.17)可表示为积分形式

$$\left.\begin{aligned} x_C &= \frac{\int_V x dV}{V} \\ y_C &= \frac{\int_V y dV}{V} \\ z_C &= \frac{\int_V z dV}{V} \end{aligned}\right\} \tag{4.18}$$

可见，均质物体的重心与其单位体积的重量（重度）无关，仅仅取决于物体的几何形状。这时的重心为体积重心。

工程中常采用薄壳结构，如厂房的屋顶，薄壁容器、飞机的机翼等，其厚度与其表面积相比是很小的，如图4.13 所示。若薄壳是均质等厚的，则其重心公式为

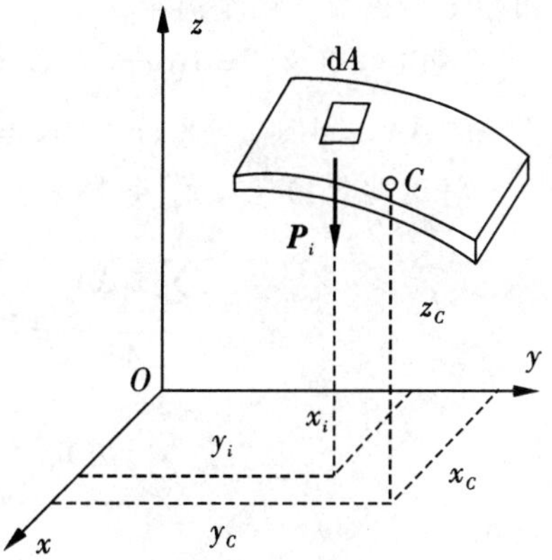

图4.13

$$\left.\begin{aligned} x_C &= \frac{\sum_{i=1}^{n} x_i \Delta A_i}{A} = \frac{\int_A x dA}{A} \\ y_C &= \frac{\sum_{i=1}^{n} y_i \Delta A_i}{A} = \frac{\int_A y dA}{A} \\ z_C &== \frac{\sum_{i=1}^{n} z_i \Delta A_i}{A} = \frac{\int_A z dA}{A} \end{aligned}\right\} \tag{4.19}$$

这时的重心称为面积重心。曲面的重心一般不在曲面上，而相对于曲面位于确定的一点。

如果物体为均质等截面的曲杆，其截面尺寸与其长度相比是很小的，如图4.14 所示，这时的重心公式为

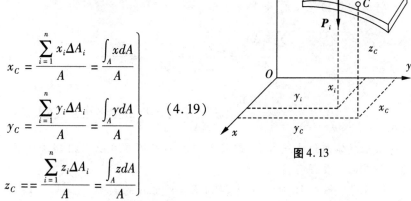

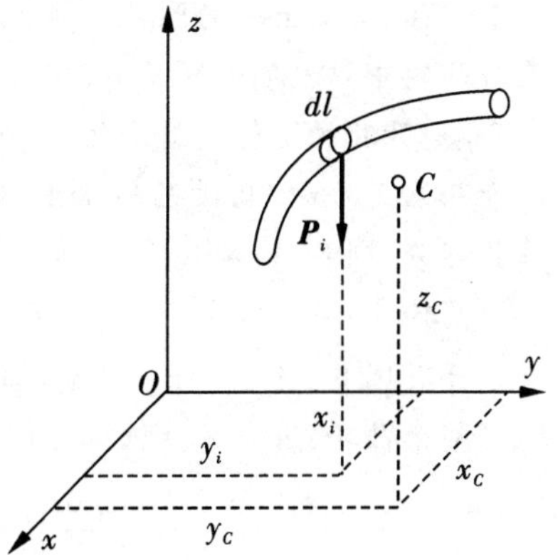

图4.14

$$\left.\begin{aligned} x_C &= \frac{\sum_{i=1}^{n} x_i \Delta l_i}{l} = \frac{\int_l x dl}{l} \\ y_C &= \frac{\sum_{i=1}^{n} y_i \Delta l_i}{l} = \frac{\int_l y dl}{l} \\ z_C &== \frac{\sum_{i=1}^{n} z_i \Delta l_i}{l} = \frac{\int_l z dl}{l} \end{aligned}\right\} \tag{4.20}$$

这时的重心称为线段的重心。

二、重心求法举例

工程中的许多物体都具有对称性，即具有对称面、对称轴等，那么重心一定位于对称面或对称轴上。对于几何形状比较复杂的物体，可以用分割法将其分解为简单形状，再利用合力矩定理求重心。求重心的方法一般有积分法、组合法和实验法等。

例 4.6 求如图 4.15 所示的 L 型截面物体的重心坐标(x_c, y_c)，图中单位为 cm。

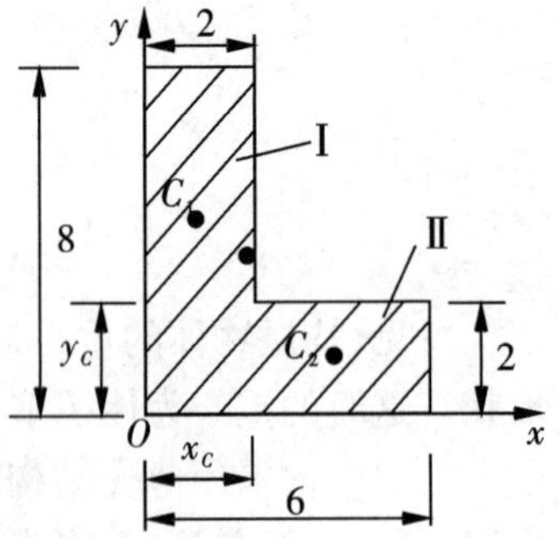

图 4.15

解：L 型截面是复杂截面，将作辅助线将其分解成图形Ⅰ和图形Ⅱ两个简单图。

$$\Delta A_1 = 8 \times 2 = 16\ \text{cm}^2 \quad x_1 = 1\ \text{cm} \quad y_1 = 4\ \text{cm}$$

$$\Delta A_2 = 4 \times 2 = 8\ \text{cm}^2 \quad x_2 = 4\ \text{cm} \quad y_2 = 1\ \text{cm}$$

将这些数据代入式(4.19)得

$$x_C = \frac{\sum_{i=1}^{n} x_i \Delta A_i}{A} = \frac{\Delta A_1 x_1 + \Delta A_2 x_2}{\Delta A_1 + \Delta A_2} = \frac{16 \times 1 + 8 \times 4}{16 + 8} = 2\ \text{cm}$$

$$y_C = \frac{\sum_{i=1}^{n} y_i \Delta A_i}{A} = \frac{\Delta A_1 y_1 + \Delta A_2 y_2}{\Delta A_1 + \Delta A_2} = \frac{16 \times 4 + 8 \times 1}{16 + 8} = 3\ \text{cm}$$

如果物体被切去一部分，则其重心和形心仍然可以用组合法求解，只是切去部分的体积或面积要用负值代入。

例 4.7 图 4.16 所示的半径为 $R=60$ mm 的圆形凸轮绕 O 轴转动，偏心 $e=3.75$ mm。为使凸轮转动时动力均衡，须使凸轮重心落在轴 O 处，为此在凸轮上开一个半径 $r=20$ mm 的圆孔。求此圆孔的中心所在的位置与凸轮中心之间的距离 d。

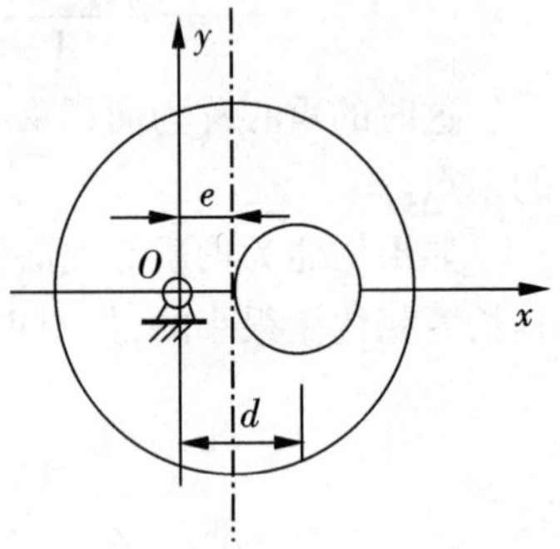

图 4.16

解：开孔的圆轮是复合图形，将凸轮看作是正面积，而开孔圆是负面积，设凸轮面积为第Ⅰ部分，开孔圆为第Ⅱ部分，则

凸轮Ⅰ：$A_1 = \pi R^2 \quad x_{C1} = e$

开孔圆Ⅱ：$A_2 = -\pi r^2 \quad x_{C2} = e + d$

整个凸轮：$A = A_1 + A_2 = \pi(R^2 - r^2)$

$$x_C = \frac{A_1 x_{C1} + A_2 x_{C2}}{A_1 + A_2} = \frac{\pi R^2 e - \pi r^2 (e + d)}{\pi (R^2 - r^2)}$$

因为凸轮重心在固定点，在图示坐标系中 $x_C=0$，因此

$$R^2 e - r^2 (e + d) = 0$$

$$d=\frac{(R^2-r^2)e}{r^2}=30\ \text{mm}$$

习题

4.1　力系中，$F_1=100$ N，$F_2=200$ N，$F_3=200$ N，各力的作用线位置如图所示。将力系向原点 O 简化。

4.2　一平行力系由四个力组成，力的大小和作用线位置如图所示。图中正方形小格的边长为 10 cm。求平行力系的合力。

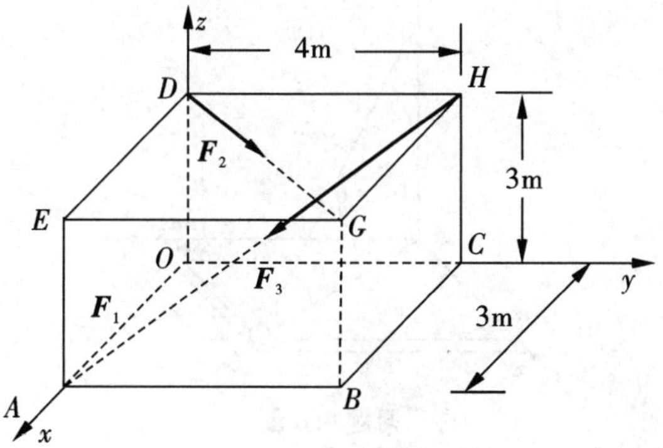

习题 4.1 图

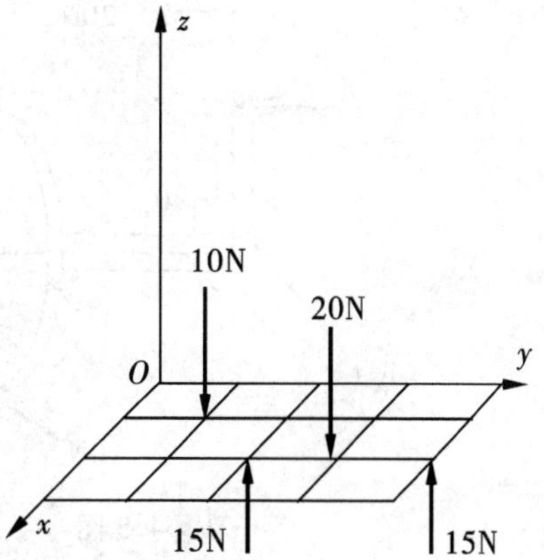

习题 4.2 图

4.3　水平圆盘的半径为 r，外缘 C 处作用一已知力 F。力 F 位于圆盘 C 处的切平面内，$\varphi=30°$且与 C 处的圆盘切线夹角为 $\theta=60°$，其它尺寸如图所示。求力 F 对 x、y、z 轴之矩。

4.4　如图所示空间构架由三根无重直杆组成，在 D 端用球铰链连接，如图所示。A、B 和 C 端则用球铰链固定在水平地板上，$\varphi=30°$，$\theta=15°$，$\beta=45°$。如果挂在 D 端物体重 $P=10$ kN，求铰链 A、B 和 C 的约束力。

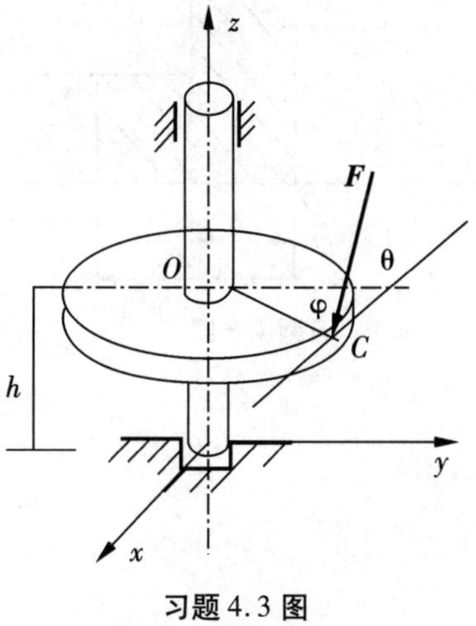

习题 4.3 图

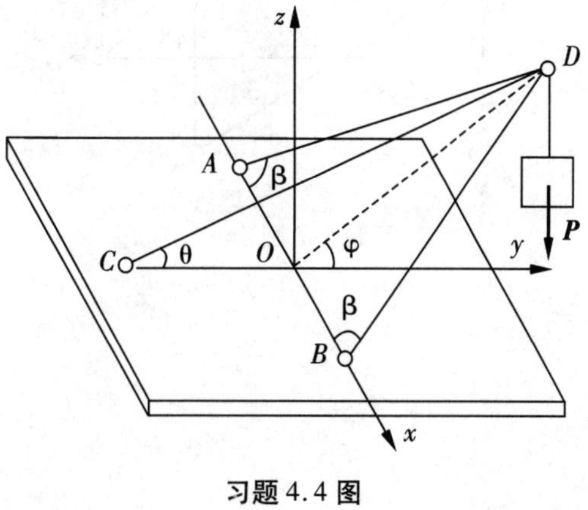

习题 4.4 图

4.5　如图所示三圆盘 A、B 和 C 的半径分别为 150 mm,100 mm 和 50 mm。三轴 OA、OB 和 OC 在同一平面内,$\angle AOB$ 为直角。在这三个圆盘上分别作用有力偶,组成各力偶的力作用在轮缘上,它们的大小分别等于 10 N、20 N 和 F。如这三个圆盘所构成的物系是自由的,不计物系重量,求能使物系平衡的力 F 的大小和角 θ。

4.6　如图所示,均质正方形薄板重 $P=200$ N,$\theta=30°$用铰链 A 和蝶铰链 B 固定在墙上,并用绳子 CE 维持在水平位置。求绳子的拉力和支座的约束力。

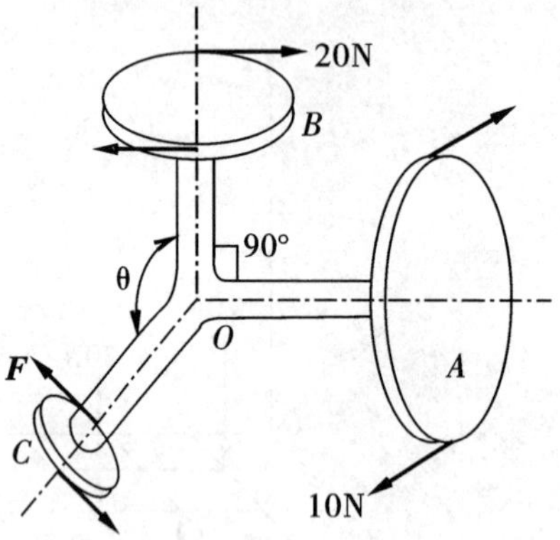

习题 4.5 图

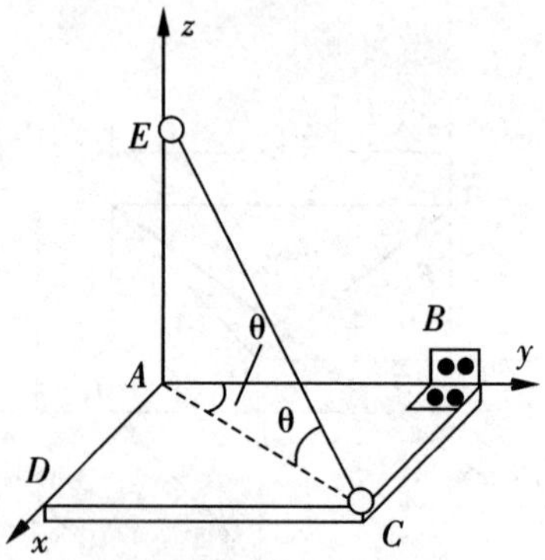

习题 4.6 图

4.7　如图所示的均质正方形薄板由六根直杆支撑在水平位置,直杆两端各用球铰链与板和地面相接。板重 P,在 A 处作用一水平力 F,且 $F=P$,求各杆的内力。

4.8　求下图 Z 字形截面重心的位置,尺寸如图所示,单位为 mm。

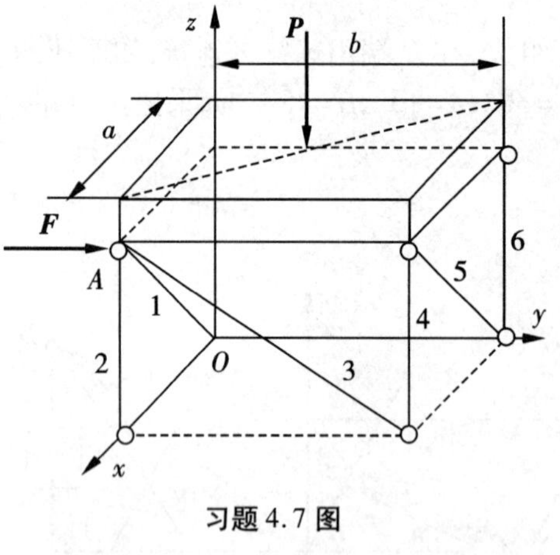

习题 4.7 图

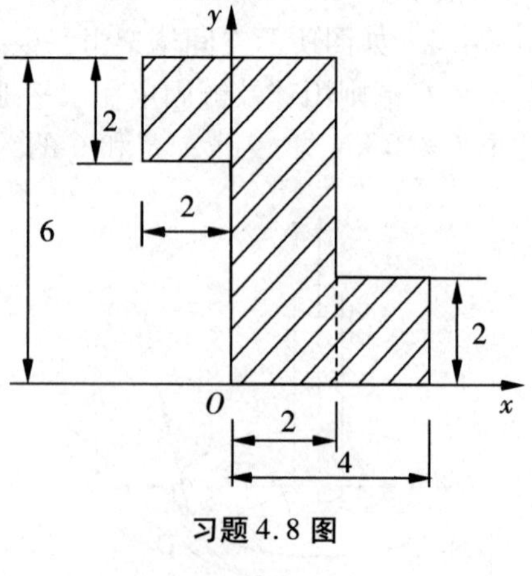

习题 4.8 图

第五章　拉伸和压缩

第一节　轴向拉伸和压缩的概念和工程实例

生产实践中经常会遇到承受拉伸和压缩的杆件。如图 5.1 所示的自制悬臂起重机，撑杆 AB 为空心钢杆，两端通过铰链与滑轮和工作平台相连接，如果忽略撑杆 AB 的自重，则在工作中 AB 杆就是轴向受压的杆件，另外，钢丝绳 1 和 2 轴向受拉。

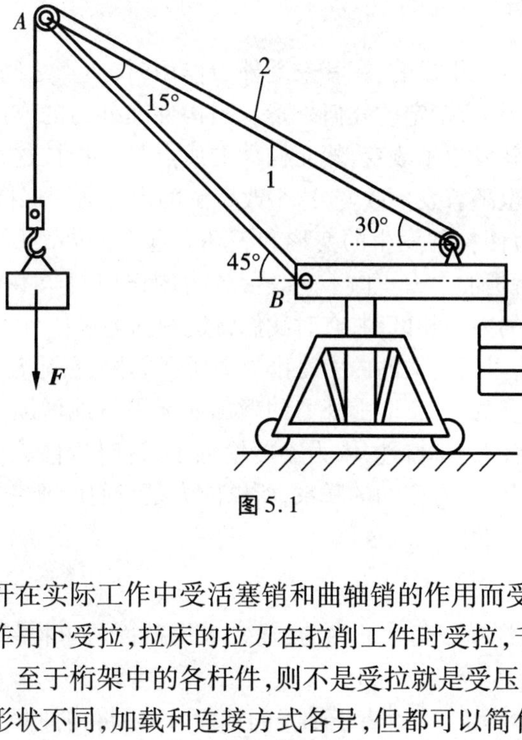

图 5.1

内燃机中的连杆在实际工作中受活塞销和曲轴销的作用而受压，液压传动机构中的活塞杆在油压的作用下受拉，拉床的拉刀在拉削工件时受拉，千斤顶的螺杆在顶起重物时则承受压缩。至于桁架中的各杆件，则不是受拉就是受压。

这些杆件虽然形状不同，加载和连接方式各异，但都可以简化成如图 5.2 所示的计算简图。其共同特点为：作用于直杆两端的两个外力大小相等、方向相反、并且作用线与杆件的轴线重合，杆件产生沿轴线方向的伸长（或缩短）。我们称这种变形为轴向拉伸（或压缩）变形，这类杆件称为拉杆（或压杆）。

图 5.2

第二节 轴向拉压时横截面上的内力、截面法和轴力图

一、内力的概念

构件是由无数质点所组成的，在其未受外力作用时，质点之间存在相互作用的内力，这些内力使得构件具有确定的几何外形。当构件在外力的作用下产生变形时，各质点之间的相互位置就发生了改变，然而构件的质点具有抵抗这种位置改变的特性，因此质点之间的内力也随着发生改变，这个改变了的内力力图保持质点之间的原有距离和联系，以抵抗外力使构件发生的变形和破坏。这个由外力所引起的内力的改变量，就是材料力学中所指的内力。由于它是因外力的作用而产生的内力的改变量，为了与没有外力作用时的内力相区别，有时我们将这种内力称作“附加内力”。

因此我们知道，这里所定义的内力是由外力所引起的，它随着外力的改变而改变。它的变化是有一定限度的，它不能随外力的增加而无限量地增加，当外力增加到一定限度时，由于材料特有的力学特性，内力不能增加了，这时构件就破坏了。由此可知，内力与构件的强度、刚度均有密切的联系，所以内力是我们所研究的主要内容。

二、截面法

为了显示拉(压)杆横截面上的内力，通常采用截面法求构件的内力。截面法的求解步骤归纳如下：

(1)在需求内力处，用一个垂直于轴线的截面 m-m 将构件假想地切开，分成两个部分，简称为**截开**，如图 5.3a 所示。

(2)任取其中的一部分(一般取受力情况较为简单的的部分)作为研究对象，弃去另一部分，在保留部分的截面上画一个内力代替弃去另一部分的作用，简称**替代**。如图 5.3b 所示。

(3)对保留部分列写平衡方程式，由已知外力求出截面上的未知内力的大小和方向，简称**平衡**。例如，对如图 5.3b 列平衡方程，有

$$\sum F_x = 0 \quad F_N - F = 0$$

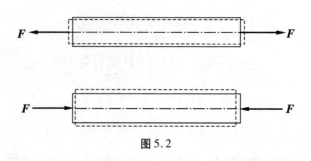

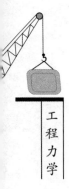

$$F_N = F$$

如对如图5.3c列平衡方程

$$\sum F_x = 0 \quad -F_N + F = 0$$

$$F_N = F$$

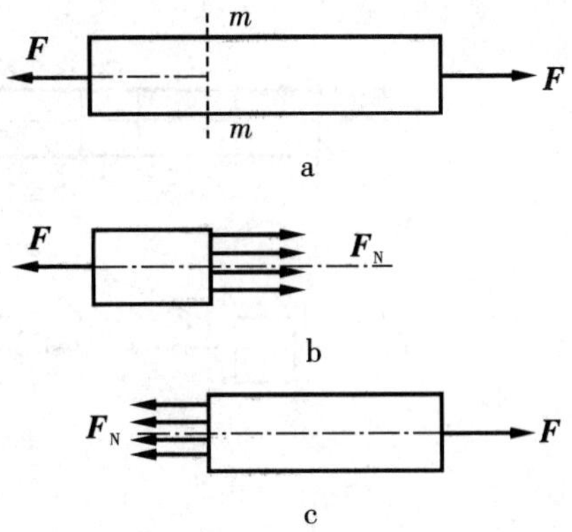

图5.3

因为外力的作用线与杆件的轴线重合，内力的合力作用线也必然与杆件的轴线重合，所以F_N也称作轴力。习惯上，把拉伸时的轴力规定为正，压缩时的轴力规定为负。这样，对图5.3所示的轴力，无论是取左半段作为研究对象，还是取右半段列写平衡方程式，所得到的轴力不仅大小相等，而且符号也统一。

必须注意的是，列写平衡方程式时所有的力，包括已知的外力和未知的轴力，正负号是按照投影的规则确定的。若力的末点在x轴上的投影落在了起始点的右方，则投影为正，反之为负。图5.3b、c中所列平衡方程内外力的正负不一致，就是按其投影规定而定的。而轴力正负是根据轴力对杆产生的变形状态规定的，使杆件受拉的轴力为正，反之为负。不论取的是左截面还是右截面，截面上的轴力都使杆件受拉，所以都是正的。

三、轴力图

实际问题中，杆件所受的外力可能很复杂，即在杆上会受到3个以上外力的作用，这时直杆各段的轴力将不相同。为了表示轴力随横截面位置的变化情况，用平行于杆件轴线的坐标表示横截面的位置，以垂直于杆件轴线的坐标表示轴力数值，这样的图称为轴力图。关于轴力图的绘制，以下举例说明。

例5.1　试画图5.4所示杆件的轴力图。已知$F_1 = 20$ kN，$F_2 = 15$ kN，$F_3 = 10$ kN。

解：

(1)计算D端的支反力。由整体平衡方程$\sum F_x = 0$，有

$$F_D + F_1 - F_2 - F_3 = 0$$

$$F_D = F_2 + F_3 - F_1 = 15 + 10 - 20 = 5\ \text{kN}$$

(2)分段计算轴力。由于在横截面B和C上作用有外力，故将杆分成三段。用截面法截取如图5.4b、c、d所示的研究对象后，得

$$\sum F_x = 0 \qquad F_1 - F_{N1} = 0 \qquad F_{N1} = 20\ \text{kN}$$

$$F_1 - F_2 - F_{N2} = 0 \qquad F_{N2} = 5\ \text{kN}$$

$$F_D - F_{N3} = 0 \qquad F_{N3} = 5\ \text{kN}$$

(3)画轴力图。根据所求得的轴力值，画出轴力图(如图5.4e所示)，由图可见，最大轴力发生在AB段内，$F_{N\max} = 20$ kN。

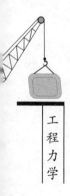

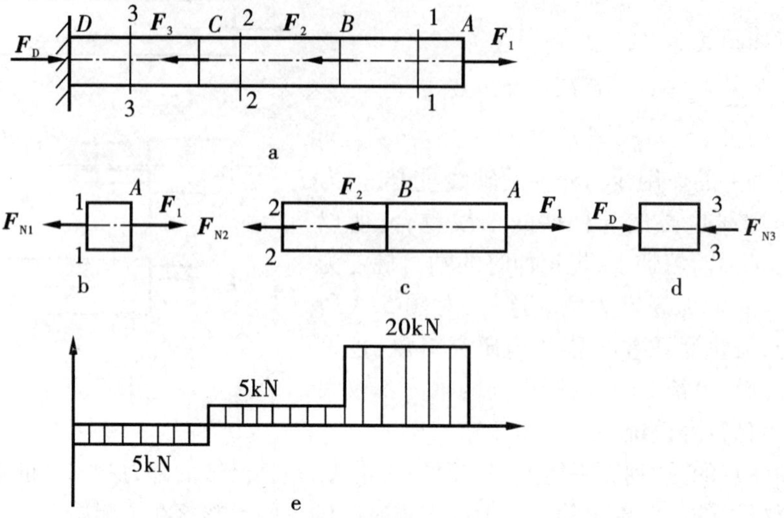

图 5.4

第三节　拉伸和压缩时横截面上的应力

一、应力的概念

为了研究构件的强度问题，只知道内力的大小是不够的，因为内力的大小不能标志强度的大小。例如，同样的材料制成两个截面面积不同的杆件，在它们受力相同的条件下，截面面积小的容易破坏。因此我们还必须知道内力在横截面上的分布情况，也就是要知道内力的集度。分布内力在某点处的集度，即为该点处的应力。

如图 5.5a 所示，在截面 m-m 上任一点 O 的周围取一微小面积 ΔA，设在 ΔA 上分布内力的合力为 ΔF，一般情况下 ΔF 不与截面垂直，则 ΔF 与 ΔA 的比值称为 ΔA 上的平均应力，用 p_{m} 表示，有

$$p_m = \frac{\Delta F}{\Delta A}$$

一般情况下，内力在截面上的分布并不均匀，为了更真实地内力的实际分布情况，应使 ΔA 面积无限小并趋近于零，也就是使平均应力取极限，则这个极限应力值就是截面上任一点的全应力，用 $\boldsymbol{p}$ 表示，如图 5.5a 所示。

$$\boldsymbol{p} = \lim_{\Delta A \to 0} \frac{\Delta F}{\Delta A} = \frac{dF}{dA}$$

全应力 $\boldsymbol{p}$ 是一个矢量，使用中常常将其分解为垂直于截面的分量 σ 和与截面相切的应力分量 τ，σ 称为正应力，τ 称为切应力，如图 5.5b 所示。

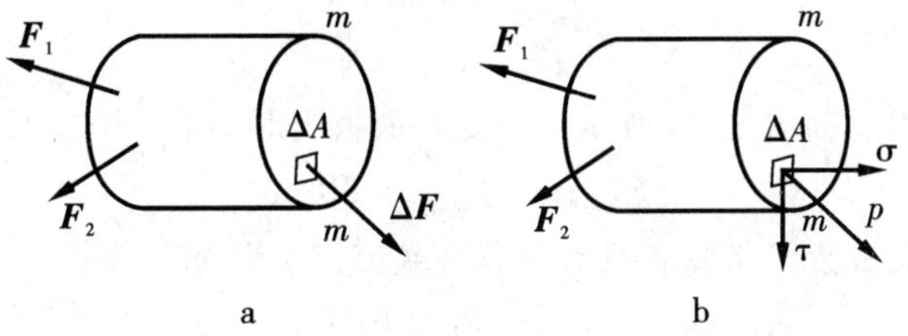

图 5.5

二、横截面上的正应力

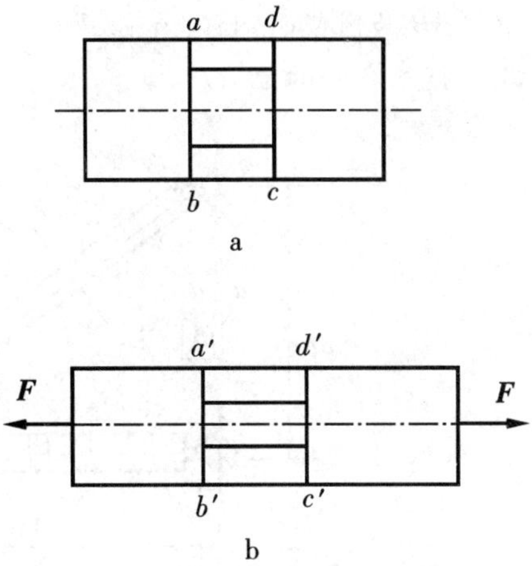

图 5.6

为了求得横截面上的应力分布规律，应从研究杆件的变形特点入手。对等截面的直杆，在杆上用划针画上与杆件轴线相垂直的横向圆周线 *ab* 和 *cd*，再画上与杆件轴线相平行的两条纵向线，如图 5.6 所示。然后沿杆件轴线作用力 *F* 使杆件产生轴向拉伸变形。此时可以观察到：横向线在变形前后均为直线，且都垂直于杆件的轴线，只是横向线之间的间距增大；纵向线也是直线，但间距减小，这四条线组成的长方形网格还是长方形，只是长短边发生变化。

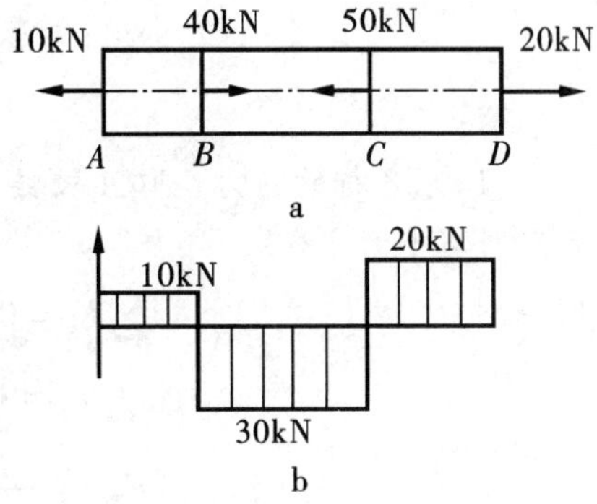

图 5.7

根据上述现象，通过分析，可做如下的假设：变形前的横截面是平截面，则变形后仍然维持平截面状态，仅沿轴线产生了相对平移，并仍与杆件轴线垂直，这个假设称为平截面假设。平面假设意味着拉杆的任意两个横截面之间所有纵向线段伸长相同，即变形相同。由材料的均匀性和连续性假设，可以推断出内力在截面上的分布是均匀的，即在横截面上各点处的应力大小相等，其方向与轴力 F_N 一致，垂直于横截面，故为正应力，如图 5.7 所示，其计算公式为

$$\sigma = \frac{F_N}{A} \tag{5.1}$$

例 5.2　如图 5.7 所示为一等截面杆件的受力图，横截面面积为 $A = 5\ \text{cm}^2$，试计算杆内最大正应力。

解：

(1) 计算各截面的轴力。根据轴力的计算规则，可直接写出各截面的轴力为

$$F_{NAB} = 10\ \text{kN}$$

$$F_{NBC} = -30 \text{ kN}$$

$$F_{NCD} = 20 \text{ kN}$$

(2)做轴力图。如图5.7b所示。等直杆的最大轴力在 BC 段上,最大轴力为

$$F_{\mathrm{Nmax}} = |F_{NBC}| = 30 \text{ kN}$$

(3)计算最大应力。根据正应力计算公式(5.1)式,有

$$\sigma_{\max} = \frac{F_{\mathrm{Nmax}}}{A} = \frac{30 \times 10^3}{5 \times 10^2} = 60 \text{ MPa}$$

例5.3　如图5.8所示为一自制简易吊车结构,已知吊重 F=60 kN,作用于 A 端,拉杆 AB 为圆截面钢杆,直径 d=4 cm,横杆 AC 是截面为正方形的木杆,边长 a=12 cm。试求各杆的应力。

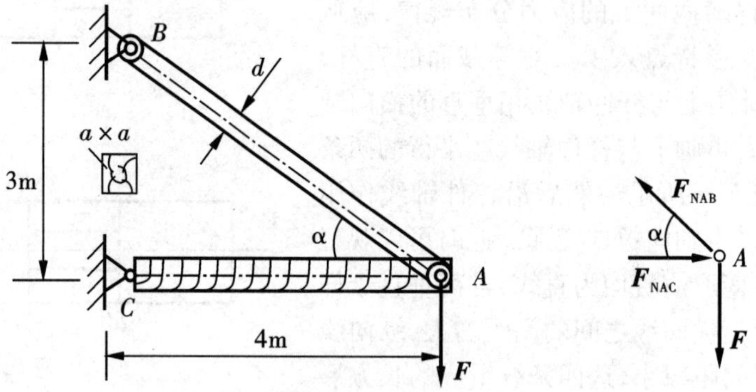

a　　　　b

图5.8

解:

(1)求各杆的内力。取 A 铰链为研究对象,进行受力分析,受力图如图5.7b所示。列写平衡方程式

$$\sum F_x = 0 \qquad -F_{NAB}\cos\alpha + F_{NAC} = 0$$

$$\sum F_y = 0 \qquad F_{NAB}\sin\alpha - F = 0$$

$$F_{NAB} = \frac{F}{\sin\alpha} = \frac{60}{0.6} = 100 \text{ kN}$$

$$F_{NAC} = F_{NAB}\cos\alpha = 100 \times 0.8 = 80 \text{ kN}$$

(2)计算各杆的正应力

$$\sigma_{AB} = \frac{F_{NAB}}{A_{AB}} = \frac{100 \times 10^3}{\frac{\pi}{4} \times 40^2} = 79.6 \text{ MPa}$$

$$\sigma_{AC} = \frac{F_{NAC}}{A_{AC}} = \frac{80 \times 10^3}{120 \times 120} = 5.56 \text{ MPa}$$

三、斜截面上的应力

前面研究了直杆轴向拉伸和压缩时横截面上的应力，它是今后强度计算的依据。但不同材料的实验表明，拉(压)杆的破坏并不总是沿正截面发生，有时却是沿斜截面发生的。例如，铸铁压缩时沿与轴线大约呈45°～55°的斜面发生断裂，因此有必要研究轴向拉(压)杆斜截面行的应力。设图5.9a所示的拉杆的横截面面积为A，任意斜截面kk的方位角为α。用截面法可求得斜截面上的内力为

$$F_\alpha = F$$

斜截面上的应力显然也是均匀分布的，故斜截面上任意一点的应力p_α为(图5.9b)

$$p_\alpha = \frac{F_\alpha}{A_\alpha} = \frac{F}{A_\alpha} \qquad (5.2)$$

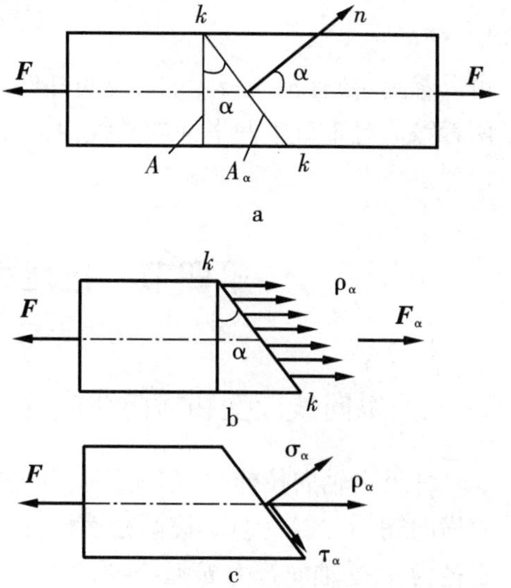

图5.9

式中，A_α为斜截面面积，$A_\alpha = \dfrac{A}{\cos\alpha}$，代入上式后有

$$p_\alpha = \frac{F_\alpha}{A/\cos\alpha} = \frac{F}{A}\cos\alpha = \sigma\cos\alpha$$

式中，σ是横截面的正应力。

将斜截面上的全应力p_α分解为垂直于斜截面的正应力σ_α和位于斜截面内的切应力τ_α(图5.9c)，由几何关系得到

$$\left.\begin{aligned} \sigma_\alpha &= p_\alpha\cos\alpha = \sigma\cos^2\alpha \\ \tau_\alpha &= p_\alpha\sin\alpha = \sigma\cos\alpha\sin\alpha = \frac{\sigma}{2}\sin 2\alpha \end{aligned}\right\} \qquad (5.3)$$

从式(5.3)可以看出，斜截面上的正应力σ_α和切应力τ_α都是α的函数。这表明，过杆内同一点的不同斜截面上的应力是不同的。

当$\alpha=0°$时，横截面上的正应力达到最大值

$$\sigma_{max} = \sigma$$

当$\alpha=45°$时，横截面上的切应力达到最大值

$$\tau_{max} = \frac{1}{2}\sigma$$

当$\alpha=90°$时，正应力σ_α和切应力τ_α都是零，表明轴向拉压杆件在平行于杆轴的纵向截面上无任何应力。

在应用式(5.3)时，须注意角度α和σ_α、τ_α的正负号。现规定如下：σ_α以拉应力为正，压应力为负；τ_α的方向围绕所截取部分顺时针转向为正，反之为负。

由式(5.3)中的切应力计算公式

$$\tau_{\alpha}=\frac{\sigma}{2}\sin 2\alpha$$

可以看到,必有 $\tau_{\alpha}=-\tau_{(\alpha+90^{\circ})}$,说明杆件内部互相垂直的截面上,切应力必然成对出现,两者等值且垂直于两平面的交线,其方向则同时指向或背离交线,这称作切应力互等定理。

第四节　拉压杆的变形和胡克定律

一、纵向线应变和横向线应变

杆件在轴向拉伸(或压缩)时,其变形特点是沿着杆件纵向伸长(或缩短),同时沿着横向缩小(或扩大)。设圆截面拉杆原长 l,直径为 d,受轴向拉力 F 后,变形为图 5.10 虚线所示形状。纵向长度由 l 变为 l_1,横向直径由 d 变为 d_1,则杆的纵向绝对变形量为

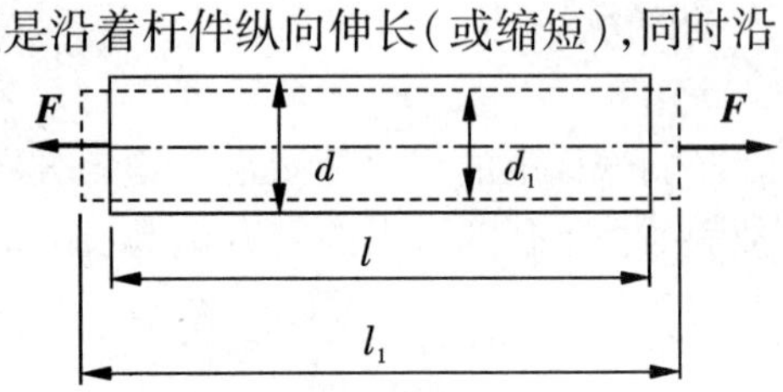

图 5.10

$$\Delta l=l_1-l$$

横向变形量为

$$\Delta d=d_1-d$$

为了度量杆的变形程度,用单位长度内杆的变形量即线应变来衡量。与上述两种绝对变形量相对应的纵向线应变为

$$\varepsilon=\frac{\Delta l}{l}=\frac{l_1-l}{l}$$

横向线应变

$$\varepsilon'=\frac{\Delta d}{d}=\frac{d_1-d}{d}$$

线应变表示的是杆件的相对变形量,它是一个无量纲的量。

实验表明,当应力不超过某一限度时,横向线应变 ε' 和纵向线应变 ε 之间存在比例关系且符号相反,即

$$\varepsilon'=-\mu\varepsilon$$

式中:μ——材料的横向变形因数,称作泊松比。

二、胡克定律

实验表明,当杆的正应力 σ 不超过某一限度时,杆的绝对变形量 Δl 与轴力 F_{N} 和杆长 l 成正比,而与横截面面积 A 成反比,即

$$\Delta l\propto\frac{F_{\mathrm{N}}l}{A}$$

引进比例常数 E,得

$$\Delta l = \frac{F_N l}{EA} \tag{5.4}$$

式(5.4)称作拉压胡克定律。常数 E 为材料的弹性模量。对于同一种材料，E 为常数。弹性模量具有应力的单位，通常用 GPa 表示。分母 EA 称作杆的抗拉(压)刚度，它表示杆件抵抗拉伸(压缩)变形能力的大小。

若将式(5.1)和纵向线应变定义带入到式(5.4)，则得到胡克定律的另外一种表示式

$$\sigma = E\varepsilon \tag{5.5}$$

由此，胡克定律有可简述为：若应力没超过某一极限值，则应力与应变成正比。

弹性模量 E 和泊松比 μ 都是表征材料的力学性能指标，可由实验测定，几种常用材料的弹性模量 E 和泊松比 μ 值见表 5.1。

表 5.1　几种常用材料的弹性模量 E 和泊松比 μ 值

材料名称	E(GPa)	μ
碳钢	196～216	0.24～0.28
合金钢	186～206	0.25～0.30
灰铸铁	78.5～157	0.23～0.27
铜及铜合金	72.6～128	0.31～0.42
铝合金	70	0.33
铸钢	171	
木材(顺纹)	9.8～11.8	
混凝土	14.3～34.3	0.16～0.18

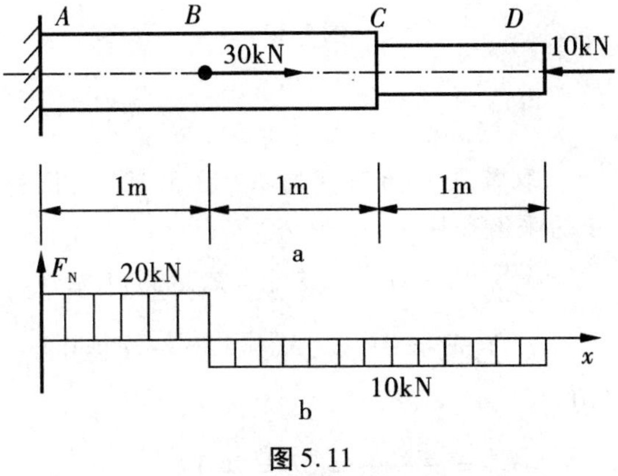

图 5.11

例 5.4　如图 5.11 所示为阶梯杆，已知横截面面积 $A_{AB} = A_{BC} = 500\ \text{mm}^2$，$A_{CD} = 300\ \text{mm}^2$，各段长度均为 $l = 1$ m，弹性模量 $E = 200$ GPa。试求杆的总伸长量 Δl。

解:

(1)做轴力图。用截面法求得 CD 段和 BC 段的轴力 $F_{NCD}=F_{NBC}=-10$ kN,AB 段的轴力 $A_{NAB}=20$ kN,画出杆的轴力图(图 5.11b)。

(2)计算各段变形量。应用胡克定律逐段计算变形量

$$\Delta l_{AB}=\frac{F_{NAB}l}{EA_{AB}}=\frac{20\times10^3\times10^3}{200\times10^3\times500}\text{mm}=0.2\ \text{mm}$$

$$\Delta l_{BC}=\frac{F_{NBC}l}{EA_{BC}}=\frac{-10\times10^3\times10^3}{200\times10^3\times500}\text{mm}=-0.1\ \text{mm}$$

$$\Delta l_{CD}=\frac{F_{NCD}l}{EA_{CD}}=\frac{-10\times10^3\times10^3}{200\times10^3\times300}\text{mm}=-0.167\ \text{mm}$$

(3)计算总变形量。杆的总变形量等于各段变形量之和

$$\Delta l=\Delta l_{AB}+\Delta l_{BC}+\Delta l_{CD}=(0.2-0.1-0.167)mm=-0.067\ \text{mm}$$

计算结果为负,说明杆的总变形为压缩变形。

例 5.5 如图 5.12 所示为一桁架,AB 杆和 AC 杆均为钢杆,弹性模量 $E=200$ GPa,杆 AB 的长度 $l_1=2$ m,横截面面积 $A_1=200\ \text{mm}^2$,杆 AC 的横截面面积 $A_2=250\ \text{mm}^2$,$F=10$ kN,试求节点 A 的位移。

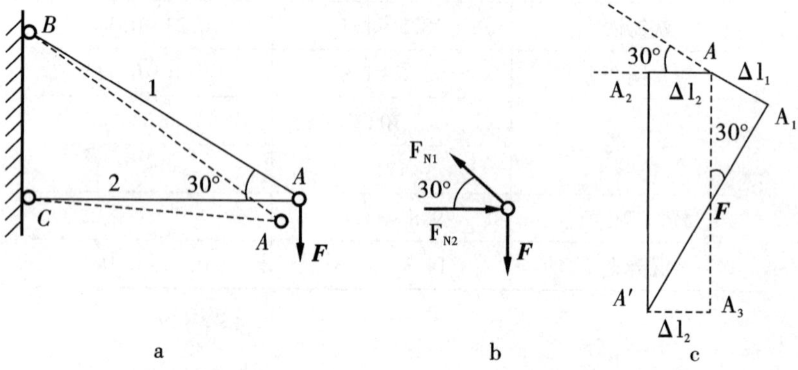

图 5.12

解:

(1)计算各杆轴力。取节点 A 为研究对象(图 5.12b),设杆 1、2 的轴力分别为 F_{N1} 和 F_{N2},则由节点 A 的平衡条件

$$\sum F_x=0\qquad F_{N2}-F_{N1}\cos30^\circ=0$$

$$\sum F_y=0\qquad F_{N1}\sin30^\circ-F=0$$

可求得两杆的轴力

$$F_{N1}=\frac{F}{\sin30^\circ}=2F=20\ \text{kN}$$

$$F_{N2}=F_{N1}\cos30^\circ=1.73F=17.3\ \text{kN}$$

(2)求各杆变形量。

$$\Delta l_1 = AA_1 = \frac{F_{N1} l_1}{EA_1} = \frac{20 \times 10^3 \times 2 \times 10^3}{200 \times 10^3 \times 200} = 1 \text{ mm}$$

$$\Delta l_2 = AA_2 = \frac{F_{N2} l_2}{EA_2} = \frac{-17.3 \times 10^3 \times 1730}{200 \times 10^3 \times 250} = -0.6 \text{ mm}$$

(3)求节点的位移。应用几何法,节点 A 的新位置 A'是以 B 为圆心,$l_1+\Delta l_1$为半径的圆弧与以 C 为圆心,$l_2+\Delta l_2$为半径的圆弧的交点 A'。在小形条件下,Δl_1和 Δl_2与杆原长 l_1和 l_2相比很小,上述圆弧可近似地用切线代替,如图 5.12c 所示。因此节点 A 的水平位移 δ_x和垂直位移 δ_y分别为

$$\delta_x = AA_2 = \Delta l_2 = 0.6 \text{ mm}$$

$$\delta_y = AA_3 = AF + FA_3 = \frac{\Delta l_1}{\sin 30^\circ} + \frac{\Delta l_2}{\tan 30^\circ} = \frac{1}{0.5} + \frac{0.6}{0.577} \approx 3 \text{ mm}$$

节点 A 的总位移 δ_A

$$\delta_A = AA' = \sqrt{\delta_x^2 + \delta_y^2} = \sqrt{0.6^2 + 3^2} \approx 3.06 \text{ mm}$$

第五节　材料在轴向拉压下的力学性能

为了进行构件的强度计算,必须了解材料的机械性能。所谓材料的机械性能就是材料在受力过程中所表现出来的各种特性,也称力学性能。

材料的机械性能是通过试验测出来的。试验不仅是确定材料机械性能的唯一方法,也是建立理论和验证理论的重要手段。

材料的机械性能,首先由材料本身的结构特性确定,同时外部环境,如温度、加载速度等也会对它产生明显效应。本节介绍材料在常温、静载情况下材料的力学性能。

一、拉伸时材料的力学性能

1. 拉伸

拉伸试验是研究材料的力学性能的最常用的试验。为了便于比较试验结果,试件必须按照国家标准(GB 228—76)加工成标准试件。一种圆截面的拉伸标准试件如图 5.13 所示。试件的中间等直杆部分为试验区段,其长度 l 称为标距,试件较粗的两端是装夹部分。标距 l 与直径 d 之比有 $l=10d$ 和 $l=5d$ 两种。而对矩形截面试件,标距 l 与横截面面积 A 之比为 $l = 11.3\sqrt{A}$ 或 $l = 5.65\sqrt{A}$ 。

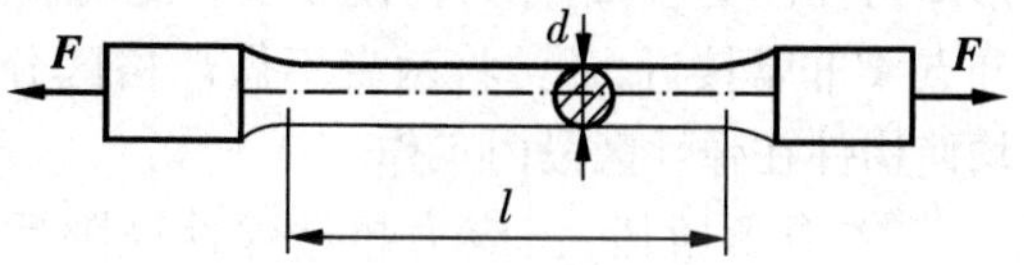

图 5.13

拉伸试验在万能试验机上进行。试验时将试件装在夹头中,然后开动机器加载。试件受到由零逐渐增加的拉力 F 的作用,同时发生伸长变形,加载一直进行到试件断裂为止。一般试验机上附有自动绘图装置,在试验过程中能自动绘出载荷 F 和相应的伸长量 Δl 的关系曲线,称为拉伸图或 $F \sim \Delta l$ 曲线,如图 5.14a 所示。

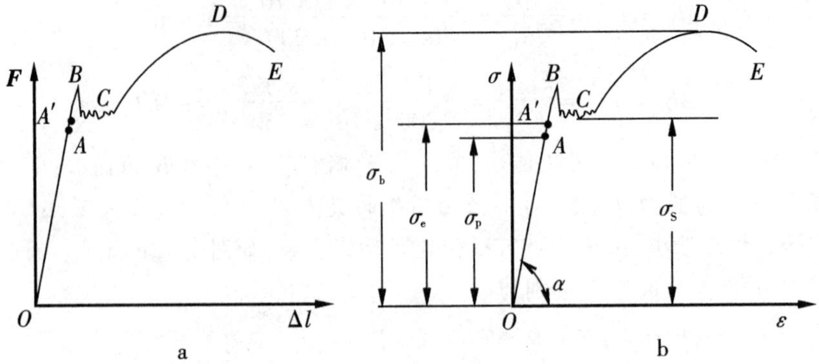

图 5.14

拉伸图的形状与试件的尺寸有关。为了消除试件横截面尺寸和长度的影响，将载荷 F 除以试件原来的横截面面积 A，得到应力 σ；将变形 Δl 除以试件原来的长度 l，得到应变 ε，这样的曲线称为应力应变曲线，即 $\sigma \sim \varepsilon$ 曲线。$\sigma \sim \varepsilon$ 曲线的形状与 $F \sim \Delta l$ 曲线相似，但可以反映材料本身的某些特性。

2. 低碳钢拉伸时的力学性能

低碳钢是工程中经常使用的一种材料，它在拉伸时表现出来的机械性能具有典型性。如图 5.14b 所示是低碳钢拉伸时的应力应变曲线，由图可见，整个拉伸过程大致可分为四个阶段，现分别说明如下。

（1）线弹性阶段：图中 OA 为一直线段，这说明该区段内应力和应变成正比，即为已知的胡克定律 $\sigma = E\varepsilon$。直线部分的最高点 A 所对应的应力值 σ_p 称为比例极限，低碳钢的比例极限为 $\sigma_p = 190 \sim 200$ MPa。OA 直线的倾角为 α，其正切值 $\tan\alpha = \dfrac{\sigma}{\varepsilon} = E$，即为材料的弹性模量。

当应力超过比例极限后，图中的 AA' 段已不是直线，胡克定律不再适用。但当应力值不超过 A' 点所对应的应力 σ_e 时，如将外力卸去，试件的变形也全部消失，这种变形即为弹性变形，σ_e 称为弹性极限。比例极限和弹性极限的概念不同，但实际上点 A 和点 A' 非常接近，通常将两者不做严格区分，统称为弹性极限。在工程应用中，一般均使构件在弹性区段内工作。

（2）屈服阶段；当应力超过弹性极限后，图上出现接近水平的小锯齿形波动段 BC，说明此时应力在波动变化，均值基本保持不变，但应变却迅速增加，材料暂时失去了抵抗变形的能力。这种应力基本不变，而变形显著增加的的现象称为材料的屈服或流动。BC 段对应的过程为屈服阶段，屈服阶段应力波动有最大值和最小值，最大值不稳定，没有工程意义。最小应力值 σ_S 称为材料的屈服极限。低碳钢的屈服极限 $\sigma_s = 220 \sim 240$ MPa。在屈服阶段，如果矩形截面试件表面光滑，可以看到试件表面有与轴线大致呈 45°的条纹，称为滑移线（图 5.15）。

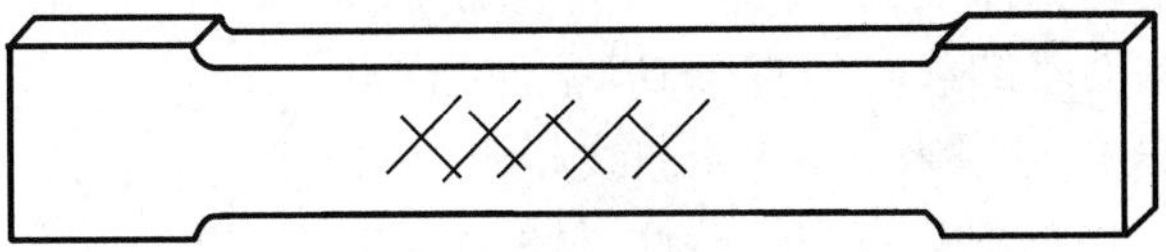

图 5.15

(3)强化阶段:屈服阶段后,图上出现上凸的曲线 CD 段,这表明若要使材料继续变形,必须增加应力,即材料又恢复了抵抗变形的能力,这种现象称为材料的强化,CD 段对应的过程称为材料的强化阶段。曲线的最高点 D 所对应的应力值用 σ_b 表示,称为材料的强度极限。它是材料所能承受的最高应力水平,低碳钢的强度极限 $\sigma_b = 370 \sim 460$ MPa。

(4)颈缩断裂阶段:应力达到强度极限后,在试件某一局部较薄弱处的横截面发生急剧的局部收缩,出现颈缩现象(图 5.16)。由于颈缩处的横截面面积迅速减小,所需拉力也相应降低,最终导致试件断裂,应力应变曲线呈下降趋势,如图 5.14b 的 DE 段。

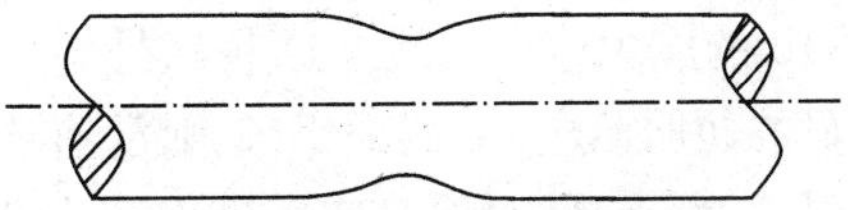

图 5.16

综上所述,当应力增大到屈服极限时,材料出现了明显的塑性变形;强度极限表示材料最大的抗破坏能力;故 σ_s 和 σ_b 是衡量材料强度的两个重要指标。

试件拉断后,弹性变形消失,但塑性变形仍保留下来。工程中用试件拉断后残留的塑性变形来表示材料的塑性性能。常用的塑性指标有两个:

伸长率 δ:

$$\delta = \frac{l_1 - l}{l} \times 100\%$$

断面收缩率 ψ :

$$\psi = \frac{A - A_1}{A} \times 100\%$$

式中:l——标距原长;

l_1——拉断后标距长度;

A——试件原横截面面积;

A_1——试件拉断后颈缩处最小横截面面积(图 5.17)。

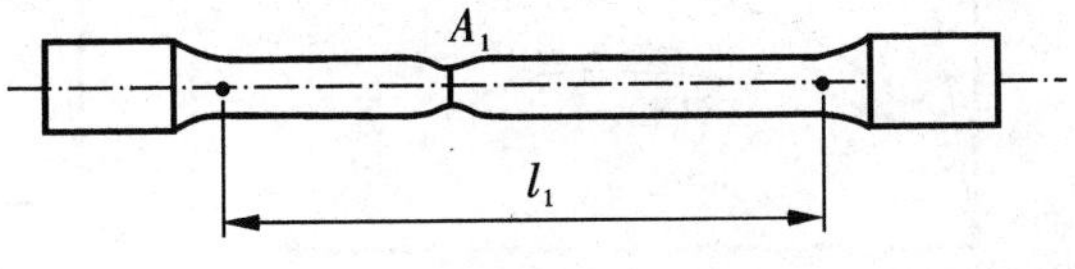

图 5.17

低碳钢的伸长率在 20% ~30% 之间,断面收缩率约为 60%,低碳钢是很好的塑性材料。工程中通常把 $\delta \geqslant 5\%$ 的材料称为塑性材料,如中碳钢、铜、铝及其合金等;把 $\delta < 5\%$ 的材料称为脆性材料,如铸铁、混凝土等。

试验表明,如果将试件拉伸到强化阶段的任一点,然后缓慢地卸载,这时会发现,卸载过程中试件的应力应变关系保持为直线状态,沿着与 OA 近似平行的直线 FG 回到 G 点,而不是按原来的加载曲线回到 O 点。OG 是试件残留下来的塑性应变,GH 表示消失的弹性应变。如果将卸载后的试件重新加载，则 $\sigma \sim \varepsilon$ 曲线将沿着卸载时的直线 GF 上伸到 F 点，F 点以后的曲线仍与原来的 $\sigma \sim \varepsilon$ 曲线相同，如图 5.18 所示。这说明材料具有记忆特性，材料不再屈服，但比例极限有所提高，塑性变形减小，这种现象称为冷作硬化。工程上常用冷作硬化来提高某些构件的承载能力，如预应力钢筋、钢丝等。

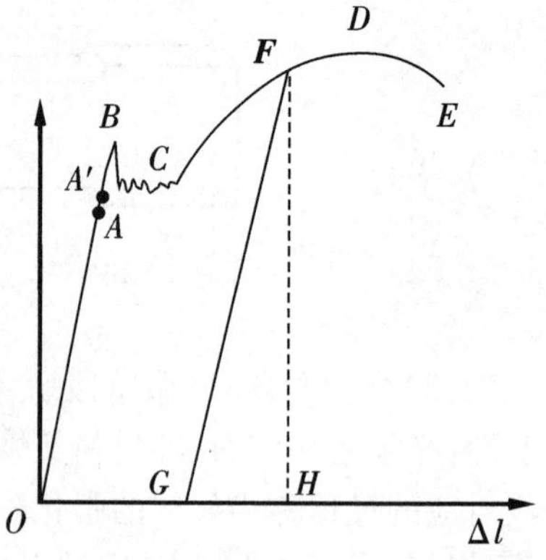

图 5.18

3. 其它材料在拉伸时的力学性能

其它金属材料的拉伸试验和低碳钢拉伸试验做法相同，但材料所显示出来的机械性质有很大差异。图 5.19 给出了 Q235 钢、16 锰钢、黄铜 H62、工具钢 T10 的应力应变曲线。这些都是塑性材料。Q235 钢、16 锰钢同低碳钢材料一样有明显的屈服阶段，而黄铜 H62 则没有明显的屈服阶段，对于没有明显屈服点的塑性材料，工程上规定，取对应于试件产生 0.2% 塑性变形时的应力值为材料的名义屈服极限，以 $\sigma_{0.2}$ 表示（图 5.20）。

图 5.21 为灰口铸铁的拉伸应力应变曲线。由图可见，$\sigma \sim \varepsilon$ 曲线没有明显的比例关系，既无屈服阶段，也无颈缩现象，断裂时应变也仅为 0.4% ~0.5%，断口垂直于试件的轴线。因铸铁材料在断裂之前应力应变曲线的曲率很小，工程计算时用近似直线代替，如图 5.21 虚线所示。铸铁的延伸率仅为 0.4% ~0.5%，是典型的脆性材料。抗拉强度 σ_b 是脆性材料唯一的强度指标。

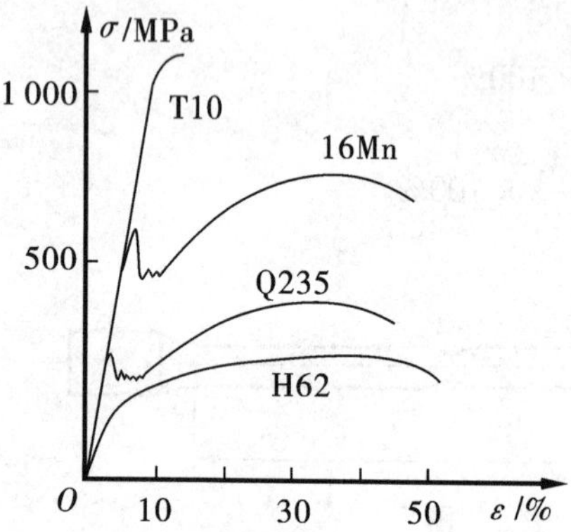

图 5.19

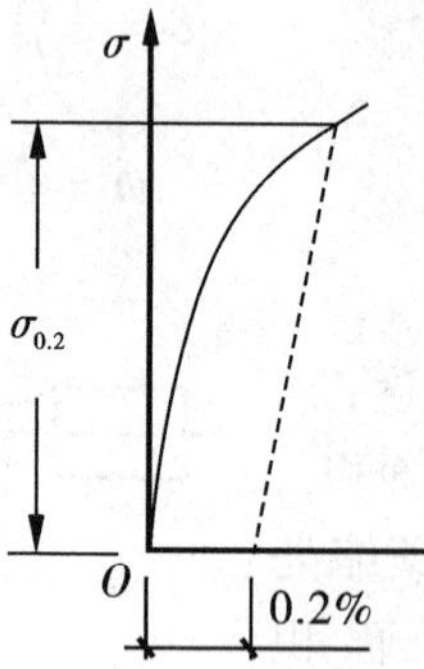

图 5.20

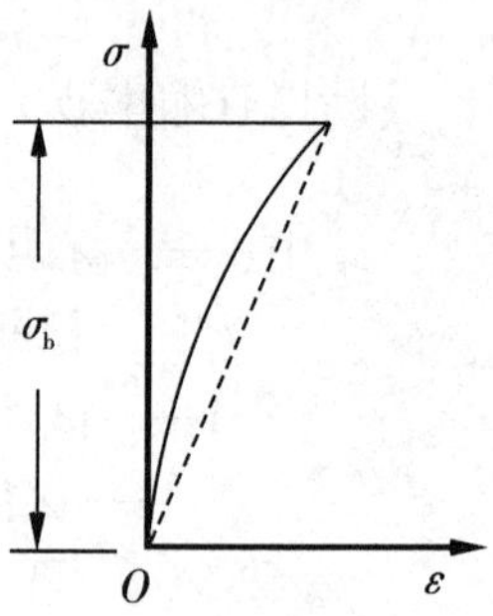

图 5.21

二、材料在压缩时的力学性能

金属材料的压缩试件，一般做成短圆柱体，其高度为直径的 1.5 ~3 倍，以免试验时压弯失稳，非金属材料的试样常采用立方体形状。

图 5.22 为低碳钢材料压缩时的 $\sigma \sim \varepsilon$ 曲线，为便于与拉伸曲线进行对比，将虚线所示拉伸时的 $\sigma \sim \varepsilon$ 曲线也同时绘制上去。可以看出，在弹性阶段和屈服阶段两曲线

是重合的。这表明，低碳钢材料在压缩时的比例极限、弹性极限、弹性模量 E 和屈服极限等都与拉伸时相同。进入强化阶段后，两曲线逐渐分离，压缩曲线上升，此时测不出材料的抗压强度极限，这是因为材料进入强化阶段以后，试件被越压越扁，横截面积不断增大的缘故。

铸铁压缩时的 $\sigma \sim \varepsilon$ 曲线如图 5.23 所示，虚线为拉伸 $\sigma \sim \varepsilon$ 曲线。可以看出，铸铁压缩时的 $\sigma \sim \varepsilon$ 曲线也没有比例关系，压缩时应力应变曲线近似服从胡克定律。与拉伸相比，铸铁在压缩时的抗压强度比抗拉强度高 4 ~5 倍，表现出了优异的抗压特性。对于其他脆性材料，如混凝土、水泥等，抗压强度也远高于其抗拉强度。另外与金属材料相比，脆性非金属材料价格较为便宜，因此脆性材料多用于用量大、承受压缩的场合。

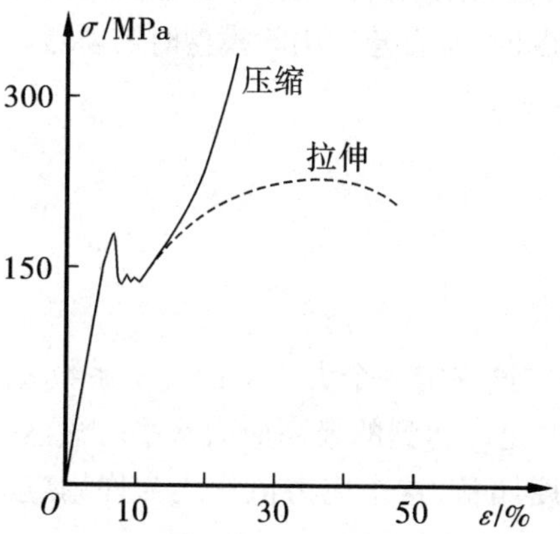

图 5.22

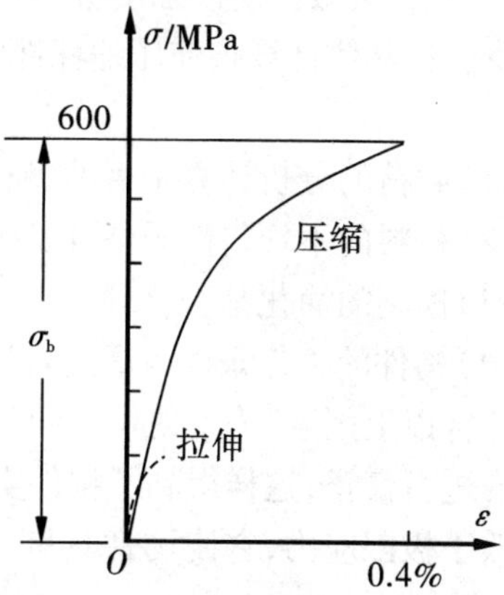

图 5.23

表 5.2　几种常用材料的机械性质

材料名称	$\sigma_S(MPa)$	$\sigma_b(MPa)$	伸长率 δ(%)	断面收缩率 ψ(%)
Q235 钢	216 ~235	373 ~461	25 ~27	–
35 钢	216 ~234	432 ~530	15 ~20	28 ~45
45 钢	265 ~253	530 ~598	13 ~16	30 ~40
40Cr	343 ~785	581 ~981	8 ~9	30 ~45
QT600-2	412	580	2	–
HT150	–	拉 98 ~275 压 637 弯 206 ~461	–	–

第六节 拉杆和压杆的强度计算

一、极限应力、安全系数及许用应力

通过对材料机械性能的研究,我们知道,对于塑性材料,构件在工作时产生的应力达到屈服极限时,它就会产生塑性变形而不能正常工作。因此对于塑性材料来说,屈服极限就是一个极限应力值。对于脆性材料,无论是拉伸还是压缩,达到强度极限就断裂,使构件失效。所以强度极限是脆性材料的极限应力。极限应力用 σ_0 表示。

我们在具体计算拉伸压缩杆件的强度问题时,常在建立力学模型时需要考虑下述问题:

(1)载荷的分析计算是否准确;

(2)材料的不均匀性质估计是否准确;

(3)模型的简化是否合理;

(4)构件的工作条件考虑是否周全。

综合以上因素,为了使构件能正常工作,应该规定一个大于 1 的安全系数 n,将极限应力进行修正,这样得到了构件实际工作中允许达到的最高应力水平。显然,这个应力低于极限应力,它使构件具有一定的强度储备,这个应力值称之为许用应力,用 $[\sigma]$ 表示。

对于塑性材料,因为 $\sigma_0 = \sigma_s$,于是

$$[\sigma] = \frac{\sigma_s}{n}$$

对于脆性材料,因为 $\sigma_0 = \sigma_b$,于是

$$[\sigma] = \frac{\sigma_b}{n}$$

二、构件在拉伸和压缩时的强度计算

为了保证构件能够正常工作,具有足够的强度,就必须使构件的实际应力水平低于(至多等于)许用应力值,即

$$\sigma_{max} = \frac{F_{Nmax}}{A} \leqslant [\sigma] \tag{5.6}$$

上式称为拉伸(压缩)杆件的强度条件。如果最大工作应力没有超过许用应力,那么整个构件所有其它点的工作应力都不超过 $[\sigma]$,可以认为整个杆件强度是足够的。我们称 σ_{max} 所在的截面为危险截面。强度条件中的 F_{Nmax} 和 A 分别指危险截面上的轴力值和截面面积。应用式(5.6),我们可以解决三类工程问题:

1. 强度校核

对于给定构件,根据外部载荷可以求出内力,如果杆的横截面积和许用应力值都

已知,判定杆件能否正常工作,主要是验算杆件危险截面上的应力水平是否小于等于许用应力值。即判断式(5.6)是否成立。

如果上式成立,则表明杆件具有足够的强度,能够正常工作。反之,说明杆件强度不足。

2. 设计截面尺寸

如果构件的受力情况已知,材料也已经选定,即许用应力$[\sigma]$也已知,那么要使构件正常工作,其截面面积

$$A \geqslant \frac{F_{Nmax}}{[\sigma]}$$

先算出截面面积,再根据截面形状,确定具体截面几何尺寸。

3. 控制最大载荷

如果已知构件的许用应力和截面面积,为保证杆件正常工作,则杆上的最大内力值有如下关系:

$$F_{Nmax} \leqslant [\sigma]A$$

然后根据F_{Nmax}确定最高载荷值。

例5.6　重为$F=1.2$ kN的电机,顶部吊环螺钉的螺纹外径$d=8$ mm,螺纹内径$d_1=6.4$ mm,如图5.24a所示。螺钉材料为Q235钢,许用应力$[\sigma]=60$ MPa,试校核螺纹部的强度。

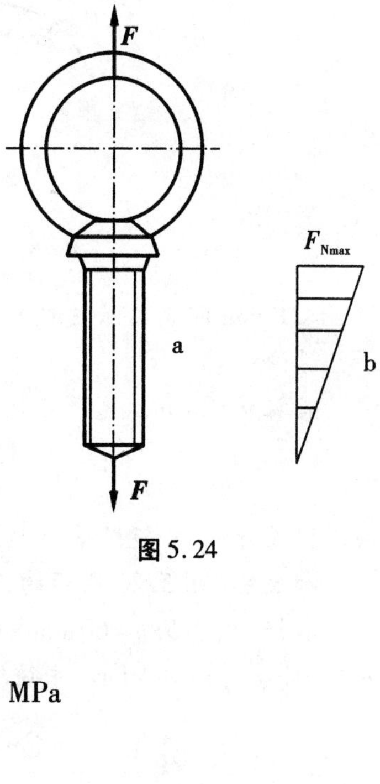

图5.24

解:吊环的螺纹部受轴向拉伸作用,其轴力图如图5.24b所示,危险截面在螺纹牙根处,最大轴力

$$F_{Nmax} = F = 1.2 \text{ kN}$$

螺纹的应力计算应按有效面积计算,因此应取内径d_1所在的圆面积,由强度条件

$$\sigma_{max} = \frac{F_{Nmax}}{A} = \frac{1.2 \times 10^3}{\frac{\pi}{4} \times 6.4^2} = 37.3 \text{ MPa}$$

因为$\sigma_{max} < [\sigma]$,故吊环螺钉的强度足够。

例5.7　气动夹具如图5.25所示。已知气压$p=1.5$ MPa,气缸内径$D=150$ mm。连杆的许用压应力$[\sigma]=80$ MPa。试设计连杆的直径。

解:连杆的轴力为

$$F_N = p \times \frac{\pi D^2}{4} = 1.5 \times \frac{3.14 \times 150^2}{4}$$

$$= 26.5 \times 10^3 \text{ N}$$

根据连杆的横截面积A满足

$$A = \frac{\pi d^2}{4} \geqslant \frac{F_N}{[\sigma]}$$

得连杆直径d应满足

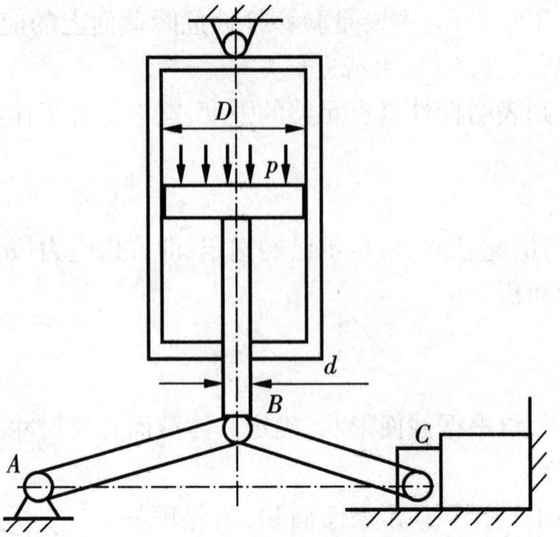

图 5.25

$$d \geqslant \sqrt{\frac{4F_N}{\pi[\sigma]}} = \sqrt{\frac{4 \times 26500}{3.14 \times 80}} = 20.54 \text{ mm}$$

取 $d=21$ mm 即满足强度要求。

讨论：

若取 $d=20$ mm 是否安全呢？需要计算误差，有

$$\delta = \frac{(20.54-20)}{20} \times 100\% = 2.7\%$$

在工程设计中，一般误差小于5%是允许的，因此取 $d=20$ mm 也是安全的。

例 5.8 图 5.26 所示的三角构架，AB 为圆截面钢杆，直径 $d=30$ mm，BC 为矩形截面木杆，尺寸 $b \times h=60$ mm×120 mm。已知钢的许用应力$[\sigma]_{钢}=170$ MPa，木材的许用应力$[\sigma]_{木}=10$ MPa。求该结构的许可载荷。

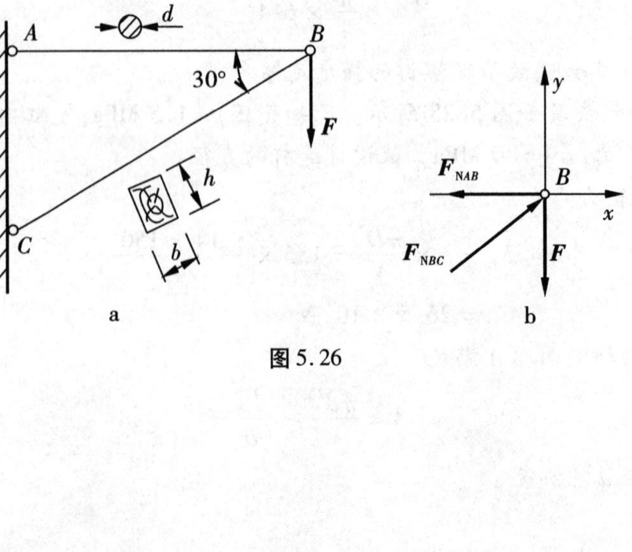

图 5.26

解：

（1） 先求两杆的轴力。由图 5.26b 中节点 B 的受力分析列写平衡方程

$$\sum F_x = 0 \qquad F_{NBC}\cos 30^\circ - F_{NAB} = 0$$

$$\sum F_y = 0 \qquad F_{NBC}\sin 30^\circ - F = 0$$

解得

$$F_{NAB} = \sqrt{3}F \qquad F_{NBC} = 2F$$

（2） 各杆允许的最大轴力

$$F_{NAB} \leqslant [\sigma]_{钢} A_{AB} = 170 \times \frac{3.14 \times 30^2}{4} = 12\ 100\ \text{N}$$

$$F_{NBC} \leqslant [\sigma]_{木} A_{BC} = 10 \times 60 \times 120 = 72\ 000\ \text{N}$$

（3） 求结构的许可载荷。根据两杆允许的最大轴力分别计算两杆不破坏的极限值

$$F_{AB} = \frac{F_{NAB}}{\sqrt{3}} = \frac{12100}{1.732} = 69\ 300\ \text{N}$$

$$F_{BC} = \frac{F_{NBC}}{2} = \frac{72000}{2} = 36\ 000\ \text{N}$$

两者比较，可知整个系统不破坏时应取许用载荷 36 000 N。此时 BC 杆应力正好等于许用应力值，而 AB 杆的强度还有富裕。

第七节 拉压杆的超静定问题

一、超静定概念及其解法

前面所讨论的问题，其支反力和内力均可由静力平衡条件直接求得，这类问题称为静定问题（图 5.27a）。有时为了提高杆系的强度和刚度，要增加约束，例如将图 5.27a 形式增加一根杆改为图 5.27b 形式，这时未知内力有三个，而节点所受力系仍然是平面汇交力系，只能列写两个平衡方程式，因此仅仅依靠静力平衡条件不能求解这类问题。像这样，未知约束力的个数多于静力平衡方程式数目的问题我们称之为超静定问题。未知力个数与独立平衡方程式数目的差为超静定的阶次，图 5.27b 为一次超静定问题。

求解超静定问题时，在列写静力平衡方程式的基础上，要设法寻找补充方程才能联立求解。在材料力学里面，我们是利用结构的变形协调关系来寻找补充方程的。下面举例说明。

例 5.9 试求图 5.27b 中各杆的轴力。已知 1、3 和 2、3 杆之间夹角为 α，吊重为 G；1 杆和 2 杆的材料相同，横截面面积相等，其抗拉刚度为 E_1A_1；杆 3 的抗拉刚度为 E_3A_3。

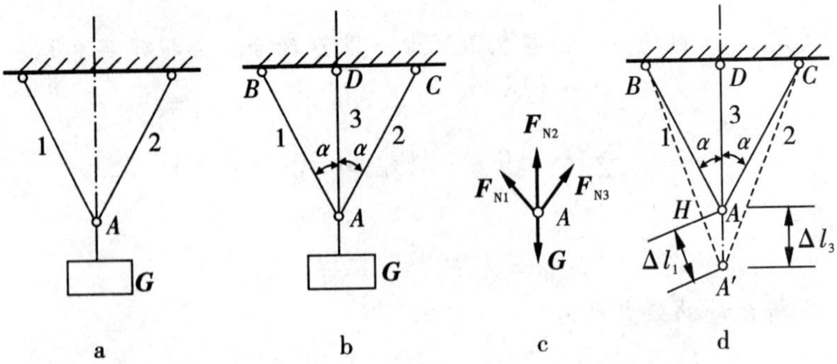

图5.27

解:

(1)列写静力平衡方程。A 铰链的受力分析如图5.27c所示,依平面汇交力系平衡条件,有

$$\sum F_x = 0 \qquad F_{N1}\sin\alpha - F_{N2}\sin\alpha = 0$$

$$\sum F_y = 0 \qquad F_{N3} + F_{N1}\cos\alpha + F_{N2}\cos\alpha - G = 0$$

(2)找变形协调条件。由图5.27d可知,结构左右对称,杆1、2的抗拉刚度相同,则 A 点只能垂直向下变形。设变形后 A 点到达 A' 点,$AA'=\Delta l_3$;由 A 点作 $A'B$ 的垂线 AH,则有 $HA'=\Delta l_1$;在小变形条件下,$\angle BAA' \approx \alpha$,于是变形协调关系为

$$\Delta l_1 = \Delta l_2 = \Delta l_3\cos\alpha$$

(3)列物理方程。由胡克定律,有

$$\Delta l_1 = \frac{F_{N1}l_1}{E_1A_1} \qquad \Delta l_3 = \frac{F_{N3}l_3}{E_3A_3}$$

(4)列补充方程。将物理方程代入变形协调条件,得到补充方程

$$\frac{F_{N1}l_1}{E_1A_1} = \frac{F_{N3}l_3}{E_3A_3}\cos\alpha = \frac{F_{N3}l_1}{E_3A_3}\cos^2\alpha$$

由此得到 $F_{N1} = F_{N3}\dfrac{E_1A_1}{E_3A_3}\cos^2\alpha$

(5)求各杆的轴力。联立补充方程和静力平衡方程,解得

$$F_{N1} = F_{N2} = \frac{G\cos^2\alpha}{\dfrac{E_3A_3}{E_1A_1} + 2\cos^3\alpha}$$

$$F_{N3} = \frac{G}{1 + 2\dfrac{E_1A_1}{E_3A_3}\cos^3\alpha}$$

综上所述,求解超静定问题的一般步骤可归纳如下:

第一,取研究对象,进行静力分析,列写静力平衡方程。

第二,根据变形协调关系,写出变形几何方程。

第三,应用胡克定律,写出物理方程。

第四,将平衡方程和物理方程联立,便可求得未知约束力。

二、装配应力

所有构件在制造中都会有一定误差。这种误差,在静力结构中不会引起附加内力,但在超静定结构中,由于构件之间的多与约束,会引起附加内力。例如,图 5.28 所示的三杆桁架系统,若杆 3 制造时短了 δ,为了能将三杆装配在一起,则必须将杆 3 拉长,杆 1、2 压短,这种强行装配会在杆 3 中产生拉应力而在杆 1、2 中产生压应力。如果误差 δ 过大,这种应力会达到或超过极限应力而使构件破坏。这种由于装配而在构件内产生的附加应力称之为装配应力。在工程中,对于装配应力,有时是不利的,应采取措施予以避免,但有时是有利的,例如在机械制造中的过盈配合,我们可以利用它。

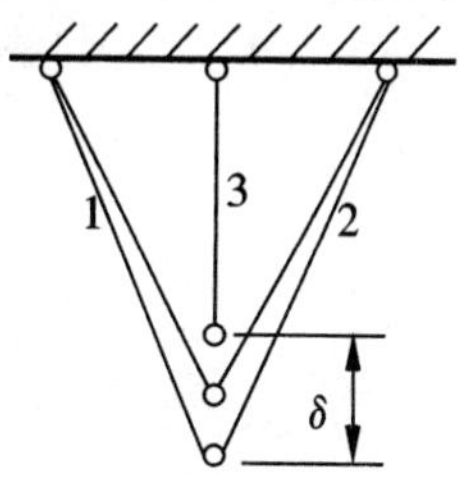

图 5.28

三、温度应力

在工程实际中,杆件处于一定的环境中,当环境温度改变时,由于材料的热胀冷缩特性,杆件尺寸也会有微小的变化。在静定结构中,由于杆件能自由变形,不会在杆内产生应力。但在超静定结构中,由于杆件之间的相互制约而不能自由变形,这就会使杆件内部产生附加应力,这种由于温度的改变而产生的内力我们称之为温度应力。对于两端固定杆件,当温度升高 ΔT 时,在杆内引起的温度应力为

$$\sigma_T = E\alpha_l \Delta T$$

式中:E——材料的弹性模量;

α_l——线胀系数,单位为 1/°C;

ΔT——温变。

对于钢,$E=200\sim210$ GPa,$\alpha_l=12.5\times10^{-6}$/°C,当温度改变量 $\Delta T=50$°C 时,杆内的附加应力为

$$\sigma_T = 200\times10^3\times12.5\times10^{-6}\times50 = 125\ \text{MPa}$$

由此看出,温度应力还是相当高的,在工程中要采取措施消除温度应力的影响,例如蒸汽管道中的伸缩节,铁轨两段钢轨之间预留有适当的空隙等,这些都是减少温度应力的方法。

第八节　应力集中的概念

等截面直杆受轴向拉伸压缩时,横截面上的应力是均匀分布的。但实际应用中的杆件,由于有切口、切槽、油孔、螺纹、轴肩等,以致在这些部位上截面尺寸会发生突然变化。试验结果和理论分析表明,在零件尺寸突然改变处的截面上,应力并不是均匀分布的。例如,开有圆孔的板条受拉时,在圆孔附近的局部区域内,应力将急剧增加;

在远离圆孔的部位,应力迅速减低并趋于均布。这种因杆件外形突然变化而造成的应力急剧增大的现象,称为应力集中。

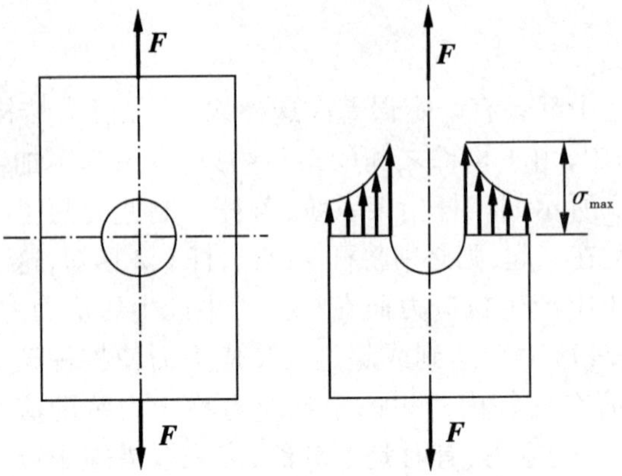

图 5.29

设发生应力集中的横截面上的最大应力为 σ_{max},同一截面上的平均应力为 σ,定义比值

$$k=\frac{\sigma_{max}}{\sigma}$$

k 称为理论应力集中系数。它反映了应力集中的程度,是一个大于 1 的数。试验结果表明,截面尺寸改变的越剧烈、角越尖、孔越小,应力集中程度就越严重。因此,在加工零件制定加工工艺时,应尽量避免上述现象出现。例如,在阶梯轴的轴肩处要用圆弧过渡,而且要尽量使过渡圆弧半径大些。

各种材料对应力集中的敏感程度不同。塑性材料因有屈服阶段,当应力集中导致局部应力达到屈服极限时,该处材料的变形可以继续增长而应力不再增加。如外力继续增大,则增加的力由截面上尚未屈服的材料承担,使截面上的尚未屈服的材料相继达到屈服极限,使截面应力趋于平均,降低了不均匀程度,也限制了 σ_{max},因此由塑性材料制成的杆件在静载作用下可不考虑应力集中的影响。脆性材料没有屈服现象,当载荷增加时,应力集中处的 σ_{max} 一直领先,首先达到强度极限 σ_b 而产生脆性断裂裂纹。脆性材料中应力集中的危害较为显著,应予以考虑。

当零件受到周期性变化的载荷作用时,不论是塑性材料还是脆性材料,应力集中对零件的强度都有显著影响。

第九节　剪切和挤压的基本概念

在机械工程上常用一些连接,如铆钉连接(图 5.30a),轴与皮带轮之间的平键连接(图 5.30b)等,这些连接零件的特点是比较粗短。当构件两侧受到一对大小相等、方向相反、作用线相距很近的横向力作用时,构件将主要产生剪切和挤压变形。剪切变形的特点是位于两作用力之间的构件横截面发生相互错动。

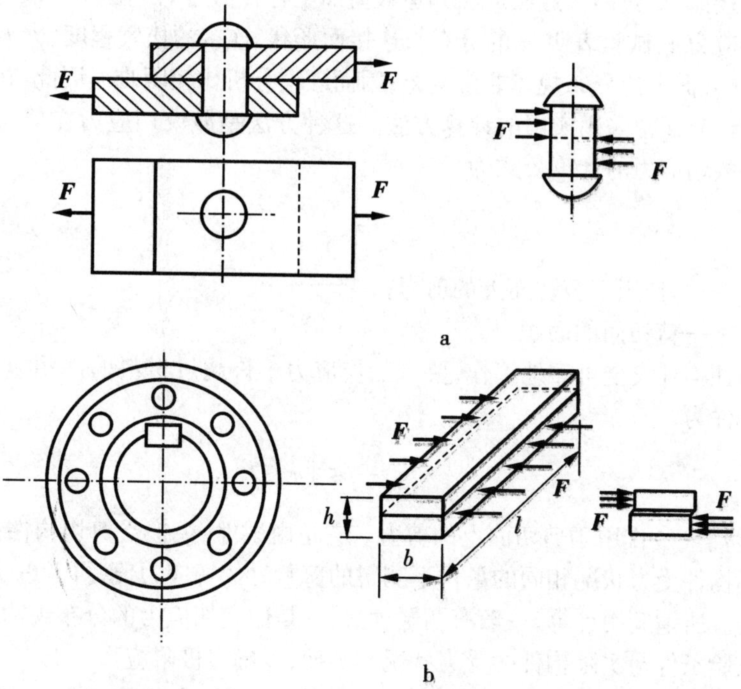

图 5.30

第十节　剪切和挤压的实用计算

一、剪切的实用计算

现以铆钉连接为例说明剪切的实用计算方法。铆钉的受力与变形如图 5.31a 所示，如图 5.31b 所示，由截面法可知，其横截面上主要作用有剪力 F_S，根据平衡条件，横截面上的剪力为

$$F_S = F$$

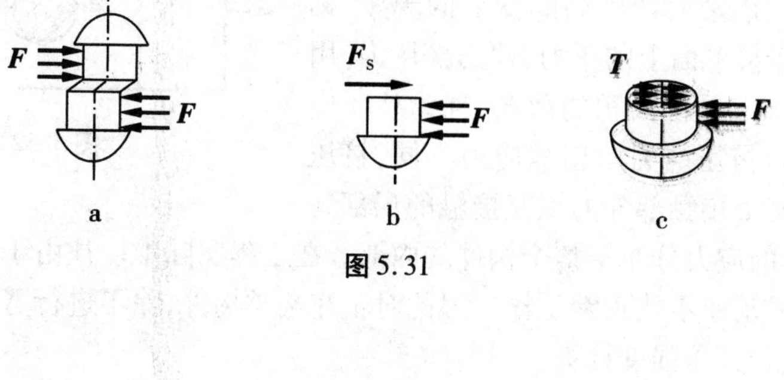

图 5.31

由于发生剪切的构件大多数为短粗连接杆件，它们的应力和变形规律较复杂，就上述铆钉连接而言，我们通过截面法知道被剪面上存在剪力 F_S，由剪力 F_S 可在被剪面上产生剪切应力 τ，试验表明，τ 的分布与连接面形状、连接的松紧程度、力 F 的大小等因素有关，在截面上的分布规律非常复杂，因而理论分析比较困难。因此，在工程实际中根据实践经验通常采用实用的计算方法。这种方法是假设切应力在剪切面上是均匀分布的。故切应力的计算公式为

$$\tau = \frac{F_S}{A} \tag{5.7}$$

式中：F_S——作用于剪切面上的剪力；

A——剪切面的面积

为了保证构件安全可靠地工作，要求工作应力不许超过材料的许用应力。所以，剪切强度条件为

$$\tau = \frac{F_S}{A} \leqslant [\tau] \tag{5.8}$$

式中：$[\tau]$——作用于剪切面上的剪力。它是由试件（模拟受剪切构件）或实际构件在与实际构件受力状况相同的条件下测得的剪断时的切应力值，再考虑安全系数以后而确定的。所谓实用计算，一般有两层含义：一是假定切应力的分布规律；二是采用的试件和试验条件与实际构件的受力状况相类似，以确定极限应力。

剪切许用切应力 $[\tau]$，可以从相关设计手册中查得，也可按照如下的经验公式确定：

塑性材料　　$[\tau] = (0.6 \sim 0.8)[\sigma]$

脆性材料　　$[\tau] = (0.8 \sim 1.0)[\sigma]$

式中：$[\sigma]$ ——材料的许用拉应力。

二、挤压的实用计算

机械的连接件，承受剪切作用的同时，在传力的接触面上，由于局部承受较大的压力，因此会在相互接触的较软的构件面上产生塑性变形，如图 5.32 所示的螺栓连接，如果钢板较软，钢板的圆孔可能挤压成如图 5.32 所示的长圆孔。这种在接触的表面相互压紧而产生局部变形的现象，称为挤压。作用于接触面上的压力，称为挤压力，用 F_{jy} 表示。挤压面上单位面积的荷载，称为挤压应力，用 σ_{jy} 表示。挤压应力与压缩应力不同，挤压应力只分布于两个接触部件的相互接触的局部区域，而压缩变形的应力分布于整个构件的内部。在工程实际中往往由于挤压的作用使得连接件产生松动而不能正常工作。因此对于连接类构件，除了进行剪切强度计算之外，一般还要进行挤压强度计算。

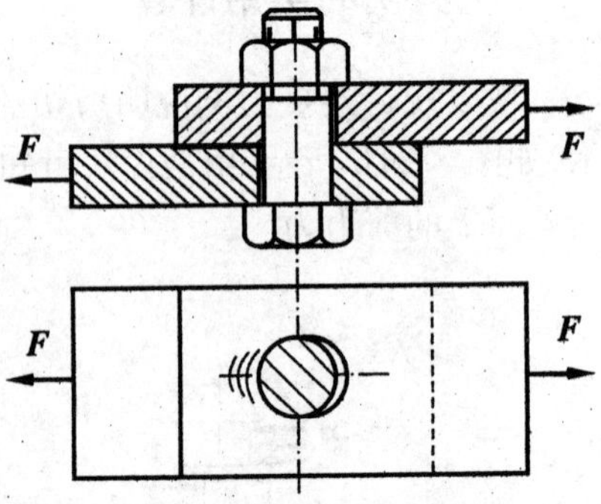

图 5.32

挤压应力在挤压面上的分布规律很复杂，和剪切一样，也采用实用的计算方法来建立挤压的强度条件，假定挤压应力在有效挤压面上是均匀分布的，则挤压应力的计算公式为

$$\sigma_{jy}=\frac{F_{jy}}{A_{jy}}\leqslant[\sigma_{jy}] \tag{5.9}$$

式中：F_{jy}——作用于挤压面上的挤压力；

A_{jy}——挤压面的有效挤压面积。

有效挤压面积是实际挤压面积在垂直于挤压力的平面上的投影面积。对于图5.33a所示的平键连接，其挤压面积为平面，故有效挤压面积就是实际挤压面积。对于铆钉（图5.30a）和螺栓连接（图5.32）等，实际挤压面积为半圆柱面，有效挤压面积为图5.33c中所示的在轴截面上的投影面积。根据理论分析，在半圆柱挤压面上，挤压应力的实际分布情况如图5.33a所示，最大挤压应力在半圆弧的中点处。采用有效挤压面积算得的结果与理论分析所得的最大挤压应力相近。

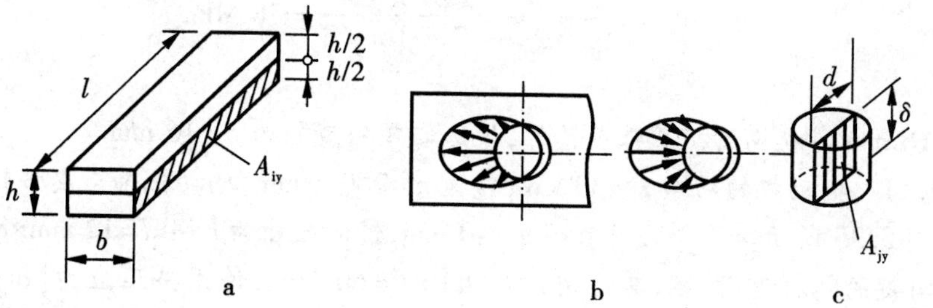

图5.33

剪切许用挤压应力$[\sigma_{jy}]$，其数值由实验测定。也可以从相关设计手册中查得，也可按照如下的经验公式确定：

塑性材料　　$[\sigma_{jy}]=(1.5\sim2.5)[\sigma]$

脆性材料　　$[\sigma_{jy}]=(0.9\sim1.5)[\sigma]$

式中：$[\sigma]$ ——材料的许用拉应力

必须注意，如果两个相互挤压的构件的材料不同，应对材料挤压强度较小的构件进行计算。

例5.10　拖车挂钩的销钉连接如图5.34所示。已知叉形接头的钢板厚$t=8$ mm，材料的许用切应力$[\tau]=50$ MPa，许用挤压应力$[\sigma_{jy}]=150$ MPa。若拖车的拉力$F=20$ kN，试选择销钉的直径。

解：取销钉为研究对象，销钉为双面剪切，应用截面法求出剪切面上的剪力

$$F_s=\frac{1}{2}F=10\text{ kN}$$

由剪切强度条件，有：

$$A\geqslant\frac{F_S}{[\tau]}$$

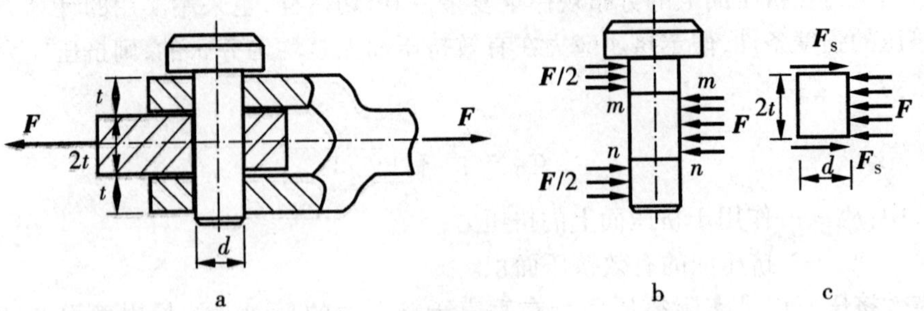

图 5.34

$$d \geqslant \sqrt{\frac{4F_S}{\pi[\tau]}} = \sqrt{\frac{4 \times 10 \times 10^3}{3.14 \times 50}} = 16 \text{ mm}$$

再校核销钉的挤压强度，由挤压强度条件可知：

$$\sigma_{jy} = \frac{F_{jy}}{A_{jy}} = \frac{F}{2dt} = \frac{20 \times 10^3}{2 \times 16 \times 8} = 78 \text{ MPa}$$

因为
$$\sigma_{jy} \leqslant [\sigma_{jy}]$$

因此 $d=16$ mm 时也满足挤压强度条件，故选取销钉直径为 $d=16$ mm。

例 5.11 电动机的功率 $P=30$ kW，转速 $n=750$ r/min，电动机轴与皮带轮用平键连接，如图 5.35 所示。已知轴的直径 $d=40$ mm，键的尺寸为 $b \times h \times l=12$ mm×8 mm×50 mm。轴与键的材料为 45 钢，其许用切应力 $[\tau]=60$ MPa，许用挤压应力 $[\sigma_{jy}]=150$ MPa。带轮的材料为铸铁，许用挤压应力 $[\sigma_{jy}]=100$ MPa。试校核轴与键的强度。

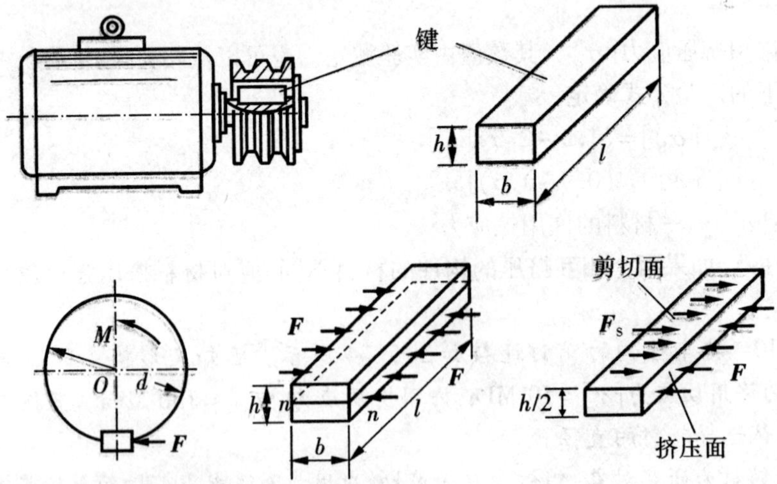

图 5.35

解:

(1)作用在轴上的转矩为

$$M = 9\,550\,\frac{P}{n} = 9\,550\,\frac{30}{750} = 382\ \mathrm{N \cdot m}$$

(2)校核键的剪切强度

剪力

$$F_S = \frac{2M}{d} = \frac{2 \times 382 \times 10^3}{40} = 19\,100\ \mathrm{N}$$

切应力

$$\tau = \frac{F_S}{bl} = \frac{19\,100}{12 \times 50} = 31.8\ \mathrm{MPa}$$

因 $\tau = 31.8\ \mathrm{MPa} < [\tau]$,故键的剪切强度足够。

(3)校核键与轮的挤压强度

挤压力

$$F = 19\,100\ \mathrm{N}$$

挤压应力

$$\sigma_{jy} = \frac{F}{\frac{1}{2}hl} = \frac{2F}{hl} = \frac{2 \times 19\,100}{8 \times 50} = 95.5\ \mathrm{MPa}$$

因 $\sigma_{jy} = 95.5\ \mathrm{MPa} < [\sigma_{jy}]$,故键的挤压强度足够。

习题

5.1　试说明静力学中的加减平衡力系原理和力的可传性原理在材料力学中是否适用。

5.2　试说明轴向拉神和压缩变形杆件上作用的外力应具备什么条件？相应的杆件的变形有什么特点？

5.3　杆件在受到轴向拉伸和压缩变形时，用什么方法求杆件横截面上的内力？为什么称拉压杆横截面上的内力为轴力？

5.4　轴向拉伸和压缩时横截面上的轴力符号是如何规定的？

5.5　如图所示的构件，判断 AB 段是否属于轴向拉压，说明理由。

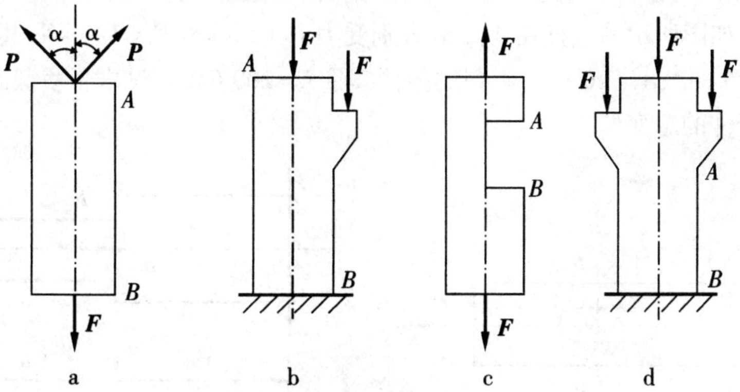

习题 5.5 图

5.6　拉压变形胡克定律计算杆的绝对变形量公式的适用条件是什么？公式中的 EA 称作什么？EA 的大小与变形量有何关系？

5.7　试求下图各杆 1-1、2-2、3-3 截面上的轴力，并画轴力图。

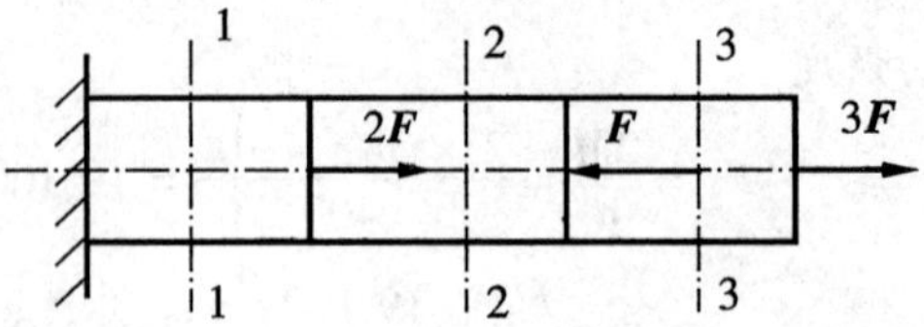

a

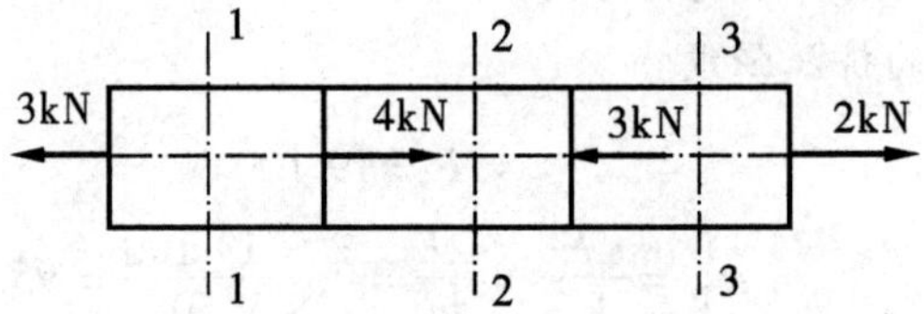

b

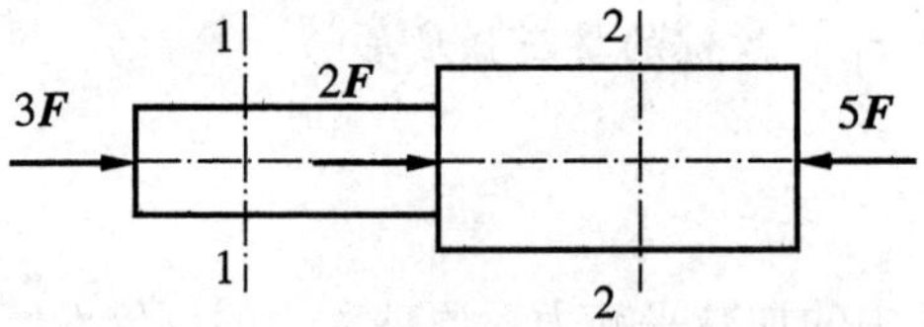

c

习题 5.7 图

5.8　两根长度、横截面面积相同，但材料不同的等截面直杆。当它们所受的轴力相等时，试说明：(1) 两杆横截面上的应力是否相等？(2) 两杆的强度是否相同？(3) 两杆的总变形是否相等？

5.9　在圆截面钢杆上铣出一槽如图所示。已知杆件所受的轴向拉力 $F=F'=15$ kN，杆的直径 $d=20$ mm，试求 A-A 和 B-B 截面上的正应力。

5.10　如图所示的直杆在 A、B 处分别受力 $F_1=50$ kN，$F_2=140$ kN，其横截面面积分别为 $A_1=5\ \text{cm}^2$，$A_2=10\ \text{cm}^2$，材料的弹性模量 $E=200$ GPa。试求各横截面上的内力、应力并求杆件的总变形。

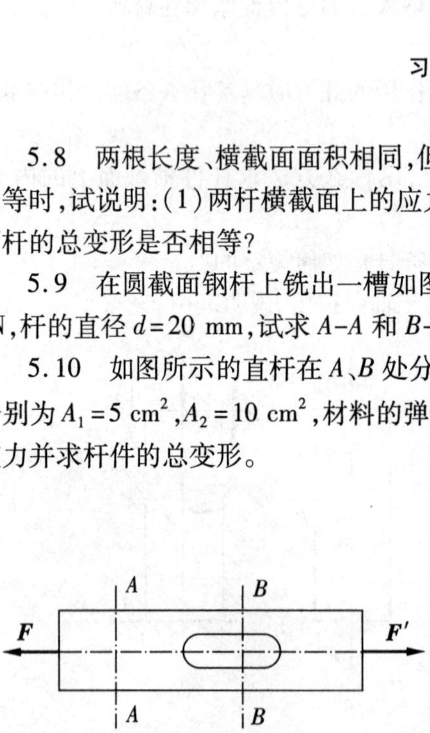

习题 5.9 图

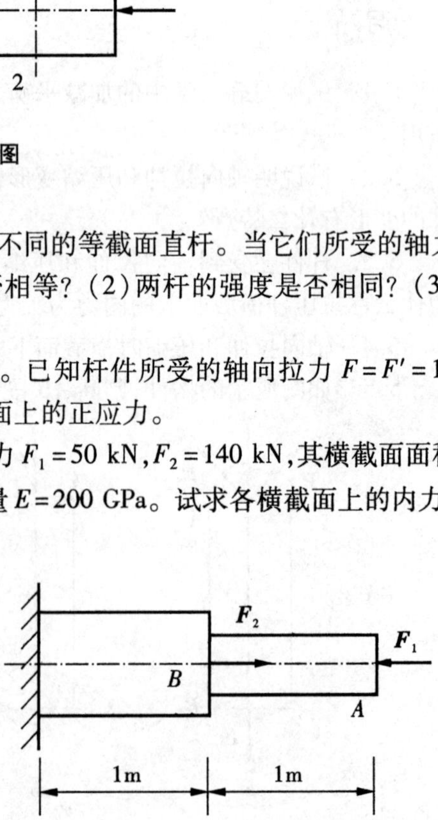

习题 5.10 图

5.11　车辆制动的活塞杆如图所示。制动时，空气压强 $p=1.2$ MPa，已知活塞直径 $D=40$ cm，活塞杆直径 $d=6$ cm，材料的许用应力 $[\sigma]=50$ MPa，试校核活塞杆的强度。

5.12　汽车离合器踏板如图所示。已知踏板受到的压力 $F=400$ N，拉杆 1 的直径 $D=9$ mm，杠杆臂长 $L=330$ mm，$l=56$ mm，拉杆的许用应力 $[\sigma]=50$ MPa，试校核拉杆 1 的强度。

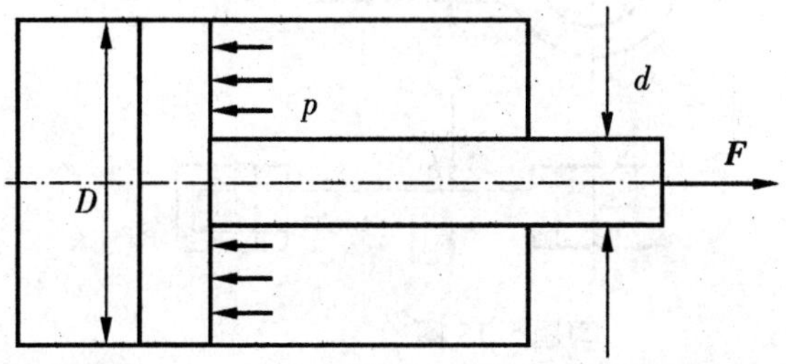

习题 5.11 图

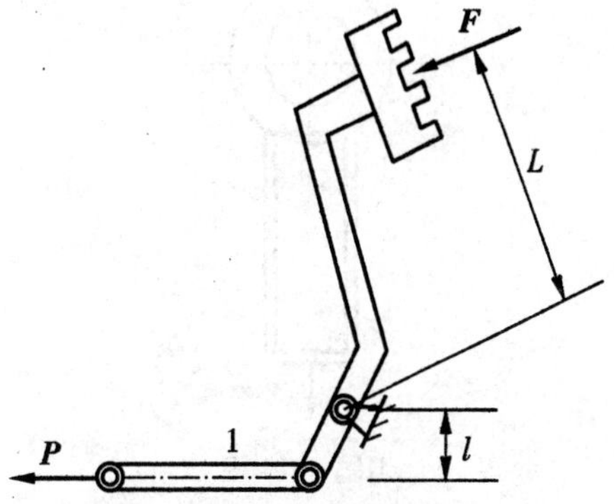

习题 5.12 图

5.13　油缸盖与缸体采用 6 个螺栓连接。已知油缸内经 $D=350$ mm，油压 $p=1.0$ MPa。若螺栓材料的许用应力 $[\sigma]=40$ MPa。试求螺栓的直径。

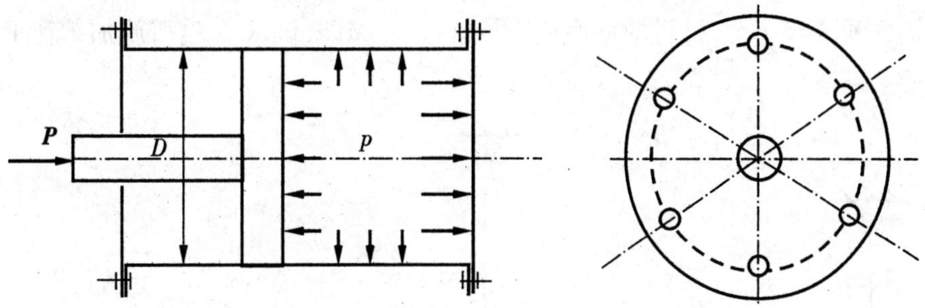

习题 5.13 图

5.14　如图所示吊环螺钉，用 $Q235$ 钢制成，其屈服极限 $\sigma_s=325$ MPa，螺纹小径 $d_1=42.8$ mm，吊环的额定载荷 $P=50$ kN，试计算螺钉的实际安全系数（假定吊环的强度足够）。

5.15　冷镦机曲柄滑块机构如图所示。镦压工作件时连杆接近水平位置，承受的镦压力 $P=1\ 100$ kN，连杆是矩形截面，高度 h 与宽度 b 之比为 $h/b=1.4$。材料为 45 钢，许用应力 $[\sigma]=58$ MPa。试确定截面尺寸 h 与 b。

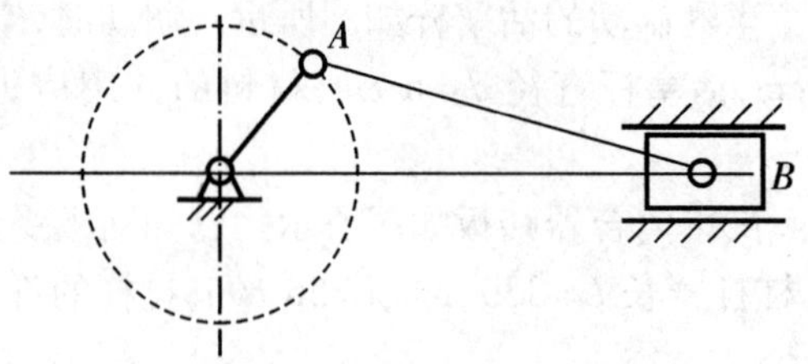

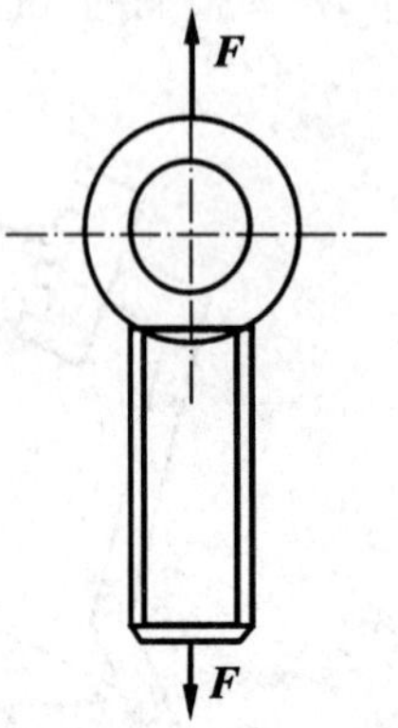

习题 5.14 图

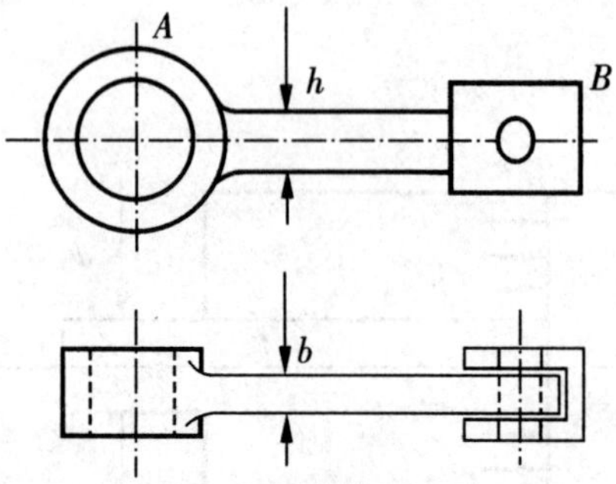

习题 5.15 图

5.16　如图所示的结构。设 AB 杆件为刚体(不计 AB 杆的弯曲变形),杆 1 为铜杆,横截面面积 A_1,弹性模量 E_1,长度 l_1;杆 2 为钢杆,横截面面积 A_2,弹性模量 E_2,长度 l_2。要求 AB 杆件始终保持水平位置,试求 F 的作用位置 x。

5.17　如图所示的结构,AB 为刚体,不考虑它的弯曲变形,并不计自重。CD 杆的横截面面积 $A=5\ \text{cm}^2$,材料的许用应力 $[\sigma]=160\ \text{MPa}$,试求 B 端所施加载荷 F 的最大值。

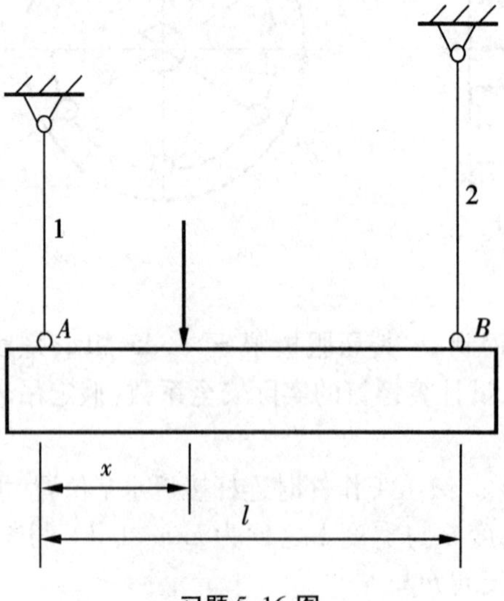

习题 5.16 图

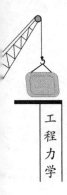

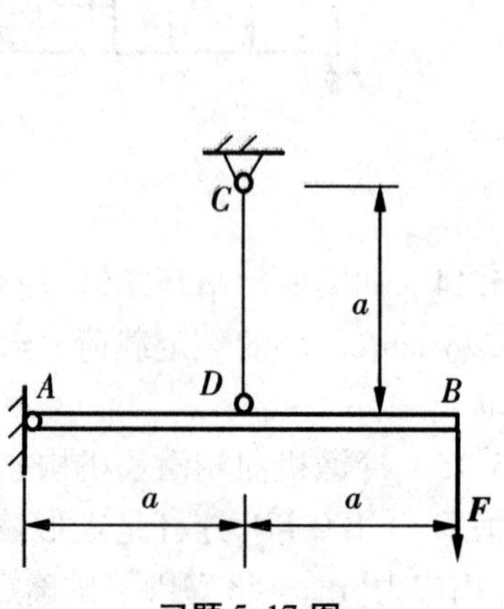

习题 5.17 图

5.18　两端固定的杆 AB，在其横截面 C 上，沿轴线作用一力 F，如图所示。试求 AB 杆两端的约束反力。

5.19　如图所示结构中，假设 AC 梁为刚杆，杆 1、2、3 的横截面面积相等，材料相同。试求三根杆的内力。

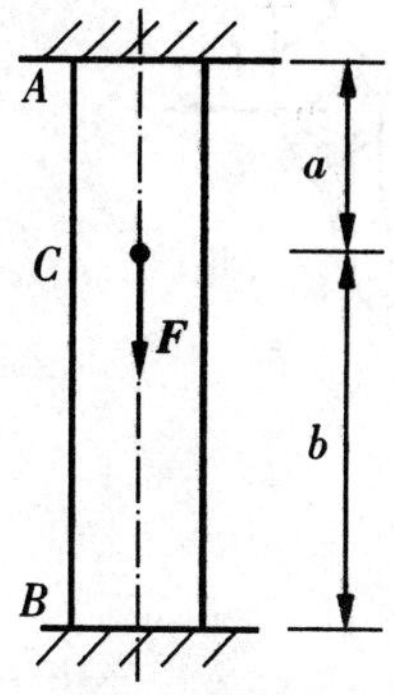

习题 5.18 图

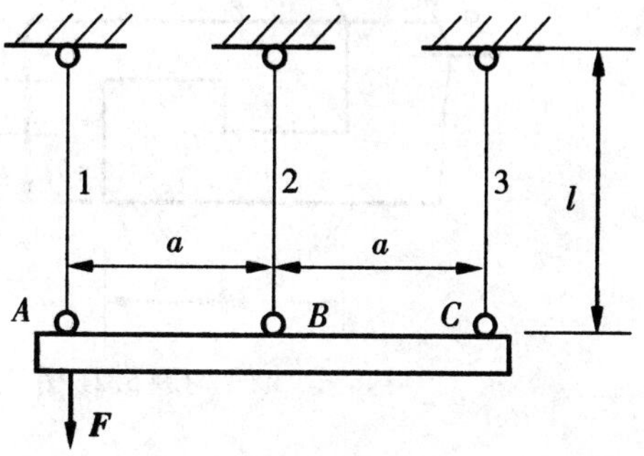

习题 5.19 图

5.20　标出下图剪切面和挤压面，并计算剪切面面积、实际挤压面面积和有效挤压面面积。

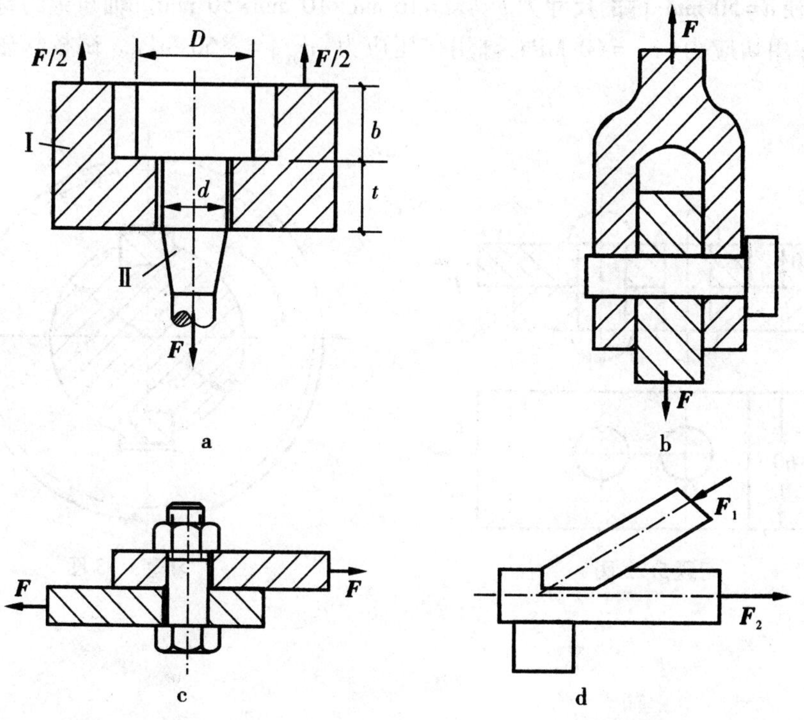

习题 5.20 图

5.21　木工常用的楔连接如图所示。如果楔子和拉杆为同种木材，试计算拉杆和楔子各部分可能的危险面的面积。图中长度单位为 mm。

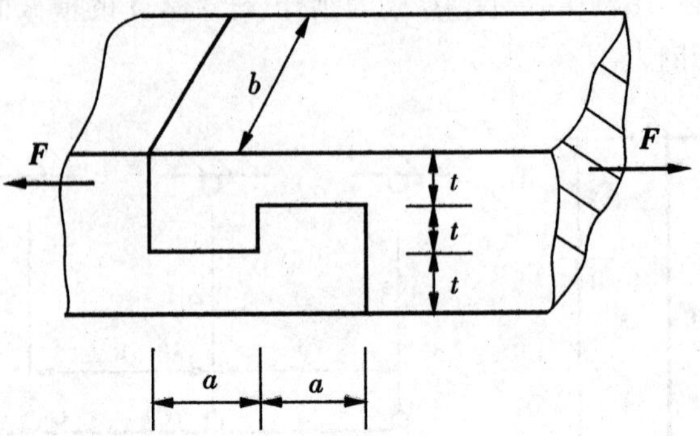

习题 5.21 图

5.22　铆钉连接如图所示，作用在钢板上的拉力 $F=10$ kN，钢板厚度 $\delta=20$ mm，铆钉的直径 $d=12$ mm。铆钉材料的许用剪切应力$[\tau]=80$ MPa 许用挤压应力$[\sigma_{jy}]=200$ MPa，试校核铆钉的强度。

5.23　轴与齿轮用平键连接，如图所示。若已知轴所传递的力矩 $M=1\ 000$ N · m，轴的直径 $d=50$ mm，键的尺寸为 $b\times h\times l=16$ mm×10 mm×50 mm。轴与键的材料为 45 钢，其许用切应力$[\tau]=60$ MPa，许用挤压应力$[\sigma_{jy}]=150$ MPa。试校核轴与键的强度。

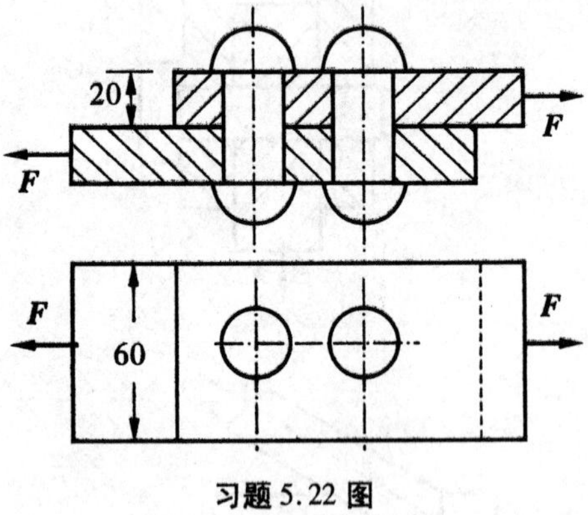

习题 5.22 图

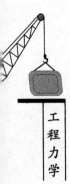

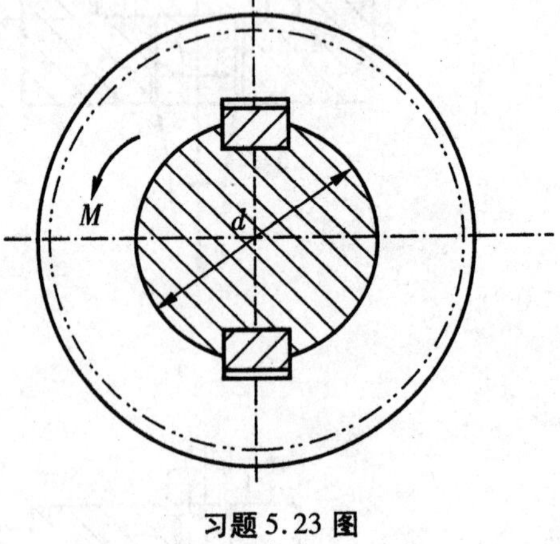

习题 5.23 图

5.24　用两个铆钉将 140 mm×140 mm×12 mm 的等边角钢铆接在立柱上，构成支托，如图所示。已知 $F=30$ kN，铆钉的直径为 $d=21$ mm，试求铆钉的剪切应力和挤压应力。

5.25　如图所示为冲孔机冲孔情况。已知冲头的直径 $d=18$ mm，被冲钢板的厚度 $\delta=10$ mm，钢板的剪切强度极限 $\tau_b=300$ MPa。试求所需的冲压力 F。

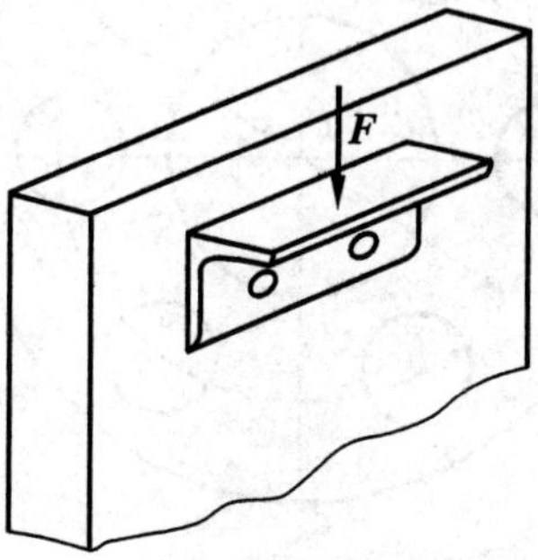

习题 5.24 图

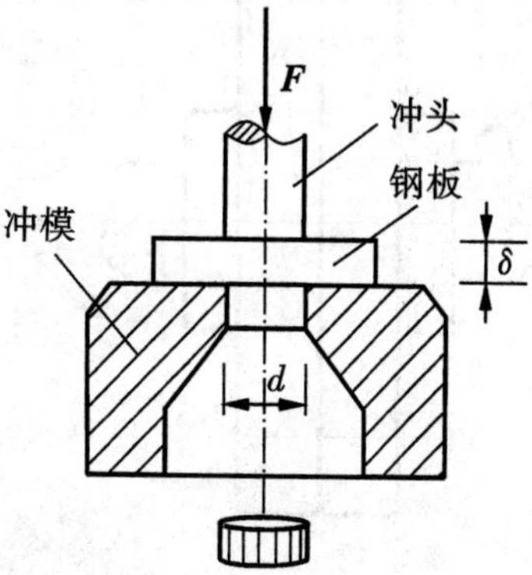

习题 5.25 图

5.26　如图所示，皮带轮和轴用平键连接，已知该结构传递传递力矩 $Me=3$ kN · m，键的尺寸 $b=24$ mm，$h=14$ mm，轴的直径 $d=84$ mm，键和带轮材料的许用应力 $[\tau]=40$ MPa，$[\sigma_{jy}]=40$ MPa。试设计平键的长度。

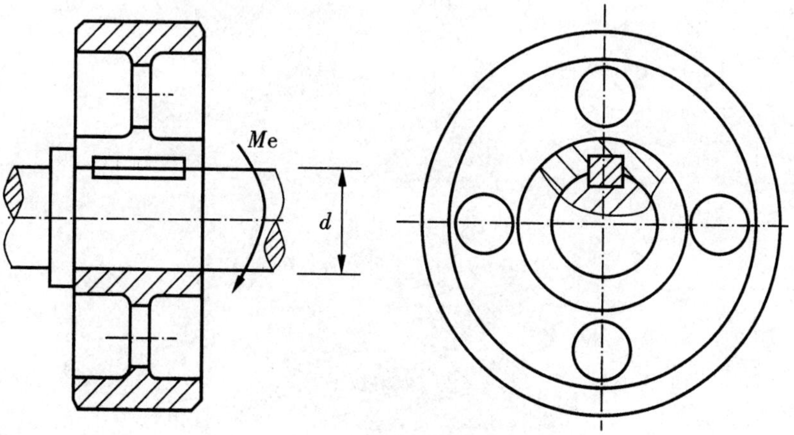

习题 5.26 图

5.27　如图所示的联轴器用 6 个螺栓连接。螺栓的直径分布在直径为 $D=200$ mm的圆周上，螺栓的直径 $d=16$ mm，传递的最大力偶矩 $Me=6$ kN · m，螺栓材料的许用应力$[\tau]=70$ MPa。试校核螺栓的强度。

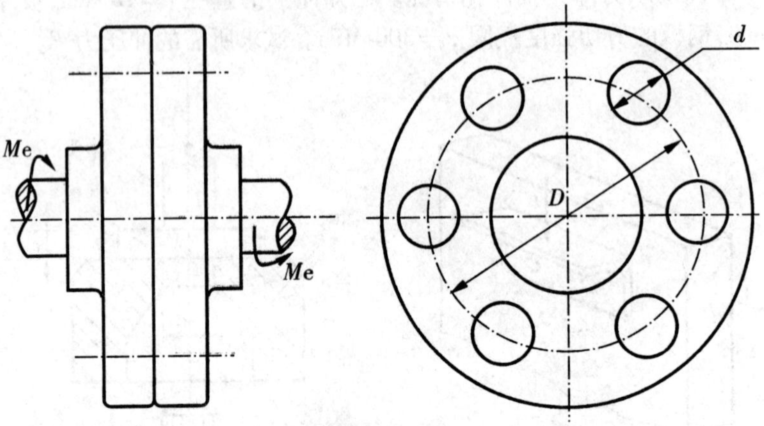

习题 5.27 图

第六章　扭　转

第一节　圆轴扭转的概念及工程实例

日常生活和工程实践中,等直截面圆杆的扭转是常见的。例如,当钳工攻丝时(图6.1),加在手柄上的两个等值、反向的力组成力偶,作用于丝锥杆的上端,工件作用于丝锥的反力偶作用于丝锥的下端,使得丝锥产生扭转变形。再比如汽车转向时(图6.2),司机在方向盘上作用一转向力偶作用于转向杆的上端,转向轮通过连杆机构和转向器作用一反力偶作用于转向杆的下端,使得转向杆发生扭转变形。这些杆件的两端都受到一对数值相等、转向相反、作用面垂直于杆轴线的力偶的作用。它们的变形特点是:各杆截面产生相对转动(图6.3),这种变形即扭转变形。以扭转变形为主的杆称为轴。工程上受扭转作用的轴大多数采用圆截面(圆轴)或圆环截面。

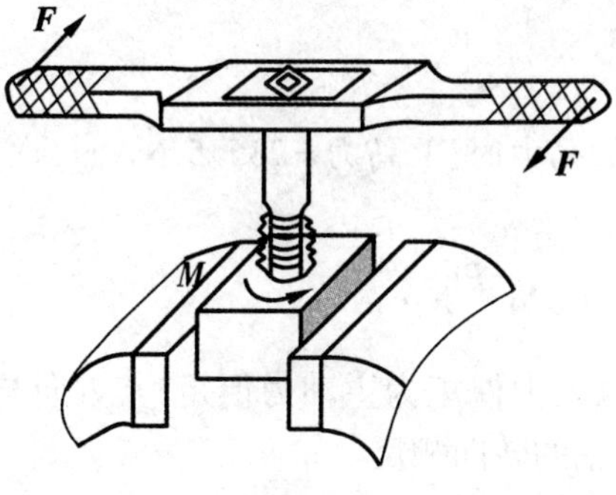

图6.1

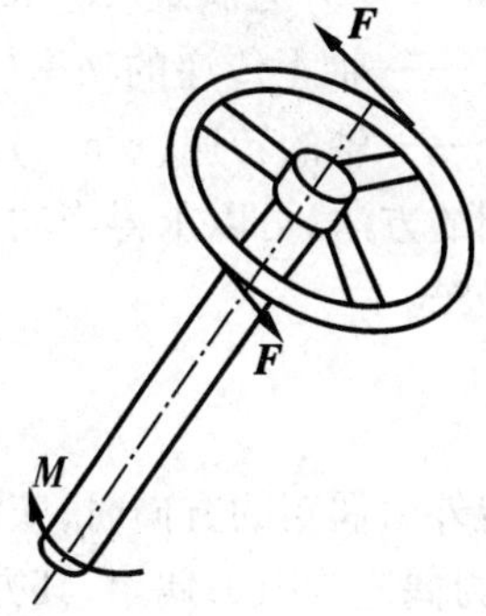

图6.2

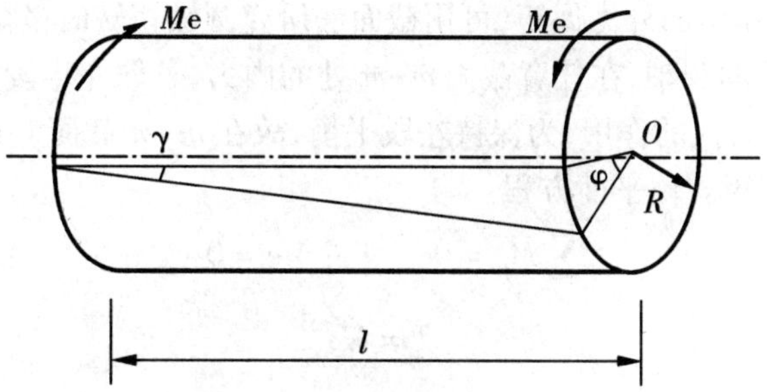

图6.3

第二节　扭矩及扭矩图

一、外力偶矩的计算

受扭转作用的轴外力偶矩一般并不直接给出，已知的往往是轴上的额定功率和额定转速。设电动机通过传动系统作用在传动轴上的的额定功率为 P(kW)，额定转速为 n(r/min)，则因 1 kW=1 000 N·m/s，所以输入 P，就相当于在每秒钟内输入功为

$$W = P \times 1\,000\ \text{N}\cdot\text{m}$$

电动机通过传动系统作用在传动轴上的力偶矩为 Me，这个力偶矩在每秒钟内完成的功为 $2\pi \times \frac{n}{60} \times Me$。因为 Me 所完成的功就是电机输入的功，所以有

$$2\pi \times \frac{n}{60} \times M_e = P \times 1\,000$$

由此得出外力偶矩 Me 的计算公式

$$M_e = 9\,550\,\frac{P}{n}\text{N}\cdot\text{m} \tag{6.1}$$

式中：Me——外力偶矩(N·m)；

P——轴上传递的功率(kW)；

n——轴的转速(r/min)。

用相同的方法，可以求得当功率 P 为马力时(1 马力=735.5 N·m/s)，外力偶矩 Me 的计算公式

$$Me = 7\,024\,\frac{P}{n}\text{N}\cdot\text{m} \tag{6.2}$$

在确定外力偶矩的方向时，应注意输入力偶矩为主动力偶矩，其方向与轴的转向相同，输出力偶矩为阻力偶矩，其方向与轴的转向相反。

二、扭矩的计算与扭矩图的绘制

若已知轴上所作用的外力偶矩，可用截面法研究圆轴扭转时横截面上的内力。先分析如图 6.4a 所示的圆轴，在任意截面 m–m 处的内力，若取左半段为研究对象(如图 6.4b)，因 A 端有外力偶的作用，为保持左段平衡，故在 m–m 截面上必有一内力偶矩 T 与之平衡，T 称为扭矩。由平衡方程

$$\sum M_x = 0 \qquad T - Me = 0$$

得

$$T = Me$$

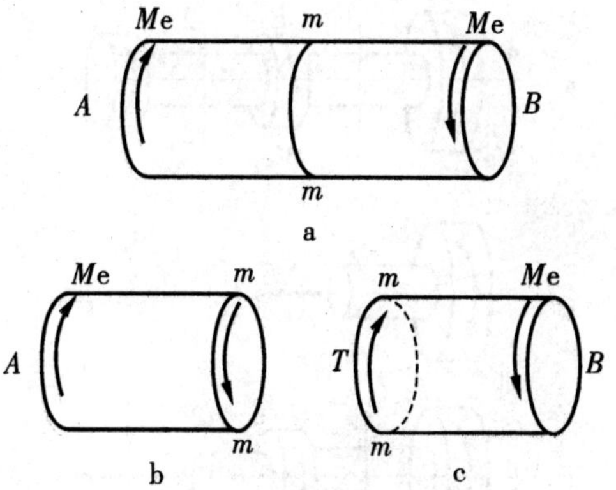

图6.4

如取右半段为研究对象,如图 6.4c 所示,求得的扭矩与取左段时求得的扭矩大小相等,转向相反,它们是作用与反作用关系。

为了使无论用左半段或右半段求出同一截面上的扭矩 T 不仅大小相等,而且符号也相同,我们在这里对扭矩符号进行约定:若按右手螺旋法则把扭矩 T 表示为矢量,当矢量方向与截面外法线方向一致时,T 为正;反之,当矢量方向与截面外法线方向相反时,T 为负。根据这一规定,在图 6.4b、c 中,m-m 截面上的扭矩都是正的。

当轴上作用有多个外力偶时,以外力偶作用截面为界,会将扭转轴分成多段,一般来说,各段上的扭矩 T 一般不相等,可用图像来表示各段上扭矩 T 的变化情况。图中以横坐标表示受扭轴的轴线位置,纵坐标表示相应截面上的扭矩大小,这种图称为扭矩图。下面用例题说明扭矩的计算和扭矩图的绘制。

例6.1 一传动系统的主轴 ABC 如图 6.5 所示,转速 $n=960$ r/min,输入功率 $P_A=27.5$ kW,输出功率 $P_B=20$ kW,$P_C=7.5$ kW,不计轴承摩擦等功率损耗。试作主轴 ABC 的扭矩图。

解:(1)计算外力偶矩,由公式(6.1)得

$$Me_A = 9\,550\frac{P_A}{n} = 9\,550\frac{27.5}{960} = 274\ \text{N}\cdot\text{m}$$

$$Me_B = 9\,550\frac{P_B}{n} = 9\,550\frac{20}{960} = 199\ \text{N}\cdot\text{m}$$

$$Me_C = 9\,550\frac{P_C}{n} = 9\,550\frac{7.5}{960} = 74\ \text{N}\cdot\text{m}$$

式中,Me_A 为主动力偶矩,与 ABC 轴转向相同;Me_B、Me_C 为阻力偶矩,其转向与 Me_A 相反。

(2)计算扭矩。将轴分为 AB、BC 两段,逐段计算扭矩。由截面法可知(图 6.5b、c)

$$\sum M_x = 0 \qquad T_1 + Me_A = 0 \qquad T_1 = -274\ \text{N}\cdot\text{m}$$

$$\sum M_x = 0 \qquad T_2 + Me_A - Me_B = 0 \qquad T_2 = -75\ \text{N}\cdot\text{m}$$

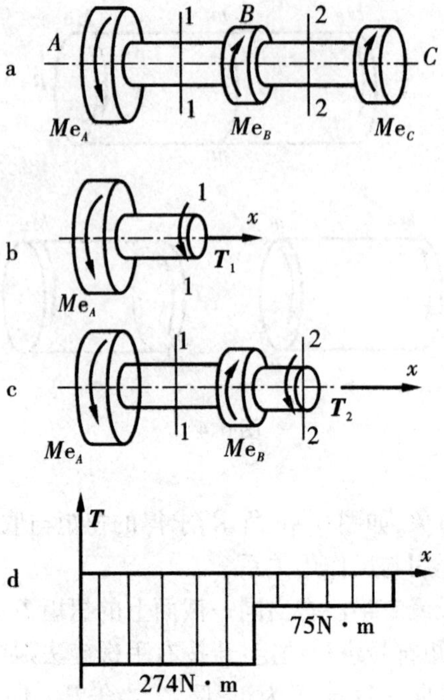

图 6.5

(3) 画扭矩图。根据以上计算结果,按比例绘制扭矩图如图 6.5d 所示。由图 6.5d 看出,在集中力偶作用面处,扭矩值发生突变,其突变值等于该集中外力偶矩的大小。最大扭矩在 AB 段内,其值为 $|T_{max}| = 274\ \text{N} \cdot \text{m}$。

第三节　圆轴扭转时的应力和变形

现在讨论横截面为圆形的直杆受扭转变形时,横截面上的应力计算公式。为了研究切应力和剪应变之间的关系,首先考察薄壁圆筒的扭转特性。

一、薄壁圆筒扭转时的切应力

图 6.6a 所示为一等厚薄壁圆筒。受扭之前表面上所画的圆周线和纵向线,组成一小图形 $abcd$,因弧形较小,将其近似看作矩形。试验结果表明,扭转变形后由于截面 q–q 相对截面 p–p 有相对转动,使矩形的左右两端发生相互错动,但圆筒沿轴线及周线的长度都没有发生变化。这表明,圆筒横截面和包含轴向的纵向截面上都没有正应力,横截面上便只有切于截面的切应力 τ 存在,它组成与外力偶矩相平衡的内力系。因为薄壁圆筒的厚度 t 很小,可以认为沿径向筒厚方向的切应力均匀分布。如图 6.6c 所示。这样,横截面上的内力系对 x 轴的力矩应为 $2\pi rt \cdot \tau \cdot r$。这里 r 是薄壁圆筒的平均半径。由 q–q 截面以左部分圆筒作为研究对象,由平衡方程

$$\sum M_x = 0 \qquad Me = 2\pi rt \cdot \tau \cdot r$$

得

$$\tau = \frac{Me}{2\pi r^2 t} \tag{a}$$

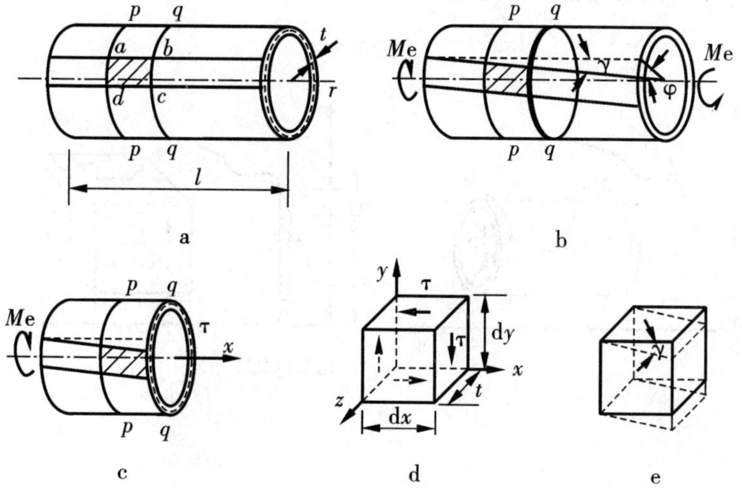

图6.6

用相邻的两个横截面和两个纵向截面从圆筒中取出边长分别是 dx、dy 和 t 的单元体，并且放大为图 6.6d。单元体的左、右两侧面是圆筒截面的一部分，所以并无正应力，只存在有切应力。两个面上的切应力均可由(a)式计算得到，数值相等但方向相反。于是组成了一对力偶$(\tau t\mathrm{d}y)\mathrm{d}x$，为保持平衡，单元体上、下两个侧面上必须有切应力，并且组成力偶和$(\tau t\mathrm{d}y)\mathrm{d}x$ 相平衡。设单元体上、下两个面上的切应力为 τ'，则由平衡

$$\sum M_z = 0\ ,\ (\tau t dy)\ dx = (\tau' t dx)\ dy$$

故有

$$\tau = \tau' \tag{b}$$

(b)式表明，在相互垂直的两个平面上，切应力必然成对存在，且数值相等，两者都垂直于两个平面的交线，方向则共同指向或共同背离这一交线。这就是**切应力互定定理**。也称为**切应力双生定理**。

在上述单元体的上、下、左、右截面上只有切应力而没有正应力，这种情形称之为纯剪切。纯剪切单元体的相对两侧面将发生微小的错动，如图 6.6e 所示。使原来相互垂直的两个棱边的夹角改变了一个微量 γ，γ 即为剪应变。从图 6.6b 看出，γ 也就是表面纵向线变形后的倾角。若 φ 为圆筒两端的相对扭转角，l 为圆筒的长度，则剪应变为

$$\gamma = \frac{r\varphi}{l} \tag{6.3}$$

利用薄壁圆筒的扭转，可以实现纯剪切试验。试验结果表明，当切应力低于材料的剪切比例极限时，扭转角 φ 与扭转力矩 Me 成正比，如图 6.7a 所示。再由(a)、(b)两式看出，切应力 τ 与扭转力矩 Me 成正比，而剪应变 γ 由于扭转角 φ 成正比。所以上述试验表明，当切应力不超过材料的剪切屈服极限时，剪应变 γ 与切应力 τ 成正比，如图 6.7b 所示。这就是**剪切胡克定律**，可以写成

$$\tau = G\gamma \tag{6.4}$$

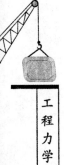

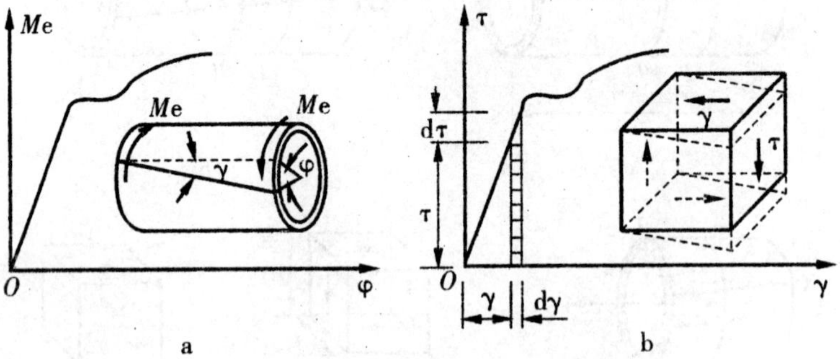

图 6.7

式中，G 为比例常数，称为材料的**剪变模量**。因 γ 为无量纲量，G 与切应力 τ 具有相同的量纲。例如，碳钢的剪变模量约为 80 GPa。

至此，我们已经引入了材料的三个弹性常数，即弹性模量 E、泊松比 μ 和剪变模量 G。对各向同性材料，三个常数之间有关系：

$$G = \frac{E}{2(1 + \mu)} \tag{6.5}$$

可见，三个常数中，只要知道任意两个，另外一个即可确定。

二、圆轴扭转时的切应力

现在讨论横截面为圆形的直杆受扭时的应力，这要综合研究几何、物理和静力等方面的关系。

1. 变形几何关系

为了观察圆轴的扭转变形，与薄壁圆筒的受扭一样，在圆轴表面作两条圆周线和平行于轴线的纵向线，如图 6.8a 所示。然后在杆的两端分别施加二个外力偶矩 Me，使杆发生扭转变形。由图 6.8b 可以观察到如下变性特征：

(1)两个圆周线的形状、大小和两个圆周线之间的距离均未改变，只是绕圆周旋转了一微小角度。

(2)各纵向线倾斜了同一个微小角度 γ，圆柱表面上由圆周线与纵向线所围成的矩形变成了平行四边形。

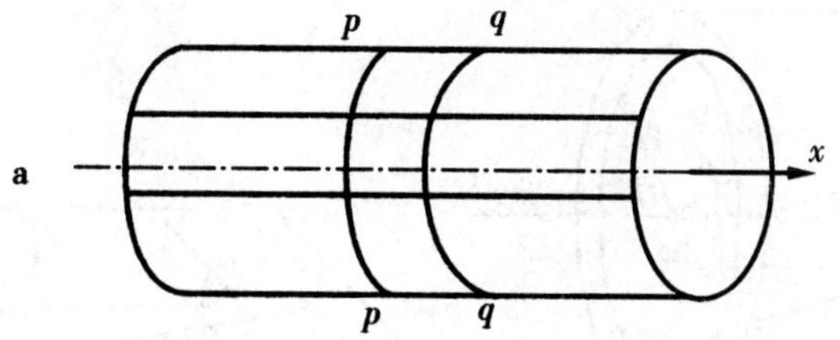

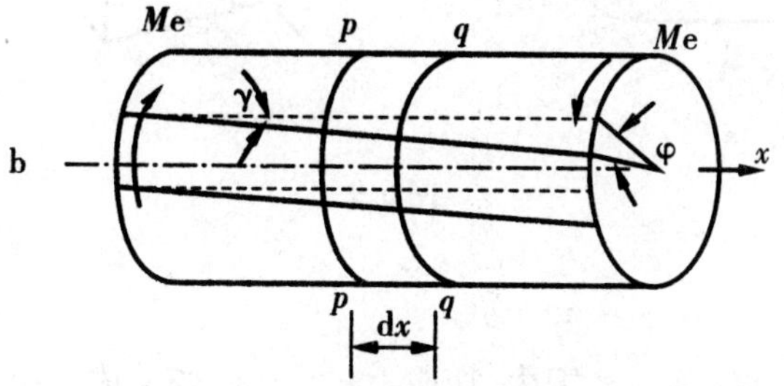

图6.8

根据上述现象，从变形的可能性出发，认为圆周线反映了横截面的变形，便可得出假设：圆轴扭转前的横截面为平面，在其两端施加外部力偶 Me。变形后仍保持为平面，且形状和大小不变，这就是平截面假设。按照这一假设可以推出，扭转变形中，横截面就如刚性平面一样，绕轴线作相对转动。因此，出现了圆柱表面上矩形的直角改变量 γ，这一角变形量为切应变。由于扭转变形时，两横截面之间的距离保持不变，即纵向线应变 $\varepsilon=0$，所以横截面上只有切应力而没有正应力。

为了研究变形规律，从圆轴上取出长度为 dx 的一微段轴来讨论，如图 6.9a 所示。在扭矩 T 的作用下，若 $q-q$ 截面相对于 $p-p$ 截面转过了一个角度 $d\varphi$，按照平截面假设，半径 Oa 转到了 Oa'位置，纵向线 da 倾斜了 γ 角。再从微分圆柱体中取出楔形体，如图 6.9b 所示，便可看出，距离扭转中心 O 为 ρ 的地方的切应变 γ_ρ。在弹性变形范围内，切应变 γ_ρ 很小，由图 6.9b 看出

$$\gamma_\rho \approx \tan\gamma_\rho = \frac{\widehat{aa'}}{da} = \frac{\rho d\varphi}{dx} = \rho\frac{d\varphi}{dx}$$

切应变即为

$$\gamma_\rho = \rho\frac{d\varphi}{dx} \tag{c}$$

式中 $\frac{d\varphi}{dx}$ 对同一截面为常量。式(c)表明：扭转时任意横截面的切应变 γ_ρ 与该点到圆心的距离 ρ 成正比。圆心处为零，在圆周表面达到最大，在半径为 ρ 的同一圆周上个点切应力相等。

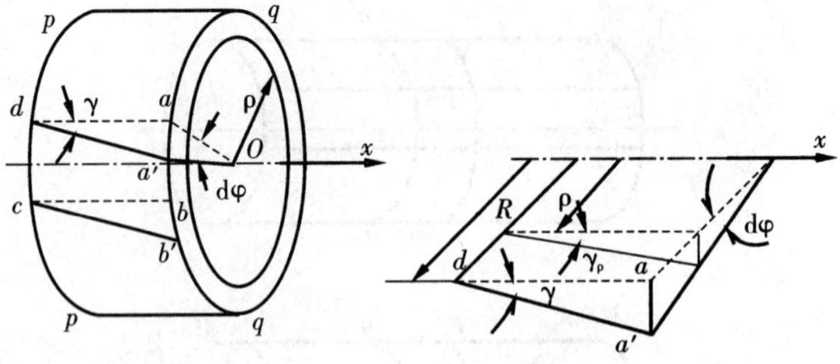

a　　　　b

图 6.9

2. 物理关系

试验结果表明，在线弹性范围内，切应力 τ 与切应变 γ 成正比，这一关系称为剪切胡克定律。即

$$\tau = G\gamma$$

式中，G 为材料的剪切弹性模量。其值由试验确定，钢的剪切弹性模量 $G=80$ GPa。

根据剪切胡克定律，扭转时横截面上半径为 ρ 的任意点处的切应力 τ_ρ 与该点的切应变 γ_ρ 成正比。即

$$\tau_\rho = G\gamma_\rho = G\rho\frac{\mathrm{d}\varphi}{\mathrm{d}x} \tag{d}$$

(d)式给出了切应力的分布规律，即横截面上的任一点处的切应力 τ_ρ 与该点到圆心的距离 ρ 成正比。而在半径为 ρ 的同一圆周上各点的切应力相等。其方向与半径垂直。圆心处的切应力为零，圆周边缘上各点的切应力最大。切应力在横截面上的分布如图 6.10 所示。

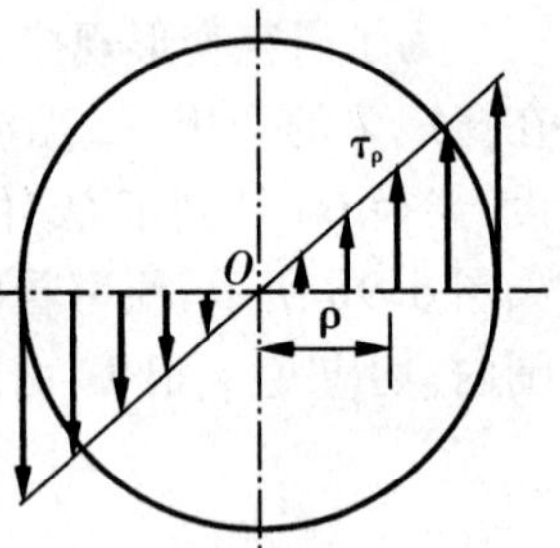

图 6.10

但由于式(d)中的 $\frac{\mathrm{d}\varphi}{\mathrm{d}x}$ 尚未求出，所以，式(d)还不能作为切应力的最终求解公式进行定量计算，需用静力平衡的关系建立截面扭矩与 $\frac{\mathrm{d}\varphi}{\mathrm{d}x}$ 之间的关系，进而导出截面上一点的切应力计算式。

3. 静力平衡关系

在横截面上半径为 ρ 处取一微面积 dA，如图 6.11 所示，作用于此微面积上的内力的合力为 $\tau_\rho dA$，其方向垂直于半径。该内力对圆心 O 的内力矩为 $\rho\tau_\rho dA$。整个横截面上这些内力矩的合成结果应等于横截面上的扭矩 T。即

$$T = \int_A \rho\tau_\rho dA \tag{e}$$

式中 A 为横截面面积。将式(d)代入式(e)，并将积分常数提到积分号之外，有

$$T = G\frac{\mathrm{d}\varphi}{\mathrm{d}x}\int_A \rho^2 \mathrm{d}A \tag{f}$$

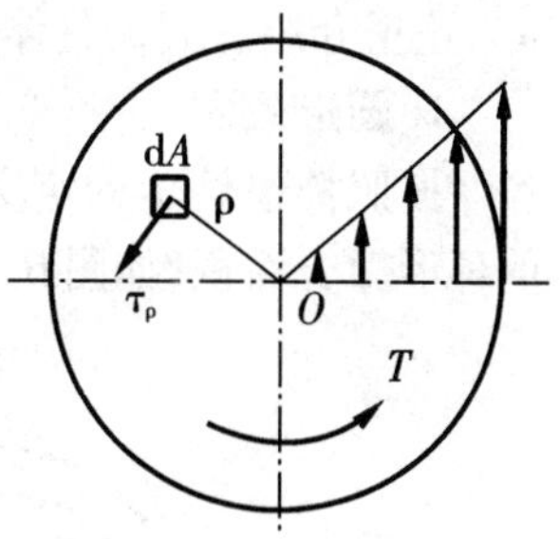

图 6.11

在这里，定义

$$I_P = \int_A \rho^2 \mathrm{d}A$$

为横截面的**极惯性矩**。它仅与截面的形状和尺寸有关，是截面的一个性质参数。I_p 的单位是长度的四次方，即 mm^4 或 m^4。于是，式(e)可写为

$$T = GI_P\frac{\mathrm{d}\varphi}{\mathrm{d}x}$$

或

$$\frac{\mathrm{d}\varphi}{\mathrm{d}x} = \frac{T}{GI_P} \tag{g}$$

式(g)是研究扭转变形的一个基本公式。

将式(g)代入式(d)，就得到横截面上任一点的切应力计算公式

$$\tau_\rho = \frac{T\rho}{I_P} \tag{6.6}$$

式中 T——横截面上的扭矩；

I_p——横截面的极惯性矩；

ρ——横截面上某点到扭转中心的距离。

由公式(6.6)可知，当 ρ 达到最大值 R 时，即圆周边缘上各点处切应力为最大值。最大切应力为

$$\tau_{\max} = \frac{TR}{I_P}$$

该式中的 R、I_p 都是截面的几何参数，将它们统一表示为

$$W_P = \frac{I_P}{R}$$

则最大切应力计算式为

$$\tau_{\max} = \frac{T}{W_P} \tag{6.7}$$

(6.7)式中的 W_P 称为截面的**抗扭截面系数**。它表示截面抵抗扭转破坏的能力。其单位是长度的三次方，即 mm^3 或 m^3。

试验结果表明，对于圆截面杆件，平面假设才是正确的，因此，公式(6.6)、(6.7)只适用于圆截面受扭直杆。此外，在物理关系里应用到了剪切胡克定律，所以公式只适用于线弹性范围。

三、极惯性矩 I_p 和抗扭截面系数 W_P

在计算扭转圆截面杆件的截面切应力时，引出了截面极惯性矩 I_p 和抗扭截面系数

W_P，这里介绍它们的具体表达式。

1. 圆形截面

按照极惯性矩的定义，设圆形截面的直径为 D，在此截面上半径为 ρ 处，取一 $d\rho$ 的环形微分面积，如图 6.12a 所示，即

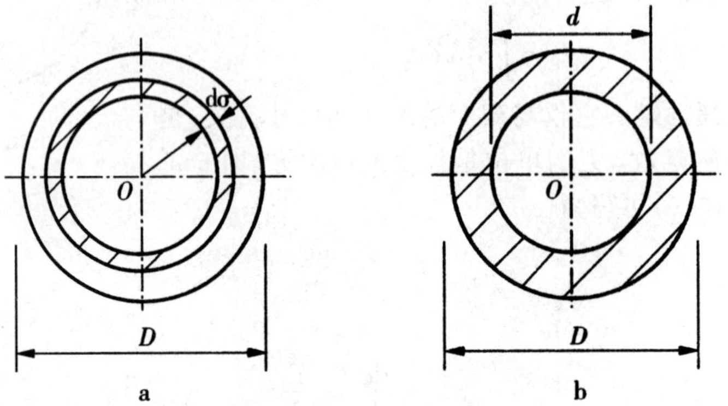

图 6.12

$$dA = 2\pi\rho d\rho$$

则极惯性矩

$$I_P = \int_A \rho^2 dA = 2\pi \int_0^{\frac{D}{2}} \rho^3 d\rho = \frac{\pi}{32}D^4 \tag{6.8}$$

抗扭截面系数

$$W_P = \frac{I_P}{R} = \frac{\pi}{16}D^3 \tag{6.9}$$

2. 圆环形截面

设圆环形截面的内径为 d，外径为 D，并定义

$$\alpha = \frac{d}{D}$$

如图 6.12b 所示，则它的极惯性矩为

$$I_P = \int_A \rho^2 dA = 2\pi \int_{\frac{d}{2}}^{\frac{D}{2}} \rho^3 d\rho = \frac{\pi}{32}D^4(1 - \alpha^4) \tag{6.10}$$

抗扭截面系数

$$W_P = \frac{I_P}{R} = \frac{\pi}{16}D^3(1 - \alpha^4) \tag{6.11}$$

第四节　圆轴扭转时的强度和刚度计算

由式(6.7)可知，等直圆截面轴最大切应力发生在截面外周各点处，为了使圆轴能正常工作，必须使最大工作切应力不超过材料的许用切应力，于是等直截面圆轴扭

转时的强度条件为

$$\tau_{max} = \frac{T_{max}}{W_P} \leqslant [\tau] \tag{6.12}$$

通常,许用切应力[τ]根据扭转试验确定。在静载作用下,它与拉伸时的许用正应力[σ]之间具有如下关系:

塑性材料　　　　　　$[\tau] = (0.5 \sim 0.6)\ [\sigma]$

脆性材料　　　　　　$[\tau] = (0.8 \sim 1.0)\ [\sigma]$

应用轴的扭转强度条件(7.12),可以进行强度校核、设计截面尺寸、确定许可载荷三类问题的分析计算。

扭转变形的标志是两个横截面之间绕轴线的相对转角,即扭转角。由公式

$$\frac{d\varphi}{dx} = \frac{T}{GI_P}$$

得

$$d\varphi = \frac{T}{GI_P}dx \tag{h}$$

式(h)中的 $d\varphi$ 表示相距为 dx 的两个横截面之间的相对扭转角。如图 6.9 所示。沿轴线 x 积分,即可得到相距距离为 l 的两个横截面之间的相对转角为

$$\varphi = \int_l d\varphi = \int_0^l \frac{T}{GI_P}dx \tag{i}$$

若两截面之间的扭矩 T 的值不变,且为等截面轴,则式(i)中的积分函数为常数,于是等截面圆轴受扭时的相对扭转角为

$$\varphi = \frac{Tl}{GI_P} \tag{6.13}$$

有时,在轴的各段内,扭矩 T 的值不同,或者各段内具有不同的极惯性矩,例如阶梯轴。这时就要分段计算各段的扭转角。然后按代数相加,得两端截面的相对扭转角为

$$\varphi = \sum_{i=1}^{n} \frac{T_i l_i}{GI_{Pi}} \tag{j}$$

式(6.13)所表示的扭角与长度 l 有关,为消除长度的影响,用 φ 对 x 的变化率 $\frac{d\varphi}{dx}$ 来表示扭转变形的程度。今后用 θ 表示变化率 $\frac{d\varphi}{dx}$,由式(6.13)得出

$$\theta = \frac{d\varphi}{dx} = \frac{T}{GI_P} \tag{6.14}$$

φ 的变化率 θ 是相距为 1 单位长度的两截面的相对转角,称为单位长度的扭转角,单位(rad/m)。若在轴长 l 的范围内扭矩 T 为常量,且圆周截面不变,由式(6.14)得

$$\theta = \frac{T}{GI_P} = \frac{\varphi}{l}$$

扭转的刚度条件就是限定 θ 的最大值不得超过规定的允许值$[\theta]$,即规定

$$\theta_{max} = \frac{T_{max}}{GI_P} \leqslant [\theta] \quad (rad/m) \tag{6.15}$$

工程中,习惯上允许值[θ]用度/米(°/m)作为度量单位。这样式(6.15)就转化为

$$\theta_{max} = \frac{T_{max}}{GI_P}\frac{180}{\pi} \leqslant [\theta] \quad (°/m) \tag{6.16}$$

各种轴类零件的允许值[θ]可从相关机械设计工具书中查取。

例 6.2 如图 6.13*a* 所示为一齿轮减速器的简图,由电动机带动 *AB* 轴,轴的直径 $d=25$ mm,轴的转速 $n=900$ r/min,传递的功率 $P=5$ kW。材料的许用切应力$[\tau]=30$ MPa。试校核此轴的强度。

解: 取 *AB* 轴为研究对象,如图 6.13*b* 所示。该轴发生扭转变形,同时还有弯曲。在初步计算时,可仅考虑扭转。该轴上作用的外力偶的力偶矩为

$$Me = 9549\frac{P}{n} = 9\ 550 \times \frac{5}{900} = 53.1\ \text{N} \cdot \text{m}$$

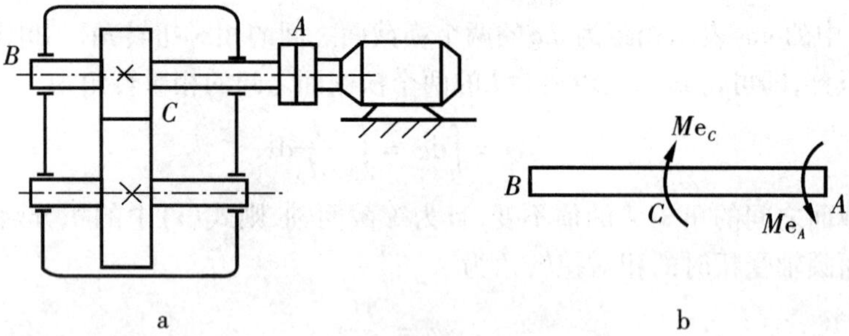

图 6.13

横截面上的扭矩

$$T = Me_A = 53.1\ \text{N} \cdot \text{m}$$

圆截面的抗扭截面系数

$$W_P = \frac{\pi}{16}d^3 = \frac{3.14}{16} \times 25^3 = 3\ 068\ \text{mm}^3$$

轴的初步强度计算

$$\tau_{max} = \frac{T}{W_P} = \frac{53.1 \times 10^3}{3\ 068} = 17.3\ \text{MPa}$$

因 $\tau_{max} < [\tau]$,故轴的强度足够。

例 6.3 由无缝钢管制成的汽车传动轴 *AB* 轴,外径 $D=90$ mm,壁厚 $t=2.5$ mm,材料为 45 钢,许用切应力$[\tau]=60$ MPa。工作时的最大外力矩 $M_e=1.5$ kN · m。

(1)试校核 *AB* 轴的强度。

(2)如将 *AB* 轴改为实心轴,试在强度相同的条件下设计轴的直径 D_1。

(3)试比较空心轴和实心轴的重量。

解:

(1) 校核 AB 轴的强度. 由已知条件可得轴的扭矩

$$T = Me = 1.5\ \text{kN} \cdot \text{m}$$

空心轴内外径之比

$$\alpha = \frac{d}{D} = \frac{90 - 2 \times 2.5}{90} = 0.944$$

轴的抗扭截面系数

$$W_P = \frac{\pi}{16}D^3(1 - \alpha^4) = \frac{3.14}{16} \times 90^3 \times (1 = 0.944^4) = 29\ 453\ \text{mm}^3$$

轴的强度

$$\tau_{\max} = \frac{T}{W_P} = \frac{1.5 \times 10^6}{29\ 453} = 50.9\ \text{MPa} < [\tau]$$

故该轴的强度足够。

(2) 如将 AB 轴改为实心轴,在强度相同的条件下设计轴的直径 D_1,依题意,有

$$\frac{\pi}{16}D_1^3 = \frac{\pi}{16}D^3(1 - \alpha^4) = 29\ 453\ \text{mm}^3$$

解得

$$D_1 = \sqrt[3]{\frac{16 \times 29\ 453}{\pi}} = 53.2\ \text{mm}$$

(3)空心轴和实心轴的重量之比

两轴的材料相同,长度一样,它们的重量之比就等于横截面面积之比。设 A_1 为实心轴面积,A_2 为空心轴面积,则有

$$A_1 = \frac{\pi D_1^2}{4} \qquad A_2 = \frac{\pi(D^2 - d^2)}{4}$$

故

$$\frac{A_2}{A_1} = \frac{D^2 - d^2}{D_1^2} = \frac{90^2 - 85^2}{53.2^2} = 0.31$$

计算结果表明,在强度相同的情形下,空心截面轴的重量仅为实心截面轴重量的31%,节省材料效果明显,这是因为截面上切应力沿径向呈线性分布规律所致,实心轴圆心附近应力水平低,材料不能发挥其效能,而空心轴扭转中心附近无材料,材料都集中到远离扭转中心的位置,故而能发挥其效能。因此,在受扭情形下,一般优先选用空心轴。

例 6.4　两根轴用套筒联轴器连接,如图 6.14 所示。轴的直径 d=20 mm,轴的材料为 45 钢,其许用切应力 $[\tau]$ = 40 MPa。套筒材料为铸铁,它的外径 D=30 mm,许用切应力 $[\tau]$ = 20 MPa。试求此装置的许可扭矩 T。

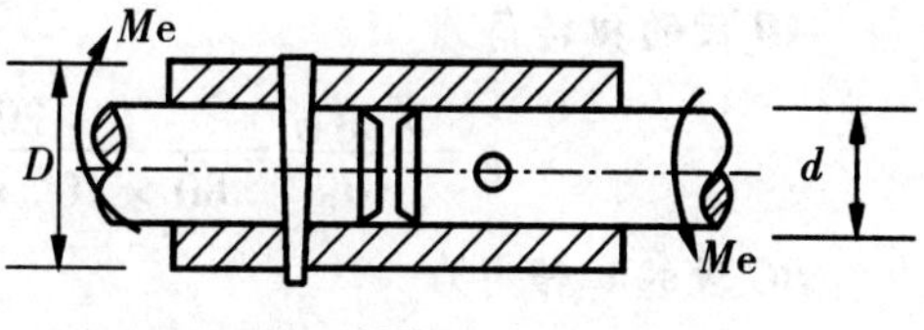

图 6.14

解:根据轴的扭转强度求许可扭矩:

$$W_P = \frac{\pi}{16}d^3 = \frac{\pi}{16} \times 20^3 = 1\ 570.8\ \mathrm{mm}^3$$

由强度条件

$$T \leqslant [\tau]W_P = 40 \times 1\ 570.8 = 62.6\ \mathrm{N \cdot m}$$

再校核套筒的扭转强度:

$$W_P = \frac{\pi}{16}D^3(1 - \alpha^4) = \frac{\pi}{16} \times 30^3(1 - 0.2) = 4\ 240\ \mathrm{mm}^3$$

$$\tau_{max} = \frac{T}{W_P} = \frac{62.8 \times 10^3}{4\ 240} = 14.8\ \mathrm{Mpa} \leqslant [\tau]$$

所以,该套筒联轴器的许可扭矩 T=62.8 N·m。在该题计算中,未考虑销钉对轴和套筒强度的影响,仅是近似计算。

例 6.5 一传动轴如图 6.15 所示,直径 d=40 mm,材料的剪切弹性模量 G=80 GPa,轴上所受外力偶矩如图所示。试求该轴的总扭转角 φ_{AC}。

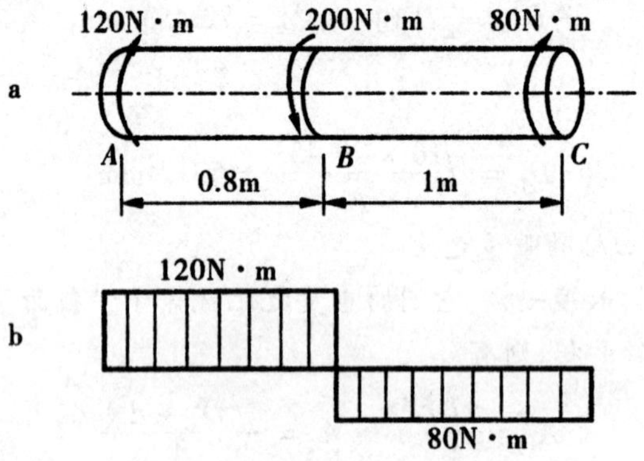

图 6.15

解:轴的扭矩图如图 6.15b 所示。AB 段和 BC 段的扭矩分别为

$$T_{AB} = 120\ \mathrm{N \cdot m}$$

$$T_{BC} = -\ 80\ \mathrm{N \cdot m}$$

轴的极惯性矩:

$$I_P = \frac{\pi}{32}d^4 = \frac{\pi}{32} \times 40^4 \times 10^{-12} = 0.25 \times 10^{-6}\ \mathrm{m}^4$$

AB 段的扭转角为

$$\varphi_{AB} = \frac{T_{AB}l_{AB}}{GI_P} = \frac{120 \times 0.8}{80 \times 10^9 \times 0.25 \times 10^{-6}} = 0.004\ 8\ \mathrm{rad}$$

BC 段的扭转角为

$$\varphi_{BC} = \frac{T_{BC}l_{BC}}{GI_P} = \frac{-\ 80 \times 1}{80 \times 10^9 \times 0.25 \times 10^{-6}} = -\ 0.004\ \mathrm{rad}$$

轴的总扭转角

$$\varphi_{AC} = \varphi_{AB} + \varphi_{BC} = (0.0048 - 0.004)\ rad = 0.0008\ \text{rad}$$

例 6.6　传动轴如图 6.16a 所示。已知该轴的转速 $n = 300$ r/min，主动轮输入功率 $P_C = 30$ kW，从动轮输出功率 $P_A = 5$ kW，$P_B = 10$ kW，$P_D = 15$ kW，材料的剪切弹性模量 $G = 80$ GPa，许用切应力$[\tau] = 40$ MPa。许用扭转角$[\theta] = 1°/\text{m}$。试按强度条件和刚度条件设计该轴直径。

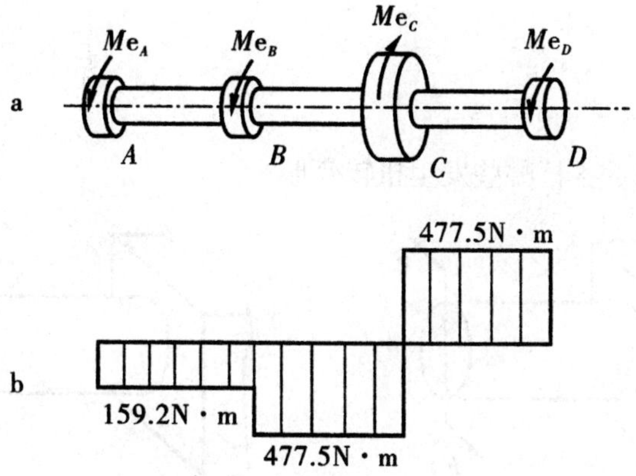

图 6.16

解：

(1) 求外力偶力偶矩。由 $M_e = 9\ 550\ \dfrac{P}{n}\text{N}\cdot\text{m}$ 得

$$Me_A = 9\ 550\ \frac{P_A}{n} = 9\ 550 \times \frac{5}{300} = 159.2\ \text{N}\cdot\text{m}$$

$$Me_B = 9\ 550\ \frac{P_B}{n} = 9\ 550 \times \frac{10}{300} = 318.3\ \text{N}\cdot\text{m}$$

$$Me_C = 9\ 550\ \frac{P_C}{n} = 9\ 550 \times \frac{30}{300} = 955\ \text{N}\cdot\text{m}$$

$$Me_D = 9\ 550\ \frac{P_D}{n} = 9\ 550 \times \frac{15}{300} = 477.5\ \text{N}\cdot\text{m}$$

(2) 画扭矩图

AB 段　　$T_{AB} = -159.2\ \text{N}\cdot\text{m}$

BC 段　　$T_{BC} = -477.5\ \text{N}\cdot\text{m}$

CD 段　　$T_{CD} = 477.5\ \text{N}\cdot\text{m}$

扭矩图如图 6.16b 所示。由图可知，最大扭矩发生在 BC 段和 CD 段。

$$T_{\max} = 477.5\ \text{N}\cdot\text{m}$$

(3) 按强度条件设计轴的直径

根据式(6.9)和式(6.12)得

$$d \geqslant \sqrt[3]{\frac{16T_{\max}}{\pi[\tau]}} = \sqrt[3]{\frac{16 \times 477.5}{3.14 \times 40 \times 10^6}} = 39.3 \times 10^{-3}\ \text{m} = 39.3\ \text{mm}$$

(4)按刚度条件设计轴的直径

根据式(6.8)和式(6.16)得

$$d \geqslant \sqrt[4]{\frac{32T_{\max} \times 180}{\pi^2 G[\theta]}} = \sqrt[4]{\frac{32 \times 477.5 \times 180}{3.14^2 \times 80 \times 10^9 \times 1}} = 43.2 \times 10^{-3}\ \mathrm{m} = 43.2\ \mathrm{mm}$$

为使轴同时满足强度条件和刚度条件要求,选取两者中的大者作为设计直径,圆整后取 d=44 mm。

习题

6.1 试指出图示各杆哪些发生扭转变形?

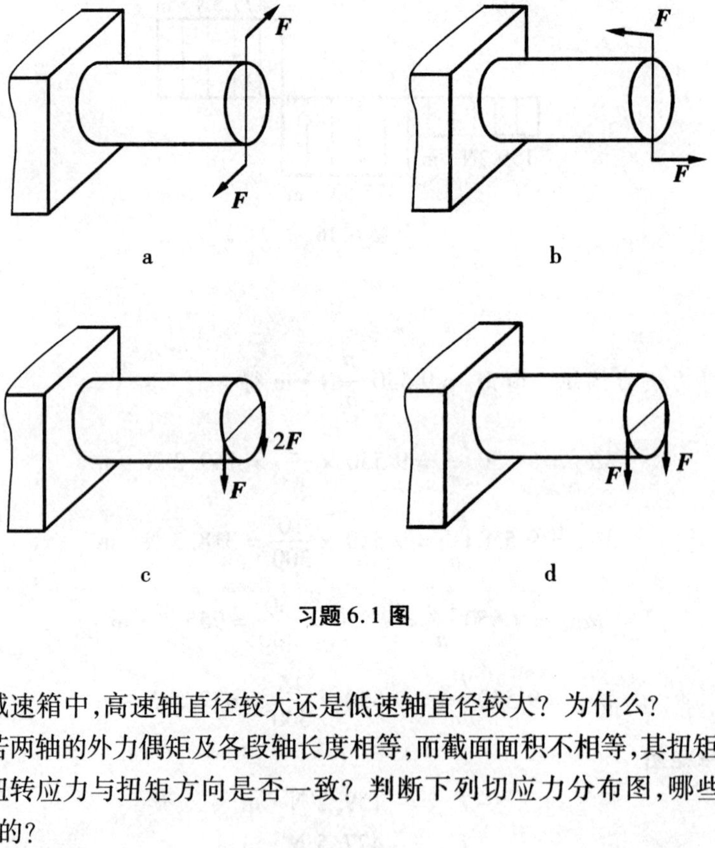

习题 6.1 图

6.2 减速箱中,高速轴直径较大还是低速轴直径较大?为什么?

6.3 若两轴的外力偶矩及各段轴长度相等,而截面面积不相等,其扭矩图一样吗?

6.4 扭转应力与扭矩方向是否一致?判断下列切应力分布图,哪些是正确的?哪些是错误的?

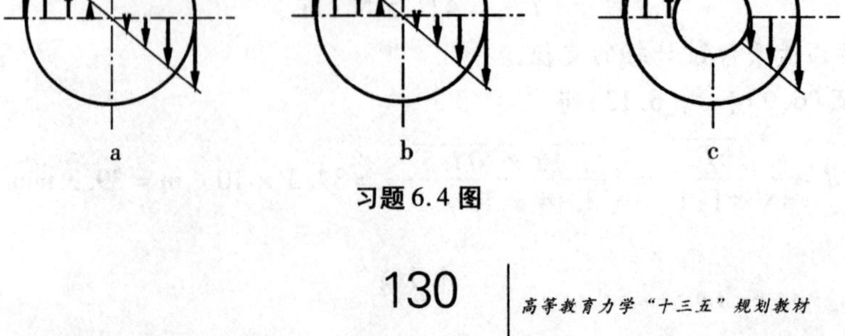

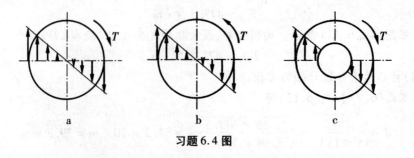

习题 6.4 图

6.5　用 Q235 钢制成的扭转轴,发现原设计轴的扭转角超过许用值。改用优质钢来降低扭转角,此方法是否有效?

6.6　内径为 d、外径为 D 的空心截面受扭圆轴,其横截面的极惯性矩 $I_P=\frac{\pi}{32}D^4-\frac{\pi}{32}d^4$,抗扭截面系数 $W_P=\frac{\pi}{16}D^3-\frac{\pi}{16}d^3$。以上算式是否正确?何故?

6.7　当切应力超过比例极限时,切应力互等定理是否成立?剪切胡克定律是否成立?

6.8　作下图各轴的扭矩图。

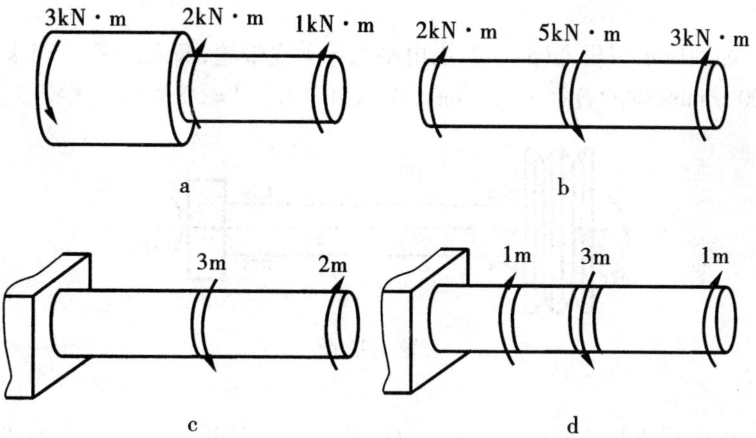

习题 6.8 图

6.9　如图所示,一端固定的轴,已知轴的直径 $d=80$ mm,每段长度 $l=500$ mm,外力偶矩 $M_{e1}=7$ kN · m,$M_{e2}=5$ kN · m。试求横截面上的最大扭矩、最大切应力。

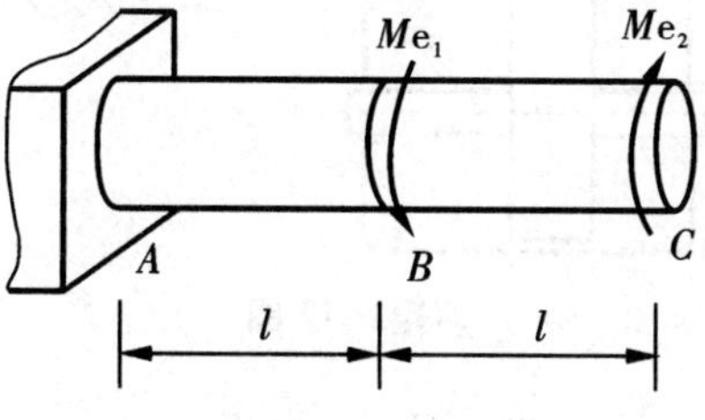

习题 6.9 图

6.10　如图所示的传动轴上受外力偶矩 $Me=300\ \mathrm{N\cdot m}$，许用切应力 $[\tau]=60\ \mathrm{MPa}$。轴的尺寸如图所示。试校核轴的强度。

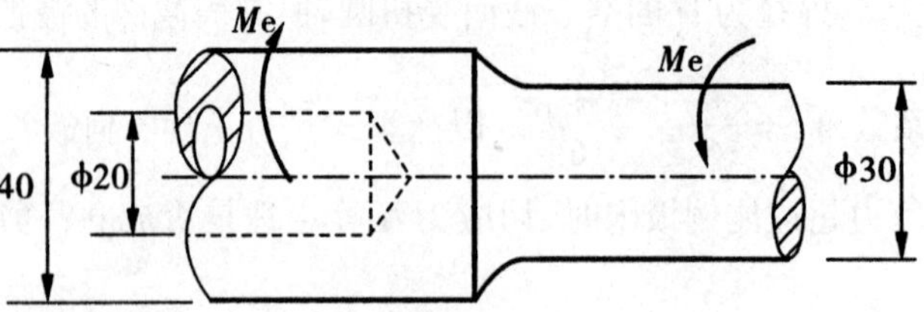

习题 6.10 图

6.11　如图所示一机器输入轴，由电动机带动皮带轮，输入功率 $P=4\ \mathrm{kW}$，该轴的转速 $n=900\ \mathrm{r/min}$，轴的直径 $d=30\ \mathrm{mm}$，许用切应力 $[\tau]=60\ \mathrm{MPa}$。试校核轴的强度。

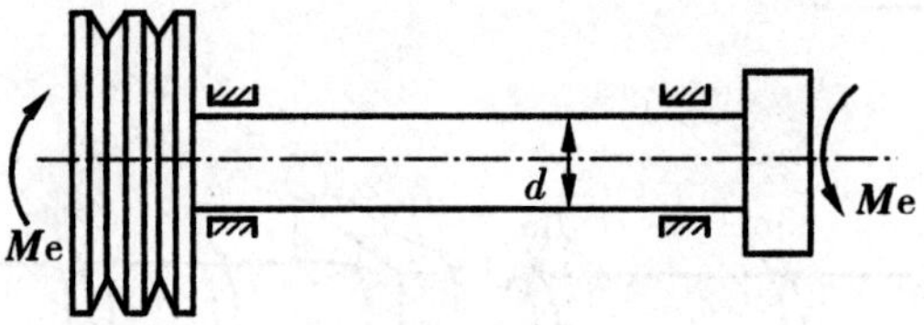

习题 6.11 图

6.12　齿轮减速器如图所示，由电动机带动。已知电动机的转速 $n=960\ \mathrm{r/min}$，传递功率 $P=5\ \mathrm{kW}$，材料的许用切应力 $[\tau]=40\ \mathrm{MPa}$。试设计此减速器输入轴的直径。

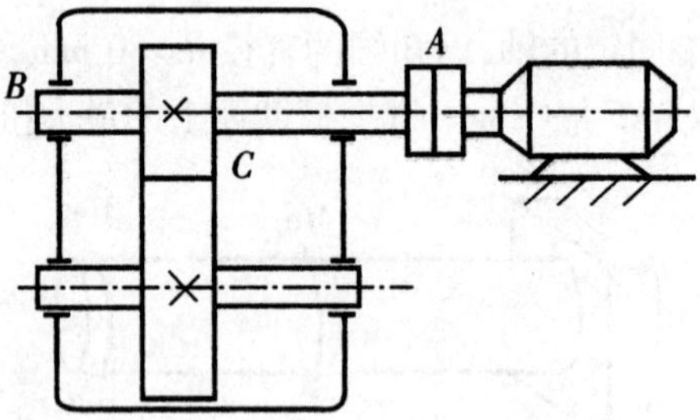

习题 6.12 图

6.13　桥式起重机如图所示。若传动轴传递的力偶矩 $Me=1.08\ \mathrm{kN\cdot m}$，材料的应力 $[\tau]=40\ \mathrm{MPa}$，剪切弹性模量 $G=80\ \mathrm{GPa}$，同时规定许用扭转角 $[\theta]=0.5\ °/\mathrm{m}$。试设计此轴的直径。

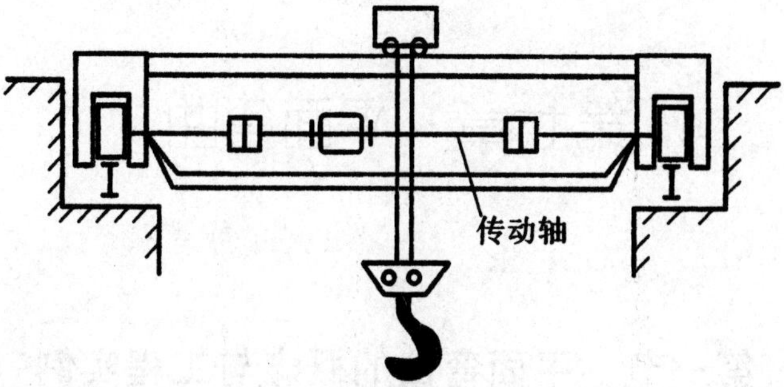

习题 6.13 图

6.14 如图所示传动轴，转速 $n = 500\ \text{r/min}$，主动轮 1 的输入功率 $P_1 = 500\ \text{kW}$，从动轮 2 的输出功率 $P_2 = 300\ \text{kW}$，从动轮 3 的输出功率 $P_3 = 200\ \text{kW}$，许用切应力 $[\tau] = 70\ \text{MPa}$，许用扭转角 $[\theta] = 0.5\ °/\text{m}$，剪切弹性模量 $G = 80\ \text{GPa}$。试

(1)设计此轴 AB 段和 BC 段的直径；

(2)若 AB 段和 BC 段采用同样的直径，试确定轴的直径

(3)主动轮和从动轮应如何布置才合理？

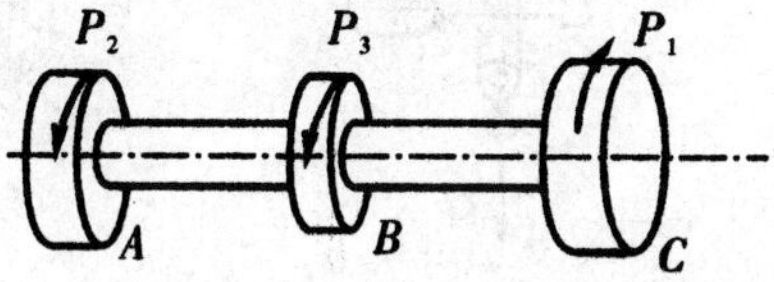

习题 6.14 图

第七章 平面弯曲

第一节 平面弯曲的概念与工程实例

工程中经常会遇到像桥式起重机大梁(图 7.1a)、受到风载作用的高大塔器(图 7.1b)、火车轮轴(图 7.1c)这样的杆件。作用于这些杆件上的外力垂直于杆件的轴线,使原来为直线的轴线变形后变为曲线。这种形式的变形称为弯曲变形。工程中将弯曲变形的杆件称为梁。

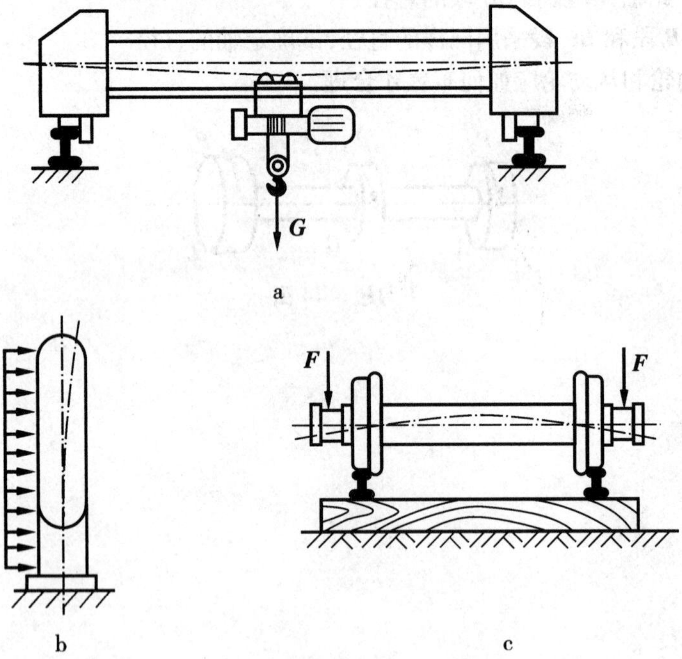

图 7.1

工程问题中,大部分受弯曲变形的梁的横截面都有一根对称轴,整个梁有一个包含轴线的纵向对称面。从几何学上说,梁的轴线和横截面上的纵向对称轴所决定的面即为纵向对称面。例如,图 7.1 中所提到的三个工程实例都属于这种情况。再进一步讲,当作用于梁上的所有外力的作用线都位于纵向对称面内时,如图 7.2 所示,弯曲变形后的轴线也将位于这个纵向对称面内,这种弯曲称之为对称弯曲,或叫作平面弯曲。

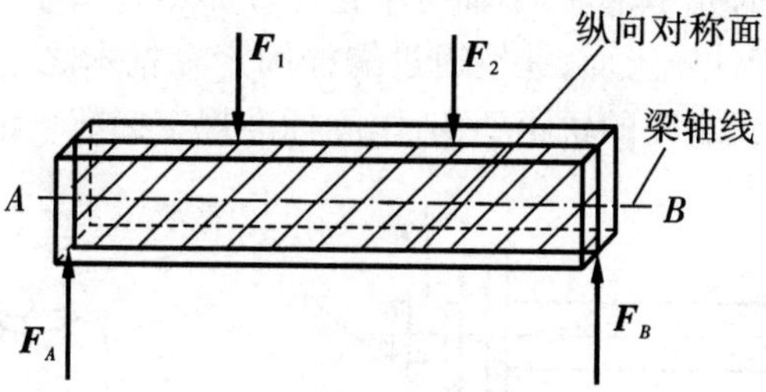

图7.2

第二节　梁的计算力学模型

研究梁的弯曲问题,需要把梁的实际结构进行适当的简化,作出梁的计算简图,以梁的轴线代替梁,以简化后的载荷代替真实载荷,以简化后的支座代替实际的支撑情况,这样的简化图就是梁弯曲的力学模型。

一、梁的支座

如图7.3a所示的齿轮传动,轴的两端为短滑动轴承,在啮合力的作用下梁的轴线会发生弯曲变形,这将使梁的两端横截面发生角度很小的偏转。但由于支撑处的间隙等存在,短滑动轴承并不能约束横截面绕 z 轴或 y 轴的微小转动。这样就可以将短滑动轴承这样的支承零件简化为铰链支座。轴肩与轴承接触限制了轴线方向的刚体位移,但由于间隙的存在,又允许轴向有微小变形位移。因此综合分析该约束特点后,可将两轴承中的一个简化为固定铰支座,另一个则简化为活动铰支座,即辊轴支座。如图7.3b所示。

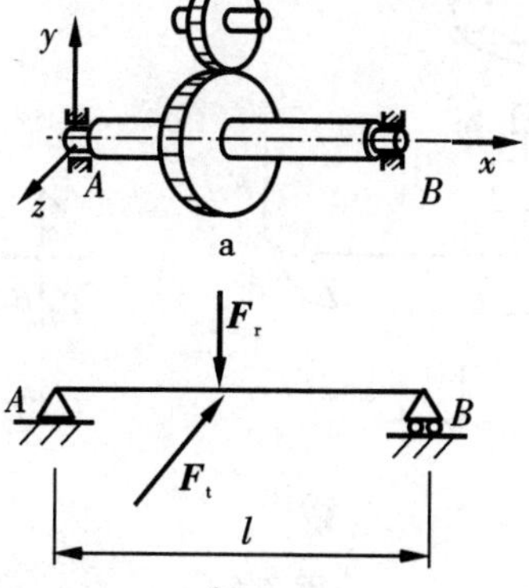

图7.3

再如图 7.4a 所示的火车轮轴，车轴与车轮通过加热后配合，待冷却后两者之间为过盈配合。车轮放置于铁轨上面，铁轨通过螺栓固定在枕木之上，枕木可以看作是不可变形的刚体，则两铁轨之间的轨距不变，国际标准规定标准轨距为 1 435 mm。

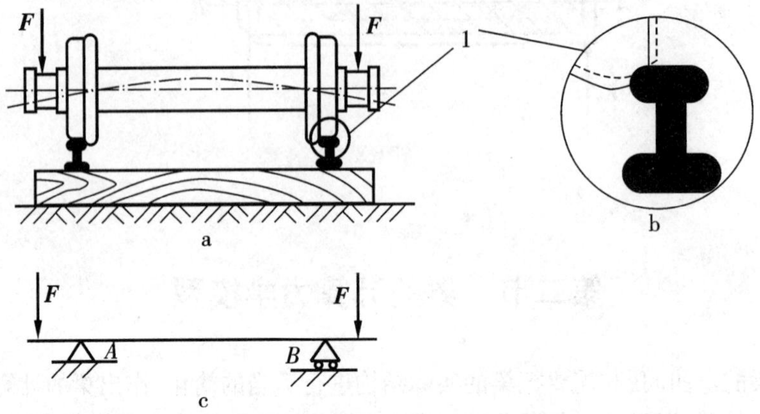

图 7.4

我们仔细观察车轮与铁轨之间的接触特点，发现它们是通过弧面接触的。也就是说，铁轨约束了车轴沿轴线方向的刚体位移。但当车轴受热膨胀时，车轴推动车轮沿铁轨弧面可以向外移动一变形位移，如图 7.4b 所示，车轮由实线位置移至虚线位置。使车轴自动释放热变形，从而消除了热应力。根据这样的约束特点，火车轮轴受到来自于铁轨的约束也可简化为一端为固定铰支座，另一个则简化为活动铰支座，即辊轴支座。如图 7.4c 所示。

图 7.5a 所示为车床上的割刀及其刀架。割刀的一端用螺钉压紧在固定刀架上，使割刀压紧部分对刀架既不能有相对位移，也不能有相对转动，这种形式的支座为固定端支座，简称固定端约束。图 7.5b 所示为其力学计算模型。

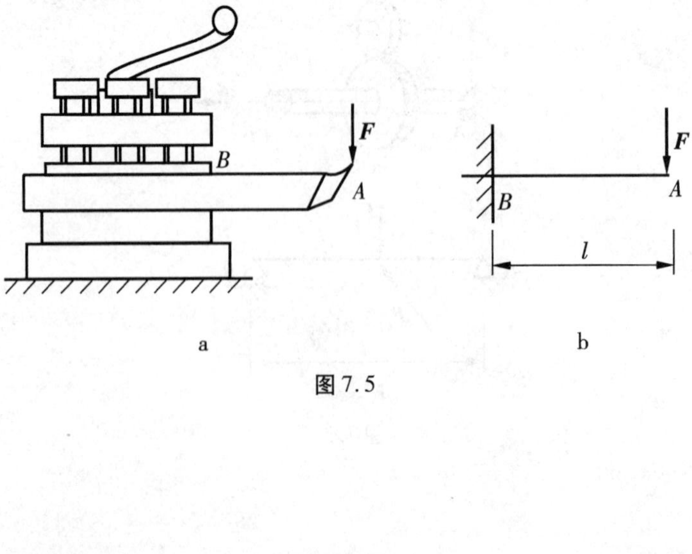

图 7.5

二、载荷的简化

在上面提到的一些例子中，像齿轮的啮合力、割刀上的切削力、起重机横梁上电葫芦车轮作用于横梁上的力等，力的作用区域相对于齿轮轴的跨度、割刀刀身长度、横梁跨度是非常小的，所以这些力都可以简化为集中力。图 7.1b 所示的大型塔器所受的风载则全部作用于整个塔器迎风一面，作用区域与塔高相等。再如图 7.6a 所示的轧制薄钢板的轧辊受力情况，被轧制的钢板宽度与轧辊棍面跨度几乎相等，钢板将轧制阻力作用于整个辊面内，这样的外载为分布载荷，一般用 q 表示，称作载荷集度，单位为 N/m 或 kN/m。上述的轧辊受到的分布载荷是均匀地分布于辊面的，叫作均布载荷。轧辊载荷模型如图 7.6b 所示。

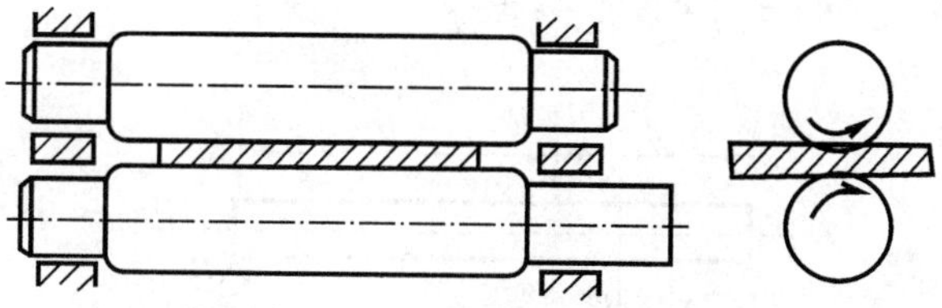

a

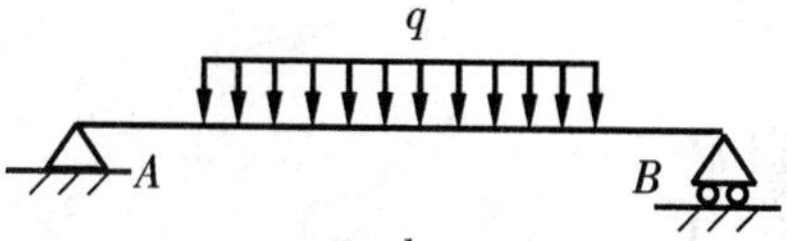

b

图 7.6

三、静定梁的基本形式

经过对支座及其载荷的简化，最后我们得到梁的计算简图。在这些简图中，我们只画上了引起弯曲变形的载荷。像图 7.3b、图 7.6b 所示的梁，其一端为固定铰链支座，另一端为辊轴铰链支座，且两支座都位于梁的两端，具有这种支座形式的梁称为简支梁。

像火车轮轴这样的梁，它的支座形式同简支梁一样，但支座向轴内缩回去一段，即梁的两端伸到了支座的外面，这样的梁称为外伸梁。火车轮轴是两端均伸出支座之外，若仅有一端伸出支座之外，这样的梁也是外伸梁。

像图 7.1b 所示的大型塔器、图 7.5 所示的割刀等，它们的梁一端为固定端约束，另一端自由，这样的梁为悬臂梁。

简支梁或外伸梁两支座之间的距离称为梁的跨度，一般用 l 表示。悬臂梁的跨度是自由端到固定端的距离。

以上几种梁在其计算简图确定后，支座反力均可由静力平衡方程完全确定，这样的梁为静定梁。静定梁有三种形式，即简支梁、外伸梁和悬臂梁。本章研究静定梁弯曲变形的内力、应力强度和刚度问题。

第三节　梁的内力——剪力和弯矩

根据静力平衡方程,可以求得静定梁在外载荷作用下的支座的约束力。梁上所有的外部载荷全部为已知量,我们用截面法来进一步研究各横截面上的内力。如图 7.7 所示的简支梁受集中力作用,根据静力平衡条件:

$$\sum M_A = 0 \qquad F_B l - Fa = 0$$

$$\sum F_y = 0 \qquad F_A - F + F_B = 0$$

求得其支座反力为　$F_A = \frac{b}{l}F$ ，　$F_B = \frac{a}{l}F$

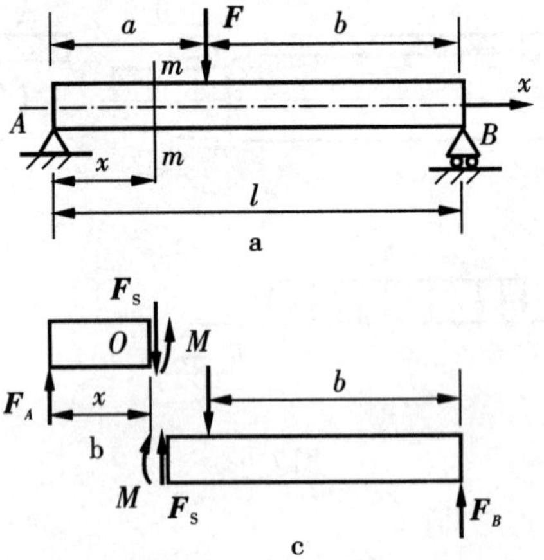

图 7.7

以 m–m 截面截取 AB 梁,假想地将梁分成两段,根据截面法,任意取左半段作为研究对象,如图 7.7b 所示。由于原来的梁整体处于平衡状态,所以梁的左半段仍应处于平衡状态。作用于左半段上的力,除外力 F_A外,在 m–m 截面上还应有右半段对它的作用力。一般说来,右半段会通过截面作用其上一个沿 y 方向的力 F_s和一个绕 z 轴的矩 M,根据平衡条件

$$\sum F_y = 0 \qquad F_A - F_S = 0$$

$$\sum M_o = 0 \qquad M - F_A x = 0$$

求得截面上的内力

$$F_S = \frac{b}{l}F$$

$$M = \frac{b}{l}Fx$$

F_S称做横截面上的剪力,它是横截面内的分布力的合力。M为横截面上的弯矩,它是与横截面垂直的分布内力系的合力偶矩。

如以右端截面为例(图 7.7c)进行研究,同样可以求得截面 $m-m$ 上的剪力 F_S和弯矩 M,在数值上,右端截面上的剪力 F_S和弯矩 M 与左端截面上求得的相同,但方向相反。这是因为,左、右截面上的剪力和弯矩均是互为作用与反作用关系所致。

为了使上述两种方法得到的同一截面上的剪力和弯矩不但数值相等,而且符号也一致,须把剪力和弯矩的符号规则与梁的变形联系起来。关于剪力的符号规定,如图 7.8a 所示的情形,截面 $m-m$ 的左段相对于右段有向上错动的趋势时,规定截面上的剪力为正;如图 7.8b 所示的情形,截面 $m-m$ 的左段相对于右段有向下错动的趋势时,规定截面上的剪力为负。关于弯矩的符号规定,在图 7.8c 所示的情形,在截面 $m-m$ 处弯曲变形向下凸时,截面 $m-m$ 上的弯矩取正;反之,如图 7.8d 所示的情形,在截面 $m-m$ 处弯曲变形向上凸时,截面 $m-m$ 上的弯矩取负。

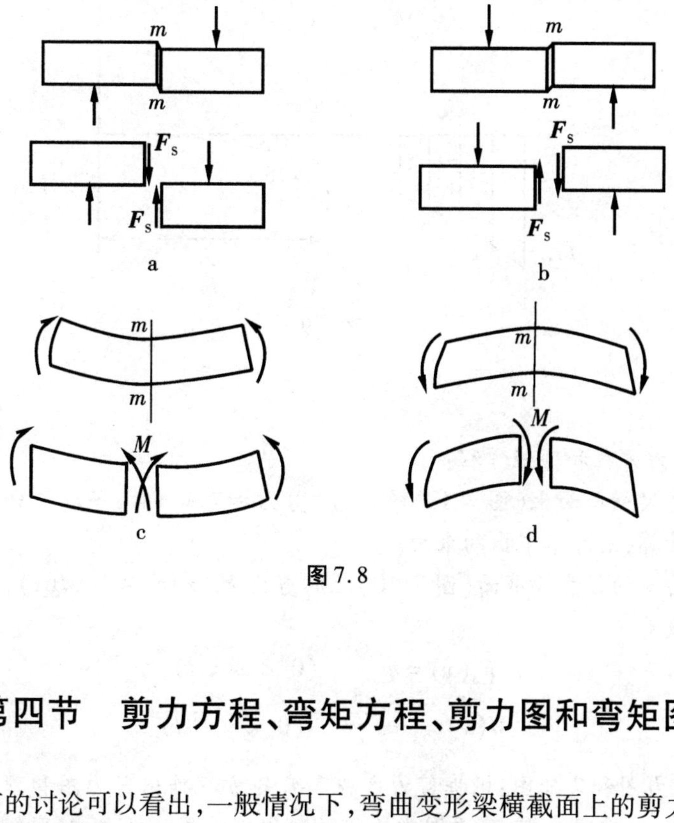

图 7.8

第四节 剪力方程、弯矩方程、剪力图和弯矩图

从第三节的讨论可以看出,一般情况下,弯曲变形梁横截面上的剪力和弯矩随截面位置的不同而不同。若以横坐标 x 表示横截面在梁轴线上的位置,则各横截面在梁轴线上的剪力和弯矩都可以表示为 x 的函数,即有

$$F_S = F_S(x)$$
$$M = M(x)$$

上述函数表达式,我们称之为剪力方程和弯矩方程。

由于剪力和弯矩随截面位置而不同,我们也可以用内力图的形式来表示剪力和弯矩,绘图时以梁的轴线位置为横坐标,分别以剪力和弯矩为纵坐标,这种图称之为剪力图和弯矩图。下面举例说明剪力方程和弯矩方程的列写及其相应剪力图和弯矩图的绘制。

例 7.1 图 7.9a 所示悬臂梁受集度为 q 的满布均布荷载作用。试作梁的剪力图和弯矩图。

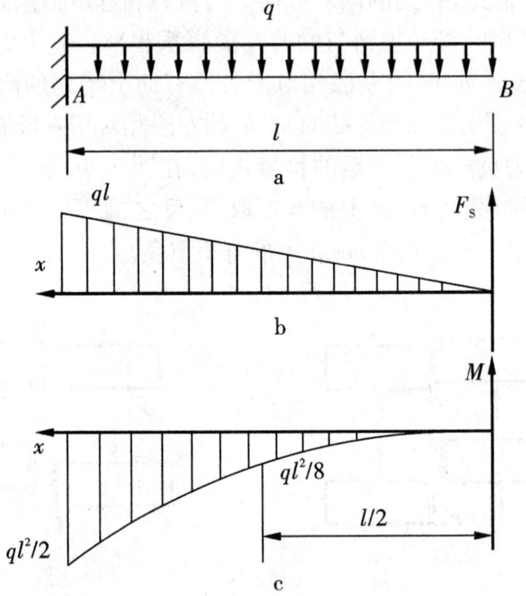

图 7.9

解:

(1)列剪力方程和弯矩方程:

当求悬臂梁横截面上(图 7.10)的内力(剪力和弯矩)时,若取包含自由端截面的一侧梁段来计算,则可不求出约束力。

距右端为 x 的任意横截面(图 7.10)上的剪力 $F_S(x)$ 和弯矩 $M(x)$,根据截面右侧梁段上的荷载有

$$F_S(x) = qx \qquad (0 < x < l)$$

$$M(x) = -\frac{1}{2}qx^2 \qquad (0 < x < l)$$

(2)作剪力图和弯矩图:根据剪力方程和弯矩方程作出剪力图和弯矩图分别如图 7.9b 和图 7.9c。按照习惯,剪力图中正值的剪力值绘于 x 轴上方,弯矩图中的弯矩值则绘于 x 轴的下方(弯矩值绘于梁弯曲时其受压的边缘一侧)。

由图可见,此梁横截面上的最大剪力其值为 $F_{Smax} = ql$,最大弯矩(按绝对值)其值为 $M=0.5ql^2$(负值),它们都发生在固定端右侧横截面上。

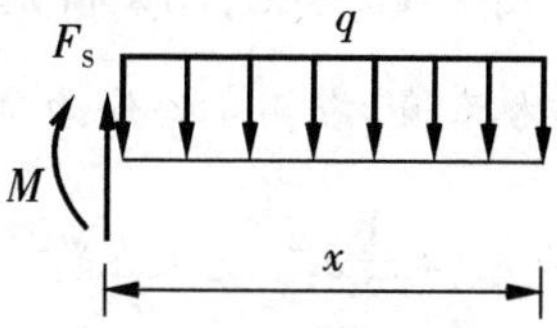

图7.10

例7.2　图7.11a所示简支梁受集度为q的满布荷载作用。试作梁的剪力图和弯矩图。

解：

(1)求约束：

$$\sum M_A = 0 \qquad F_B l - ql\frac{l}{2} = 0$$

$$\sum F_y = 0 \qquad F_A - ql + F_B = 0$$

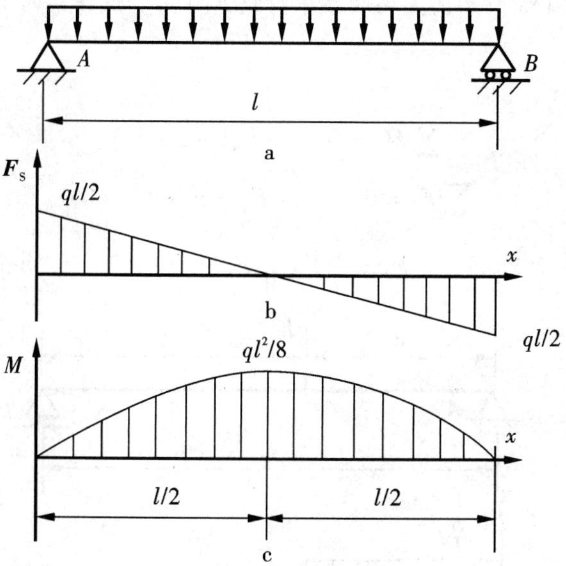

图7.11

求得其支座反力为$F_A = \frac{1}{2}ql$，$F_B = \frac{1}{2}ql$

(2)列剪力方程和弯矩方程：取距离A点x处的任意横截面(图7.12)，其上的剪力F_S和弯矩$M(x)$分别如下：

$$F_S(x) = \frac{1}{2}ql - qx \quad (0 < x < l)$$

$$M(x) = \frac{1}{2}qlx - \frac{1}{2}qx^2 \quad (0 < x < l)$$

(3)作剪力图和弯矩图：由图7.11可见，此梁横截面上的最大剪力(按绝对值)其值为 $F_{S\max}=\dfrac{1}{2}ql$(左侧支座处为正值，右侧支座处为负值)，发生在两个支座各自的内侧横截面上；最大弯矩其值为 $M_{\max}=\dfrac{1}{8}ql^2$，发生在跨中横截面上。

简支梁受满布荷载作用是工程上常遇到的计算情况，初学者对于此种情况下的剪力图、弯矩图和 $F_{S\max}$，$M_{\max}$ 的计算公式应牢记在心！

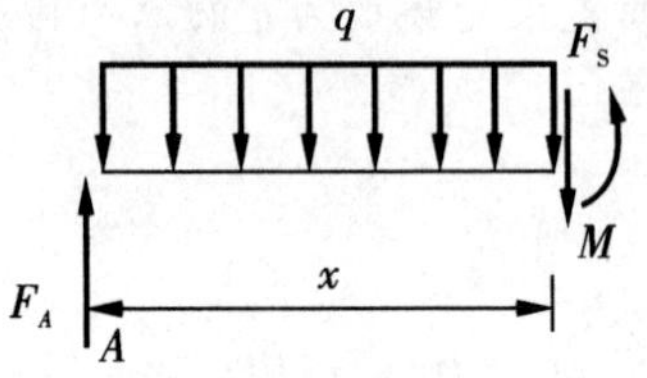

图7.12

例7.3 图7.13a所示简支梁受集中荷载 F 作用。试作梁的剪力图和弯矩图。

解：

(1)求约束力：

$$\sum M_A=0 \qquad F_Bl-Fa=0$$

$$\sum F_y=0 \qquad F_A-F+F_B=0$$

求得其支座反力为 $\quad F_A=\dfrac{b}{l}F,\quad F_B=\dfrac{a}{l}F$

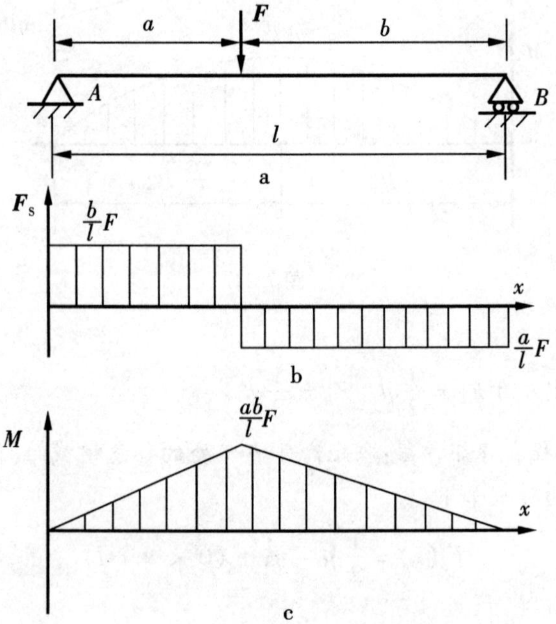

图7-13

(2)列剪力方程和弯矩方程:此梁上的集中荷载将梁分隔成 AC 和 CB 两段,两段内任意横截面同一侧梁段上的外力显然不同,可见这两段梁的剪力方程和弯矩方程均不相同,因此需分段列出。

AC 区段的剪力和弯矩方程:如图 7.14 所示

$$F_S(x)=\frac{b}{l}F \qquad (0<x<a)$$

$$M(x)=\frac{b}{l}Fx \qquad (0<x<a)$$

CB 区段的剪力和弯矩方程:如图 7.15 所示

$$F_S(x)=\frac{b}{l}F-F=-\frac{a}{l}F \qquad (a<x<l)$$

$$M(x)=\frac{b}{l}Fx-F(x-a)=\frac{a}{l}F(l-x) \qquad (a<x<l)$$

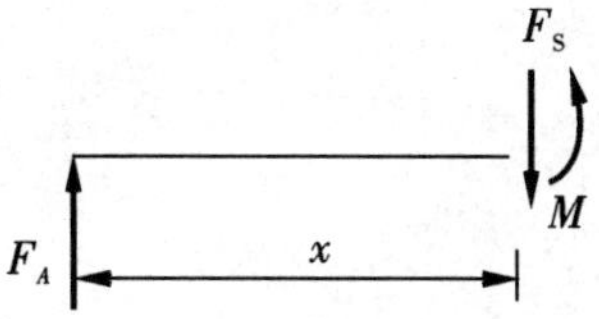

图 7.14

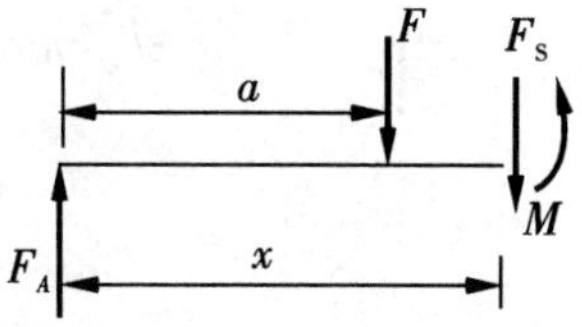

图 7.15

剪力图和弯矩图分别如图 7.13b 及图 7.13c。由图可见,在 $b>a$ 的情况下,AC 段梁在 $0<x<a$ 的范围内任一横截面上的剪力值最大,$F_{S\max}=\dfrac{Fb}{l}$;集中荷载作用处($x=a$)横截面上的弯矩值最大,$M_{\max}=\dfrac{Fab}{l}$。

(3)讨论:由剪力图可见,在梁上的集中力(包括集中荷载和约束力)作用处剪力图有突变,这是由于集中力实际上是将作用在梁上很短长度Δx 范围内的分布力加以简化所致。若将分布力看作在Δx 范围内是均匀的(图 7.16a),则剪力图在Δx 范围内是连续变化的斜直线(图 7.16b)。从而也就可知,要问集中力作用处梁的横截面上的剪力值是没有意义的。

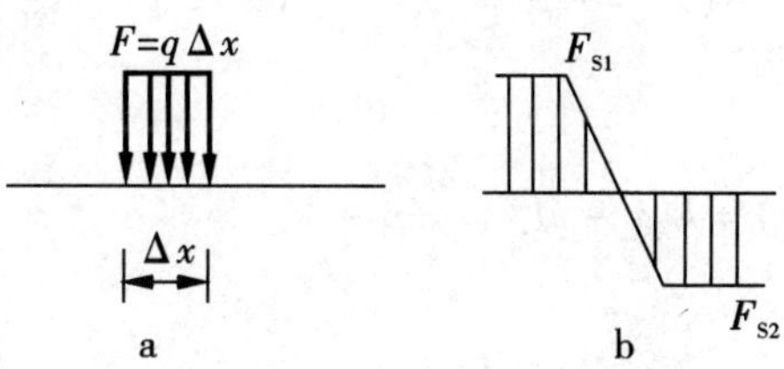

图 7.16

例 7.4　图 7.17a 所示简支梁在 C 点受矩为 M_e 的集中力偶作用。试作梁的剪力图和弯矩图。

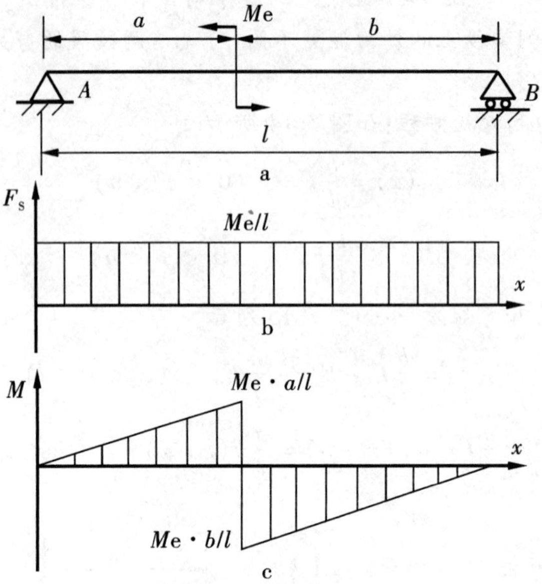

图 7.17

解:

(1)求约束力:

$$F_A = \frac{M_e}{l}\ (\uparrow), \qquad F_B = \frac{M_e}{l}\ (\downarrow)$$

(2)列剪力方程和弯矩方程:此简支梁的两支座之间无集中荷载作用,故作用于 AC 段梁和 BC 段梁任意横截面同一侧的集中力相同,如图 7.18 所示,从而可知两段梁的剪力方程相同,即

$$F_S = F_A = \frac{M_e}{l} \qquad (0 < x < l)$$

两段梁的弯矩方程则不同:

AC 段梁(图 7.18):

$$M(x) = F_A x = \frac{M_e}{l}x \qquad (0 < x < a)$$

CB 段梁(图 7.19):

$$M(x) = F_A x - M_e = \frac{M_e}{l}x - M_e \qquad (a < x < l)$$

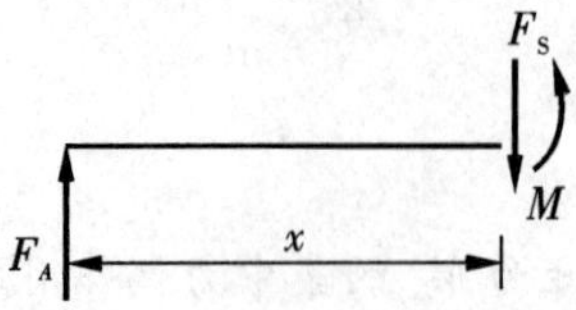

图 7.18

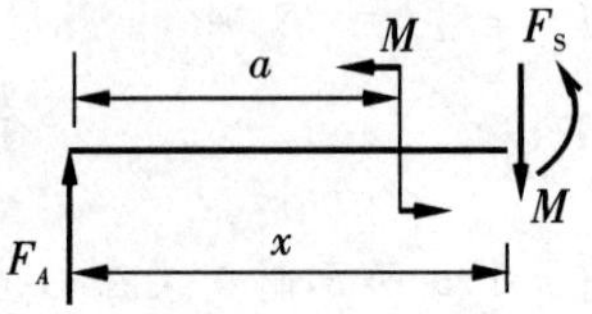

图 7.19

(3)作剪力图和弯矩图:如图 7.17b、图 17.7c 所示为其相应的剪力图和弯矩图。

如图可见,两支座之间所有横截面上剪力相同,均为 M_e/l。在 $b>a$ 的情况下,C 截面右侧($x=a+$)横截面上的弯矩绝对值最大,为 $M_e b/l$(负值)。弯矩图在集中力偶作用处有突变,也是因为集中力偶实际上只是作用在梁上很短长度范围内的分布力矩的简化。

第五节　载荷集度、剪力和弯矩之间的关系

从上面几个例子中,我们发现,载荷集度 q、剪力和弯矩之间存在一定联系。在例 7.2 中,将剪力方程 $F_S(x)$ 对 x 求导数,正好等于载荷集度 q,将弯矩方程 M 对剪力求导数,正好等于剪力方程 $F_S(x)$。我们现在来研究它们之间的关系。

如图 7.20 所示的梁,梁上作用有任意外载,以梁的左端为坐标原点,选取坐标系如图 7.20a 所示,梁上分布载荷集度 $q(x)$ 是 x 的连续函数,以向上规定为正,现从 x 截面处截取长度为 $\mathrm{d}x$ 的微段梁,如图 7.20b 所示,设 x 截面上的剪力为 $F_S(x)$,弯矩为 $M(x)$,均为正号,经过 $\mathrm{d}x$ 微段后,剪力和弯矩分别有一个增量,因此在微段右截面上的剪力为 $F_S(x)+\mathrm{d}F_S(x)$,弯矩为 $M(x)+\mathrm{d}M(x)$。

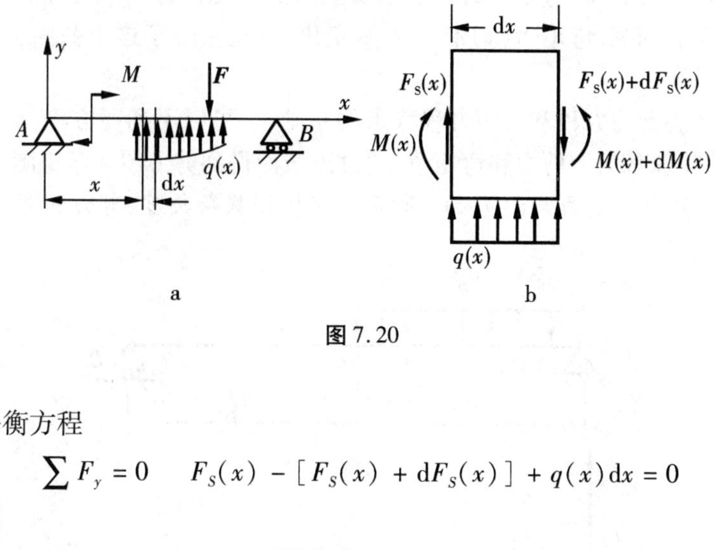

图 7.20

由微段的平衡方程

$$\sum F_y = 0 \qquad F_S(x) - [F_S(x) + \mathrm{d}F_S(x)] + q(x)\mathrm{d}x = 0$$

整理后得到

$$\frac{\mathrm{d}F_S(x)}{\mathrm{d}x} = q(x) \tag{7.1}$$

再由力矩平衡方程式

$$\sum M_C = 0 \qquad M(x) + \mathrm{d}M(x) - M(x) - F_s(x)\mathrm{d}x - q(x)\mathrm{d}x\frac{\mathrm{d}x}{2} = 0$$

略去二阶微量 $q(x)\mathrm{d}x\dfrac{\mathrm{d}x}{2}$,整理后得到

$$\frac{\mathrm{d}M(x)}{\mathrm{d}x} = F_S(x) \tag{7.2}$$

对式(7.2)求二阶导数,有

$$\frac{d^2M(x)}{dx^2}=\frac{dF_S(x)}{dx}=q(x) \tag{7.3}$$

以上三式表示了直梁的载荷集度 $q(x)$、剪力 $F_s(x)$ 和弯矩 $M(x)$ 之间的关系。

根据以上导数关系,我们总结出一些结论。

(1)在梁的某段内,若无载荷集度 $q(x)$ 作用,即 $q(x)=0$,由式(7.1)可以看出,在这一段内剪力 $F_S(x)=$ 常数,剪力图是平行于 x 轴的直线;再由式(7.3)可以看出,弯矩 $M(x)$ 是 x 的一次函数,弯矩图是斜直线。

(2)在梁的某段内,若载荷集度 $q(x)$ 是均布,即 $q(x)=$ 常数,由式(7.1)可以看出,在这一段内剪力 $F_S(x)$ 是 x 的一次函数,剪力图是斜直线;再由式(7.3)可以看出,弯矩 $M(x)$ 是 x 的二次函数,弯矩图是抛物线。由二阶函数的性质,当载荷集度 $q(x)<0$ 时,$M(x)$ 是向上凸的抛物线,顶点为其极大值点。当载荷集度 $q(x)>0$ 时,$M(x)$ 是向下凸的抛物线,顶点为其极小值点。

(3)在梁的某段内,若剪力 $F_S(x)=0$,则根据式(7.2),弯矩 $M(x)$ 在这一截面上取得极值,即弯矩的极值发生在剪力为零的截面上。

(4)在集中力作用的截面左右两侧,剪力 $F_S(x)$ 有一突然变化,变化量等于这个截面上作用的集中力数值,弯矩图的斜率也发生突然变化,成为一个折点。在集中力偶作用的截面左右两侧,弯矩 $M(x)$ 有一突然变化,变化量等于这个截面上作用的外力偶数值。

在熟练掌握剪力方程和弯矩方程特点的基础上,可以不列写方程,而根据上述结论,只要计算特殊截面上剪力和弯矩值,通过连线而得到剪力图和弯矩图。

例7.5 简支梁受力如图7.21a所示。试根据载荷集度、剪力和弯矩关系,作剪力图和弯矩图。

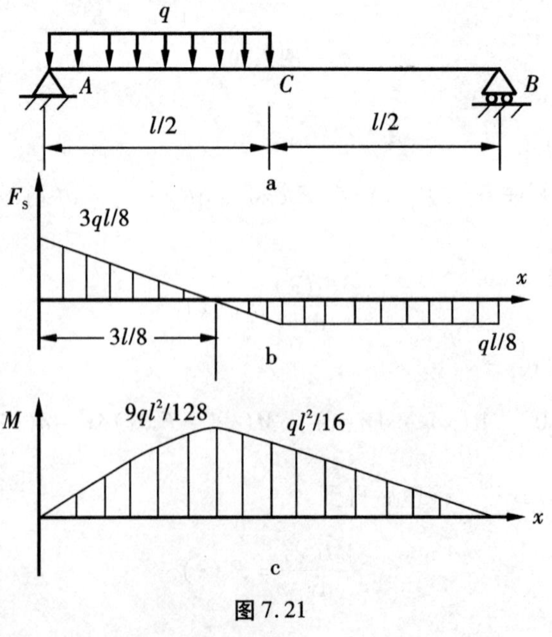

图7.21

解:

(1)求支座约束力:

由 $\sum M_B = 0$ 和 $\sum M_A = 0$ 得

$$F_A = \frac{3}{8}ql \quad F_B = \frac{1}{8}ql$$

(2)分析梁内各段剪力和弯矩图特点并画图:

1)AC 段内,载荷集度 $q(x)$ 是一负常数,则根据第二条结论,剪力方程是 x 的一次函数,剪力图为斜直线,故求出两个端截面的剪力值即可。

在 A 截面以右一侧:$F_{SA} = \frac{3}{8}ql$,在 C 截面以左一侧:$F_{SC} = -\frac{1}{8}ql$。

CB 段内无载荷集度 $q(x)$ 作用,则根据第一条结论,剪力方程为常数,求出其中任一截面的内力值连一水平线即为该段剪力图。

在 B 截面以左一侧:$F_{SB} = -\frac{1}{8}ql$。

剪力图如图 7.21b 所示。

2)AC 段内,载荷集度 $q(x)$ 是一负常数,则根据第二条结论,弯矩方程是 x 的二次函数,表明弯矩图为二次曲线,需求出两个端截面的弯矩。

$$M_A = 0 \qquad M_C = \frac{1}{16}ql^2$$

需判断顶点位置,该处弯矩取得极值。

由 $\frac{\mathrm{d}M(x)}{\mathrm{d}x} = F_S(x)$ 得　$x = \frac{3}{8}l$

$$M_{\max}\left(\frac{3}{8}l\right) = \frac{9}{128}ql^2$$

3)CB 段内,无载荷集度 $q(x)$ 作用,则根据第一条结论,弯矩方程是 x 的一次函数,分别求出两个端点的弯矩,并连成直线即可。

$$M_C = \frac{1}{16}ql^2 \qquad M_B = 0$$

弯矩图如图 7.21c 所示。

例 7.6　外伸梁 ABC 上受集度为 $q=8$ kN/m 的向下均布荷载,$M_B=6$ kN·m 的外力矩,$F=4$ kN 的集中力,如图 7.22a 所示。$l=2$ m,$a=0.5$ m,试利用弯矩、剪力与分布荷载集度间的微分关系作剪力图和弯矩图。

解:求此梁的约束力均 F_C,F_B

由 $\sum M_B = 0$,有

$$F_C l + M_B - Fa - \frac{1}{2}ql^2 = 0$$

$$F_C = 6\ \text{kN}$$

由 $\sum F_y = 0$,有

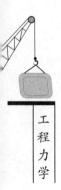

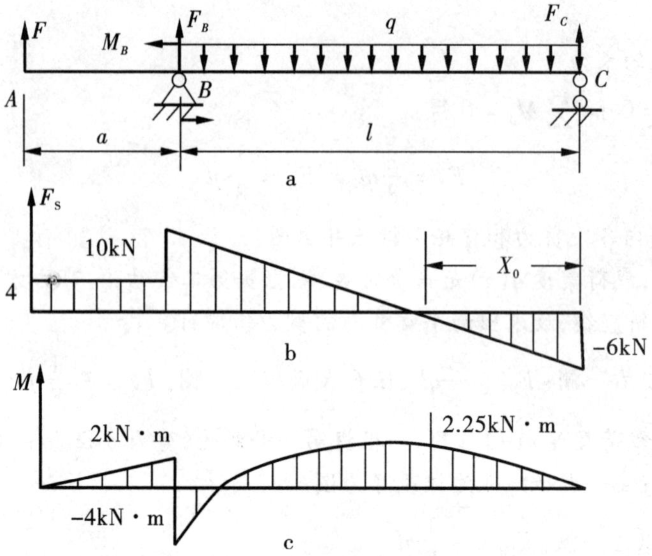

图 7.22

$$F_C + M_B + F - ql = 0$$
$$F_B = 6\ \text{kN}$$

(1)作剪力图:该梁分成 AB 和 BC 两段,求出每段梁两端截面上的剪力值

$$F_{SBA} = F = 4\ \text{kN}\ ,\ F_{SAB} = F = 4\ \text{kN}$$
$$F_{SBC} = ql - F_C = 10\ \text{kN}\ ,\ F_{SCB} = -F_C = -6\ \text{kN}$$

由于 AB 段上 $q=0$,图为水平线,BC 段上分布荷载的集度 q 为常量,且因荷载系向下而在微分关系中应为负值,即 $q=-8$ kN/m,图为一递减曲线。

(2)作弯矩图:分别求出 AB 段和 BC 段的端面上的弯矩值。

$$M_{AB} = 0\ ,\ M_{BA} = Fa = 2\ \text{kN}\cdot\text{m}$$
$$M_{BC} = F_C l - \frac{1}{2}ql^2 = -4\ \text{kN}\cdot\text{m}\ ,\ M_{CB} = 0$$

由于该梁的 AB 段,梁上无荷载,故弯矩图应该是斜直线;由于 BC 段上 $q<0$,M 图为一向下凹的曲线,因为此段梁上的剪力图由正变负,在剪力等于零的截面处是弯矩的极值点,为此,令 BC 段上的剪力为零

$$F_S = qx_0 - F_C = 0$$

得到极值点的位置

$$x_0 = \frac{F_C}{q} = 0.75\ \text{m}$$

求出截面上的弯矩值:

$$M_B = F_C x_0 - \frac{1}{2}qx_0^2 = 2.25\ \text{kN}\cdot\text{m}$$

弯矩图是如图 7.22c 中所示曲率为负(向上凸)的二次曲线。因为梁上 C 点处无集中力偶作用,故弯矩图在 C 截面处应该没有突变。

第六节　纯弯曲梁横截面上的正应力

若梁或梁上的某段内各横截面上无剪力而只有弯矩，横截面上只有与弯矩对应的正应力，这样的梁的变形叫纯弯曲。

如图 7.23a 所示外伸梁上的两个外力 F 对称地作用于梁的纵向对称面内。其剪力图和弯矩图分别如图 7.23b 和 c 所示。由图可见，在 BC 段上剪力为零，而弯矩不为零，截面上只有因弯矩而产生的正应力，这段梁就是上面所述的纯弯曲梁。AB 段和 CD 段的各横截面上同时存在着剪力和弯矩，因此这些截面上既有切应力又有正应力。该两段梁的变形称为横力弯曲或剪力弯曲。

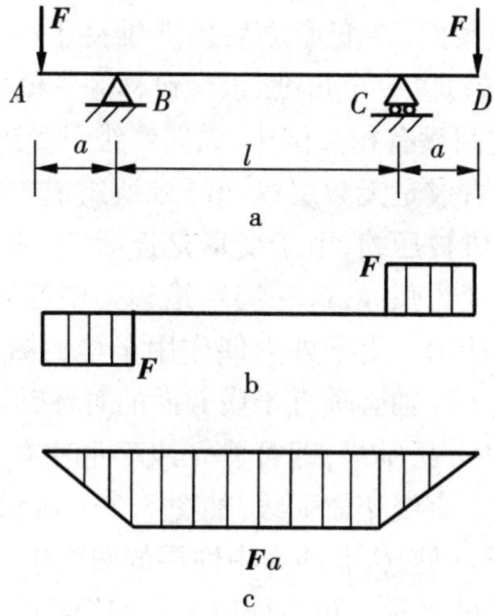

图 7.23

分析纯弯曲梁横截面上的正应力，可采用研究圆截面轴扭转时切应力的推导方法，也要综合考虑梁变形的几何关系、应力应变之间的物理关系和静力学关系等三个方面才能解决。

一、变形的几何关系

为了研究与横截面上正应力相应的纵向应变，首先观察梁在纯弯曲时的变形现象。为此做纯弯曲试验，取一矩形截面梁段，在未变形的梁的侧面画上纵向线 aa 和 bb，并作垂直于纵向线的横向线 mm 和 nn，如图 7.24a 所示。然后在梁的两端施加一对等值、反向的力偶，使其位于纵向对称面内，则梁发生纯弯曲变形如图 7.24b 所示。此时可以观察到如下现象：

(1)各纵向线在梁变形后都弯成了圆弧线，靠近顶面的纵向线 aa 缩短了，而靠近底面的纵向线 bb 被拉长了。

(2)横向线 mm 和 nn 仍然保持为直线，且与已经变成弧线的纵向线垂直，只是相对地转了一个角度。如图 7.24(b)所示。

(3)梁横截面的高度不变,变形后上部变宽,下部变窄。

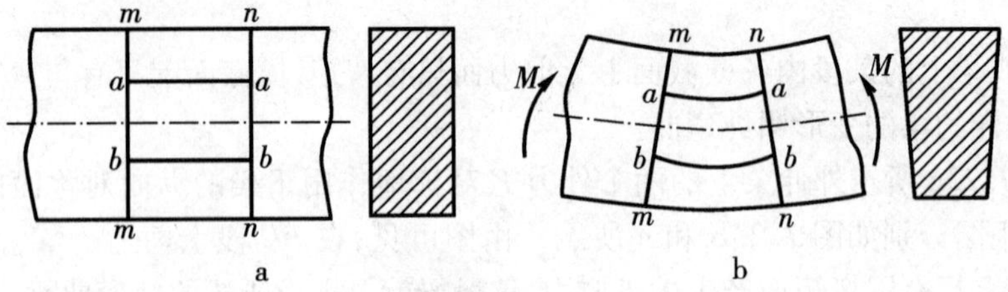

图 7.24

根据上述梁的外部变性特点,可以对梁的内部变形情况作出如下假设。

(1)变形前为平面的横截面,在变形之后仍然维持平截面状态,且垂直于梁的轴线。只是绕截面内某一轴转过了一个角度,该假设称为平截面假设。

(2)梁的各纵向纤维之间没有相互挤压,纵向纤维只受到简单拉伸和压缩变形。

根据平截面假设,把梁看成是无数层纵向纤维所组成,靠近底面的纵向纤维被拉长,靠近顶面一侧的纵向纤维被压缩,由于变形是连续的,所以中间必有一层纤维,其长度不会改变,只是由直线变为弧线,这一层纤维称为**中性层**。中性层与横截面的交线称为**中性轴**。如图 7.25 所示。由于外力偶作用于梁的纵向对称面内,故梁在变形后轴线也在该平面内,因此中性轴必垂直于横截面的对称轴。

根据平截面假设和上述分析结果,即可建立纯弯曲时梁上任一点处的线应变表达式,纯弯曲时梁的纵向纤维由直线变成弧线,如图 7.26b 所示。相距为 dx 的两相邻截面 m-m 和 n-n 延长线交于 O 处,O 点即为中性层的曲率中心。梁轴线的曲率半径以 ρ 表示,两截面间的夹角以 $d\theta$ 表示。距中性层为 y 的纤维变形后的长度应为

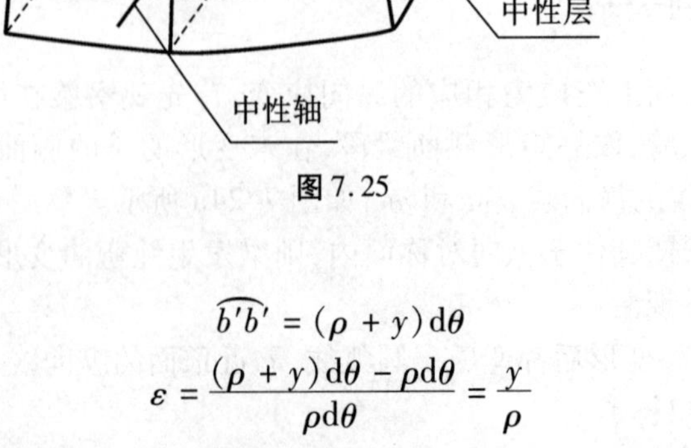

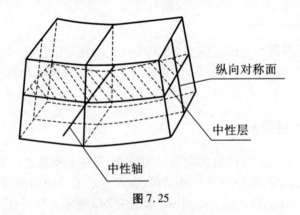

图 7.25

$$\widehat{b'b'} = (\rho + y)\,d\theta$$

$$\varepsilon = \frac{(\rho + y)\,d\theta - \rho d\theta}{\rho d\theta} = \frac{y}{\rho} \tag{7.4}$$

式(7.4)表明,线应变 ε 随 y 按线性规律变化。

二、物理关系

因假设纵向纤维之间不存在挤压，于是各纵向纤维之间只有轴向拉伸和压缩变形。因而当应力小于比例极限时，每一纵向纤维都可以应用单向拉伸（或压缩）时的胡克定律，即

$$\sigma = E\varepsilon$$

将式(7.4)代入上式，即得

$$\sigma = E\varepsilon = E\frac{y}{\rho} \tag{7.5}$$

式(7.5)表达了梁横截面上正应力的变化规律。由于弹性模量 E 是常量，故由式(7.5)可知，横截面上任一点处的正应力与该点到中性轴的距离 y 成正比，而距中性轴等远距离的各点处的正应力均相等。在中性轴上各点的正应力均为零。正应力的变化规律如图 7.26d 所示。

三、静力关系

横截面上的内力 σdA 组成垂直于横截面的空间平行力系，如图 7.26c 所示，只画出力系中的微内力 σdA。这一内力简化为三个内力分量，即平行于 x 轴的轴力 F_N，对 y 轴的弯矩 M_y 和对 z 轴的弯矩 M_z。它们分别是

$$F_N = \int_A \sigma dA \tag{a}$$

$$M_y = \int_A z\sigma dA \tag{b}$$

$$M_z = \int_A y\sigma dA \tag{c}$$

但纯弯曲梁截面上没有上述 F_N 和 M_y，而只有 M_z。

将物理方程式(7.5)代入(a)式，得

$$F_N = \int_A \sigma dA = \frac{E}{\rho}\int_A y dA = 0$$

式中，E，ρ 都是常量，不等于零，故必须有 $\int_A y dA = 0$，而这一式子正好是截面对 z 轴的静矩 Sz，根据静矩性质，可知 z 轴（中性轴）通过截面形心。

将物理方程式(7.5)代入(b)式，得

$$M_y = \int_A z\sigma dA = \frac{E}{\rho}\int_A zy dA = 0$$

式中，E，ρ 都是常量，不等于零，故必须有 $\int_A zy dA = 0$，而这一式子正好是截面的惯性积 I_{yz}，根据惯性积性质，可知 y 轴必须是截面的纵向对称轴。

将物理方程式(7.5)代入(c)式，得

$$M_z = \int_A y\sigma dA = \frac{E}{\rho}\int_A y^2 dA = M \tag{d}$$

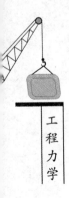

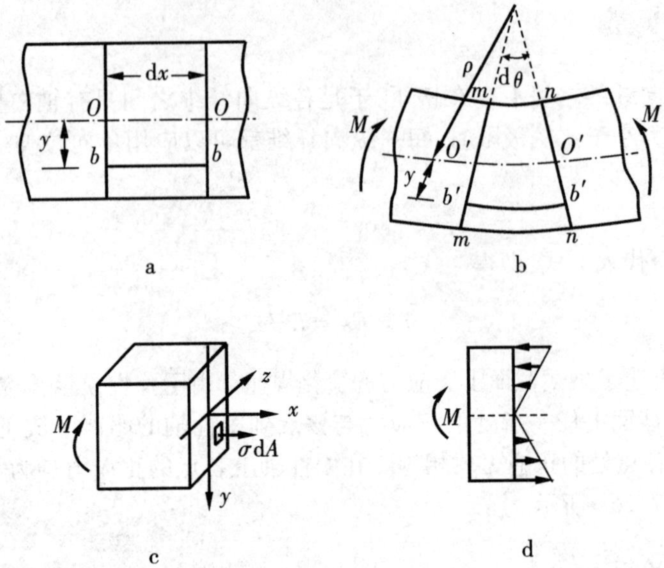

图 7.26

式中，$I_z = \int_A y^2 \mathrm{d}A$ 是截面对于 z 轴的惯性矩。则(d)式可写成

$$\frac{1}{\rho} = \frac{M}{EI_z} \tag{7.6}$$

结合物理方程，消去参数 ρ，得到纯弯曲梁截面正应力计算公式

$$\sigma = \frac{My}{I_z} \tag{7.7}$$

对图 7.26c 所示的坐标系，在弯矩 M 为正的情况下，y 为正时，σ 为拉应力；y 为负时，σ 为压应力。弯曲变形梁中一点的应力状态还可有弯曲变形直接判定，以中性轴为界，梁在凸的一侧受拉，凹的一侧受压。

式(7.7)是在纯弯曲情况下推出的，常见的弯曲多为横力弯曲情形，这时梁的截面上同时存在正应力和切应力，由于切应力的存在，横截面不再保持平面，前面所提的平截面假设不成立。同时，横力弯曲下，纵向纤维之间也会有挤压正应力存在。虽然有上述差异，但对于细长结构的梁来说，由于切应力的存在而对梁强度的影响不大，工程中常用式(7.7)计算梁的弯曲正应力，能满足工程设计要求。

横力弯曲时，弯矩随截面位置的变化而变化，最大弯矩所在的面为危险截面，危险截面上离中性轴最远的点应力水平最高，是危险点。危险点正应力为

$$\sigma_{\max} = \frac{M_{\max} y_{\max}}{I_z} \tag{7.8}$$

式(7.8)表明，最大正应力不仅与弯矩有关，还与 y/I_z 有关，即与截面的具体形状有关。引进记号

$$W_z = \frac{I_z}{y_{\max}} \tag{7.9}$$

则式(7.8)又可写成

$$\sigma_{\max} = \frac{M_{\max}}{W_z} \tag{7.10}$$

W_z为抗弯截面系数。它与截面的几何形状有关,量纲为长度单位的三次方。

上面我们提到 $I_z = \int_A y^2 \mathrm{d}A$ 是截面的惯性矩,$W_z = \dfrac{I_z}{y_{\max}}$ 是截面的抗弯截面系数。下面我们计算工程中常见的矩形和圆截面梁的惯性矩和抗弯截面系数具体表达式。

1. 矩形截面

求图 7.27 所示矩形截面对其对称轴 z 轴的惯性矩 I_z和抗弯截面系数 W_z,取图中距 z 轴为 y 处高度为 $\mathrm{d}y$ 和宽度为 b 的狭长矩形面积为微元面积,即 $\mathrm{d}A = b\mathrm{d}y$,得

$$I_z = \int_A y^2 \mathrm{d}A = \int_{-\frac{h}{2}}^{\frac{h}{2}} y^2 (b\mathrm{d}y) = \frac{1}{12}bh^3$$

$$W_z = \frac{I_z}{y_{\max}} = \frac{\frac{1}{12}bh^3}{\frac{h}{2}} = \frac{1}{6}bh^2$$

同理,矩形截面对 y 轴的惯性矩 I_y及抗弯截面系数 W_y分别为

$$I_y = \int_A z^2 \mathrm{d}A = \int_{-\frac{b}{2}}^{\frac{b}{2}} z^2 (h\mathrm{d}z) = \frac{1}{12}hb^3$$

$$W_y = \frac{I_y}{z_{\max}} = \frac{\frac{1}{12}hb^3}{\frac{b}{2}} = \frac{1}{6}hb^2$$

2. 圆形及圆环形截面

在第六章中,已知圆截面对其扭转中心(圆心)的极惯性矩 I_p,由于圆截面(图 7.28a)对圆心是极对称的,所以它对任一通过其圆心轴的惯性矩均相等,即

$$I_y = I_z$$

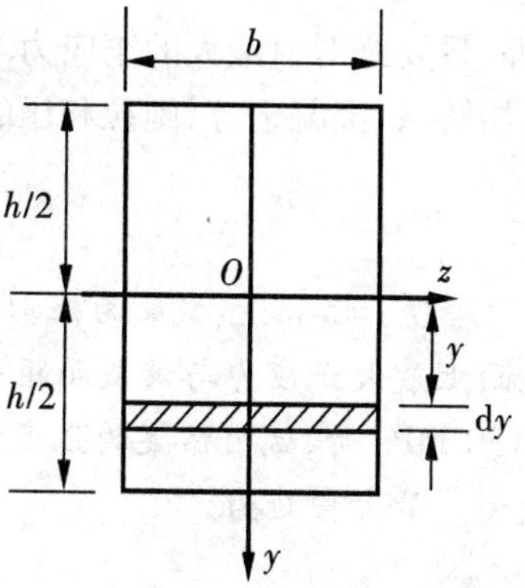

图 7.27

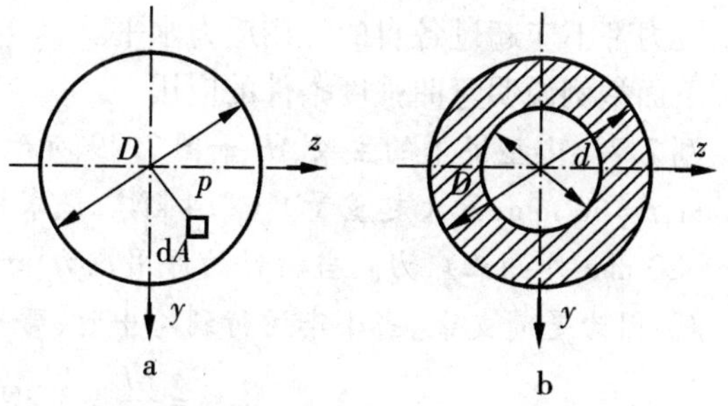

图 7.28

因

$$\rho^2 = y^2 + z^2$$

故有

$$I_p = \int_A \rho^2 \mathrm{d}A = \int_A (y^2 + z^2) \mathrm{d}A = I_z + I_y$$

因此得到实心圆截面的惯性矩公式

$$I_z = I_y = \frac{1}{64}\pi D^4$$

抗弯截面系数

$$W_z = W_y = \frac{1}{32}\pi D^3$$

对于外径为 D、内径为 d 的圆环形截面(图 7.28*b*),对其形心轴的惯性矩和抗弯截面系数表达式为

$$I_z = I_y = \frac{1}{64}\pi D^4(1 - \alpha^4)$$

$$W_z = W_y = \frac{1}{32}\pi D^3(1 - \alpha^4)$$

式中,$\alpha = d/D$。

第七节　梁的正应力强度计算

式(7.8)和式(7.10)给出了弯曲最大正应力计算公式,为了保证梁能安全工作,最大正应力 σ_{max} 不能超过材料的许用应力。因此建立弯曲变形强度条件为

$$\sigma_{\max} = \frac{M_{\max} y_{\max}}{I_z} \leqslant [\sigma] \tag{7.11}$$

或

$$\sigma_{\max} = \frac{M_{\max}}{W_z} \leqslant [\sigma] \tag{7.12}$$

对抗拉和抗压强度相等的材料,如碳钢、铝合金等,只要绝对值最大的正应力不超过许用应力即可。对于抗拉和抗压强度不等的材料,如铸铁、混凝土等,则拉和压的最大正应力都不应超过各自的许用应力水平。

下面举例说明弯曲强度条件的应用。

例 7.7　小型桥吊的主梁 AB 如图 7.29 所示,梁的跨度 $l=5$ m,横截面为矩形,$b=40$ mm,$h=60$ mm,最大起重量 $G=2.4$ kN。试求横截面上最大正应力与该截面距中性轴 $a=20$ mm 处的正应力。当材料的许用应力 $[\sigma]=130$ MPa 时,试校核梁的强度。

解:因为是简支梁,当小车运行到跨中时,弯矩最大。最大弯矩为

$$M_{\max} = \frac{Gl}{4} = 3 \text{ kN} \cdot \text{m}$$

截面的惯性矩 I_z 或截面系数 W_z 为

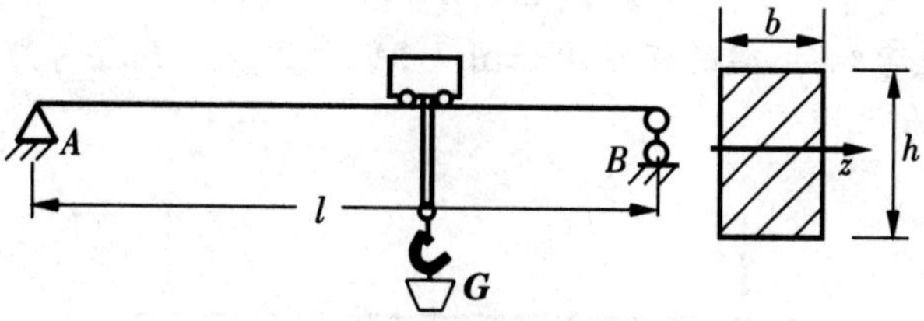

图 7.29

$$I_z = 720 \times 10^3\ \text{mm}^4$$
$$W_z = 24 \times 10^3\ \text{mm}^3$$

距中性轴为 a 的各点的正应力为

$$\sigma = \frac{My}{I_z} = \frac{3 \times 10^6 \times 20}{720 \times 10^3} = 83.3\ \text{MPa}$$

最大正应力为

$$\sigma_{\max} = \frac{M_{\max}}{W_z} = \frac{3 \times 10^6}{24 \times 10^3} = 125\ \text{MPa}$$

根据强度条件,有

$$\sigma_{\max} < [\sigma]$$

所以该梁满足强度设计要求。

例 7.8　车辆车轴承受重力 F=50 kN,如图 7.30 所示。许用应力$[\sigma]$=80 MPa,试设计车轴的直径 d。

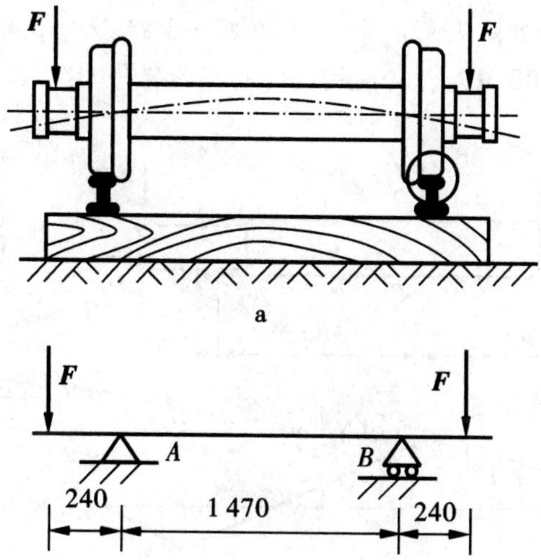

图 7.30　(单位:mm)

解:

(1)由静力平衡方程求得其约束力

$$F_A = F = 50\ \text{kN}\ ,\ F_B = F = 50\ \text{kN}$$

(2)确定最大弯矩,该梁的弯矩图如图 7.31 所示,在 AB 段弯矩达到最大值。相应的最大弯矩值为

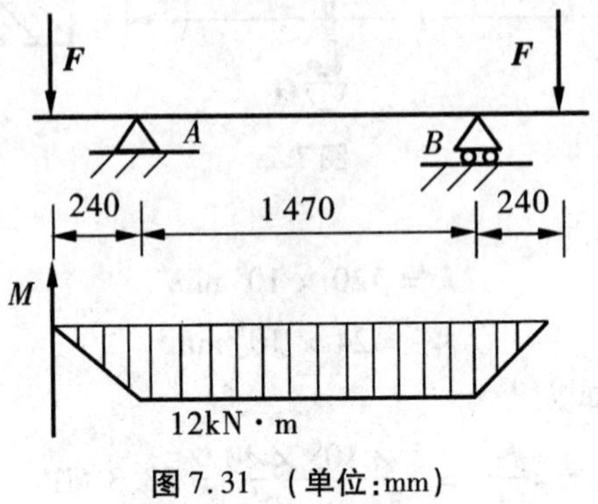

图 7.31 (单位:mm)

$$M_{\max} = 12\ \text{kN} \cdot \text{m}$$

(3)设计轴的直径,根据强度条件得

$$\frac{M_{\max}}{[\sigma]} \leqslant W_z = \frac{\pi d^3}{32}$$

故

$$d \geqslant \sqrt[3]{\frac{32M_{\max}}{\pi[\sigma]}} = \sqrt[3]{\frac{32 \times 12 \times 10^6}{\pi \times 80}} = 115\ \text{mm}$$

取火车轮轴直径 $d = 115$ mm,即满足设计要求。

例 7.9 某传动轴如图 7.32a 所示,受力 $F_1 = 8$ kN,$F_2 = 5$ kN,材料为 45 钢,钢的许用弯曲正应力$[\sigma] = 80$ MPa。试校核此轴的弯曲强度。

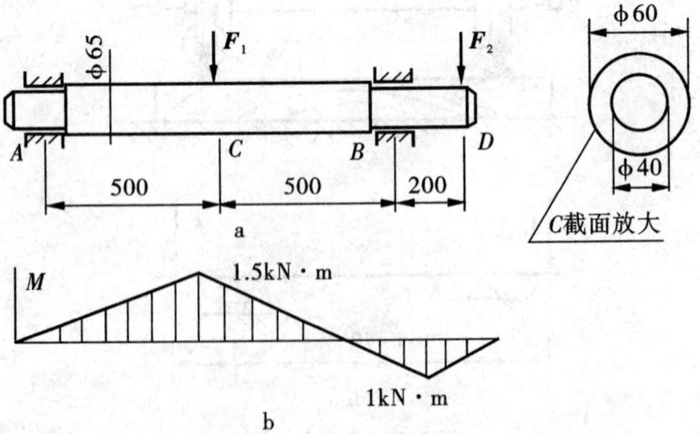

图 7.32 (单位:mm)

解:

(1)根据静力平衡方程

$$\sum M_A = 0 \quad -F_1 \times 0.5 + F_B \times 1 - F_2 \times 1.2 = 0$$

$$\sum F_y = 0 \quad F_A - F_1 + F_B - F_2 = 0$$

求得其约束力

$$F_A = 3\ \text{kN}\ ,\ F_B = 10\ \text{kN}$$

(2)确定最大弯矩,弯矩图如图7.32b所示

$$M_{\max} = 1.5\ \text{kN}\cdot\text{m}\ ,\quad M_{BD} = 1\ \text{kN}\cdot\text{m}$$

(3)计算抗弯截面系数,由于C截面弯矩最大,B截面有空心削弱。因此,B、C均需验算弯曲强度

$$\alpha = \frac{d}{D} = \frac{4}{6}$$

则抗弯截面系数为

$$W_{zB} = \frac{\pi D^3}{32}(1-\alpha^4) = \frac{\pi \times 60^3}{32}(1-0.2) = 17 \times 10^3\ \text{mm}^3$$

$$W_{zC} = \frac{\pi {D_1}^3}{32} = \frac{\pi \times 65^3}{32} = 27 \times 10^3\ \text{mm}^3$$

(4)校核梁的强度

$$\sigma_{BD} = \frac{M_{BD}}{W_{zB}} = \frac{1 \times 10^6}{17 \times 10^3} = 58.8\ \text{MPa}$$

$$\sigma_{CB} = \frac{M_{CB}}{W_{zC}} = \frac{1.5 \times 10^6}{27 \times 10^3} MPa = 55.6\ \text{MPa}$$

从计算结果可知,两危险截面上的弯曲正应力均小于材料的许用应力,满足设计要求。

例7.10 图7.33a所示为T形截面铸铁梁,截面尺寸如图7.33b所示,铸铁的许用拉应力$[\sigma_t]$=40 MPa,许用压应力$[\sigma_c]$=80 MPa。梁的荷载如图所示。试校核该梁的强度。

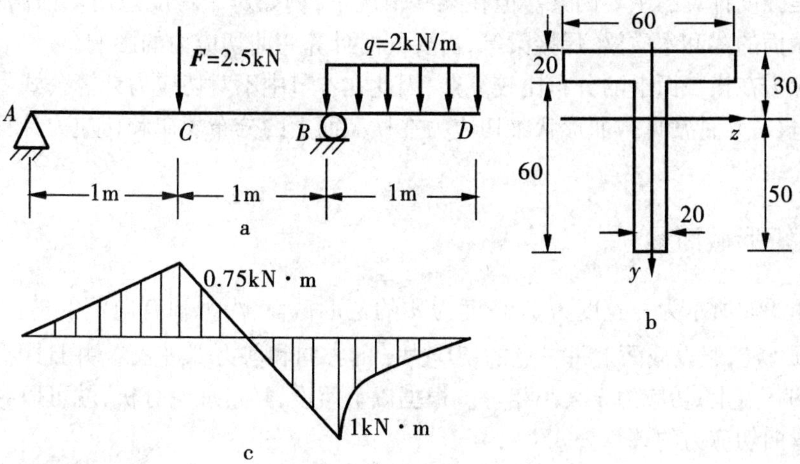

图7.33

解：

(1)确定最大弯矩，弯矩图如图 7.33c 所示

由梁的平衡条件，支座反力

$$F_A = 0.75\ \text{kN}, \quad F_B = 3.75\ \text{kN}$$

绘制梁的弯矩图如图 7.33c 所示，最大弯矩

$$M_B = 1.0 \times 10^3\ \text{kN} \cdot \text{m}, \quad M_C = 0.75 \times 10^3\ \text{kN} \cdot \text{m}$$

(2)截面惯性矩：

$$I_z = 1\ 360 \times 10^3\ \text{mm}^4$$

截面形心坐标

$$y_1 = 30\ \text{mm}, \quad y_2 = 50\ \text{mm}$$

(3)弯曲强度计算：由于 B 截面弯矩最大，需计算该截面的拉压弯曲强度

$$\sigma_t = \frac{M_B y_1}{I_z} = \frac{1000 \times 10^3 \times 30}{1360 \times 10^3} = 22.06\ \text{MPa}$$

$$\sigma_c = \frac{M_B y_2}{I_z} = \frac{1000 \times 10^3 \times 50}{1360 \times 10^3} = 36.76\ \text{MPa}$$

由以上分析可知，B 截面的强度足够。至于究竟是 B 截面上还是 C 截面上的最大拉应力控制了梁的强度，可进一步分析如下：

$$\sigma_t = \frac{M_c y_2}{I_z} = \frac{750 \times 10^3 \times 50}{1360 \times 10^3} = 27.57\ \text{MPa}$$

显然，C 截面上的最大拉应力控制了梁的强度。

第八节　梁弯曲的切应力

横力弯曲时，梁的横截面上既有弯矩又有剪力，因而截面上既有正应力又有切应力，与弯矩有关的的正应力在之前已经作了详细讨论。在弯曲问题中，一般说来，弯曲正应力是强度计算的主要因素。但在某些情况下，例如对于跨度短而截面高的梁，具有薄壁截面的梁和木质梁、焊接梁等，需要同时计算弯曲切应力的影响。

切应力在横截面上的分布比较复杂，因此在本节中不对切应力计算公式做详细的推导，仅仅对几种常见截面形状梁切应力在横截面上的分布规律和切应力计算公式做一简单介绍。

一、矩形截面梁

图 7.34a 所示为一宽度为 b、高度为 h 的矩形截面，沿 y 轴有向下的剪力 F_S。设矩形截面 $h>b$，假设截面上每一点的切应力 τ 的方向和剪力 F_S平行。并且距离中性轴等距离的各点上，切应力 τ 大小相等。根据以上假设，经过理论分析，就可以导出矩形截面梁弯曲切应力的计算公式

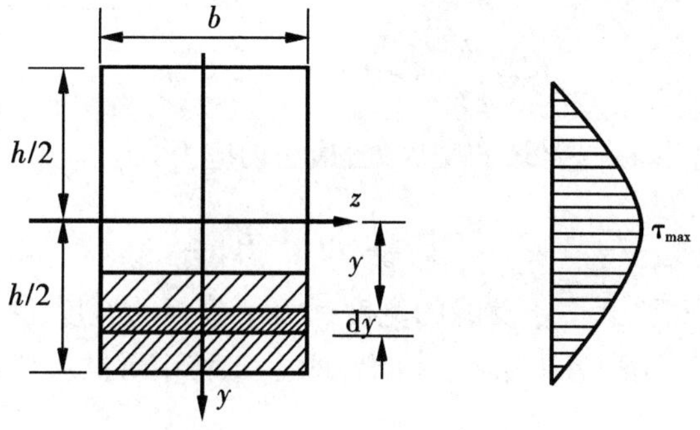

图 7.34

$$\tau = \frac{F_S S_z^*}{I_z b} \tag{7.13}$$

式中，F_S——横截面上的剪力；

I_Z——整个截面对中兴轴的惯性矩；

S_z^*——截面距中性轴为 y 的横线以外部分面积对中性轴的静矩；

b——矩形截面的宽度。

由于式(7.13)中的剪力 F_S、截面惯性矩 I_Z 均为常数，因此横截面上切应力的分布规律主要取决于静矩 S_z^* 的变化规律。例如，求距中性轴为 y 的一点的切应力时，S_z^* 就是图 7.35a 中阴影面积对中性轴 z 轴的静矩。

$$S_z^* = \frac{b}{2}\left(\frac{h^2}{4} - y^2\right)$$

代入式(7.13)后得到切应力计算公式

$$\tau = \frac{F_S}{2I_z}\left(\frac{h^2}{4} - y^2\right) \tag{7.14}$$

从式(7.14)中可以看出，矩形截面梁截面上切应力沿截面高度按照抛物线规律变化，如图 7.34b 所示。当 $y = \pm h/2$ 时，即在截面的上下边缘处，$\tau = 0$；当 $y = 0$ 时，切应力为最大。将矩形截面惯性矩具体表达式 $I_z = bh^3/12$ 代入，得

$$\tau_{\max} = \frac{3}{2}\frac{F_S}{bh} \tag{7.15}$$

可见矩形截面量的最大切应力位于中性轴上，是平均切应力的 1.5 倍。

二、工字型截面梁

工字型截面系由腹板和翼缘组成的复杂截面，如图 7.35a 所示。其中腹板为一狭长的矩形，研究表明，它主要承受剪力作用，两侧翼缘上的剪力几乎为零，因此，工字型截面梁由剪力引起的切应力可以直接利用矩形截面梁切应力计算公式(7.13)计算。切应力在腹板上的分布规律仍然为抛物线，如图 7.35b 所示。中性层处的切应力最

大，最大切应力为

$$\tau_{\max}=\frac{F_S}{8I_zb}[BH^2-(B-b)h^2]$$

最小切应力位于腹板与翼缘的交界处，最小切应力为

$$\tau_{\min}=\frac{F_S}{8I_zb}[BH^2-Bh^2]$$

从上面两式可以看出，由于翼缘的宽度远大于腹板的宽度，工字型截面梁横截面上的最大切应力与最小切应力实际上相差无几。工程中可做近似计算，即认为截面上切应力呈均匀分布。

工字型截面梁翼缘的全部面积都在离中性轴较远处，每一点的正应力都比较大，所以翼缘承担了大部分正应力。

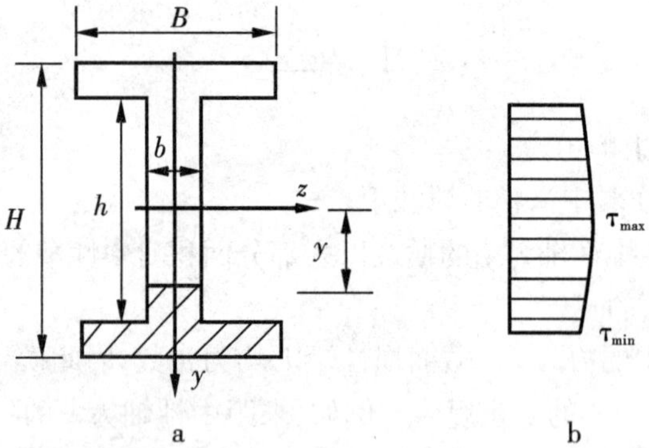

图 7.35

三、圆截面梁

圆截面梁的横截面上的最大切应力 τ_{max} 发生在中性轴各点处，方向垂直于中性轴，与剪力同向，如图 7.36*a* 所示。最大切应力

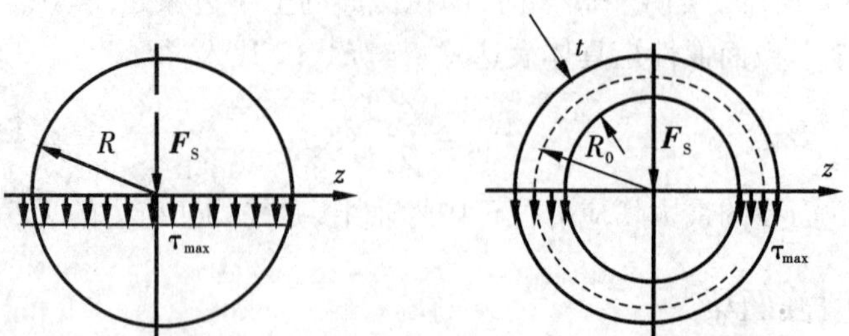

图 7.36

$$\tau_{max} = \frac{4F_S}{3\pi R^2} = \frac{4F_S}{3A} \tag{7.16}$$

式中，R——圆截面的半径；

A——圆截面面积，对于壁厚 t 远小于平均半径 R_0 的薄壁圆环截面，最大切应力仍发生在中性轴上，其值为

$$\tau_{max} = \frac{F_S}{\pi R_0 t} = 2\frac{F_S}{A} \tag{7.17}$$

式中，R_0——圆环截面的平均半径；

A——圆环截面面积。

最大切应力分布规律如图 7.37b 所示。

四、弯曲切应力强度校核

以上给出了几种典型截面的最大切应力计算公式，由公式可知，梁上最大切应力一般发生在最大剪力所在截面的中性轴上。

对不同形状的横截面，弯曲切应力强度条件可统一地表示为

$$\tau_{max} = \frac{F_{Smax}S_{zmax}^*}{I_z b} \leqslant [\tau] \tag{7.18}$$

式中 $S_{z\max}{}^*$ 中性轴上或下任一边的横截面面积对中性轴 z 的静矩。

在设计梁的截面时，必须同时满足正应力强度条件和切应力强度条件，但是在一般情况下，按照弯曲正应力强度条件设计的梁截面，可以满足弯曲切应力强度条件，不需要再对切应力强度条件进行校核，只有在下面一些情况下，才需要对弯曲切应力强度进行校核。

(1)梁的跨度较小，或者在支座附近作用有较大的载荷，在这种情况下，梁的弯矩较小，而切应力可能很大。

(2)铆接或焊接的组合钢梁(例如工字型梁)，当横截面的腹板厚度与高度之比小于型钢的相应比例时，腹板的切应力需要校核。

(3)由几部分经胶合、焊接沿纵向重叠而成的梁，或者木梁，会沿中性层或其它胶合面剪切破坏，因而需要进行切应力强度校核。

例 7.11　图 7.37*a* 所示外伸梁跨度 l=3 m，外伸长 a=0.5 m，载荷 F=200 kN，若许用正应力$[\sigma]$=160 MPa，许用切应力$[\tau]$=100 MPa。试选择图 7.37a 所示工字梁型号。

解：作梁的剪力弯矩图如图 7.37b、c 所示。根据弯曲正应力强度条件选择截面。

从弯曲正应力强度条件考虑，由式(7.12)

$$\sigma_{max} = \frac{M_{max}}{W_z} \leqslant [\sigma]$$

得

$$W_z \geqslant \frac{M_{max}}{[\sigma]} = \frac{100 \times 10^3 Nm}{160 \times 10^6 Pa} = 625 \times 10^{-6}\ \mathrm{m}^3 = 625\ \mathrm{cm}^3$$

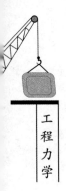

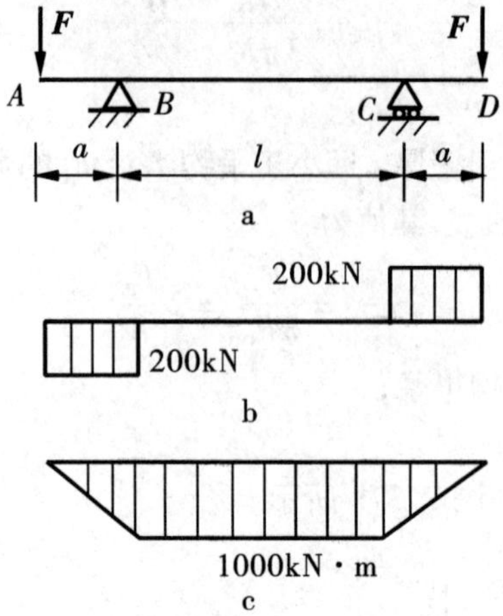

图 7.37

查型钢表,初选 32a 工字钢,抗弯截面系数 $Wz=692\ \text{cm}^3$。

然后对弯曲切应力进行校核。由型钢表查出 $\dfrac{I_z}{S_z^*}=27.5\ \text{cm}$,腹板的宽度 $b=0.95\ \text{cm}$。其中 $S_z{}^*$ 是中性轴上或下任一边的横截面面积对中性轴 z 的静矩。

由弯曲切应力强度条件式(7.18)

$$\tau_{\max}=\frac{F_{S\max}S_{z\max}^*}{I_z b}=\frac{200\times10^3}{27.5\times10^{-2}\times0.95\times10^{-2}}=76.5\ \text{MPa}\leqslant[\tau]$$

由此看出,初选的 32a 工字钢,同时满足梁的弯曲正应力和切应力强度条件,所以该梁工子钢最终定为 32a 工字钢。

第九节　梁的变形分析

工程实际中,对某些受弯梁,除应满足强度条件外,还要满足刚度条件,即对梁的变形指标提出要求。梁满足强度条件,表明梁在工作中不会破坏,但过大的变形也会影响到机器的正常工作,甚至使机器不能完成预定工作。例如,车床的主轴,如果变形过大,会造成齿轮脱档、产生啮合噪声等;行车大梁如果变形过大,则会产生爬坡现象,引起打滑、振动等,不能完成预定工作。因此在这些情况下,弯曲变形不能超过许可值。而对于像载货汽车的叠板弹簧、弹簧扳手等利用弯曲变形吸收振动或进行测量的场合,则要求构件具有较大的弯曲变形量。

一、梁的挠度和转角

讨论梁的变形,选定坐标系,如图 7.38 所示的悬臂梁,以梁的轴线为 x 轴,垂直向上为 y 轴。在自由端处作用一集中力 $\boldsymbol{F}$,梁变形后,梁的轴线成为 xy 平面内的一条曲

线，称为挠曲线，挠曲线的形状的表达式为

$$y = f(x)$$

称为挠曲线方程。

我们可以回想一下，杆的轴向拉压变形是用杆的轴向伸长或缩短量来度量 Δl 的，圆轴扭转变形是用两个横截面之间的相对扭转角 φ（或单位长度扭转角 θ）来度量的，在梁的弯曲变形中，梁的轴线由直线变为曲线，梁轴线上任一点沿 y 轴方向的位移是度量弯曲变形的一个特征量，这一位移称为梁的**挠度**。另外，梁轴线变为曲线后，其上任一点的切线表征弯曲变形的倾斜度，切线与水平轴线的夹角也是度量梁弯曲变形的另一个指标量，这一夹角称作**转角**。在图 7.38 所示的坐标系中，规定向上的挠度为正，向下的挠度为负；逆时针的转角为正，顺时针的转角为负。在实际工程问题中，梁的弯曲变形通常都很小，挠曲线是一条非常平坦的曲线，所以任意横截面的形心在 x 轴方向的位移可以忽略不计。

根据平截面假设，梁的横截面在变形前垂直于轴线，变形后仍垂直于轴线。因此在挠曲线上任一点 C 作切线，则切线与水平线的夹角（即切线的倾角）就等于 C 点所在横截面的转角 θ（如图 7.38 所示）。根据数学上导数的定义，函数 $y = f(x)$ 在任一点的导数，就是函数曲线在该点的切线斜率 $\tan\theta$，即

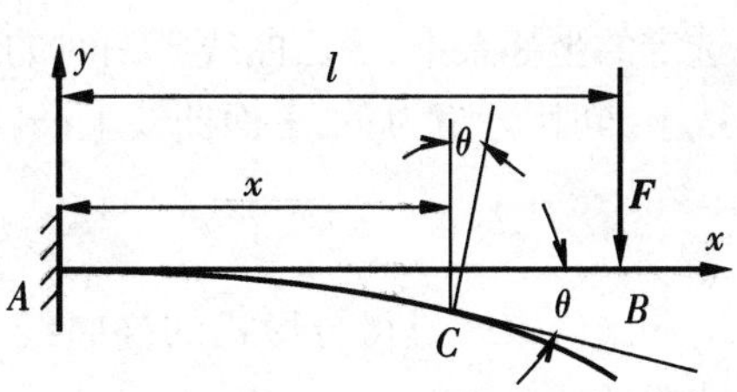

图 7.38

$$\tan\theta = \frac{dy}{dx}$$

因为转角 θ 很小，故 $\tan\theta \approx \theta$。于是有

$$\theta = \frac{dy}{dx}$$

任意截面的上的点的挠度对 x 的导数，就是该点的转角 θ，说明挠度和转角不是相互独立的。

二、挠曲线近似微分方程

在第六节推导纯弯曲梁正应力公式时，得到梁轴线曲率公式

$$\frac{1}{\rho} = \frac{M}{EI_z}$$

同时推出，对于细长梁，在横力弯曲情况下，这一公式仍然适用。不过，这时的弯矩 M 和曲率半径 ρ 都是 x 的函数，所以挠曲线的曲率公式为

$$\frac{1}{\rho(x)} = \frac{M(x)}{EI_z}$$

此外，从高等数学知识中可知，平面曲线的曲率公式为

$$\frac{1}{\rho(x)}=\pm\frac{\frac{\mathrm{d}^2y}{\mathrm{d}x^2}}{\left[1+\left(\frac{\mathrm{d}y}{\mathrm{d}x}\right)^2\right]^{\frac{3}{2}}}$$

因为梁的弯曲变形挠曲线非常平坦,即$\frac{\mathrm{d}y}{\mathrm{d}x}\ll 1$,它的平方项就是无穷小量,上式的分母近似为1,平面曲线曲率公式近似表示为

$$\frac{1}{\rho(x)}=\pm\frac{\mathrm{d}^2y}{\mathrm{d}x^2}$$

结合纯弯曲挠曲线曲率公式,有

$$\pm\frac{\mathrm{d}^2y}{\mathrm{d}x^2}=\frac{M(x)}{EI_z}$$

按照第三节中关于弯矩的符号规定,挠曲线下凹时,弯矩为正;另一方面,在我们选定的坐标系中,平面曲线下凹时的二阶导数也为正,如图7.39a所示。同理,当挠曲线上凸时,弯矩为负,平面曲线上凸时的二阶导数也为负,因此,我们得到挠曲线方程

$$\frac{\mathrm{d}^2y}{\mathrm{d}x^2}=\frac{M(x)}{EI_z} \tag{7.19}$$

式(7.19)是微分形式的挠曲线近似方程。解微分方程,就得到挠曲线的具体表达式了。

三、积分法求梁的变形

对于等截面梁,抗弯刚度EI_z为常数,将挠曲线近似微分方程式(7.19)积分一次,得到转角方程

$$EI_z\theta=EI\frac{\mathrm{d}y}{\mathrm{d}x}=\int M(x)\,\mathrm{d}x+C$$

再积一次分,得到挠曲线方程

$$EI_zy=\iint M(x)\,\mathrm{d}x\cdot\mathrm{d}x+Cx+D$$

式中的积分常数C、D可通过梁的边界条件确定。例如,对于图7.38所示的悬臂梁,在固定端处,即$x=0$处,挠度$y=0$,转角$\theta=0$。

我们用y表示任意截面的挠度,用f表示梁的最大挠度。

例7.12 求图7.38所示跨度为l的悬臂梁在自由端处受集中力F作用时的最大挠度和最大转角。设梁为等截面,抗弯刚度为EI_z常数。

解:选取如图7.38所示的坐标系,弯矩方程为

$$M(x)=-F(l-x)$$

挠曲线的微分方程为

$$EI_z\frac{\mathrm{d}^2y}{\mathrm{d}x^2}=-F(l-x)$$

积分一次,得

$$EI_z\theta = EI\frac{dy}{dx} = \frac{1}{2}Fx^2 - Flx + C$$

再积分一次，得

$$EI_zy = \frac{1}{6}Fx^3 - \frac{1}{2}Flx^2 + Cx + D$$

当 $x=0$ 时，$\theta=0$，$y=0$。将边界条件分别代入上述转角和挠度表达式，得到积分常数

$$C = 0,\quad D = 0$$

最后得到悬臂梁受集中力作用时的转角方程和挠曲线方程

$$EI_z\theta = EI_z\frac{dy}{dx} = \frac{1}{2}Fx^2 - Flx$$

$$EI_zy = \frac{1}{6}Fx^3 - \frac{1}{2}Flx^2$$

梁在自由端处有最大转角和最大挠度，即

$$\theta_B = -\frac{Fl^2}{2EI_z}\qquad \theta_{max} = \frac{Fl^2}{2EI_z}$$

$$y_B = -\frac{Fl^3}{3EI_z}\qquad f = \frac{Fl^3}{3EI_z}$$

B 处的转角为负，说明该处转角为顺时针转动；挠度为负，说明挠度向下。

例 7.13　如图 7.40 所示简支梁跨度为 l，受均布荷载作用，载荷集度 q，梁的抗弯刚度 EI_z 常数。试求梁的最大转角和最大挠度。

解：选取如图 7.40 所示的坐标系，弯矩方程为

$$M(x) = \frac{1}{2}qlx - \frac{1}{2}qx^2$$

挠曲线近似微分方程

$$EI_z\frac{d^2y}{dx^2} = \frac{1}{2}qlx - \frac{1}{2}qx^2$$

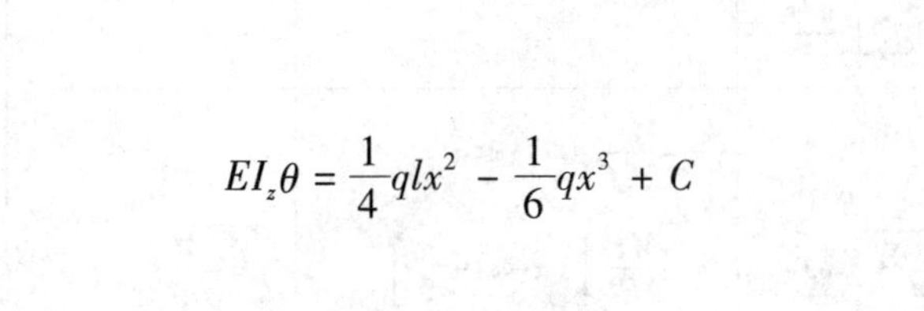

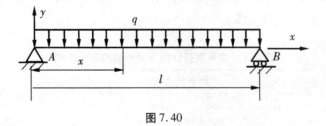

图 7.40

积一次分得

$$EI_z\theta = \frac{1}{4}qlx^2 - \frac{1}{6}qx^3 + C$$

再积一次分得

$$EI_zy = \frac{1}{12}qlx^3 - \frac{1}{24}qx^4 + Cx + D$$

边界条件：当 $x=0$ 时，$y=0$；当 $x=l$ 时，$y=0$。

将边界条件代入挠曲线方程，得到积分常数

$$D=0 \qquad C=-\frac{1}{24}ql^3$$

因此梁的转角方程和挠曲线方程为

$$EI_z\theta=\frac{1}{4}qlx^2-\frac{1}{6}qx^3-\frac{1}{24}ql^3$$

$$EI_zy=\frac{1}{12}qlx^3-\frac{1}{24}qx^4-\frac{1}{24}ql^3x$$

显然，最大挠度发生在跨中，当 $x=0.5l$ 时

$$f=-\frac{ql^4}{384EI_z}$$

两支座处转角相等且最大，其值为

当 $x=0$ 时，$\theta_A=-\dfrac{ql^3}{24EI_z}$

当 $x=l$ 时，$\theta_B=\dfrac{ql^3}{24EI_z}$

如果梁上有集中力或集中力偶作用，那么整个梁的弯矩方程必须分段列写，积分法需要对每段梁进行积分运算，并且根据边界条件和交界连续性条件确定积分常数，计算过程比较复杂。

四、叠加法计算梁的变形

当材料变形处于线弹性范围内时，梁的转角和挠度与载荷呈线性关系。这样，当梁上受多个载荷作用时，每一再和所引起的变形互不影响，总变形可以线性叠加。因此，在工程手册上，将梁受简单载荷作用的挠曲线方程、转角方程、最大转角和最大挠度值专门列成表，供工程技术人员查用。表 7.1 为简单载荷作用下部分梁的变形公式。

表 7.1 简单载荷作用下部分梁的变形公式

序号	梁的简图	挠曲线方程	端截面转角	最大挠度
1	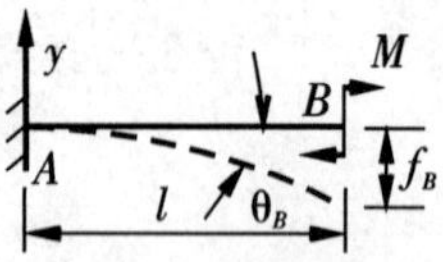	$y=-\dfrac{Mx^2}{2EI_z}$	$\theta_B=-\dfrac{Ml}{EI_z}$	$f_B=-\dfrac{Ml^2}{2EI_z}$
2	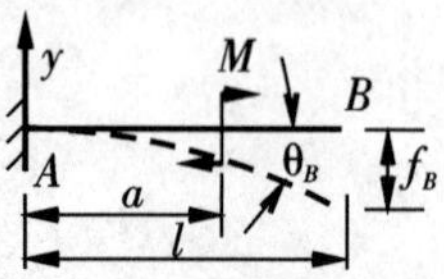	$y=-\dfrac{Mx^2}{2EI_z}$；$0\leqslant x\leqslant a$ $y=-\dfrac{Mx^2}{2EI_z}\left[(x-a)+\dfrac{a}{2}\right]$ $a\leqslant x\leqslant l$	$\theta_B=-\dfrac{Ma}{EI_z}$	$f_B=-\dfrac{Ma}{EI_z}\left(l-\dfrac{a}{2}\right)$

续表 7.1

序号	梁的简图	挠曲线方程	端截面转角	最大挠度
3	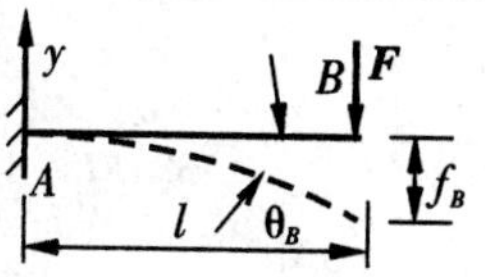	$y=-\frac{Fx^2}{6EI_z}(3l-x)$	$\theta_B=-\frac{Fl^2}{2EI_z}$	$f_B=-\frac{Fl^3}{3EI_z}$
4	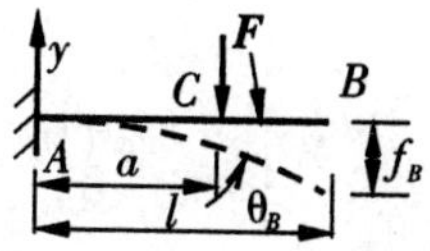	$y=-\frac{Fx^2}{6EI_z}(3a-x)$； $(0\leqslant x\leqslant a)$ $y=-\frac{Fa^2}{6EI_z}(3a-x)$ $(a\leqslant x\leqslant l)$	$\theta_B=-\frac{Fa^2}{2EI_z}$	$f_B=-\frac{Fa^2}{6EI_z}$ $(3l-a)$
5	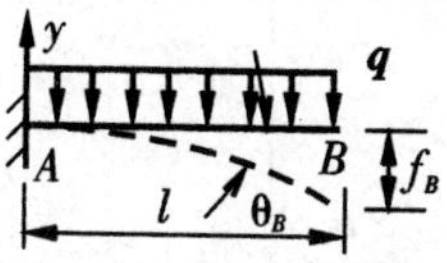	$y=-\frac{qx^2}{24EI_z}(x^2-4lx+6l^2)$	$\theta_B=-\frac{ql^3}{6EI_z}$	$f_B=-\frac{ql^4}{8EI_z}$
6	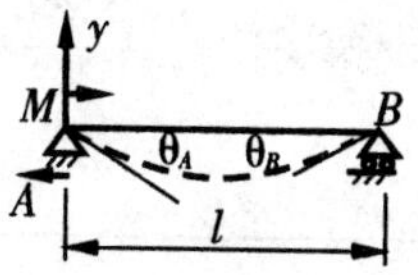	$y=-\frac{Mx}{6EI_zl}(l-x)(2l-x)$	$\theta_A=-\frac{Ml}{3EI_z}$ $\theta_B=\frac{Ml}{6EI_z}$	$x=\left(1-\frac{1}{\sqrt{3}}\right)l$; $f_B=-\frac{ql^4}{8EI_z}$ $f_{\frac{l}{2}}=-\frac{Ml^2}{16EI_z}$
7	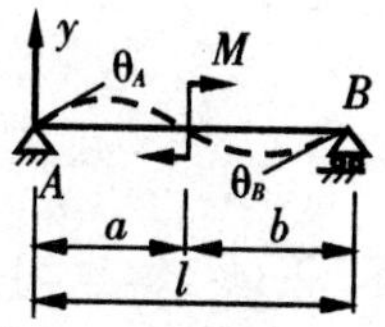	$y=-\frac{Mx}{6EI_zl}(l^2-3b^2-x^2)$； $(0\leqslant x\leqslant a)$ $y=-\frac{M}{6EI_zl}[-x^3+3l(x-$ $a)^2+x(l^2-3b^2)]$ $(a\leqslant x\leqslant l)$	$\theta_A=\frac{M}{6EI_zl}(l^2-3b^2)$ $\theta_B=\frac{M}{6EI_zl}(l^2-3a^2)$	
8	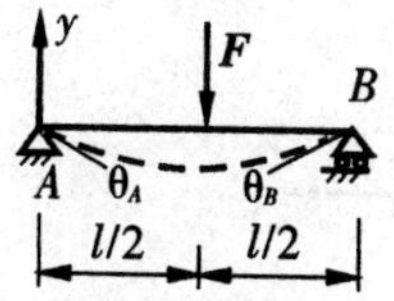	$y=-\frac{Fx}{48EI_z}(3l^2-4x^2)$ $\left(0\leqslant x\leqslant\frac{l}{2}\right)$	$\theta_A=-\theta_B=\frac{Fl^2}{16EI_z}$	$f=-\frac{Fl^3}{48EI_z}$
9	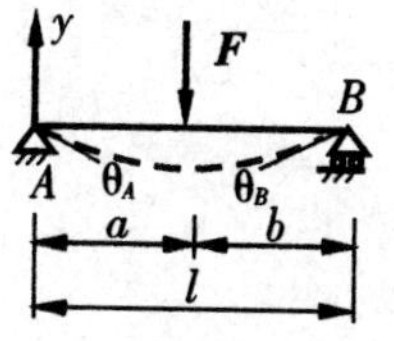	$y=-\frac{Fbx}{6EI_z}(l^2-x^2-b^2)$ $(0\leqslant x\leqslant a)$ $y=-\frac{Fb}{6EI_z}[\frac{l}{b}(x-a)^3+$ $x(l^2-b^2)-x^3]$ $(a\leqslant x\leqslant l)$	$\theta_A=-\frac{Fab}{6EI_zl}(l+b)$ $\theta_B=\frac{Fab}{6EI_zl}(l+a)$	$a>b,x=\sqrt{\frac{l^2-b^2}{3}}$ $f_{max}=-\frac{Fb\ (l^2-b^2)^{\frac{3}{2}}}{9\sqrt{3}EI_zl}$ $f_{\frac{l}{2}}=-\frac{Fb(3l^2-4b^2)}{48EI_z}$

续表 7.1

序号	梁的简图	挠曲线方程	端截面转角	最大挠度
10	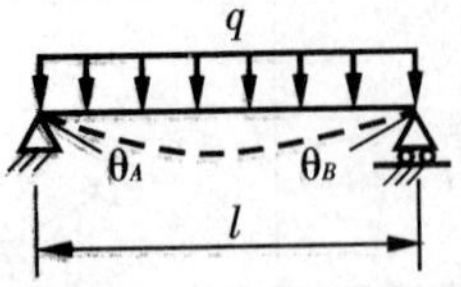	$y=-\frac{qx}{24EI_z}(l^3-2lx^2+x^3)$	$\theta_A=-\theta_B=\frac{ql^3}{24EI_z}$	$f=-\frac{5ql^4}{384EI_z}$
11	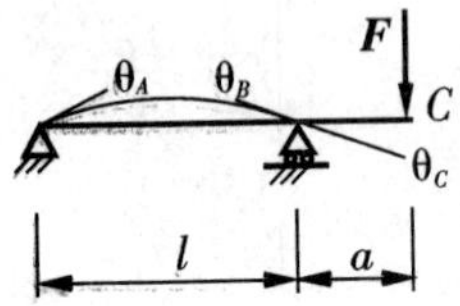	$y=-\frac{Fax}{6EI_z l}(l^2-x^2)$ $(0\leqslant x\leqslant l)$ $y=-\frac{F(x-l)}{6EI_z l}[a(3x-a)$ $-(x^2-l^2)]$ $[l\leqslant x\leqslant(l+a)]$	$\theta_A=-\frac{1}{2}\theta_B=\frac{Fal}{6EI_z}$ $\theta_C=-\frac{Fa}{6EI_z}(2l+3a)$	$f_C=-\frac{Fa^2(l+a)}{3EI_z}$
12	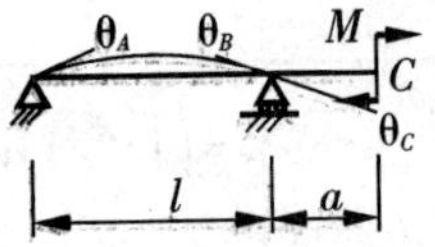	$y=-\frac{Fax}{6EI_z l}(l^2-x^2)$ $(0\leqslant x\leqslant l)$ $y=-\frac{F(x-l)}{6EI_z l}[a(3x-a)$ $-(x^2-l^2)]$ $[l\leqslant x\leqslant(l+a)]$	$\theta_A=-\frac{1}{2}\theta_B=\frac{Ml}{6EI_z}$ $\theta_C=-\frac{M}{3EI_z}(l+3a)$	$f_C=-\frac{Ma(2l+3a)}{6EI_z}$

例 7.14 抗弯刚度为 EI_z 的简支梁如图 7.41a 所示，全梁受均布荷载 q 作用，跨中受集中力 F 作用，试求跨中一点的挠度和支座 A、B 处的转角。

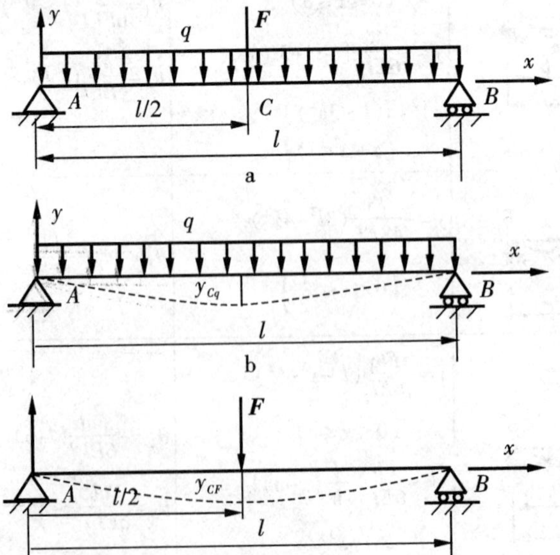

图 7-41

解:将梁的受力分解为均布荷载 q 和集中力 F 作用两种简单载荷作用情形。如图 7.41b、c 所示。受均布荷载作用时,查表 7.1 中序号 10,可知

$$y_{Cq}=-\frac{5ql^4}{384EI_z},\ \theta_{Aq}=-\frac{ql^3}{24EI_z},\ \theta_{Bq}=\frac{ql^3}{24EI_z}$$

跨中受集中力作用时,查表 7.1 中序号 8,可知

$$y_{CF}=-\frac{Fl^3}{48EI_z},\ \theta_{AF}=-\frac{Fl^2}{16EI_z},\ \theta_{BF}=\frac{Fl^2}{16EI_z}$$

将两种结果进行叠加,得

$$y_C=y_{Cq}+y_{CF}=-\frac{5ql^4}{384EI_z}-\frac{Fl^3}{48EI_z}$$

$$\theta_A=\theta_{Aq}+\theta_{AF}=-\frac{ql^3}{24EI_z}-\frac{Fl^2}{16EI_z}$$

$$\theta_B=\theta_{Bq}+\theta_{BF}=\frac{ql^3}{24EI_z}+\frac{Fl^2}{16EI_z}$$

第十节　提高梁的强度和刚度的措施

我们在弯曲应力计算中有如下正应力强度计算公式和挠度计算公式

$$\sigma_{\max}=\frac{M_{\max}}{W_z}\leqslant[\sigma]\qquad y''=\frac{M(x)}{EI_z}$$

从这个条件来看,要降低弯曲变形梁的应力水平,提高其强度和刚度,需从两个方面考虑问题,一是合理安排梁的受力情况,设法降低弯矩值;一是采用合理的截面形状,提高梁的抗弯截面系数和抗弯刚度。下面分别进行讨论。

一、合理安排梁的受力情况

设法改变梁的支座情况,可以改善梁的弯矩分布,降低梁上的最大弯矩值 $M_{\max}$,如图 7.42a 所示的简支梁受均布荷载 q 作用,梁内最大弯矩为

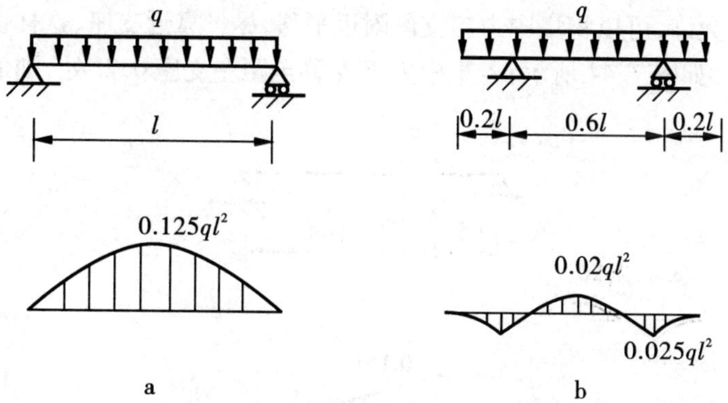

题 7.42 图

$$M_{\max} = \frac{1}{8}ql^2 = 0.125ql^2$$

如果将两支座各向内平移 $0.2l$，如图 7.42b 所示，则最大弯矩为

$$M_{\max} = \frac{1}{40}ql^2 = 0.025ql^2$$

在设计锅炉筒体支座时，不将其设置于筒体两端，而是各向里回缩一段距离，就是这个道理。

如图 7.43a 所示的简支梁在跨中受集中力作用的情形，梁内最大弯矩为

$$M_{\max} = \frac{1}{4}Fl = 0.25Fl$$

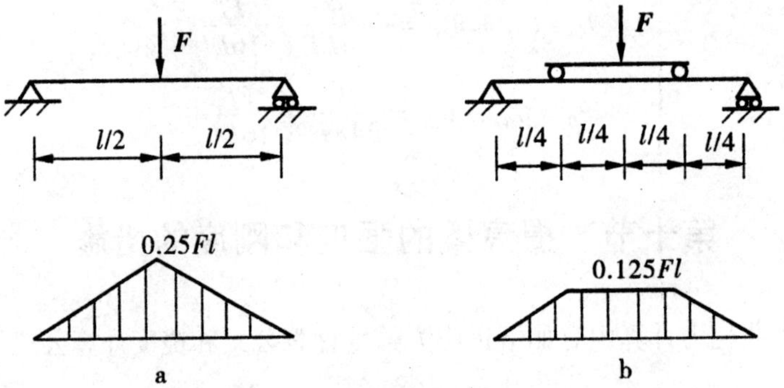

题图 7.43

若条件允许，采用辅助梁的结构，将集中力分解为两个较小的集中力，如图 7.43b 所示，则最大弯矩为

$$M_{\max} = \frac{1}{8}Fl = 0.125Fl$$

最大弯矩也减小了一半。

我国古代劳动人民有无穷智慧，在房屋建筑上采用的辅助梁结构就是实践中的具体应用。

若条件不允许，可以将集中力向支座附近平移，尽量靠近支座，这样也可以减小最大弯矩值 $M_{\max}$，如图 7.44 所示，若集中力 F 左移至距左支座 $0.2l$ 处，则最大弯矩为

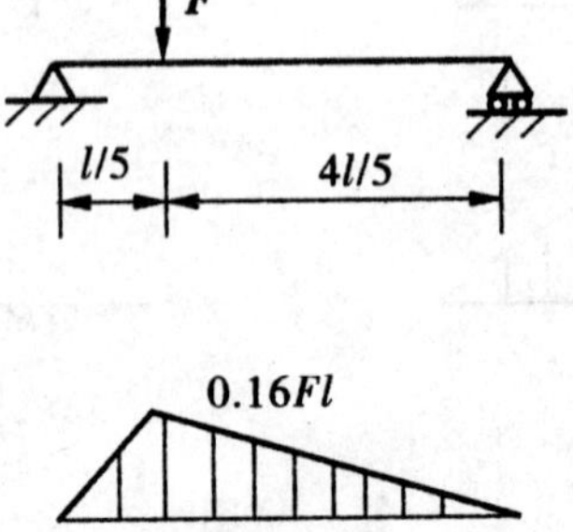

题 8.44 图

$$M_{max} = \frac{4}{25}Fl = 0.16Fl$$

最大弯矩也减小了很多。

现代机械传动中的齿轮箱，齿轮的布置一般都尽量往支座附近布置，就是利用了这个原理，使得传动轴在工作中承受的弯矩尽可能小，使传动平稳。另外，在静定梁上增加约束，成为超静定梁，也可以降低弯矩，提高梁的强度和刚度。

二、选择合理截面形状

从弯曲强度条件考虑，最合理的截面形状是在截面面积相等的情况下，截面惯性矩或抗弯截面系数越大，其抗弯性能越好。也就是说，W_z/A 尽可能大。截面不同，抗弯截面系数与面积之比也不同，例如，矩形截面有

$$\frac{W_z}{A} = \frac{\frac{1}{6}bh^2}{bh} = 0.167bh$$

圆截面有

$$\frac{W_z}{A} = \frac{\frac{1}{32}\pi d^2}{\frac{1}{4}\pi d^2} = 0.125d$$

表 7.2 所示为几种不同截面梁的抗弯截面系数与截面面积之比。从表中可以看出，工字钢与槽钢要比矩形截面经济合理，矩形截面则要比圆截面要好。例如，在实际应用中，桥式起重机的大梁采用工字形截面或箱式截面。这点可以从正应力的分布规律得到解释，因为弯曲时梁截面上的点离中性轴越远，则承载的正应力水平越高，箱型截面或工字型截面在远离中性轴的地方聚集了较多的材料，而在中性轴附近材料较少，使材料性能得到了充分发挥。

表 7.2　几种不同截面梁的抗弯截面系数与截面面积之比

截面形状	矩形	圆形	工字钢	槽钢
W_z/A	$0.167h$	$0.125d$	$(0.27\sim0.31)h$	$(0.27\sim0.31)h$

由于截面上的正应力和各点到中性轴的距离成正比，在截面面积不能改变的情形下，改变布置方式，将材料尽量布置在远离中性轴的地方，可以充分发挥材料抗弯能力。

例如，矩形截面悬臂梁，设其高宽比 $h/b=2$，其放置方式有竖放和平放两种，如图 7.45a、b 所示。它们具有相同的截面面积，使用材料相等，按照图 7.45a 竖放时，截面抗弯截面系数 $W_{z1} = \frac{1}{6}bh^2$，而按照图 7.45b 所示平放时，截面抗弯截面系数 $W_{z2} = \frac{1}{6}b^2h$，两者之比

$$\frac{W_{z1}}{W_{z2}} = \frac{h}{b} = 2$$

所以竖放的抗弯强度是平放的2倍。因此,竖放方案更加合理。

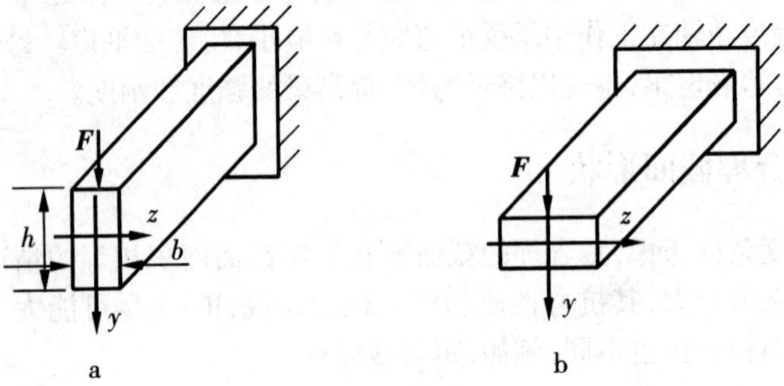

题7.45图

三、采用变截面梁

梁内的弯矩随截面位置的不同而不同,是截面位置的函数。对于等截面梁来说,截面的抗弯截面系数是常数,根据强度理论,只有在弯矩最大的 M_{max} 截面上,最大应力才能接近许用应力值,其余各截面上由于弯矩较小,则应力水平很小低,材料没有充分利用。为了节省材料,减轻梁本身重量,可以将等截面梁变为变截面梁,使抗弯截面系数随弯矩而变化。在弯矩较大处采用较大截面,而在弯矩较小处采用较小的截面。这种截面沿轴线变化的梁,称作变截面梁。在变截面梁中,如果任意截面的最大正应力都等于许用应力,则这种变截面梁又称作等强度梁。即等强度梁有

$$\sigma_{max} = \frac{M(x)}{W(x)} = [\sigma]$$

或者

$$W(x) = \frac{M(x)}{[\sigma]} \tag{7.20}$$

式(7.20)就是等强度梁抗弯截面系数沿轴线的变化规律。

如图7.46a为矩形截面简支梁在跨中受集中力 $\boldsymbol{F}$ 的作用。假设其宽度 b 为常数,高度 h 随位置变化,我们从等强度梁的概念出发,设计截面高度。

由式(7.20)可知

$$W(x) = \frac{bh^2(x)}{6} = \frac{M(x)}{[\sigma]} = \frac{\frac{1}{2}Fx}{[\sigma]}$$

于是有

$$h(x) = \sqrt{\frac{3Fx}{b[\sigma]}}$$

在支座附近,由于剪切应力水平较高,应根据切应力强度条件设计高度最小值。

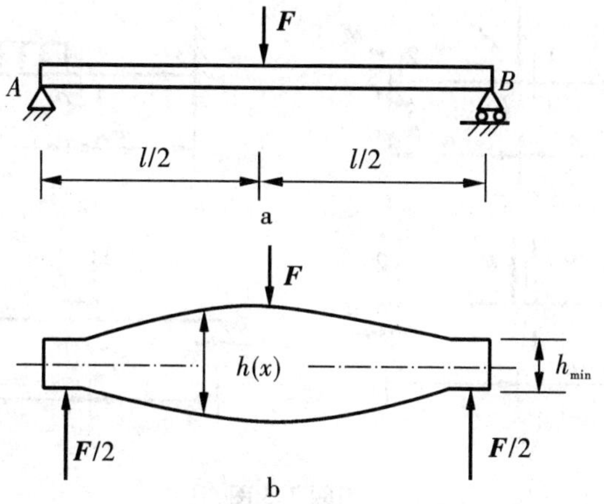

图 7.46

$$\tau_{max} = \frac{3}{2} \times \frac{F_{Smax}}{A} = \frac{3}{2} \times \frac{\frac{f}{2}}{b_{min}h} = [\tau]$$

由此求得

$$b_{min} = \frac{3F}{4h[\tau]}$$

设计的等强度梁纵剖面形状如图 7.46b 所示。

工程应用中,考虑到加工工艺要求及其结构要求,常用阶梯轴代替等截面梁,如图 7.47 所示。在如图 7.48 所示的汽车弹簧,也是等强度概念在机械工程中的具体应用。

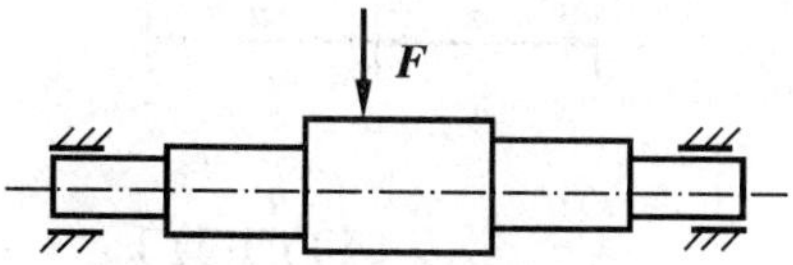

图 7.47

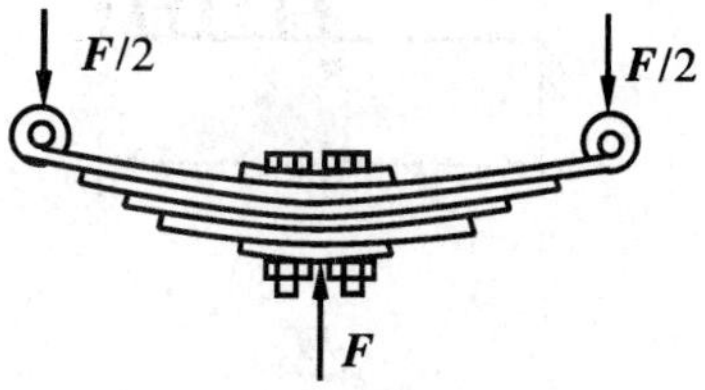

图 7.48

习题

7.1 杆在什么情况下发生弯曲变形?什么情况下发生平面弯曲变形?

7.2 剪力和弯矩的符号是怎么规定的?习惯上,当我们截取梁的左半段作为研究对象时,剪力和弯矩在截面上怎么画?如果取右半段作为研究对象时,剪力和弯矩又如何设定?

7.3 试求下图中各梁在截面 1-1、2-2 上的剪力和弯矩,这些截面无限接近于 B、C 截面,q、F、M 均已知。

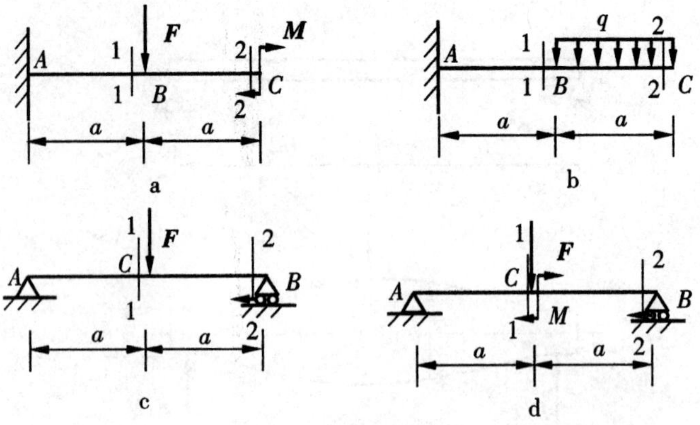

习题 7.3 图

7.4　如图所示，已知各梁的 q、$F=qa$、$M=qa^2$ 和尺寸 a。

(1)列写剪力方程和弯矩方程。

(2)作剪力图和弯矩图。

(3)确定 $|F_S|_{\max}$ 和 $|M|_{\max}$。

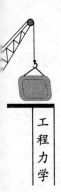

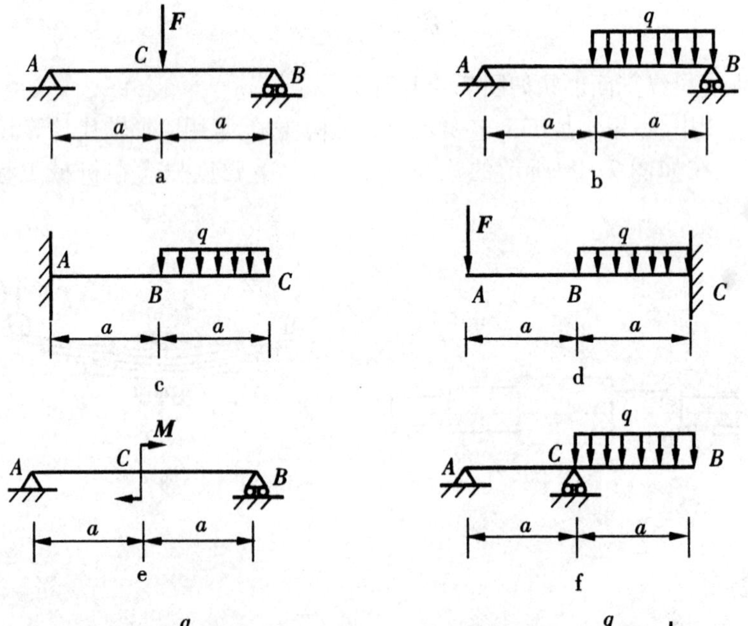

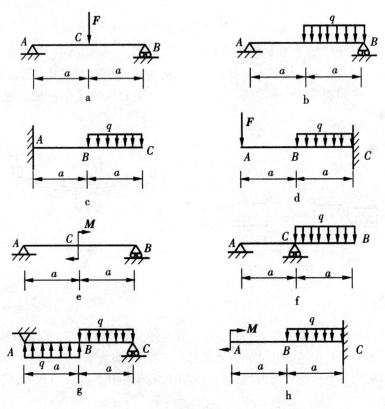

习题 7.4 图

7.5　试判断图中梁的弯矩和剪力图是否有错？若有错请改正。

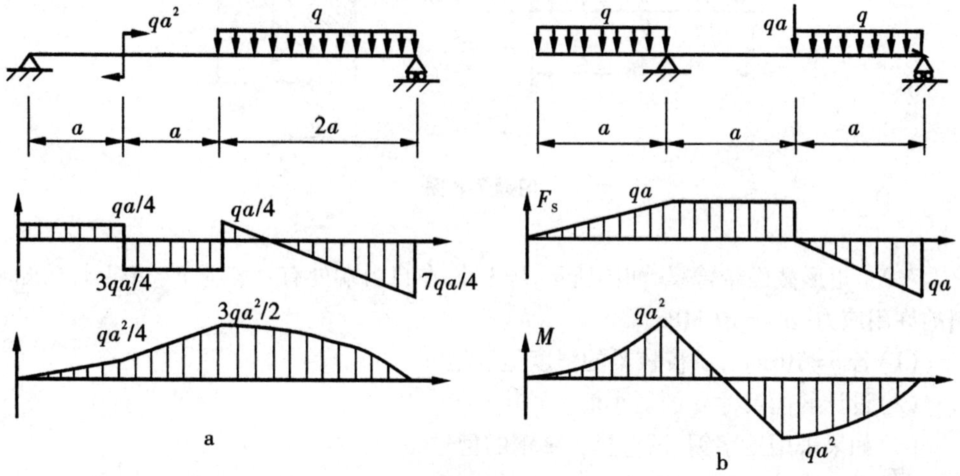

习题 7.5 图

7.6　矩形截面简支梁如图所示，$F=20$ kN，$a=1.5$ m，矩形截面 $b\times h=50$ mm×100 mm。试分别求梁竖放和平放时的最大正应力。

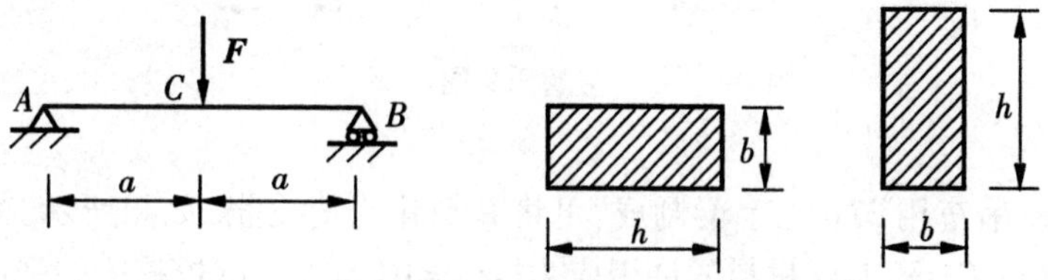

习题 7.6 图

7.7　简支梁承受均布荷载作用，如图所示。若分别采用截面面积相等的实心和空心圆截面，且实心截面外径 $D_1=40$ mm，空心截面内外径之比 $d_2/D_2=3/5$。试分别计算它们的最大正应力。并求空心截面面积比实心截面面积减少了百分之几？

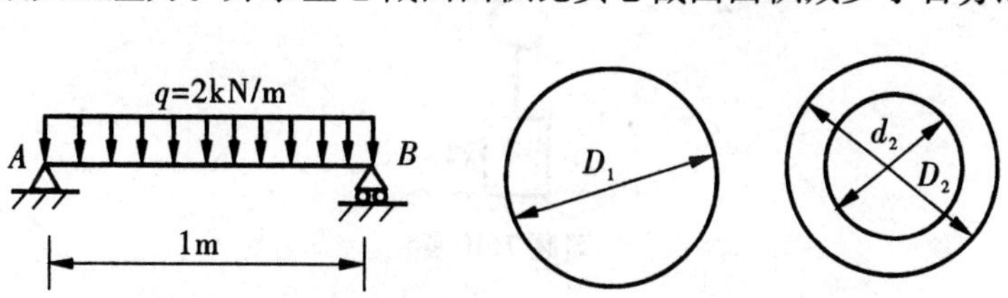

习题 7.7 图

7.8　矩形截面悬臂梁如图所示，已知 $a=1$ m，$\dfrac{b}{h}=\dfrac{2}{3}$，$q=10$ kN/m，许用应力 $[\sigma]=10$ MPa。试确定梁的横截面的尺寸。

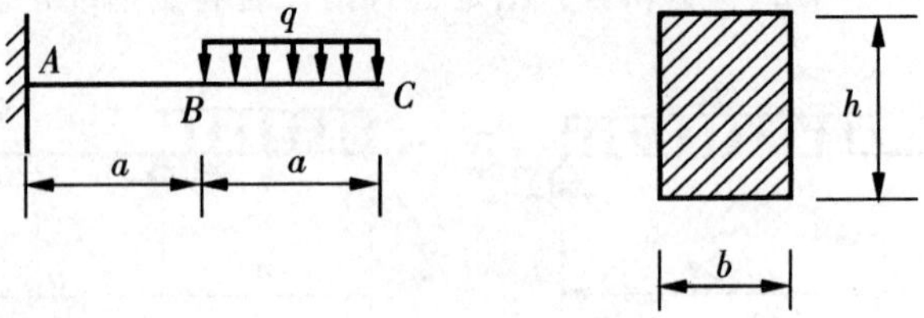

习题 7.8 图

7.9　矩形截面悬臂梁，如图所示，$l=1$ m，在自由端处有一载荷 $F=20$ kN，已知材料的许用应力$[\sigma]=10$ MPa。

(1)若 $a=70$ mm，试校核梁的强度是否足够？

(2)设计截面尺寸 a 的最小值。

(3)如果采用工字钢，试选择工字钢的型号。

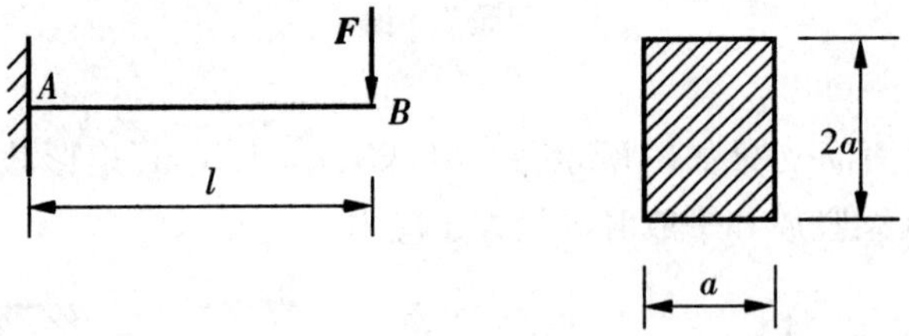

习题 7.9 图

7.10　一吊车用 32c 工字梁制成，可将其简化为简支梁，如图所示，梁长 $l=8$ m，自重不计，吊重 $G=30$ kN，材料的许用应力$[\sigma]=10$ MPa。试校核梁的强度。

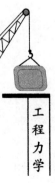

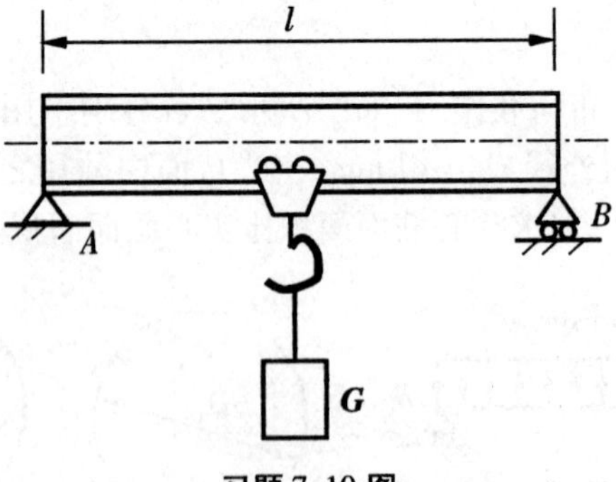

习题 7.10 图

7.11　T 形截面铸铁梁如图所示，已知截面的惯性矩 $I_z=7.63\times10^{-6}\text{m}^4$，$[\sigma_t]=40$ MPa，$[\sigma_c]=60$ MPa，试校核该梁的强度。

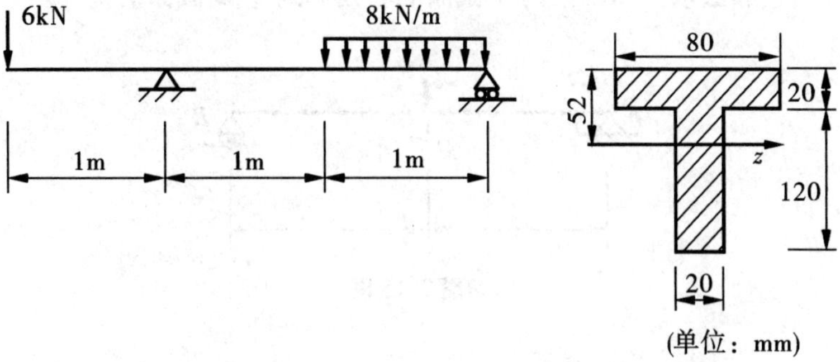

题 7.11 图

7.12　由 20b 工字钢制成的外伸梁如图所示，在外伸端有一集中力 F 作用，已知许用应力$[\sigma]=10$ MPa，尺寸如图所示。求最大许可载荷。

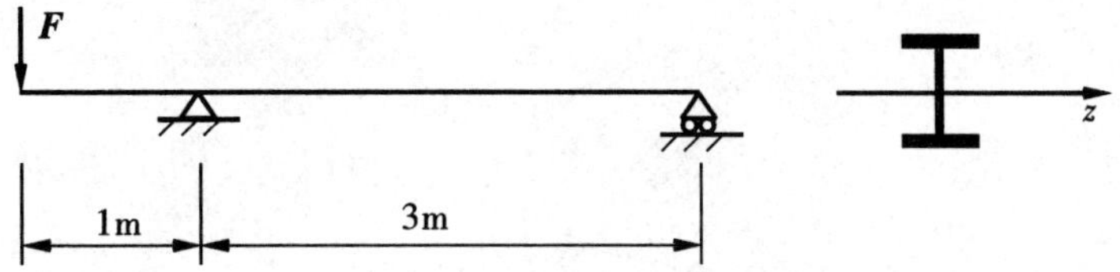

习题 7.12 图

7.13　写出下图中梁的边界条件。图 a 中 B 处刚度系数为 c，图 b 中竖杆的弹性模量为 E，长度为 l。

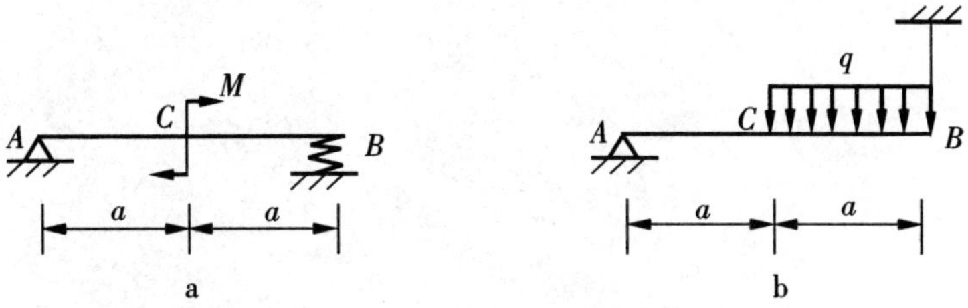

习题 7.13 图

7.14　用积分法求下图中梁的 B 截面挠度和 A 截面转角。

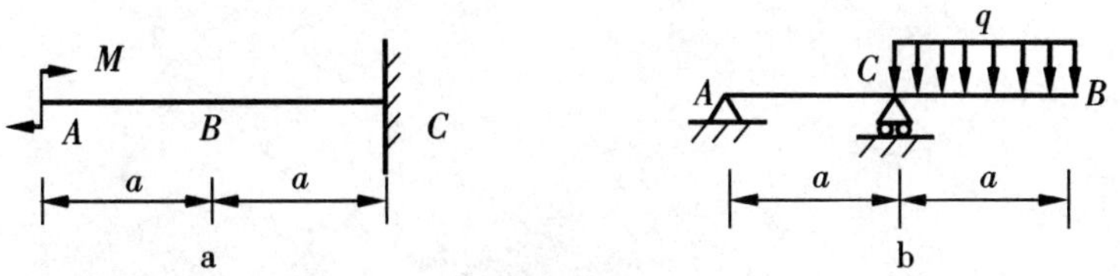

习题 7.14 图

7.15　用叠加法求下图中梁的 A 截面的转角和跨中 C 截面的挠度。

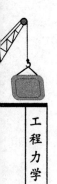

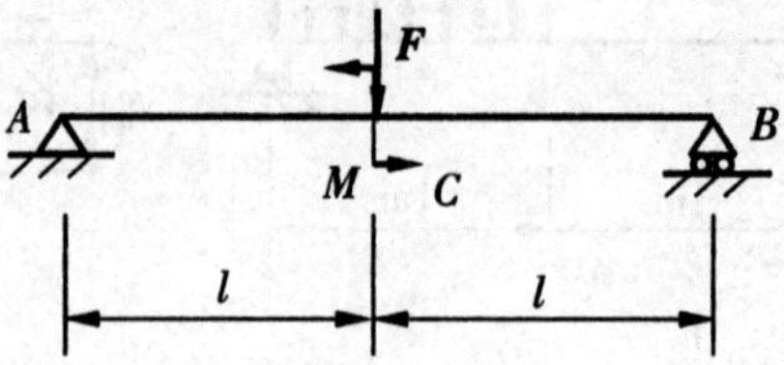

习题 7.15 图

第八章　应力状态及强度理论

第一节　应力状态的概念

一、为什么要研究应力状态

在研究轴向拉伸(或压缩)、扭转、弯曲等基本变形构件的强度问题时已经知道，这些构件横截面上的危险点处只有正应力或切应力，并建立了相应的强度条件：

$$\sigma_{max} \leqslant [\sigma], \tau_{max} \leqslant [\tau]$$

但在工程实际中，还常遇到一些复杂的强度问题。例如矿山牙轮钻杆就同时存在扭转和压缩变形，这时杆横截面上危险点处不仅有正应力 σ，还有切应力 τ。对于这类构件，是否可以仍用上述强度条件分别对正应力和切应力进行强度计算呢？实践证明，若用上述强度条件进行强度计算，这将导致错误的结果。因为这些截面上的正应力和切应力并不是分别对构件的破坏起作用，而是有所联系的，因而应考虑它们的综合影响。为此，促使人们联系到构件的破坏现象。

事实上，构件在拉压、扭转、弯曲等基本变形情况下，并不都是沿构件的横截面破坏的。例如，在拉伸试验中，低碳钢屈服时在与试件轴线成45°的方向出现滑移线；铸铁压缩时，试件却沿着与轴线成接近45°的斜截面破坏。这表明杆件的破坏还与斜截面上的应力有关。因此，为了分析各种破坏现象，建立组合变形情况下构件的强度条件，还必须研究构件各个不同截面上的应力；对于应力非均匀分布的构件，则须研究危险点处的应力状态。所谓一点的应力状态，就是受力构件内某一点的各个截面上的应力情况。

应力状态的理论，不仅是为组合变形情况下构件的强度计算建立理论基础，在研究金属材料的强度问题时，在采用实验方法来测定构件应力的实验应力分析中，以及在断裂力学、岩石力学和地质力学等学科的研究中，都要广泛地应用到应力状态的理论和由它得出的一些结论。

二、应力状态的研究方法

由于构件内的应力分布一般都不是均匀的，所以在分析各个不同方向截面上的应力时，不宜截取构件的整个截面来研究，而是在构件中的危险点处，截取一个微小的正六面单元体来分析，以此来代表一点的应力状态。例如，在图8.1a中所示的轴向拉伸构件，为了分析 A 点处的应力状态。可以围绕 A 点以横向和纵向截面取出一个单元体考虑。由于拉伸杆件的横截面上有均匀分布的正应力，所以这个单元体只在垂直于杆轴的平面上有正应力 $\sigma_x=\dfrac{P}{A}$ 而其他各平面上都没有应力。在图 8.1b 所示的梁上，在上、下边缘的 B 和 B' 点处，也可以截取出类似的单元体，此单元只在垂直于梁轴的平面上有正应力 σ_x。又如圆轴扭时，若在轴表面处截取单元体，则在垂直于轴线的平面上有切应力力力 τ_{xy}；再根据切应力互等定律，在通过直径的平面上也有大小相等符号相反的切应力 τ_{yx}，如图 8.1c 所示。显然，对于同时产生弯曲和扭转变形的圆杆，如图 8.1d 所示，若在 D 点处截取单元体，则除有因弯曲而产生的正应力 σ_x 外，还存在因扭转而产生的的切应力 τ_{yx}、τ_{xy}。上述这些单元体，都是由受力构件中取出的。因为单元体所截取的边长很小，所以可以认为单元体上的应力是均匀分布的。若令单元体的边长趋于零，则单元体上各截面的应力情况就代表这一点的应力状态。

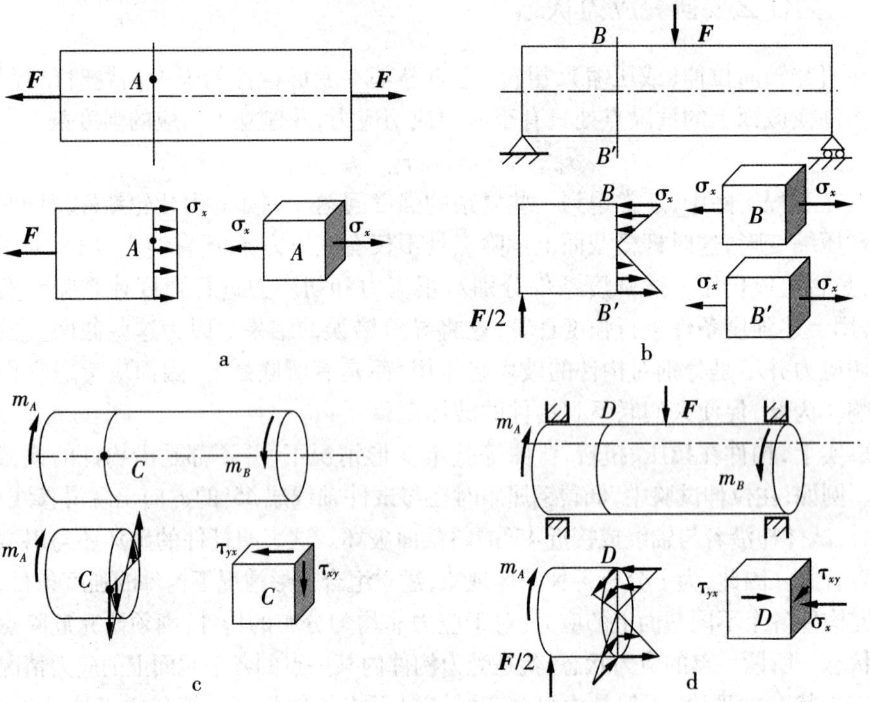

图 8.1

综上所述，研究一点的应力状态，就是研究该点处单元体各截面上的应力情况。若已知单元体三对互相垂直面上的应力，则此点的应力状态也就确定。由于在一般工作条件下，构件处于平衡状态，显然从构件中截取的单元体也必须满足平衡条件。因此，可以利用静力平衡条件，来分析单元体各截面上的应力。这就是研究应力状态的基本方法。

上面所截取的单元体，有一个共同的特点，就是单元体各平面上的应力，都平行于单元体的某一对平面，而在这一对平面上却没有应力，这样的应力状态称为平面应力状态。其中图 8.1a 和图 8.1b 所示的单元体只在一对平面上有正应力作用，而其他两对平面上都没有正应力，这样的应力状态称为单向应力状态。但因单向应力状态问题的分析和计算与平面应力状态没有很大的差别，因而可以将其纳入平面应力状态的范围中讨论，作为平面应力状态的一种特殊情况。若围绕构件内一点所截取的单元体，不管取向如何，在其三对平面上都有应力作用，这种应力状态则称为空间应力状态。

平面应力状态和空间应力状态统称为复杂应力状态。本章着重讨论平面应力状态，对空间空力状态仅做一般介绍。最后再介绍几种常用的强度理论。

第二节　平面应力状态

平面应力状态是经常遇到的情况。图 8.2 所示的单元体，为平面应力状态的最一般情况。在构件中截取单元体时，总是选取这样的截面位置，使单元体上所作用的应力均为已知。然后在此基础上，分析任意截面上的应力，确定最大正应力和最大的切应力。

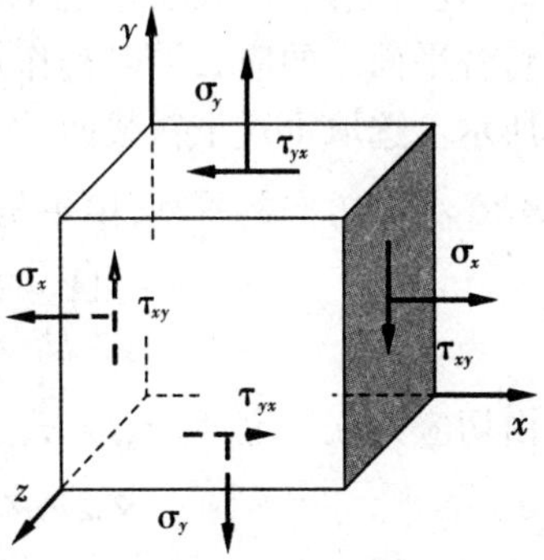

图 8.2

一、斜截面上的应力

设一平面应力状态如图 8.3a 所示，已知与 x 轴垂直的两平面上的正应力为 σ_x，切应力为 τ_{xy}，与 y 轴垂直的两平面上的正应力为 σ_y，切应力为 τ_{yx}；与 z 轴垂直的两平面上无应力作用。现求此单元体任意平行于 z 轴的斜截面上的应力。

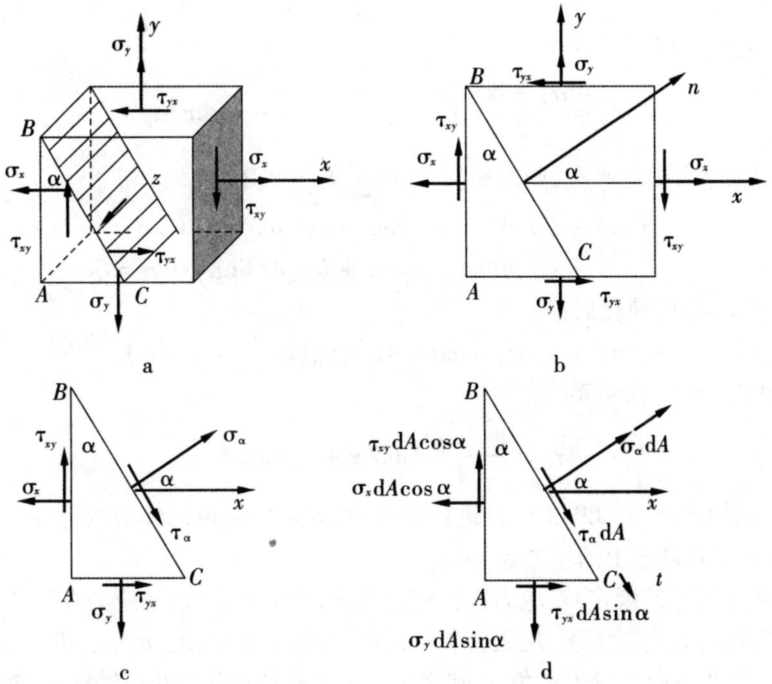

图 8.3

平面应力状态的单元体也可表示为如图 8.3b 所示，并以 α 表示任意斜截面的外法线与 x 轴的夹角。如将单元体沿斜截面 BC 假想地截开，一般说来在此斜截面上将作用有任意方向的应力，但可将其分解为垂直于该截面的正应力和平行于该截面的切应力，并分别以 σ_α 和 τ_α 表示（如图 8.3c）。现取楔形体 ABC 为研究对象，通过平衡关系来求斜截面上的应力。

由于作用在单元体各平面上的应力是单位面积上内力，所以不能直接用应力来列平衡方程。只有将应力乘以其作用面的面积以后，才能考虑各力之间的平衡关系。为此，设斜截面 BC 的面积为 $\mathrm{d}A$，则侧面 AB 和底面 AC 的面积分别为 $\mathrm{d}A\cos\alpha$ 和 $\mathrm{d}A\sin\alpha$。将各平面上的应力乘以其作用的面积后，可得作用于楔形 ABC 上的各力，如图 8.3d 所示。选取垂直于斜截面的 n 轴和平行于斜截面的 t 轴为参考坐标轴，考虑楔形体 ABC 在 n 方向的平衡，由平衡条件 $\sum F_N = 0$，有

$$\begin{aligned}\sigma_\alpha \mathrm{d}A &- (\sigma_x \mathrm{d}A\cos\alpha)\cos\alpha + (\tau_{xy}\mathrm{d}A\cos\alpha)\sin\alpha \\ &- (\sigma_y \mathrm{d}A\sin\alpha)\sin\alpha + (\tau_{yz}\mathrm{d}A\sin\alpha)\cos\alpha = 0\end{aligned}$$

由切应力互等定理，$\tau_{xy} = \tau_{yx}$，则上式可简化为

$$\sigma_\alpha = \sigma_x \cos^2\alpha + \sigma_y \sin^2\alpha - 2\tau_{xy}\sin\alpha\cos\alpha$$

又由三角关系：

$$\left.\begin{aligned}\cos^2\alpha &= \frac{1+\cos2\alpha}{2} \\ 2\sin\alpha\cos\alpha &= \sin2\alpha \\ \sin^2\alpha &= \frac{1-\cos2\alpha}{2}\end{aligned}\right\} \tag{a}$$

将其代入前式，可得

$$\sigma_\alpha = \frac{\sigma_x+\sigma_y}{2} + \frac{\sigma_x-\sigma_y}{2}\cos2\alpha - \tau_{xy}\sin2\alpha \tag{8.1}$$

考虑楔形体在 t 方向的平衡，则由平衡条件 $\sum F_t = 0$，有

$$\begin{aligned}\tau_\alpha \mathrm{d}A &- (\sigma_x \mathrm{d}A\cos\alpha)\sin\alpha - (\tau_{xy}\mathrm{d}A\cos\alpha)\cos\alpha \\ &+ (\sigma_y \mathrm{d}A\sin\alpha)\cos\alpha + (\tau_{yz}\mathrm{d}A\sin\alpha)\sin\alpha = 0\end{aligned}$$

由切应力互等定理，简化后得

$$\tau_\alpha = (\sigma_x - \sigma_y)\sin\alpha\cos\alpha + \tau_{xy}(\cos^2\alpha - \sin^2\alpha)$$

再由式(a)所列的三角关系，得

$$\tau_\alpha = \frac{\sigma_x-\sigma_y}{2}\sin2\alpha + \tau_{xy}\cos2\alpha \tag{8.2}$$

这样，利用式(8.1)和式(8.2)进行计算时，就可以从单元体上的已知应力 σ_x、σ_y 和 τ_{xy} 求得任意斜截面上的应力 σ_α 和 τ_α。

还应注意符号的规定：正应力以拉应力为正，压应力为负；切应力在其绕单元体内任一点为顺时针转向时为正，反之为负。例如，在图 8.3 中，σ_x、σ_y、τ_{xy} 和 σ_α、τ_α 均为正方向，而 τ_{yx} 则为方向。对于夹角 α，则规定从 x 轴转到斜截面的外法线 n，逆时针转向时的角度为正，反之为负。例如图 8.3 中的 α 角就是正值。

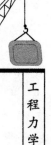

例 8.1　一单元体如图 8.4 所示,试求在 $\alpha=30°$ 的斜截面上的应力。

解:按应力和夹角的符号规定,此题中,$\sigma_x=30$ MPa、$\sigma_y=10$ MPa,$\tau_{xy}=20$ MPa,$\tau_{yx}=-20$ MPa,,$\alpha=+30°$。将其代入式(8.1),可得斜截面上的正应力为

$$\sigma_\alpha=\frac{\sigma_x+\sigma_y}{2}+\frac{\sigma_x-\sigma_y}{2}\cos2\alpha-\tau_{xy}\sin2\alpha$$

$$=\frac{30+10}{2}+\frac{30-10}{2}\cos60-20\sin60^o$$

$$=20+10\times0.5-20\times0.866=7.68\ \text{MPa}$$

由式(8.2)可得斜截面的切应力为

$$\tau_\alpha=\frac{\sigma_x+\sigma_y}{2}\sin2\alpha+\tau_{xy}\cos2\alpha$$

$$=\frac{30-10}{2}\times\sin60+20\cos60^o$$

$$=10\times0.866+20\times0.5=18.66\ \text{MPa}$$

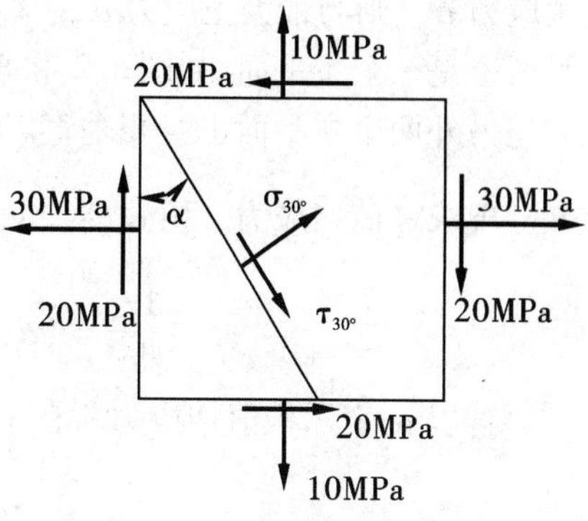

图 8.4

所得的正应力 σ_α 为负值,表明它拉应力;切应力 τ_α 为正值,其方向则如图 8.4 所示。

二、极值正应力和极值切应力

由式(8.1)和式(8.2)可以看出,斜截面上的应力 σ_α 和 τ_α 是随 α 连续变化的。在分析构件的强度时,我们关心的是在哪一个截面上的应力为极值,以及它们的大小。由于 σ_α 和 τ_α 是 α 的连续函数。因此,可以利用高等数学中求极值的方法来确定应力极值及其所在截面的位置。现先求极值应力。

由式(8.1),令 $\dfrac{d\sigma_\alpha}{d\alpha}=0$,得

$$\frac{d\sigma_\alpha}{d\alpha}=\frac{\sigma_x-\sigma_y}{2}(-2\sin2\alpha)-\tau_{xy}(2\cos2\alpha)=0$$

即

$$\frac{\sigma_x-\sigma_y}{2}\sin2\alpha+\tau_{xy}\cos2\alpha=0 \tag{8.3}$$

把式(8.3)与式 8.2 比较可知,极值正应力所在的平面,就是切应力 τ_{xy} 为零的平面。这个切应力等于零的平面,叫作主平面。主平面上的主应力,叫做主应力。也就是说,在通过某点的各个平面上,其中的最大正应力和最小正应力就是该点处的主应力。

若以 α_0 表示主平面的法线 n 与 x 轴间的夹角,由式(8.3)可得

$$\tan2\alpha_0=-\frac{2\tau_{xy}}{\sigma_x-\sigma_y} \tag{8.4}$$

式(8.4)可确定 α_0 的两个数值,即 α_0 和 $\alpha_0+90°$,这表明,两个主平面是相互垂直的;同样,两个主应力也必相互垂直。在一个主平面上的主应力为最大正应力 σ_{max};另一个主平面上的主应力则是最小正应力 σ_{min}。两主平面上的最大正应力和最小正应力:

$$\begin{cases}\sigma_{\max} \\ \sigma_{\min}\end{cases} = \frac{\sigma_x + \sigma_y}{2} \pm \sqrt{\left(\frac{\sigma_x - \sigma_y}{2}\right)^2 + \tau_{xy}^2} \tag{8.5}$$

最大正应力 $\sigma_{\max}$ 的方位在 τ_{xy} 与 τ_{yx} 共同指向的象限内，如图 8.5 所示，另一个最小主应力 $\sigma_{\min}$ 则与最大正应力 $\sigma_{\max}$ 垂直。在平面应力状态中，单元体上没有应力作用的平面也是一个主平面，如图 8.2 和 8.3 所示的单元体垂直于 z 轴的平面，也是主平面，它与另外两个主平面也互相垂直。

现求极值切应力。由式(8.2)，令 $\dfrac{d\tau_\alpha}{d\alpha} = 0$

$$\frac{d\tau_\alpha}{d\alpha} = (\sigma_x - \sigma_y)\cos 2\alpha - 2\tau_{xy}\sin 2\alpha \tag{8.6}$$

若以 α_1 表示极值切应力所在平面的法线与 x 轴间的夹角，则由式(8.6)可得

$$\tan 2\alpha_1 = \frac{\sigma_x - \sigma_y}{2\tau_{xy}} \tag{8.7}$$

式(8.7)也确定互成 90°的两个 α_1 值，即 α_1 和 $\alpha_1 + 90°$。

由式(8.4)和式(8.7)可知，α_1 值与 α_0 值相差 45°。最大切应力和最小切应力为：

$$\tau_{\max} = +\sqrt{\left(\frac{\sigma_x - \sigma_y}{2}\right)^2 + \tau_{xy}^2}$$

$$\tau_{\min} = -\sqrt{\left(\frac{\sigma_x - \sigma_y}{2}\right)^2 + \tau_{xy}^2} \tag{8.8}$$

可以证明，最大切应力所在方位由最大主应力所在方位逆时针转 45°得到。

例 8.2 试求例 8.1 中所示单元体(图 8.5)的主应力和最大切应力。

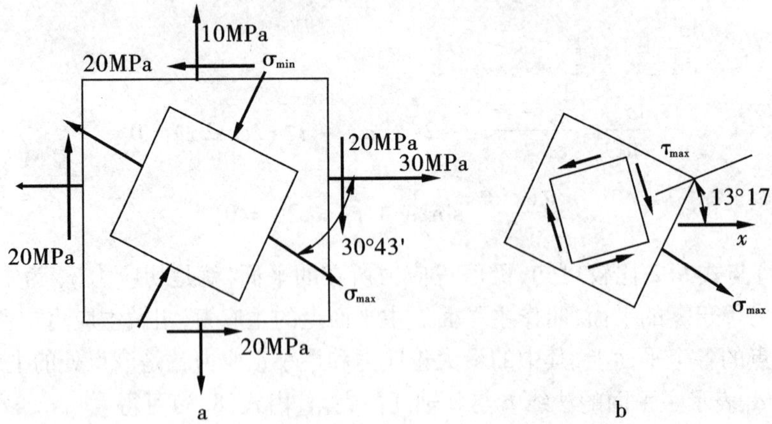

图 8.5

解

(1)求主应力：已知 $\sigma_x = 30$ MPa，$\sigma_y = 20$ MPa，$\tau_{xy} = 20$ MPa，将其代入式(8.5)，得主应力之值为：

$$\left.\begin{matrix}\sigma_{\max}\\ \sigma_{\min}\end{matrix}\right\} = \frac{\sigma_x + \sigma_y}{2} \pm \sqrt{\left(\frac{\sigma_x - \sigma_y}{2}\right)^2 + \tau_{xy}^2} = \frac{30 + 10}{2} \pm \sqrt{\left(\frac{30 - 10}{2}\right)^2 + 20^2}$$

$$= \left\{\begin{matrix} +42.4\ \text{MPa(拉应力)} \\ -2.4\ \text{MPa(压应力)} \end{matrix}\right.$$

$$\sigma_1 = \sigma_{\max} = 42.2\ \text{MPa}, \sigma_2 = 0, \sigma_3 = -2.4\ \text{MPa}$$

因为有 $\sigma_1 + \sigma_3 = \sigma_x + \sigma_y$。利用这个关系可校核计算结果的正确性。

现在确定主平面的位置。由式(8.4)

$$\tan 2\alpha_0 = -\frac{2\tau_{xy}}{\sigma_x - \sigma_y} = -\frac{2 \times 20}{30 - 10} = \frac{-2}{1} = -2$$

取主值

$$2\alpha_0 = -63°26'$$

得

$$\alpha_0 = -31°43'$$

主平面表示的单元体如图 8.5a 所示。

(2)求极值切应力:将 σ_x、σ_y 和 τ_{xy} 之值代入式(8.6),

$$\left.\begin{matrix}\tau_{\max}\\ \tau_{\min}\end{matrix}\right\} = \pm\sqrt{\left(\frac{\sigma_x - \sigma_y}{2}\right)^2 + \tau_{xy}^2} = \pm\sqrt{\left(\frac{30 - 10}{2}\right)^2 + 20^2} = \pm 22.4\ \text{MPa}$$

再确定极值切应力的作用面。由式(8.7),得

$$\tan 2\alpha_1 = \frac{\sigma_x - \sigma_y}{2\tau_{xy}} = \frac{30 - 10}{2 \times 20} = 0.5$$

$$2\alpha_0 = 26°34'$$

故得 $\alpha_0 = 13°17'$ 切应力方位如图 8.5b 所示。

例 8.3 试分析铸铁试件扭转破坏机理,如图 8.6 所示。

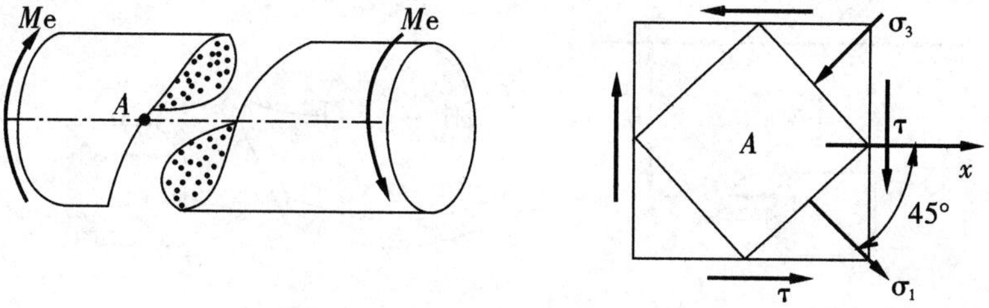

a　　　　b

图 8.6

解:我们知道,圆轴扭转时在横截面的周边上切应力最大,如在此处按横截面和与表面平行的截面截取单元体,则这个单元体处于纯剪切应力状态,如图 8.6a、b 所示。$\sigma_x = \sigma_y = 0$,$\tau_{xy} = \tau$,从而得到

$$\left.\begin{matrix}\sigma_{\max}\\ \sigma_{\min}\end{matrix}\right\} = \frac{\sigma_x + \sigma_y}{2} \pm \sqrt{\left(\frac{\sigma_x - \sigma_y}{2}\right)^2 + \tau_{xy}^2} = \frac{0 + 0}{2} \pm \sqrt{\left(\frac{0 - 0}{2}\right)^2 + \tau^2} = \pm\tau$$

即 $\sigma_1 = \sigma_{\max} = \tau, \sigma_2 = 0, \sigma_3 = -\tau$。

再由式(8.7)得

$$\tan 2\alpha_0 = -\frac{2\tau_{xy}}{\sigma_x - \sigma_y} = -\infty$$

所以 $\alpha_0 = -45° \alpha_0 = 45°$，主平面位置如图 8.6b 所示。

由以上分析可知，在扭转时，铸铁杆的最大正应力位于与杆轴成 45°的斜截面上，因为铸铁不抗拉，故试样沿这一螺旋面拉断。

第三节　空间应力状态及最大切应力、广义胡克定律

一、空间应力状态的概念和实例

一般说来，自受力构件中截取出来的空间应力状态的单元体，其三个互相垂直平面上的应力可能是任意方向的，但都可以将其分解为垂直于其作用面的正应力和平行于单元体棱边的两个切应力。理论分析证明，与平面应力状态类似，对于这样的单元体，也一定可以找到三对相互垂直的平面，在这些平面上没有切应力，而只有正应力。这样的平面称为主平面。主平面上的正应力叫主应力。通常按其代数值大小，依次用 σ_1、σ_2、σ_3 表示，即 $\sigma_1 \geqslant \sigma_2 \geqslant \sigma_3$。

在工程实际中，也常接触空间应力状态。例如，在地层一定深度处所取的单元体（图 8.7），在竖向受到地层的压力，所以在上、下平面上有主应力 σ_3；但由于局部材料被周围大量材料所包围，侧向变形受到阻碍，故单元体的四个侧面也受到侧向的压力，因而有主应力 σ_1 和 σ_2，所以这一单元体是空间应力状态。又如滚珠轴承中的滚珠与内环的接触处（图 8.8），也是三向压缩的应力状态。

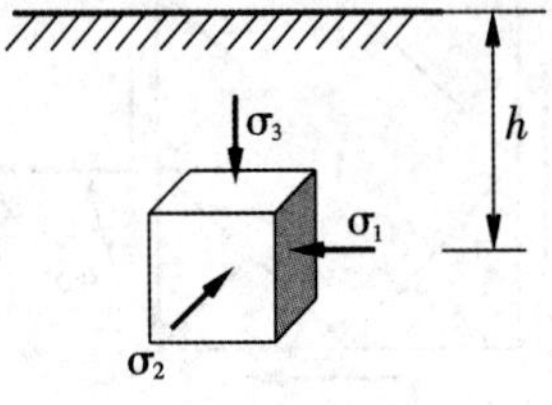

图 8.7

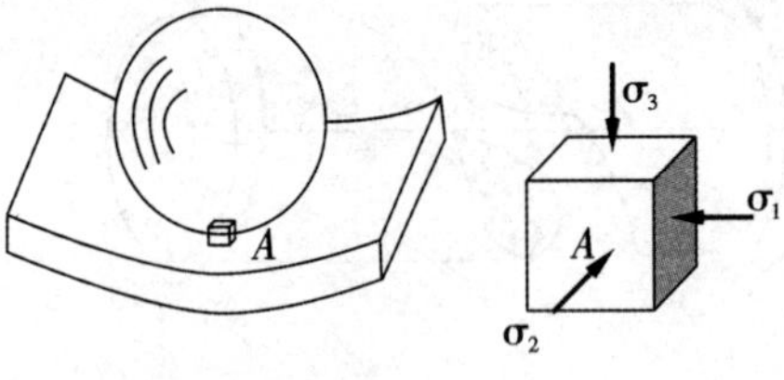

图 8.8

由前述可见，一点的应力状态总可以用三个主平面上的主应力来表示，这种表示方法比较简单明确。确切地说，应力状态的分类应按主应力的数目来划分。即三个主应力均不等于零的应力状态为空间应力状态（或称为三向应力状态）；仅有两个主应力不等于零的应力状态为平面应力状态（或称为二向应力状态）；而只有一个主应力不等于零的应力状态则为单向应力状态。

二、最大正应力和最大切应力

理论分析证明，对各类应力状态的单元体，第一主应力 σ_1 是各个不同方向截面上

正应力的最大值，而第三主应力 σ_3 则是各个不同方向截面上正应力中的最小值，即

$$\sigma_{max} = \sigma_1 \text{ , } \sigma_{min} = \sigma_3$$

理论分析还证明，各类应力状态的单元体，最大切应力之值为

$$\tau_{max} = \frac{\sigma_1 - \sigma_3}{2} \tag{8.9}$$

其作用面与最大主应力 σ_1 和最小主应力 σ_3 所在的平面均呈45°角，且与主应力 σ_2 的作用面垂直，如图8.9所示。最大切应力作用上的正应力值为 $\frac{\sigma_1 - \sigma_3}{2}$。

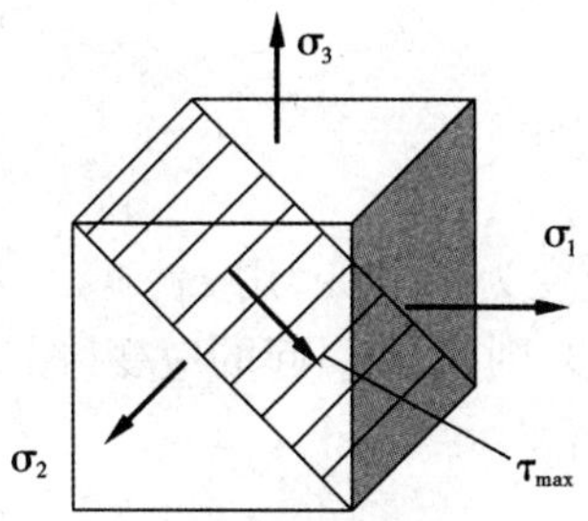

图8.9

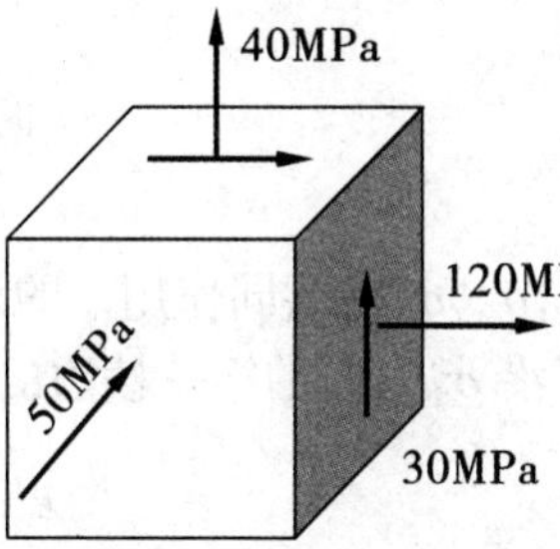

图8.10

例8.4　试求图8.10所示三向应力状态的主应力和最大切应力（应力单位为MPa）。

解：由图示单元体应力状态可知，$\sigma_x = 120$ MPa，$\tau_{xy} = -30$ MPa，$\sigma_y = 40$ MPa，$\sigma_z = 50$ MPa（主应力）。另外两个主应力所在平面与 z 轴平行。由于与 z 轴平行的 σ_{max} 和 σ_{min} 不受 σ_z 影响，因此在求解另外两个主应力时，可不考虑 σ_z，实际上为平面应力状态。

$$\left.\begin{matrix}\sigma_{max}\\ \sigma_{min}\end{matrix}\right\} = \frac{\sigma_x + \sigma_y}{2} \pm \sqrt{\left(\frac{\sigma_x - \sigma_y}{2}\right)^2 + \tau_{xy}^2}$$

$$= \frac{120 + 40}{2} \pm \sqrt{\left(\frac{120 - 40}{2}\right)^2 + (-30)^2} = \begin{matrix}130 \text{ MPa}\\ 30 \text{ MPa}\end{matrix}$$

所以三个主应力分别为 $\sigma_1 = \sigma_{max} = 130$ MPa，$\sigma_2 = 30$ MPa，$\sigma_3 = \sigma_{min} = -30$ MPa。

最大切应力

$$\tau_{max} = \frac{\sigma_1 - \sigma_3}{2} = \frac{130 - (-30)}{2} = 80 \text{ MPa}$$

三、广义胡克定律

现在讨论空间应力状态下应力与应变的关系。在单向应力状态下应力与应变的关系为

$$\varepsilon = \frac{\sigma}{E}$$

轴向的变形会引起横向尺寸的变化,横向应变 ε'为

$$\varepsilon' = -\mu\varepsilon = -\mu\frac{\sigma}{E}$$

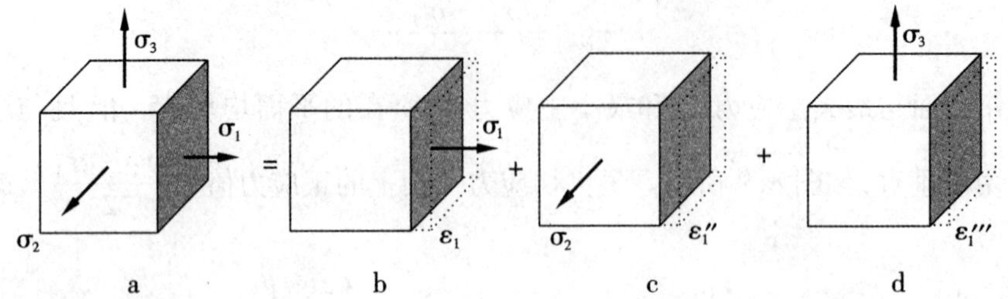

图 8.11

单元体在 $\sigma_1,\sigma_2,\sigma_3$的共同作用下的线应变为主应变,用 $\varepsilon_1,\varepsilon_2,\varepsilon_3$表示。如图 8.11a。此时若计算沿 σ_1方向的第一棱边的变形,则由 σ_1引起的应变(图 8.11b)为

$$\varepsilon'_1 = \frac{\sigma_1}{E}$$

因 σ_2和 σ_3而引起的应变(图 8.14c、d)则为:

$$\varepsilon''_1 = -\mu\frac{\sigma_2}{E},\ \varepsilon'''_1 = -\mu\frac{\sigma_3}{E}$$

当应力水平未超过屈服极限时,三个方向主应力引起的第一方向的主应变 ε_1为

$$\varepsilon_1 = \varepsilon'_1 + \varepsilon''_1 + \varepsilon'''_1$$

因此,沿主应力 σ_1 的方向的总应变为

$$\varepsilon_1 = \frac{1}{E}[\sigma_1 - \mu(\sigma_2 + \sigma_3)]$$

同理:

$$\varepsilon_2 = \frac{1}{E}[\sigma_2 - \mu(\sigma_3 + \sigma_1)]$$

$$\varepsilon_3 = \frac{1}{E}[\sigma_3 - \mu(\sigma_1 + \sigma_2)]$$

式中:E——材料的弹性模量;

μ——泊松比。

上式给出了在空间状态下,任意一点处沿主应力方向的线应变与主应力之间的关系。通常称之为胡克定律。它只有在线弹性条件下能成立。

第四节　强度理论

一、材料破坏形式

在前面的一些章节中,曾接触过一些材料的破坏现象,以低碳钢和铸铁两种材料

为例,它们在拉伸(压缩)和扭转试验时的破坏现象虽然各有不同,但都可以归纳为两类基本形式,即塑性屈服和脆性断裂。低碳钢在拉伸、压缩和扭转时,当试件的应力达到屈服点后,就会发生明显的塑性变形,使其失去正常的工作能力,这是材料破坏另一种基本形式,叫做塑性屈服。铸铁拉伸或扭转时,在未产生明显的塑性变形的情况下就突然断裂,材料的这种破坏形式,叫做脆性断裂。

通常情况下,一般塑性材料(如低、中碳钢、铝、铜等)的破坏形式是塑性屈服;而脆性材料(如铸铁、高碳钢等)的破坏形式是脆性断裂。

试验研究的结果表明,金属材料具有两种极限抵抗能力:一种是抵抗塑性屈服的极限抗力,如低碳钢拉伸时,可用屈服时的切应力 τ_{max} 来表示;另一种是抵抗脆性断裂的极限抗力,如铸铁拉伸时,用抗拉强度 σ_b 来表示。

材料在受力后是否发生破坏,取决于构件的应力是否超过材料的极限抗力。例如,在低碳钢拉伸试验中,材料屈服时在试件表面上出现与轴线成45°角的滑移线,就是由于在这个方向的截面上的最大切应力 τ_{max} 达到某一极限值所引起的。铸铁压缩时,试件沿与轴线接近45°的斜截面上发生破坏,是由于此截面上的最大拉应力 σ_{max} 的作用。而当铸铁拉伸时,试件沿横截面呈脆性断裂,这是因为在此截面上的最大正应力 σ_{max} 达到某一极限值。铸铁扭转时,则由于在与轴线成45°的螺旋面上有最大拉应力 σ_{max},因而使试件沿此螺旋面拉断。

事实上,尽管失效现象比较复杂,但经过归纳,强度不足引起的失效现象主要还是屈服和断裂两种类型。同时,衡量受力和变形程度的量又有应力、应变和变形能等。人们在长期的生产活动中,综合分析材料的失效现象和资料,对强度失效提出各种假说。这类假说认为,材料之所以按某种方式(断裂和塑性变形)失效,是应力、应变和变形能中某一因素引起的。按照这种假说,无论简单或复杂应力状态,引起失效的因素是相同的。即造成失效的原因与应力状态无关。这类假说称为强度理论。利用这一观点,可以由简单应力状态的强度理论建立起复杂应力状态下的强度理论。

二、四种常用的强度理论

我们知道,强度失效的两种形式是屈服和断裂,相应地,强度理论也分成解释断裂失效的理论和解释屈服失效的理论。工程中常用的四种强度理论介绍如下:

1. 最大拉应力理论(第一强度理论)

这个理论认为,引起材料发生脆性断裂的主要因素是最大拉应力,无论材料处于何种应力状态,只要构件危险点处最大拉应力 $\sigma_{max}=\sigma_1$ 达到材料的极限应力值 σ_b 时,就会引起材料的脆性断裂。单向拉伸应力状态只有 $\sigma_1(\sigma_2=\sigma_3=0)$,根据这一强度理论,当 σ_1 达到 σ_b 时,就发生破坏。这样根据这一理论,复杂应力状态条件下,只要 σ_1 达到 σ_b 时,材料也发生破坏。将极限应力 σ_b 除以安全系数后得到许用应力$[\sigma]$,建立起最大拉应力强度条件

$$\sigma_1 \leqslant [\sigma]$$

试验表明,这个理论对于脆性材料,例如铸铁、陶瓷、工具钢等较为适合。

工程力学

2. 最大伸长线应变理论(第二强度理论)

这个理论认为,引起材料发生脆性断裂的主要因素是最大拉伸线应变,无论材料处于何种应力状态,只要构件危险点处的最大伸长应变 $\varepsilon_{max}=\varepsilon_1$ 达到某一个极限值 ε_u 时,就会引起材料的脆性断裂。根据这一理论,材料的破坏条件为 $\varepsilon_1=\varepsilon_u$,由单向拉伸可以确定 $\varepsilon_u=\sigma_b/E$。任意应力状态下,只要 ε_1 不超过 ε_u,材料就不断裂。由广义胡克定律

$$\varepsilon_1=\frac{1}{E}[\sigma_1-\mu(\sigma_2+\sigma_3)]$$

代入 $\varepsilon_u=\sigma_b/E$ 后,考虑安全系数后,可得按此理论而建立的在复杂应力状态下的强度条件为

$$\sigma_1-\mu(\sigma_2+\sigma_3)\leqslant[\sigma]$$

试验表明,这个理论对于脆性材料如合金铸铁,低温回火的高强度钢和石料等是大致符合的。

3. 最大切应力理论(第三强度理论)

这个理念认为,使材料发生塑性屈服的主要因素是最大切应力 τ_{max},无论材料处于何种应力状态,只要构件中的最大切应力达到某一个极限切应力值 τ_u 时,就会引起材料的塑性屈服。按此理论,材料的破坏条件(或称屈服条件)为 $\tau_{max}=\tau_u$,单向拉伸下,当与轴向呈45°的斜面上的 $\tau_{max}=\sigma_s/2$ 时,出现屈服,这时,横截面上正应力为 σ_s,导致屈服的最大剪应力极限值为 $\sigma_s/2$,任意应力状态下

$$\tau_{max}=\frac{\sigma_1-\sigma_3}{2}$$

考虑安全系数后,可得按此理论而建立的在复杂应力状态下的强度条件为

$$\sigma_1-\sigma_3\leqslant[\sigma] \tag{8.10}$$

一些试验结果表明,对于塑性材料,例如常用的 Q235、45 钢、铜、铝等,这个理论是符合的。因此,对于塑性材料制成的构件进行强度计算时,经常采用这个理论。

4. 形状改变比能理论(第四强度理论)

构件受力后,其形状和体积都会发生改变,同时构件内部也积蓄了一定的变形能。因此,积蓄在单位体积内的变形能,包括两个部分:因体积改变和因形状改变而产生的比能。

形状改变比能理论认为,使材料发生塑性屈服的主要原因,取决于形状改变比能。也就是说,无论材料处于何种应力状态,只要当其形状改变比能到达某一极限值时,就会引起材料的塑性屈服;而这个形状改变比能的极限值,则可通过简单拉伸试验来测定。

在这里,我们略去详细的推导过程,直接给出按这一理论而建立的,在复杂应力状态下的破坏条件(或称屈服条件)和强度条件,分别为:

$$\sqrt{\frac{1}{2}[(\sigma_1-\sigma_2)^2+(\sigma_2-\sigma_3)^2+(\sigma_3-\sigma_1)^2]}=\sigma_s$$

$$\sigma_{r4}=\sqrt{\frac{1}{2}[(\sigma_1-\sigma_2)^2+(\sigma_2-\sigma_3)^2+(\sigma_3-\sigma_1)^2]}\leqslant[\sigma] \tag{8.11}$$

式中的σ_s为由拉伸试验测出的材料的屈服点，$[\sigma]$为材料的许用应力。

对于塑性材料，例如钢材、锡、铜等，这个理论与实验结果基本上是符合的。这也是目前对塑性材料广泛采用的一个强度理论。

上面介绍的根据四个强度理论而建立的强度条件，可将其归纳为如下的统一形式

$$\sigma_{eq} \leqslant [\sigma] \tag{8.12}$$

式中$[\sigma]$为根据拉伸试验而确定的材料的许用拉应力；σ_{eq}为复杂应力状态下$\sigma_1,\sigma_2,\sigma_3$按不同强度理论而形成的某种组合，称为相当应力。对于不同的强度理论，它们分别为：

$$\left.\begin{aligned}
&\text{第一强度理论：}\sigma_{eq1} = \sigma_1\\
&\text{第二强度理论：}\sigma_{eq2} = \sigma_1 - \nu(\sigma_2 + \sigma_3)\\
&\text{第三强度理论：}\sigma_{eq3} = \sigma_1 - \sigma_3\\
&\text{第四强度理论：}\sigma_{eq4} = \sqrt{\frac{1}{2}[(\sigma_1-\sigma_2)^2+(\sigma_2-\sigma_3)^2+(\sigma_3-\sigma_1)^2]}
\end{aligned}\right\} \tag{8.13}$$

这样，在进行复杂应力状态下的强度计算时，可按下述几个步骤进行：

(1)从构件的危险点处截取单元体，计算出主应力$\sigma_1,\sigma_2,\sigma_3$；

(2)选用适当的强度理论，算出相应的相当应力σ_{eq}把复杂应力状态转换为具有等效的单向应力状态；

(3)确定材料的许用拉应力$[\sigma]$，将其与σ_{eq}比较，从而对构件进行强度计算。

下面以受内压力作用的薄壁圆筒为例，说明强度理论在强度计算中的应用。

例8.6　从某构件的危险点处取出一单元体如图8.12a所示。已知钢材的屈服点σ_s=280 MPa，许用应力$[\sigma]$=180 MPa。试按最大切应力理论和形状改变比能理论校核强度。

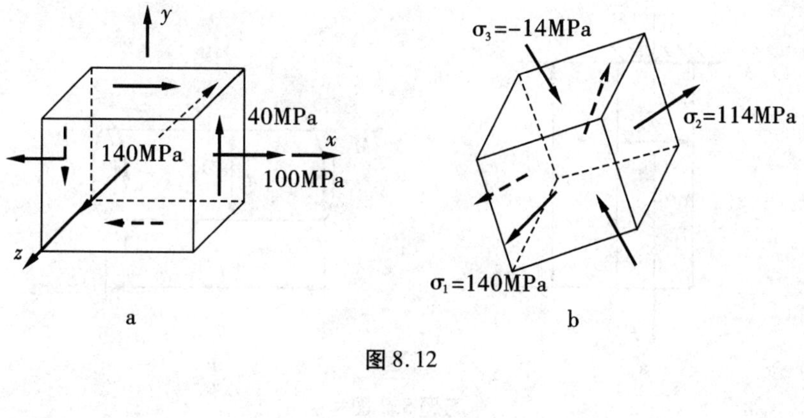

图8.12

解：单元体处于空间应力状态，在垂直于z轴的平面上的应力σ_z的主应力，但位于Oxy平面内的应力，却不是主应力。所以应先计算Oxy平面内的主应力，然后才能计算工作安全系数。

(1)求主应力：已知σ_x = 100 MPa，σ_y = 0，τ_{xy} =- 40 Mpa，将其代入式(8.5)，得：

$$\begin{matrix}\sigma_2 \\ \sigma_2\end{matrix} = \frac{\sigma_x}{2} \pm \sqrt{\left(\frac{\sigma_x}{2}\right)^2 + \tau_{xy}^2} = \frac{100}{2} \pm \sqrt{\left(\frac{100}{2}\right)^2 + (-40)^2}$$

$$= \begin{matrix}+114\ \text{MPa} \\ -14\ \text{MPa}\end{matrix}$$

以主应力表示的三向应力状态下的单元体如图 8.12b 所示。各主应力值为：

$$\sigma_1 = 140\ \text{MPa}, \sigma_2 = 114\ \text{MPa}, \sigma_x = -14\ \text{MPa}$$

(2)校核强度:按最大切应力理论单元体的相当应力为

$$\sigma_{ep3} = \sigma_1 - \sigma_3 = 140 - (-14) = 154\ \text{MPa} < [\sigma]$$

说明强度足够。

若按形状改变比能理论,单元体的相当应力为

$$\sigma_{eq4} = \sqrt{\frac{1}{2}[(\sigma_1 - \sigma_2)^2 + (\sigma_2 - \sigma_3)^2 + (\sigma_3 - \sigma_1)^2]}$$

$$= \sqrt{\frac{1}{2}[(140 - 114)^2 + (114 + 14)^2 + (-14 - 140)^2]}$$

$$= 143\ \text{MPa} < [\sigma],$$

说明强度足够。

习题

8.1　何谓单向应力状态和二向应力状态？圆轴受扭时,轴表面各点处于何种应力状态？梁受横力弯曲时,梁顶、梁底及其他各点处于何种应力状态？

8.2　构件受力如图所示。试求:(1)确定危险点的位置;(2)用单元体表示危险点的应力状态。

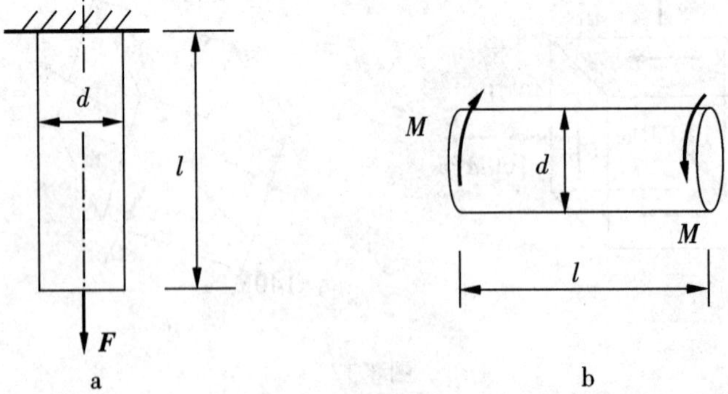

习题 8.2 图

8.3　在下图各单元体中,试用解析法求指定斜截面上的应力。应力的单位为 MPa。

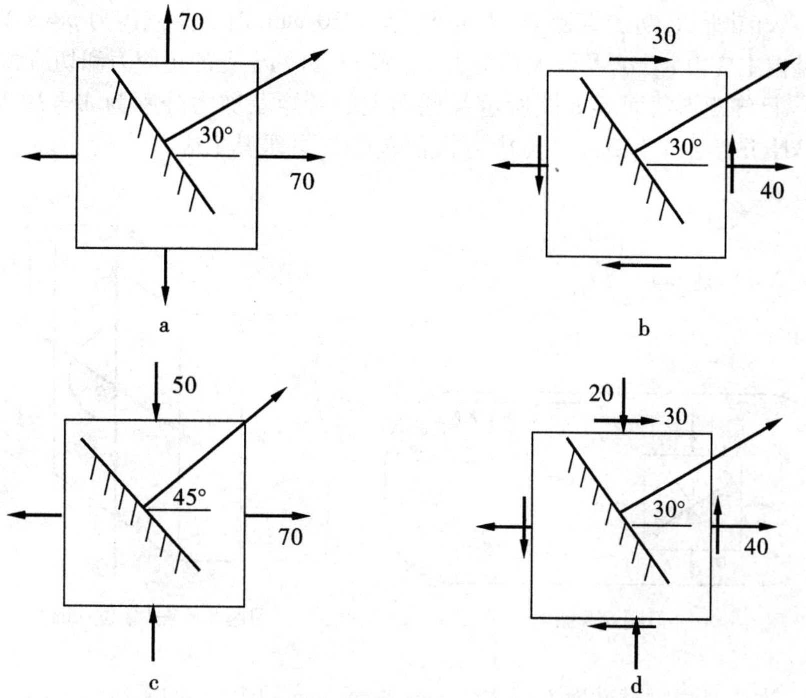

习题 8.3 图

8.4　下图所示的应力状态,试用解析法求主平面上的主应力。应力的单位为 MPa。

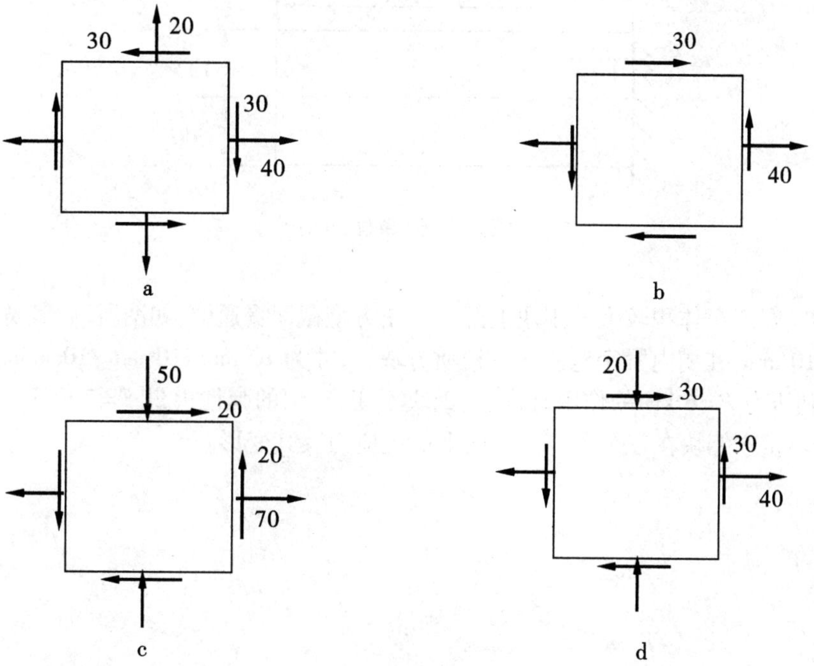

习题 8.4 图

8.5　如图所示，锅炉直径 $D=1$ m，壁厚 $t=10$ mm，内受蒸汽压力 $p=3$ MPa。试求：(1)壁内主应力 σ_2、σ_1 及最大切应力 τ_{max}；(2)斜面 ab 上的正应力和切应力。

8.6　已知矩形截面梁如图所示某截面上的弯矩及剪力分别为 $M=10$ kN · m，$F_S=120$ kN，试绘出 1、2、3、4 各点应力状态单元体，并求其主应力。

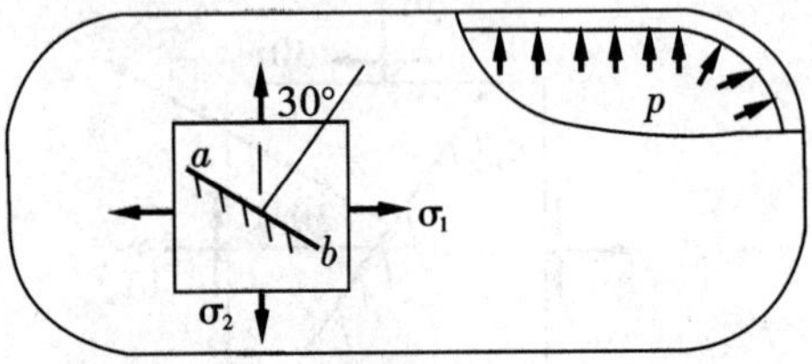

习题 8.5 图

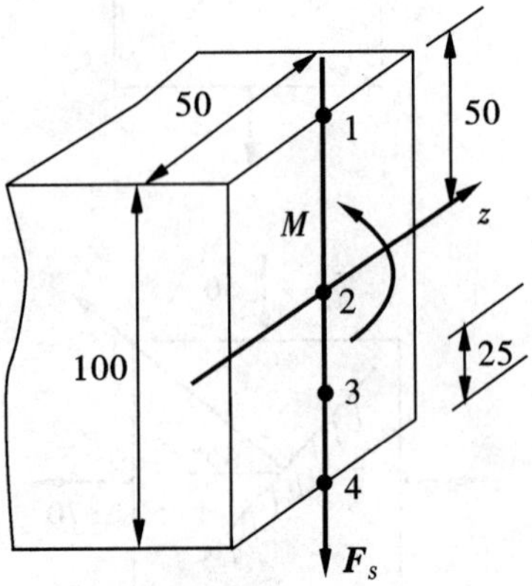

习题 8.6 图(单位:mm)

8.7　木质悬臂梁横截面为高 200 mm，宽 60 mm 的矩形，如图所示。在 A 点木材纤维与水平线的倾角为 20°。试求通过 A 点沿纤维方向的斜截面上的正应力和切应力。

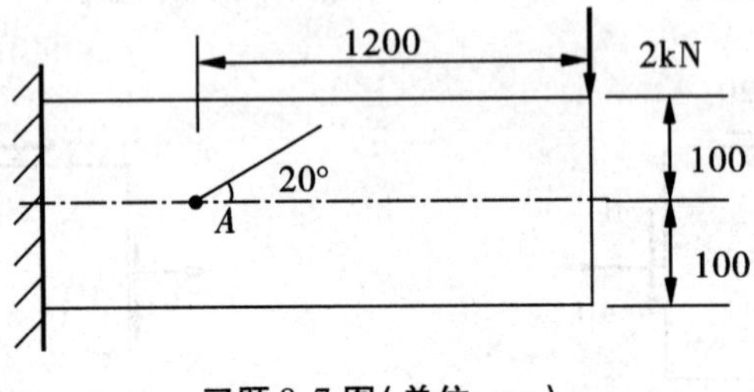

习题 8.7 图(单位:mm)

8.8　在一个体积较大的刚块上开一个正方型截面贯通槽，如图所示，其宽度和深度均为 10 mm，在槽内紧密地嵌入一铝质方块，尺寸为 10 mm×10 mm×10 mm，当铝质方块受到压力 $P=6$ kN 的作用时，假设钢块不变形，铝的弹性模量 $E=70$ GPa，泊松比 $\mu=0.33$。试求铝块在三个主应变方向上的主应力及其变形。

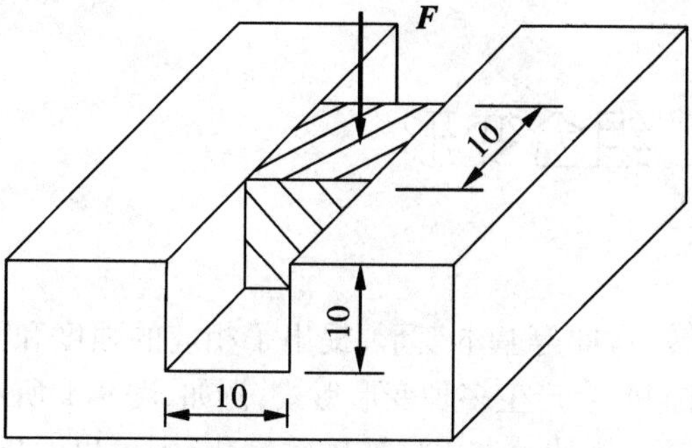

习题 8.8 图(单位:mm)

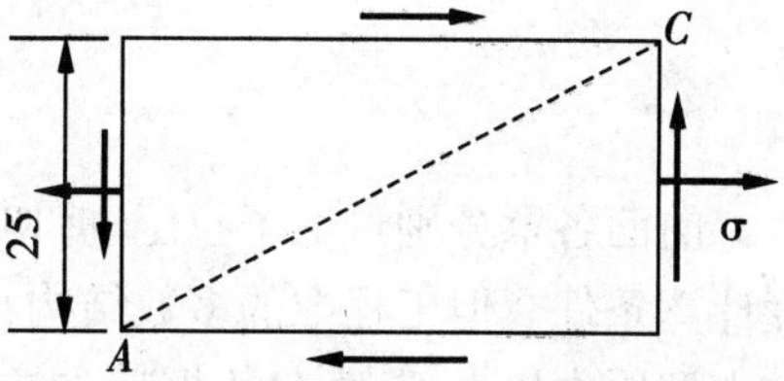

习题 8.9 图(单位:mm)

8.9　从刚构件内某一点的周围取出一单元体如图所示。根据理论计算已经求得 $\sigma=30$ MPa,$\tau=15$ MPa。材料的弹性模量 $E=200$ GPa,泊松比 $\mu=0.30$。试求对角线 AC 的长度该变量。

8.10 铸铁薄壁管如图所示。管的外径为 $D=200$ mm,壁厚 $t=15$ mm,内压 $p=4$ MPa,轴向外力 $P=200$ kN。铸铁的抗拉及抗压许用应力分别为$[\sigma_t]=30$ MPa,$[\sigma_c]=30$ MPa,泊松比 $\mu=0.25$。试用第二强度理论校核薄壁管的强度。

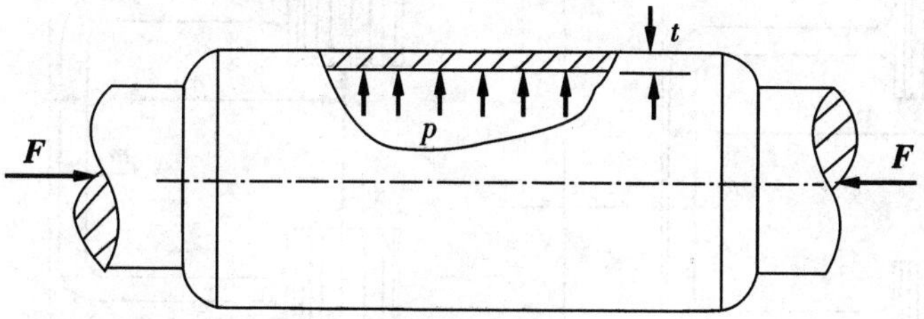

习题 8.10 图

8.11　试按第三强度理论和第四强度理论对钢制零件进行强度校核。已知许用应力$[\sigma]=120$ MPa,危险点的主应力为

(1)$\sigma_1=140$ MPa,$\sigma_2=100$ MPa,$\sigma_3=40$ MPa。

(2)$\sigma_1=60$ MPa,$\sigma_2=0$ MPa,$\sigma_3=-50$ MPa。

第九章　组合变形

前面各章分别讨论了拉压、剪切、扭转、弯曲等基本变形，提出了相应的强度和刚度计算条件。但工程中的多数结构，往往同时会产生多种变形形式，例如，图9.1所示的小型压力机框架，为分析框架立柱的变形，将外力向立柱的轴线简化，则可以看出，立柱承受有轴向的拉力 F 和由 $M=Fa$ 引起的弯矩作用，同时产生拉伸和弯曲变形。再比如图9.2所示的公路旁边的路标牌，标牌自身重力作用线位于标牌几何中心，向立柱中心线平移后，得到一个与立柱轴线重合的轴向压力和 F 和由 $M=Fl$ 引起的弯矩作用，路标牌立柱同时产生压缩和弯曲变形。

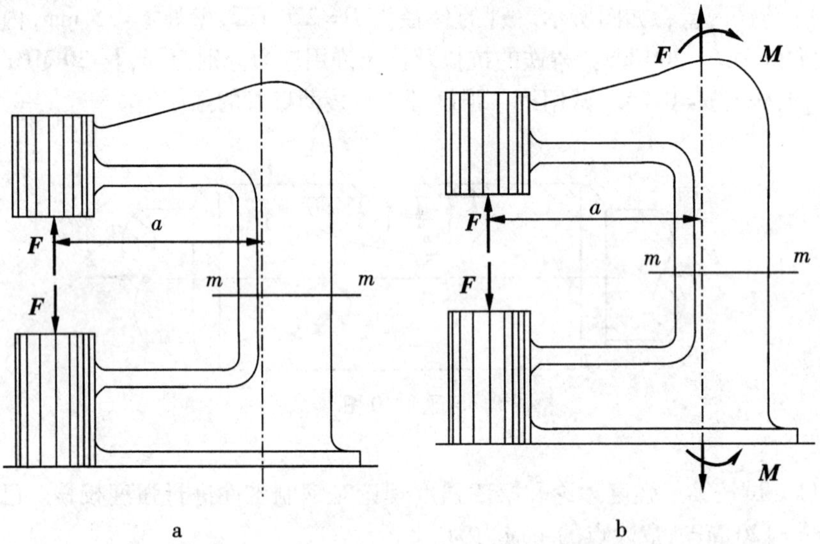

图9.1

在组合变形计算中，先要根据静力分析中的力的等效原理，将作用于杆件上的外力分解成几组，每一组载荷对应一种基本变形形式，分别计算杆件在每一种基本载荷作用下的内力和应力，再应用叠加原理求出杆件发生组合变形时的总变形和总应力，找出危险截面，分析危险截面上的应力状态，最后根据强度理论建立起强度条件。本章主要讨论杆件的拉压与弯曲、扭转与弯曲两种工程中常见组合变形的强度分析计算。

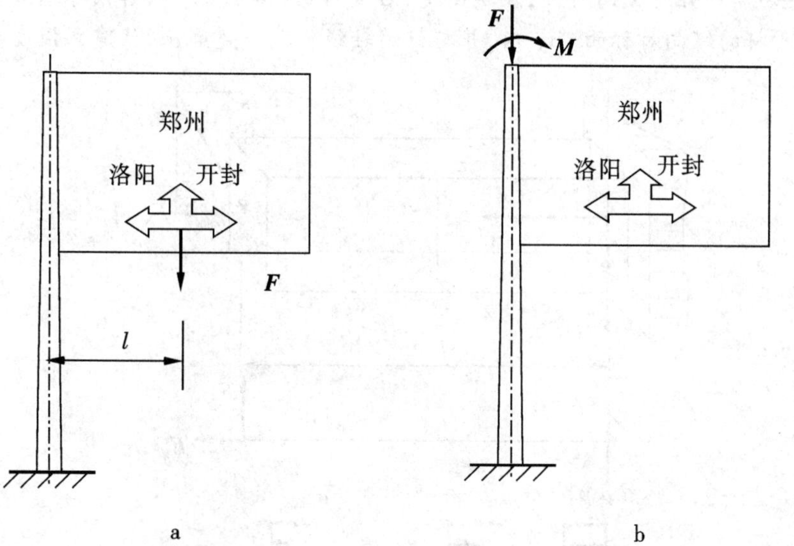

图9.2

第一节　拉伸(压缩)与弯曲的组合变形

拉伸或压缩与弯曲的组合变形是工程中常见的组合变形情况。图9.3a所示为一简易起重机结构,横梁 AB 受力情况如图9.3b所示,轴向力 F_{Ax} 和 F_{Bx} 使横梁产生压缩变形,起吊力 F、横向力 F_{Ay} 和 F_{By} 使横梁产生弯曲变形。若 AB 横梁的抗弯刚度较大,弯曲变形很小,原始尺寸可以利用,轴向力 F_{Ax} 和 F_{Bx} 因弯曲变形而产生的弯矩可以忽略不计。这样,轴向力 F_{Ax} 和 F_{Bx} 只引起压缩变形,横向力 F_{Ay} 和 F_{By} 使横梁产生弯曲变形。两种变形各自独立,外力与内力、应力之间的关系都是线性的,叠加原理可以应用。

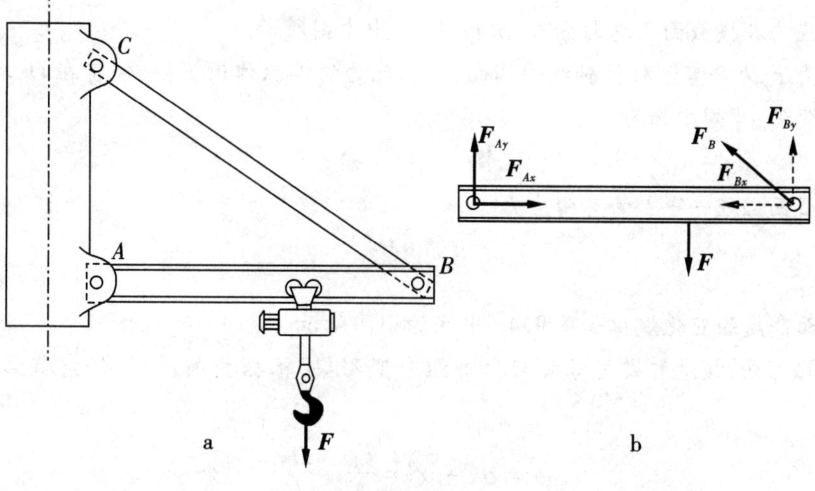

图9.3

例9.1　一矩形截面杆件,左端固定,右端自由(如图9.4),作用于自由端的集中力 F 位于杆的纵向对称面 Oxy 内,并与杆的轴线 x 成一夹角 α,试建立强度条件。

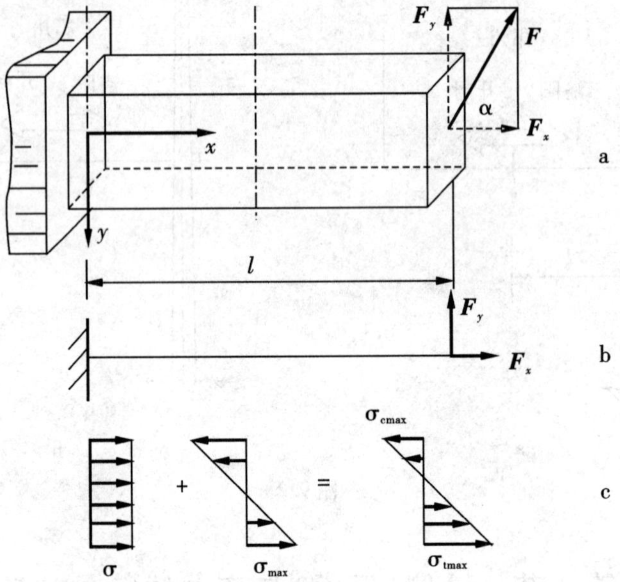

图9.4

解:将外力 F 沿 x 轴和 y 轴分解,得到

$$F_x = F\cos\alpha$$

$$F_y = F\sin\alpha$$

其中,分力 F_x 为轴向外力,在此力的单独作用下,杆件将产生轴向拉伸,此时,任一横截面上的轴力 $F_N = F_x$。因此,杆横截面上各点将产生拉应力,其值为

$$\sigma' = \frac{F_N}{A}$$

正应力在横截面上均匀分布,如图9.4c中左图所示。

分力 F_y 为垂直于杆件轴线的横向力,在此力的单独作用下,杆件将在 Oxy 面内发生弯曲变形,弯矩方程为

$$M = F_y(l - x)$$

此时横截面上任一点 k 的弯曲应力

$$\sigma'' = \frac{My}{I_z}$$

σ'' 沿截面高度的变化规律如图9.4c中间的小图所示。

由此可见,该悬臂梁是弯曲与拉伸组合变形梁,根据叠加原理,任意截面上的应力为

$$\sigma = \sigma' + \sigma'' = \frac{F_N}{A} + \frac{My}{I_z} \tag{9.1}$$

设横截面上下边缘处的最大弯曲应力水平大于拉伸正应力水平,则总应力 σ 沿截面高度方向的变化规律如图 9.4c 中右图所示。

由于固定端处的弯矩最大,因此该截面为危险截面。构件的危险点位于下侧边缘处。最大应力水平为

$$\sigma_{\text{tmax}} = \frac{F_N}{A} + \frac{M_{\max}}{W_z}$$

同时上侧边缘的最大压应力为

$$\sigma_{c\max} = \frac{F_N}{A} - \frac{M_{\max}}{W_z}$$

式中,$M_{\max}$ 为危险截面处的弯矩;W_z 为抗弯截面系数。

得到危险点处的总应力后,由于弯曲与拉压组合变形危险点处应力状态为单向应力状态,即可建立其强度条件为

$$\sigma_{\text{tmax}} = \frac{F_N}{A} + \frac{M_{\max}}{W_z} \leqslant [\sigma_t] \tag{9.2}$$

$$\sigma_{\text{cmax}} = \frac{F_N}{A} - \frac{M_{\max}}{W_z} \leqslant [\sigma_c] \tag{9.3}$$

式中的$[\sigma_t]$、$[\sigma_c]$分别是材料的拉伸和压缩许用应力。

例 9.2　悬臂吊车如图 9.5 所示,横梁用 25a 工字钢制成,梁长 $l=4$ m,斜杆与梁的夹角 $\alpha=30°$。电葫芦重 $F_1=4$ kN,起重量 $F_2=20$ kN,材料的许用应力$[\sigma]=100$ MPa。试校核梁的强度。

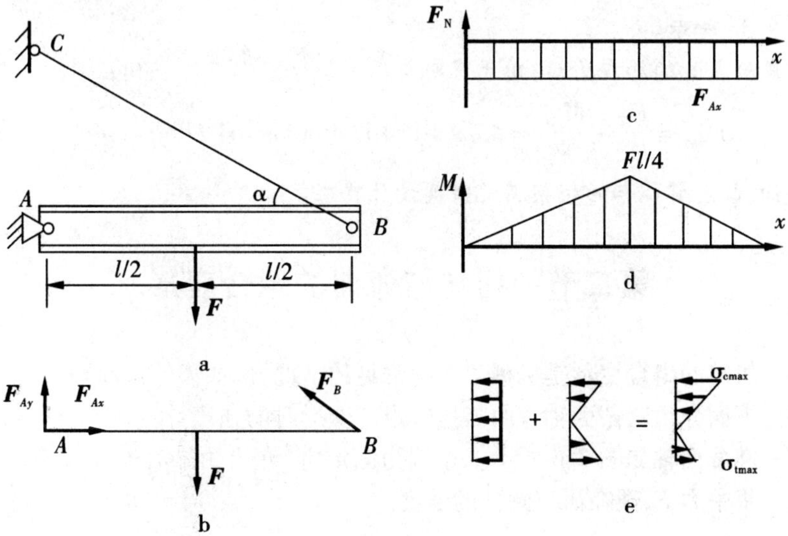

图 9.5

解:取横梁为研究对象,其受力图如图 9.5b 所示,梁上载荷为,$F=F_1+F_2=24$ kN,右端斜杆对横梁的作用力可分解为沿 x 轴和 y 轴的分力,由此可以看出横梁是压缩与弯曲组合变形。

当载荷移至到梁的中点时,梁的弯矩最大,此时梁处于危险状态,有

$$\sum M_A = 0 \qquad F_B \sin\alpha \cdot l = F \cdot \frac{l}{2} = 0$$

$$\sum F_y = 0 \qquad F_{Ay} - F + F_B \sin\alpha = 0$$

$$\sum F_x = 0 \qquad F_{Ax} - F_B \cos\alpha = 0$$

解得:分力 F_{Ax}=20.8 kN 为轴向外力,在此力的单独作用下,杆件将产生轴向压缩,此时,任一横截面上的轴力 $F_N = F_{Ax}$。轴力图如图 9.5c 所示。从型钢表查的 25a 工字钢横截面面积和抗弯系数分别为

$$A = 48.5\ \mathrm{cm}^2 \qquad W_z = 402\ \mathrm{cm}^3$$

因此,杆横截面上各点将产生压应力,其值为

$$\sigma' = \frac{F_N}{A} = \frac{20.8 \times 10^3}{48.5 \times 10^{-4}} = 4.29 \times 10^6 Pa = 4.29\ \mathrm{MPa}$$

分力 F_{Ay}=12 kN 为横向力,在此力的单独作用下,杆件将在 Oxy 面内发生弯曲变形,弯矩方程为

$$M = F_{Ay} x$$

最大弯矩 M_{max}=24 000 N · m。

此时横截面上的最大弯曲应力

$$\sigma'' = \frac{M}{W_Z} = \frac{24\ 000}{402 \times 10^{-6}} \approx 59.7 \times 10^6 Pa = 59.7\ \mathrm{MPa}$$

σ''沿截面高度的变化规律如图 9.5d 所示。则总应力 σ 沿截面高度方向的变化规律如图 9.5e 所示。

得到危险点处的总应力后,由于弯曲与压缩组合变形危险点处应力为

$$\sigma_{cmax} = \frac{F_N}{A} + \frac{M_{max}}{W_z} = 4.29\ \mathrm{MPa} + 57.9\ \mathrm{MPa} = 64\ \mathrm{MPa} \leqslant [\sigma_c]$$

由计算可知,该悬臂吊车的横梁满足强度设计要求。

第二节 扭转与弯曲的组合变形

弯曲与扭转的组合变形是机械工程中常见的情况,例如齿轮传动轴、三轮车轴、卷扬机轴等。下面介绍圆截面轴弯曲与扭转组合变形时的强度计算。

设有一圆截面轴如图 9.6 所示。左端为固定端,在自由端处安装一圆轮,并于轮缘上作用一集中力 F,现在研究圆杆的强度。

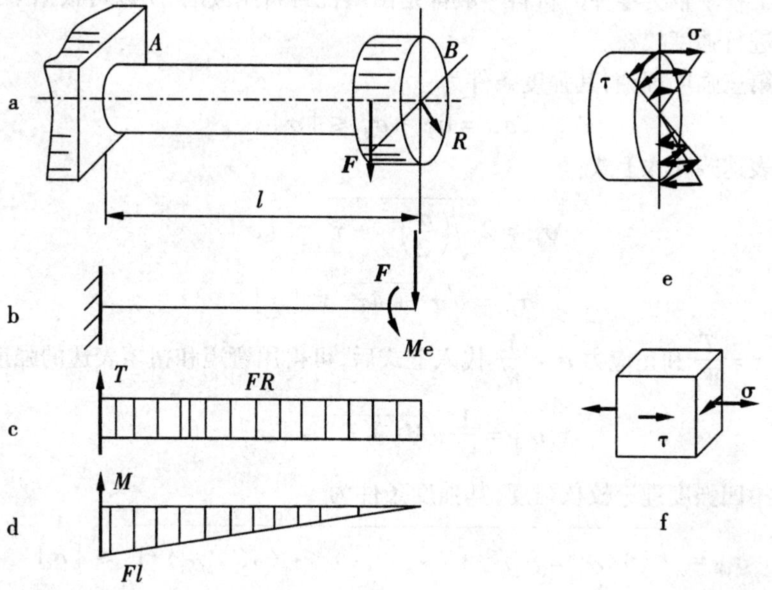

图9.6

1.外力分析

根据力的平移定理,将力 F 平移至圆盘中心线,则得到一个过轴线并且垂直于轴线得横向力,它使梁产生弯曲变形;附加力偶 $Me=FR$ 则作用于垂直于轴线的面内,根据力矩平衡,左侧固定端处也有一个等值反向的约束反力偶,它使得整个杆件发生扭转变形。

2.内力分析

由截面法可知,梁的左固定端为危险截面,危险截面上的扭矩和弯矩分别为

$$T = M_e = FR \quad , \quad M = Fl$$

3.应力分析

在危险截面同时存在扭矩和弯矩,扭矩将产生切应力,切应力与危险截面相切,并且呈线性分布规律,在截面最圆周达到最大;弯矩产生正应力,弯曲正应力在截面上的分布也是线性的,在截面上下点处达到最大。如图9.6e所示。所以截面的最上和最下点为弯扭组合的危险点,最上点的应力状态如图9.6f所示。该点的切应力和正应力分别为

$$\tau = \frac{T}{W_t} \quad , \quad \sigma = \frac{M}{W_z}$$

4.强度条件

如图9.6f所示为危险点的应力状态,它是复杂应力状态,应用强度理论可以得到它的主应力

$$\sigma_1 = \frac{\sigma}{2} + \sqrt{\left(\frac{\sigma}{2}\right)^2 + \tau^2}\ ,\ \sigma_2 = 0\ ,\ \sigma_3 = \frac{\sigma}{2} - \sqrt{\left(\frac{\sigma}{2}\right)^2 + \tau^2}$$

机械工程中轴类零件的材料一般都是由塑性材料制成的，所以可根据第三或第四强度理论进行强度校核。

若用第三强度理论，其强度条件为

$$\sigma_{r3} = \sigma_1 - \sigma_3 \leqslant [\sigma]$$

将主应力表达式代入上式得

$$\sigma_{r3} = 2\sqrt{\left(\frac{\sigma}{2}\right)^2 + \tau^2} \leqslant [\sigma] \tag{9.4}$$

或

$$\sigma_{r3} = \sqrt{\sigma^2 + 4\tau^2} \leqslant [\sigma] \tag{9.5}$$

将切应力 $\tau = \dfrac{T}{W_t}$ 和正应力 $\sigma = \dfrac{M}{W_z}$ 代入上式后，可得用弯矩和扭矩表达的强度公式

$$\sigma_{r3} = \frac{1}{W_z}\sqrt{M^2 + T^2} \leqslant [\sigma] \tag{9.6}$$

若用第四强度理论校核强度，其强度条件为

$$\sigma_{r4} = \sqrt{\frac{1}{2}[(\sigma_1 - \sigma_2)^2 + (\sigma_2 - \sigma_3)^2 + (\sigma_3 - \sigma_1)^2]} \leqslant [\sigma]$$

将主应力值代入上式，简化后得

$$\sigma_{r4} = \sqrt{\sigma^2 + 3\tau^2} \leqslant [\sigma] \tag{9.7}$$

同第三强度理论一样，将切应力 $\tau = \dfrac{T}{W_t}$ 和正应力 $\sigma = \dfrac{M}{W_z}$ 代入上式后，可得用弯矩和扭矩表达的强度公式

$$\sigma_{r4} = \frac{1}{W_z}\sqrt{M^2 + 0.75T^2} \leqslant [\sigma] \tag{9.8}$$

例 9.3 电动机的功率 $P=6$ kW，转速 $n=750$ r/min，轴的外伸端长度 $l=100$ mm，直径 $d=40$ mm，在轴的一端安装带轮，它的直径 $D=125$ mm。设两皮带拉力之间关系为 $F_1=2F_2$，已知许用应力 $[\sigma]=60$ MPa。试校核强度。

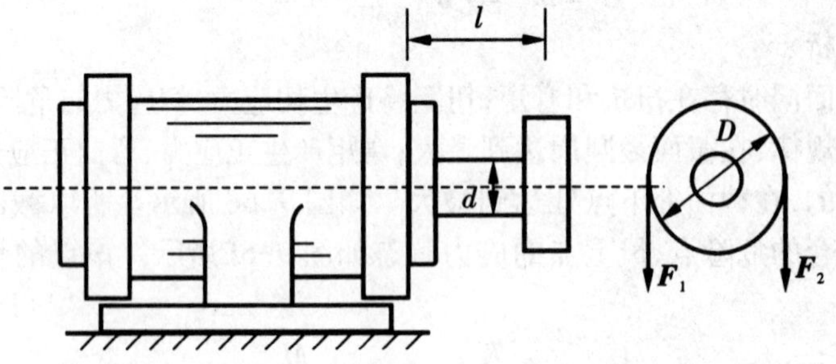

图 9.7

解：电动机轴外伸端为悬臂梁，如图 9.8 所示

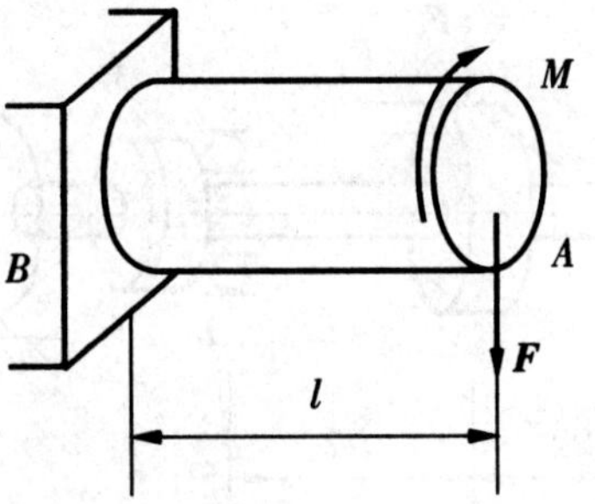

图9.8

轴传递的扭矩为

$$T = 9\,550 \times 10^3 \frac{P}{n} = 76\,400\ \text{N} \cdot \text{mm}$$

当电机匀速转动时

$$T = \frac{D_d}{2}(F_1 - F_2)$$

$$F_2 = \frac{2M_T}{D_d} = \frac{2 \times 76\,400}{125} = 1\,222.4\ \text{N}$$

$$F_1 = 2F_2 = 2 \times 1\,222.4 = 2\,444.8\ \text{N}$$

将皮带拉力分别向轮心平移

$$F = F_1 + F_2 = 3\,667.2\ \text{N}$$

B 截面是危险面，其最大弯矩

$$M = Fl = 366\,720\ \text{N} \cdot \text{mm}$$

轴的当量弯矩

$$M_e = \sqrt{M^2 + {M_T}^2} = \sqrt{366\,720^2 + 76\,400^2} = 374\,593.8\ \text{N} \cdot \text{mm}$$

故当量应力

$$\sigma_e = \frac{M_e}{W_z} = \frac{32M_e}{\pi d^3} = \frac{32 \times 374\,593.8}{3.14 \times 40^3} = 59.65\ \text{MPa} \leqslant [\sigma]$$

故该轴安全

例9.4　斜齿圆柱齿轮由电机通过联轴器输入扭矩，切向圆周力 $F_t = 2\,000$ N，径向力 $F_r = 740$ N，轴向力 $F_x = 350$ N，齿轮 C 的节圆直径 $d = 100$ mm，轴承间的距离 $l = 120$ mm。如图 9.9 所示。已知许用应力 $[\sigma] = 45$ MPa。试按强度理论求轴的直径。

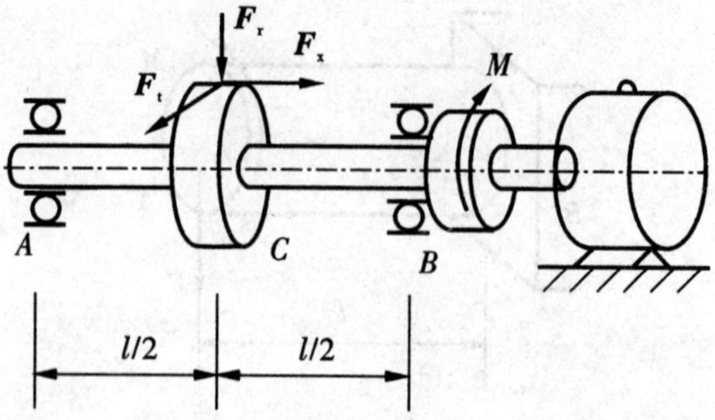

图 9.9

解:将齿轮上的圆周力 F_t 向轴线平移,得一水平力 F_t 和一力偶矩 $M=F_t d/2$,此力偶矩使轴发生扭转变形,其扭矩为

$$T = M = F_t \frac{d}{2} = 100 \text{ Nm}$$

同时,作用于轴上的圆周力 F_t 使轴在水平面发生弯曲变形,最大弯矩如图 9.10a 所示,为

$$M_{HC} = M = \frac{F_t l}{4} = 60 \text{ Nm}$$

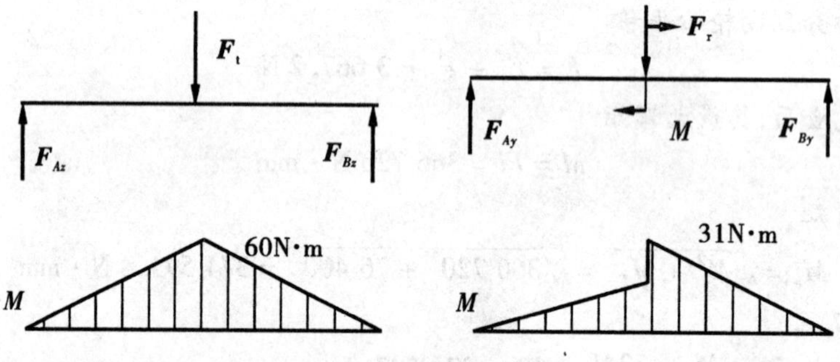

a　　　　　　　　b

图 9.10

再轴向力 F_x 向轴线平移,得一作用于轴线上的力 F_x 和一竖直平面内的力偶矩 $M=F_x d/2$,此力偶矩和径向力 F_r 使轴在竖直平面内发生弯曲变形,轴承反力为

$$F_{Ay} = \frac{F_r}{2} - \frac{F_x d}{2l} = \frac{740}{2} - \frac{350 \times 100}{2 \times 120} = 224 \text{ N}$$

$$F_{By} = F_r + F_{Ay} = 740 - 224 = 516 \text{ N}$$

C 截面上的最大弯矩如图 9.10b 所示,为

$$M_{VC} = \frac{1}{2} F_{By} l = \frac{1}{2} \times 516 \times 0.12 = 31 \text{ N} \cdot \text{m}$$

将 C 截面上的水平弯矩和竖直弯矩合成

$$M = \sqrt{M_{HC}{}^2 + M_{VC}{}^2} = \sqrt{60^2 + 31^2} = 67.5\ \text{N}\cdot\text{m}$$

轴的当量弯矩为

$$M_e = \sqrt{M^2 + T^2} = \sqrt{67.5^2 + 100^2} = 120.6\ \text{N}\cdot\text{m}$$

设计轴的直径：

$$d \geqslant \sqrt[3]{\frac{32M_e}{\pi[\sigma]}} = 30.1\ \text{mm}$$

故取轴的直径 $d=31$ mm。

习题

9.1　拉伸(压缩)与弯曲组合变形的危险截面上的应力分布有什么特点？其危险点的应力状态如何？

9.2　扭转与弯曲组合变形的危险截面上的应力分布有什么特点？其危险点的应力状态如何？

9.3　如何判断构件的变形类型？试分析下图中杆件各段的变形情况。

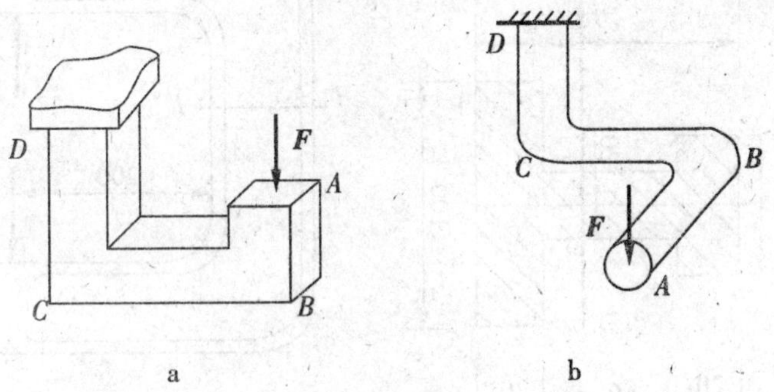

习题 9.3 图

9.4　如图所示为电动机带动皮带轮转动。已知电动机功率 $P=12$ kW，转速 $n=900$ r/min，带轮直径 $D=200$ mm，重量 $G=600$ N，皮带紧边拉力与松边拉力之比为 $T_1/T_2=2$，AB 轴的直径 $d=45$ mm，材料为 45 钢，许用应力 $[\sigma]=120$ MPa。试按第四强度理论校核该轴的强度。

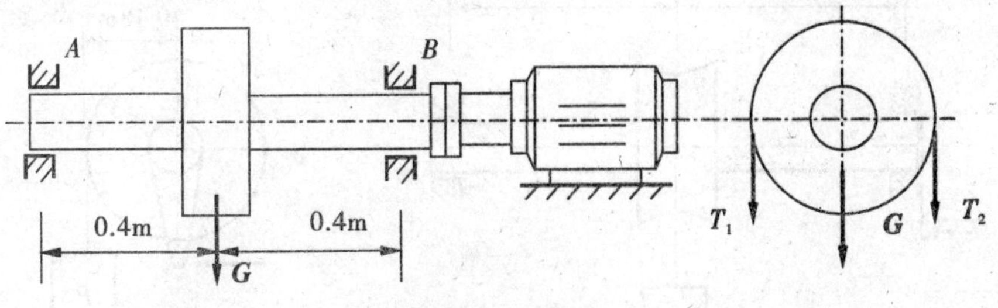

习题 9.4 图

9.5　如图所示的圆截面轴受到力 F 和力偶 Me 的作用,已知力 $F=1$ kN,力偶 $Me=1$ kN · m,圆杆的材料为 45 钢,许用应力$[\sigma]=120$ MPa。力 F 的剪切作用忽略不计。试按第三强度理论设计圆截面杆件的直径 d。

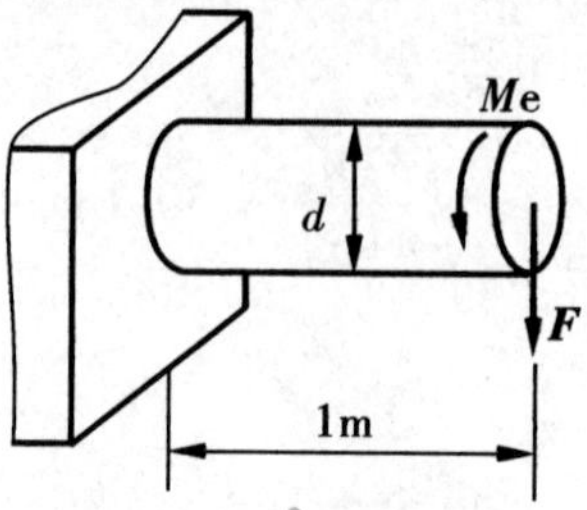

习题 9.5 图

9.6　材料为 HT150-330 的压力机框架如图所示。许用拉应力$[\sigma_t]=30$ MPa,许用压应力$[\sigma_c]=80$ MPa,试校核该框架立柱的强度。

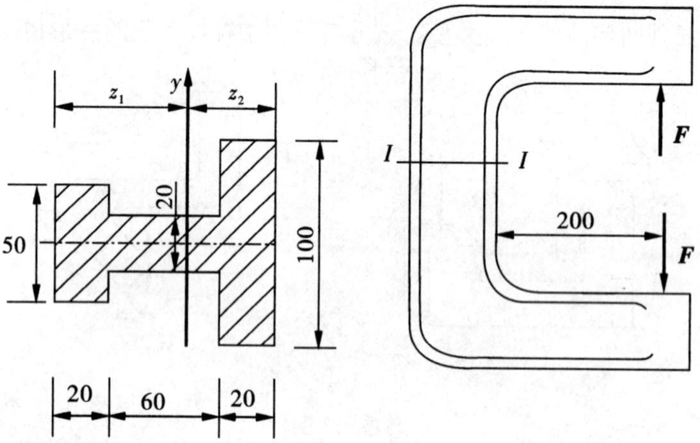

习题 9.6 图

9.7　手摇绞车如图所示,轴的直径 $d=30$ mm,材料为 Q235 钢,许用应力$[\sigma]=80$ MPa。试按第三强度,求绞车的最大起重量 P。

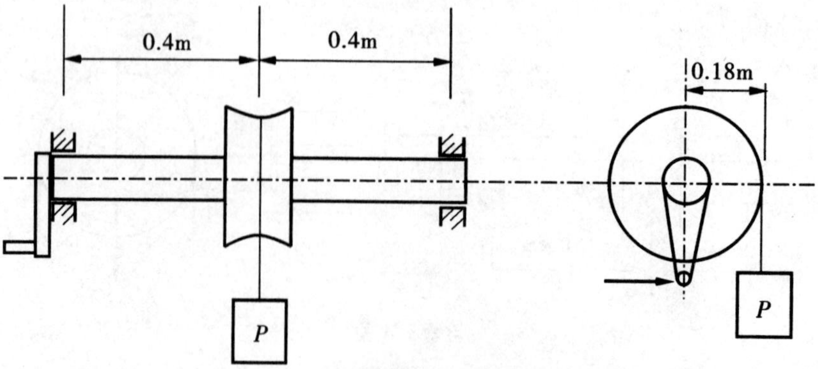

习题 9.7 图

9.8　如图所示，在 AB 轴上装有两个轮子，轮上分别作用有力 P 和 Q，系统处于平衡状态。已知：$Q = 12\ \text{kN}$，$D_1 = 200\ \text{mm}$，$D_2 = 100\ \text{mm}$，轴的材料为 45 钢，许用应力 $[\sigma] = 120\ \text{MPa}$。试按第四强度理论确定该轴的直径。

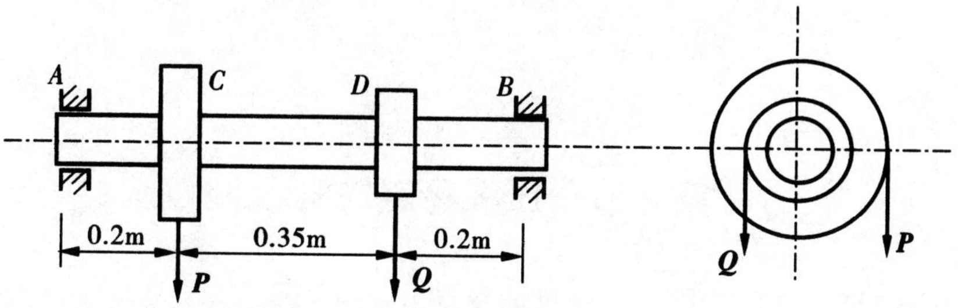

习题 9.8 图

第十章　压杆的稳定

第一节　压杆稳定的概念

在对受压杆件的研究中，是从强度的观点出发的。即认为只要满足压缩强度条件，就可以保证压杆的正常稳定工作。这样考虑，对于短粗的压杆来说是正确的，但对于细长的压杆，就不适用了。例如，一根宽 30 mm，厚 5 mm 的矩形截面松木杆，对其施加轴向压力，如图 10.1 所示。设材料的抗压强度 $\sigma_c = 40$ MPa，由试验可知，当杆很短时（设高为 30 mm），如图 10.1a 所示，将杆压坏所需的压力为

$$F = \sigma_c A = 40 \times 10^6 \times 0.005 \times 0.03 = 6\ 000\ \text{N}$$

但如杆长为 1 m，则施加不到 30 N 的压力，杆就会突然产生显著地弯曲变形而失去工作能力（图 10.1b）。这说明细长压杆之所以丧失工作能力，是由于其轴线不能维持原有直线形状的平衡状态所致，这种现象称为丧失稳定，或简称失稳。由此可见，横截面和材料相同的压杆，由于杆的长度不同，其抵抗外力的性质将发生根本的改变；极短的压杆是强度问题；而细长的压杆则是稳定问题。上例还表明，由于细长压杆的承载能力远低于短粗压杆，因此研究压杆的稳定性就更为必要。

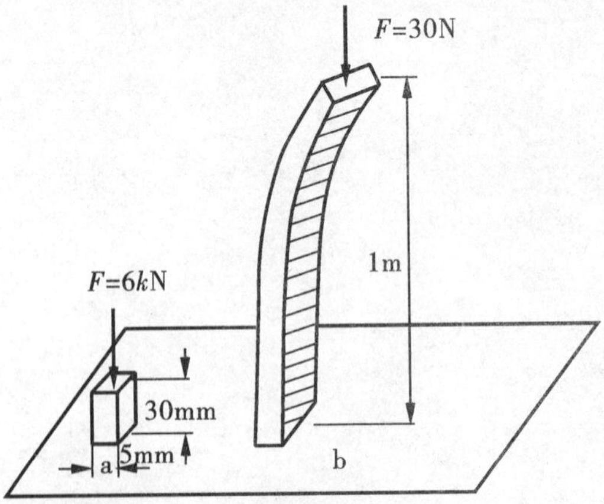

图 10.1

现对压杆的稳定性概念再做进一步的解释。取一根下端固定、上端自由的理想细长杆，在上端严格按轴线施加压力 F（图 10.2a）。则无论压力多大，在直线状态下总是满足静力平衡条件的。然而该平衡状态视其压力的大小，却有稳定与不稳定之分，

这可以通过对其施加横向干扰产生微弯(图 10.2b),然后撤除横向干扰,根据变化来加以判断。实验发现,当压力 F 不超过某一临界值 F_{cr}时,撤除干扰后杆仍能恢复原状(图 10.2c 所示),表明原有的直线平衡状态是稳定的;但若压力超过临界值 F_{cr},撤除干扰后,将杆只能在一定弯曲变形程度下平衡(图 10.2d)。甚至弯曲后而不恢复原状,表明原有的直线平衡状态是不稳定的。

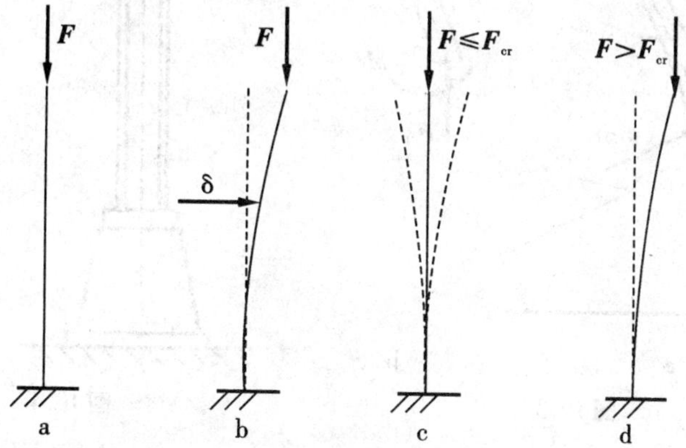

图 10.2

为什么因压力大小不同,压杆直线形状的平衡状态会有稳定与不稳定之分呢?这是由于当撤除干扰压杆仍处于微弯的瞬间(图 10.3a)所示,压力 F 对任一横截面作用有使压杆弯曲的外力矩 $F(\delta-\gamma)$ 。而因产生弹性弯曲变形,各横截面上产生弯矩 $M_c=\dfrac{EI}{\rho(x)}$ [$\rho(x)$ 为轴线弯曲的曲率半径](图 10.3b)所示,它力图使压杆恢复原来的直线形状。若压力 F 不超过临界值 F_{cr},则弯曲力矩小于恢复力矩 $F(\delta-\gamma)<\dfrac{EI}{\rho(x)}$,为维持压杆的平衡,各截面的弯矩自动减小,曲率半径 $\rho(x)$ 增大,直到恢复直线形状的平衡状态;反之、若 $F>F_{cr}$,则弯曲外力矩大于或等于弹性恢复内力矩 $F(\delta-\gamma)\geqslant\dfrac{EI}{\rho(x)}$,压杆只能在一定弯曲变形程度下平衡,甚至弯曲。

由此不难看出,细长压杆的直线平衡状态是否稳定,与压力 F 大小有关。当压力 F 逐渐增大至 F_{cr}时,压杆将从稳定平衡过渡到不稳定平衡。也就是说,轴线压力的量变,将引起压杆原来直线平衡状态的质变。因此,压力 F_{cr}称为压杆的临界压力,或称临界载荷。当外力达到此值时,压杆即开始丧失稳定。

在工程实际中,有许多受压的构件是需要考虑其稳定性的。例如,千斤顶的丝杠(图 10.4)、托架中的压杆(图 10.5),以及采矿工程中的钻杆等。如果这些构件过于细长,在轴向压力较大时,就有可能丧失稳定而破坏。而这种破坏是突然发生的,往往会给工程结构或机械带来极大的损害,历史上存在不少由于失稳而造成严重事故的事例。因此,在设计这类机构时,进行稳定计算是非常必要的。

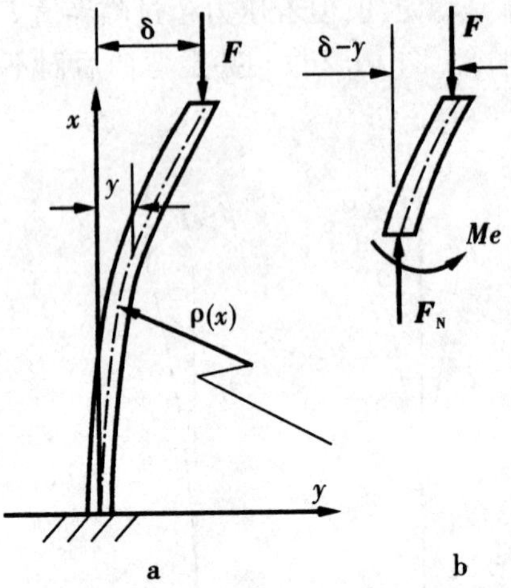

图 10.3

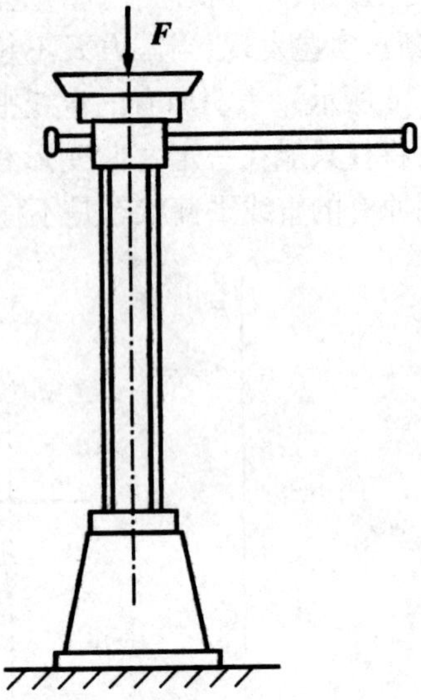

图 10.4

失稳的现象不仅限于压杆这一类构件，其他如截面窄而高的梁，受外力的薄壁容器等，当外力超过临界值时，都可能有失稳的现象发生，其失稳后的形状如图 10.6 和 10.7 中虚线所示。本章只讨论压杆的稳定问题。

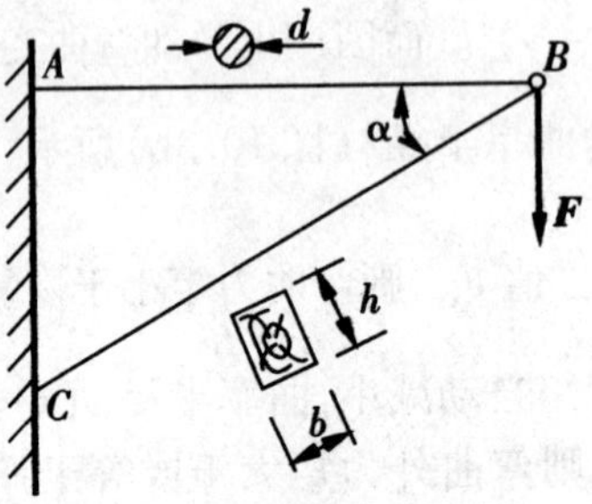

图 10.5

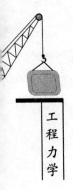

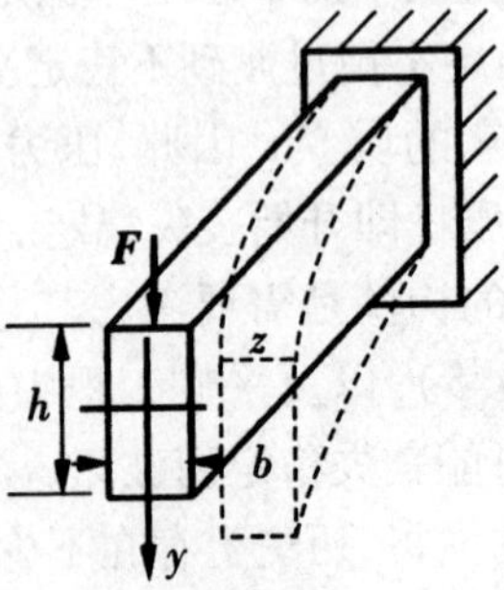

图 10.6

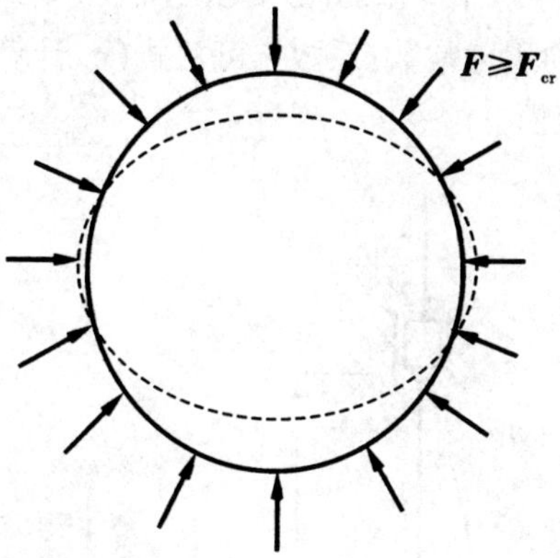

图 10.7

第二节　细长压杆的临界力

如前所述，对确定的压杆来说，判断其是否丧失稳定，主要取决于压力是否达到了临界压力值。因此根据压杆的不同条件来确定相应的临界力，是解决压杆稳定问题的关键。本节先讨论细长压杆的临界力。

由于临界力也可认为是压杆处于微弯平衡状态，当挠度趋于零时承受的压力。因此，对一般几何形状、载荷及支座情况下不复杂的细长压杆，可根据压杆处于微弯平衡状态下的挠曲线近似微分方程进行求解，这一方法也称为欧拉法。此外还有能量法等。

一、两端铰支压杆的临界力

设一细长压杆 AB（图 10.8a），两端铰支，在轴向压力 F 作用下处于微弯平衡状态。则距杆下端 x 处截面的挠度为 y，该截面的弯矩（图 10.8b）为

$$M(x) = -Fy \tag{a}$$

因为力 F 可以不考虑正负，在所选定的坐标内当 y 为正值时，$M(x)$ 为负值，所以上式右端加一负号。可以列出其挠曲线近似微分方程为

$$EI\frac{d^2y}{dx^2} = -Fy \tag{b}$$

若令

$$k^2 = \frac{F}{EI} \tag{c}$$

则式(b)可写成

$$\frac{d^2y}{dx^2} + k^2y = 0 \tag{d}$$

此方程的通解是

$$y = C_1\sin kx + C_2\cos kx \tag{e}$$

式中：C_1和C_2是两个待定的积分常数：系数k可从式(c)计算，但由于力F的数值仍为未知，所以k也是一个待定值。

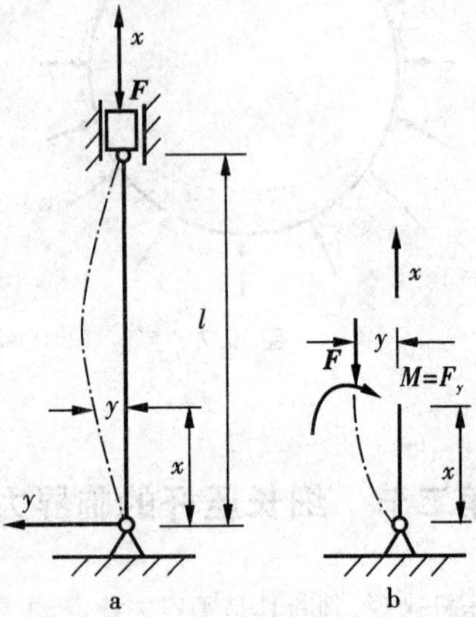

图 10.8

根据杆端的约束情况，可有两个边界条件：在$x=0$处，$y=0$；在$x=l$处，$x=0$。将第一个边界条件带入式(e)，得$C_2=0$，则式(e)可改写成

$$y = C_1\sin kx \tag{f}$$

上式表示挠曲线是一正弦曲线。再将第二个边界条件带入上式，得

$$0 = C_1\sin kl$$

由此解得

$$C_1=0,\text{或 } \sin kl = 0$$

若取$C_1=0$，则由式(f)得$y=0$，即表明杆没有弯曲，仍保持直线形状的平衡形式，这与杆已发生微小弯曲变形的前提相矛盾。因此，只可能让$\sin kl=0$。满足这一条件的kl值为

$$kl = n\pi(n = 0,1,2,3,\cdots)$$

可由式(c)得

$$k = \sqrt{\frac{F}{EI}} = \frac{n\pi}{l}$$

故得

$$F_{cr} = \frac{n^2\pi^2 EI}{l^2} \tag{g}$$

上式表明，无论n取何值，都有与其对应的力F。但在实际上应取最小值。若取$n=0$，则$F=0$，这与讨论情况不符。所以应取$n=1$相应的压力F即为所求的临界力

$$F_{cr} = \frac{\pi^2 EI}{l^2} \tag{10.1}$$

式中：E—压杆材料的弹性模量；

I—压杆横截面对中性轴的惯性矩；

l—压杆的长度。

此式一般称为两端铰支压杆临界力的欧拉公式。

从公式可以看出，临界力 F_{cr} 与杆的抗弯刚度 EI 成正比，而与杆长 l 的平方成反比。这就是说，杆愈细长，其临界力愈小，即愈容易丧失稳定。

应该注意，对于两端以球铰支承的压杆，公式(10.1)中横截面的惯性矩 I 应取最小值 I_{min}。这是因为压杆失稳时，总是在抗弯能力为最小的纵向截面(即最小刚度平面)内弯曲。

现讨论压力 F 与压杆中截面挠度的关系，从中可进一步解释压杆稳定性的概念。将 $k=\frac{\pi}{l}$ 代入公式(f)得压杆的挠度方程为

$$v=\sin\frac{\pi x}{l}$$

在 $x=\frac{l}{2}$ 处，有最大挠度

$$v_{max}=C_1$$

常数 C_1 不能确定，得 F 与 ν_{max} 关系曲线为图 10.9 所示的水平线 AA'，这是由于采用挠曲线近似微分方程求解造成的，如采用挠曲线的精确微分方程，则得 F-ν_{max} 曲线如图 10.9 中 AC 所示。这种 F-ν_{max} 曲线称为压杆的平衡路径，它清楚显示了压杆的稳定性及失稳后的特性。当 $F\leqslant F_{cr}$，压杆只有一条平衡路径 OA，即直线形状下的平衡是稳定的。若 $F>F_{cr}$，平衡路径分支为两条—AB 和 AC 路径，其中直线平衡状态路径 AB 是不稳定的，因该路径上任意点 D 的平衡一经微弯干扰将不能恢复原状，而到达 AC 路径上同一 F 值 E 点的弯曲变形状态，且该位置的平衡是稳定的，因为使其进一步增大弯曲变形必须增大压力。

以上讨论是理想压杆的情况。而对实际使用的压杆来说，轴线的初弯曲，压力的偏心，材料的缺陷和不均匀等因素总是存在的，为非理想压杆，对其进行实验或理论分析所得的平衡路径如图 10.9 的 $OIGH$ 曲线，无平衡路径分支现象，一经受压(无论压力多少)即处于弯曲变形的平衡状态，但也有稳定与不稳定之分。当压力 $F\leqslant F_{cr}$，处于路径 OIG 段上的任意一点，如施加使其弯曲变形微增的干扰，然后撤除，仍能恢复原状(当处于弹性范围)，或虽不能恢复原状(如已发生塑性变形)但仍能在原有压力下处于平衡状态，这说明原平衡状态是稳定的。而下降路径 GH 段上任意一点的平衡是不稳定的，因一旦施加使其弯曲变形微增的干扰，如不减少压力，压杆将不能维持平衡而被压溃。压力 F_{max} 称为失稳极值压力，它要比理想压杆的临界力 F_{cr} 小，且随压杆的缺陷(初弯曲，压力偏心等)的减小而逐渐接近 F_{cr}。考虑到临界力 F_{cr} 的计算比较简单，所以目前对压杆的稳定性计算仍多采用临界力。

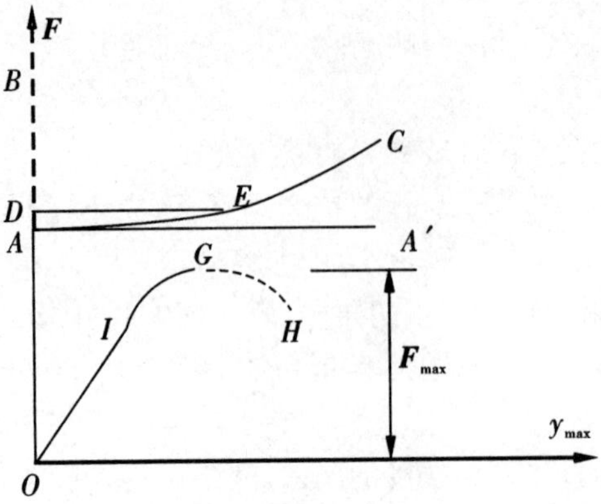

图 10.9

例 10.1　试求图 10.1b 所示松木压杆的临界力。已知弹性模量 $E=9$ GPa，矩形截面的尺寸为：$b=3$ cm，$h=0.5$ cm，杆长 $l=1$ m

解：先计算横截面的惯性矩

$$I_{min} = \frac{1}{12}bh^3 = \frac{1}{12} \times 0.03 \times 0.005^3 = \frac{1}{32 \times 10^8}\ \mathrm{m}^4$$

杆的两端可化简为铰支，则由式(10.1)，可得其临界力为

$$F_{cr} = \frac{\pi^2 EI}{l^2} = \frac{\pi^2 \times 9 \times 10^9}{1^2 \times 32 \times 10^8} = 27.8\ \mathrm{N}$$

由此可知，若轴向压力达到 27.8 N 时，此杆就会丧失稳定。

二、其他约束情况下压杆的临界力

上面导出的是两端铰支压杆的临界力公式。当压杆的约束情况改变时，压杆的挠曲线近似微分方程和挠曲线边界条件也随之改变，因而临界力的数值也不同。仿照前面的方法，也可求得各种情况下压杆的临界力公式。如果以两端铰支压杆的挠曲线(半波正弦曲线)为基本情况，将其与其他约束情况下的挠曲线对比：则可以得到欧拉公式的一般形式为

$$F_{cr} = \frac{\pi^2 EI}{(\mu l)^2} \tag{10.2}$$

式中的 μ 为不同约束条件下压杆的长度系数，μl 则相当于两端铰支压杆的半波正弦曲线的长度，称为当量长度。几种理想的杆端约束情况下的长度系数如表 10.1 所示。

由表 10.1 可以看出，欲使长为 l 的一端固定一端自由的压杆失稳，相当于使长度为 $2l$ 的两端铰支的压杆失稳；同样，对于一端固定一端铰支的压杆，因挠曲线的拐点在 $0.7l$；对两端固定的压杆，则与长度 $0.5l$ 的两端铰支的压杆相当。

应该指出，上边所列的杆端约束情况，是典型的理想约束。实际上，在工程实际中杆端的约束情况是复杂的，有时很难简单的将其归结为哪一种理想约束。应该根据实际情况作具体分析，看其与那种理想情况接近，从而定出近乎实际的长度系数。下面

说明杆端约束情况的简化。

表 10.1　压杆的长度系数

杆端约束情况	两端铰支	一端固定一端自由	一端固定一端铰支	两端固定
挠曲线形状	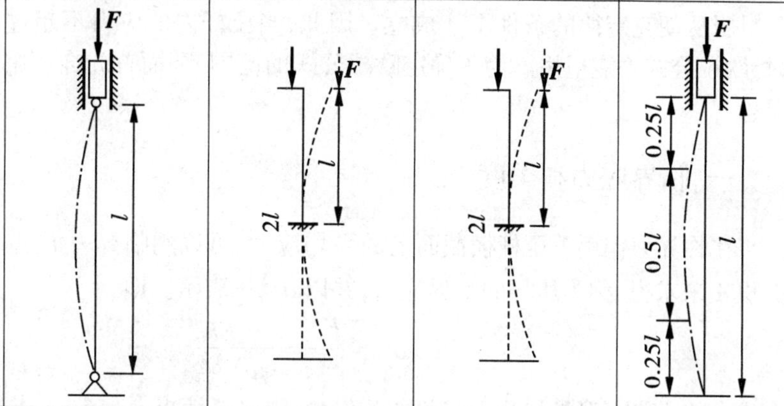			
长度系数	1.0	2.0	0.7	0.5

1. 柱形铰约束

如果连杆的两端为柱形铰链接，例如发动机的连杆连接，考虑连杆在大刚度平面内弯曲时，杆的两端可简化为铰支；考虑连杆在小刚度平面内弯曲时，则应根据两端的实际固结程度，两端的连接为固定端连接。

2. 焊接或铆接

对于杆端与支撑处焊接或铆接的压杆，因为杆受力后连接处仍可能产生微小的波动，可简化为铰支端。不能将其简化为固定端。

3. 螺母和丝杠连接

这种连接的简化将随着支撑套（螺母）长度 l_0 与支撑套（螺母的螺纹平均直径）d_0 的比值 $\frac{l_0}{d_0}$ 而定。当 $\frac{l_0}{d_0} < 1.5$ 时，可简化为铰支端；当 $\frac{l_0}{d_0} > 3$ 时，则简化为固定端；当 $1.5 < \frac{l_0}{d_0} < 3$ 时，则简化为非完全铰，若两端均为非完全铰，取 $\mu = 0.75$。

4. 固定端

对于与坚实的基础结成一体的柱脚，可简化为固定端，如浇铸与混凝土中的柱脚。

理想的固定端和铰支端约束是不多见的。实际杆端的连接情况，往往是介于固定端与铰支端之间。对应于各种实际的杆端约束情况，压杆的长度系数 μ 值，在有关的设计手册或规范中另有规定。在实际计算中，为了简单起见，有时将有一定固结程度的杆端简化为铰支端，这样简化是偏于安全的。

第三节　欧拉公式的适用范围及中小柔度杆的临界应力

欧拉公式是以压杆的挠曲线微分方程为依据推导出来的,而这个微分方程只有在材料服从胡克定律的条件下才成立。因此,当压杆内的应力不超过材料的比例极限时,欧拉公式才能适用。为了确定欧拉公式的范围,下面首先介绍临界应力和柔度的概念。

一、临界应力和柔度

在临界力作用下压杆横截面上的平均应力,可以用临界力 F_{cr} 除以压杆的横截面面积 A 来求得,称为压杆的临界应力,并以 σ_{cr} 来表示。即

$$\sigma_{cr}=\frac{F_{cr}}{A}=\frac{\pi^2 EI}{(\mu l)^2 A} \tag{h}$$

上式中的 I 和 A 都是与截面有关的几何量,如将惯性矩表为 $I=i^2A$,则可用另一个几何量来代替两者的组合,即令:

$$\left.\begin{aligned} i_y&=\sqrt{\frac{I_y}{A}}\\ i_z&=\sqrt{\frac{I_z}{A}}\end{aligned}\right\} \tag{10.3}$$

式中 i_y 和 i_z 分别称为截面图形对 y 轴和 z 轴的惯性半径,其量纲为长度的一次方。各种几何图形的惯性半径都可从相关工具书上查出。

以 $I=i^2A$ 代入式(h),得

$$\sigma_{cr}=\frac{\pi^2 Ei^2}{(\mu l)^2}=\frac{\pi^2 E}{\left(\frac{\mu l}{i}\right)^2}$$

令
$$\lambda=\frac{\mu l}{i} \tag{10.4}$$

可得压杆临界应力的一般公式为

$$\sigma_{cr}==\frac{\pi^2 E}{\lambda^2} \tag{10.5}$$

式中 λ 称为压杆的柔度或长细比,是一个无量纲的量,它反映了杆端约束情况、压杆长度、截面形状了和尺寸等因素对临界力的综合影响。显然,若 λ 越大,即压杆比较细长,则临界应力就越小,压杆越容易丧失稳定;反之,若 λ 越小,即压杆比较短粗,则临界应力就比较大,压杆就不太容易丧失稳定。所以,柔度 λ 是压杆稳定计算的一个重要参数。

二、欧拉公式的适用范围

前面已讲述,只有压杆的应力不超过材料的比例极限 σ_p 时,欧拉公式才能适用。

因此，欧拉公式的适用条件是

$$\sigma_{cr} = \frac{\pi^2 E}{\lambda^2} \leqslant \sigma_{\mathrm{p}} \tag{10.6}$$

由此式可以求得对应于比例极限的柔度值为

$$\lambda_p = \pi \sqrt{\frac{E}{\sigma_{\mathrm{p}}}} \tag{10.7}$$

因此欧拉公式的适用范围可以用压杆的柔度值 λ_{p} 来表示，即只有当压杆的实际柔度 $\lambda \geqslant \lambda_{\mathrm{p}}$ 时，欧拉公式才适用。这一类压杆称为大柔度杆或细长杆。对于常用的 Q235 钢，弹性模量 $E = 200$ GPa，比例极限 $\sigma_{\mathrm{p}} = 200$ GPa，代入上式后可算得 $\lambda_{\mathrm{p}} = 100$。也就是说，以 Q235 钢制成的压杆，其柔度 $\lambda \geqslant 100$ 时，才能用欧拉公式计算其临界力。

由临界应力公式可见，压杆的临界应力是随柔度而变的，他们之间的关系，可以用一个图形来表示。作一个坐标系，取临界应力 σ_{cr} 为纵坐标，柔度 λ 为横坐标，按公式(10.5)，可画出如图 10.10 所示的曲线 AB，称为欧拉双曲线。欧拉公式的适用范围，也可以在此图上表示出来。曲线上的实线部分 BC，是适用部分；虚线部分 AC，由于应力已超过了比例极限，为无效部分。对应于 C 点的柔度即为 λ_{p}。

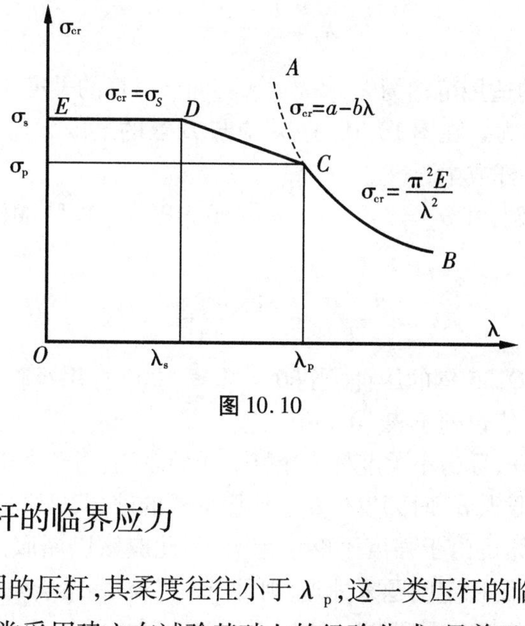

图 10.10

三、中小柔度杆的临界应力

工程实际中常用的压杆，其柔度往往小于 λ_{p}，这一类压杆的临界应力已不能再用欧拉公式来计算，通常采用建立在试验基础上的经验公式，目前已有不少试验公式，如直线公式和抛物线公式等。其中以直线公式比较简单，应用方便，其形式为

$$\sigma_{cr} = a - b\lambda \tag{10.8}$$

式中的 a 和 b 是与材料性质有关的常数，其单位均为 MPa。一些常用材料的 a 和 b 值见表 10.2。

表 10.2　常用材料的 a、b 值

材料	a/MPa	b/MPa	λ_p	λ_s
Q235 钢	310	1.14	100	60
35 钢	469	2.62	100	60
45 钢	589	3.82	100	60
铸铁	338.7	1.483	80	
松木	40	0.203	59	

上述的经验公式也有一个适用范围。例如，对于由塑性材料制成的压杆，还应要求其临界应力不得达到材料的屈服点，即要求

$$\sigma_{cr} = a - b\lambda < \sigma_s$$

或

$$\lambda > \frac{a - \sigma_s}{b}$$

因此使用上述经验公式的最小柔度极限值为

$$\lambda_s = \frac{a - \sigma_s}{b} \tag{10.9}$$

故经验公式(10.8)的适用范围为 $\lambda_s < \lambda \leqslant \lambda_p$，即当压杆的柔度 λ_p 与 λ_s 之间时，用经验公式计算其临界应力。在图 10.10 中，对应与 D 点的柔度 λ_s。柔度在 λ_p 和 λ_s 之间的压杆称为中柔度杆或中长杆。

仍以 Q235 钢为例，其 $\sigma_s = 240$ MPa，$a = 310$ MPa，$b = 1.14$ MPa，将其代入式(10.9)，得

$$\lambda_s = \frac{a - \sigma_s}{b} = \frac{310 - 240}{1.14} \approx 60$$

由此可知，对于 Q235 钢的压杆，当 $60 < \lambda \leqslant 100$ 时，用经验公式计算临界应力，一些材料的 λ_p 和 λ_s 值也列于表 10.2 中。

柔度小于 λ_s 压杆，称为小柔度杆或短杆。实验表明，对于由塑性材料制成的这种压杆，当压力达到屈服点 σ_s 时即发生塑性屈服形式的破坏，破坏时很难观察到失稳现象，这说明短杆的破坏是由于强度不够引起的，因此应该以屈服点 σ_s 作为其极限应力。若在形式上仍采用稳定问题来处理，则可令临界应力 $\sigma_{cr} = \sigma_s$，在图 10.10 中以水平线段 DE 来表示。同理，对于脆性材料，例如铸铁制成的压杆，则应以抗压 σ_c 强度作为其临界压力。

上述三类压杆的临界应力与柔度间的关系图(图 10.10)称为压杆的临界应力图。从图上可以明显看出，短杆的临界应力与 λ 无关，而中长杆的临界应力则随 λ 的增加而减小。

例 10.2　一截面为 12 cm×20 cm 的矩形木柱，长 $l = 4$ m，其支撑情况是：在最大刚度平面内弯曲时为两端铰支(图 10.11a)；在最小刚度平面内弯曲时为两端固定(图 10.11b)，木柱为松木，其弹性模量 $E = 10$ GPa，试求木柱的临界力和临界应力。

解:由于最小与最大刚度平面内的支撑情况不同,所以需分别计算。

(1)计算最大刚度平面内的临界力和临界应力。考虑压杆在最大刚度平面内失稳时,由图 10.11a 截面的惯性矩应为

$$I_z = \frac{12 \times 20^3}{12} = 8\ 000\ \text{cm}^4$$

由式 (10.3),相应的惯性半径为

$$i_z = \sqrt{\frac{I_z}{A}} = \sqrt{\frac{8\ 000}{12 \times 20}} = 5.77\ \text{cm}$$

两端铰支时,长度系数$\mu = 1$,由公式(10.4),算得其柔度为

$$\lambda = \frac{\mu l}{i} = \frac{1 \times 400}{5.77} = 69.3 > \lambda_{\text{p}} = 59$$

因柔度大于λ_p,故其临界力可用欧拉公式计算。

由式(10.2),

$$F_{\text{cr}} = \frac{\pi^2 EI}{(\mu l)^2} = \frac{\pi^2 \times 10 \times 10^9 \times 8 \times 10^{-5}}{(1 \times 4)^2} = 493.5\ \text{kN}$$

再由式(10.5),得临界应力

$$\sigma_{\text{cr}} == \frac{\pi^2 E}{\lambda^2} = \frac{\pi^2 \times 10 \times 10^9}{69.3^2} = 20.55\ \text{MPa}$$

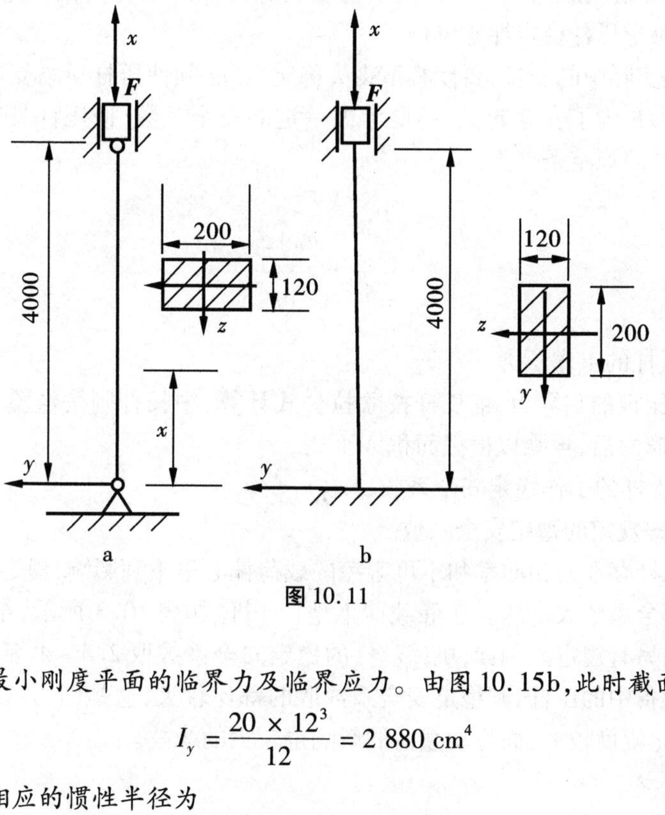

图 10.11

(2)计算最小刚度平面的临界力及临界应力。由图 10.15b,此时截面的惯性矩为

$$I_y = \frac{20 \times 12^3}{12} = 2\ 880\ \text{cm}^4$$

由式(10.3),相应的惯性半径为

$$i_y = \sqrt{\frac{I_y}{A}} = \sqrt{\frac{2\,880}{12 \times 20}} = 3.46\ \text{cm}$$

两端固定时长度系数$\mu=0.5$,由式(10.4)算得其柔度为

$$\lambda = \frac{\mu l}{i} = \frac{0.5 \times 400}{3.46} = 57.8 < \lambda_{\mathrm{p}} = 59$$

由于在此平面内弯曲时杆的柔度小于λ_p,故应用经验公式计算其临界应力。

由表10.2查得,对于木材,$a=40$ MPa, $b=0.203$ MPa,则由式(10.8),

$$\sigma_{\mathrm{cr}} = a - b\lambda = 40 - 0.203 \times 57.8 = 28.27\ \text{MPa}$$

故其临界为

$$F_{\mathrm{cr}} = \sigma_{\mathrm{cr}} A = 28.27 \times 10^6 \times (0.12 \times 0.2) = 678.5\ \text{kN}$$

比较计算结果可知,第一种情况的临界力小,所以压杆失稳时将在最大刚度平面内产生弯曲。此例说明,当在最小刚度平面与最大刚度平面内支撑情况不同时,压杆不一定在最小刚度平面内失稳,必须经过具体计算之后才能确定。

第四节　压杆的稳定计算

压杆的稳定计算包括压杆截面的选择和压杆稳定性的校核。在机械设计中,往往根据构件的工作需要或其他方面的要求初步确定构件的截面,然后再校核其稳定性。因此,本节只讨论压杆稳定性恶校核。

对于工程实际中的压杆,要使其不丧失稳定,就必须使压杆所承受的轴向力P小于压杆的临界力,为了安全起见,还要考虑一定的安全系数,使压杆具有一定的稳定性。因此,压杆的稳定条件为

$$F \leqslant \frac{F_{\mathrm{cr}}}{[n_{\mathrm{st}}]} \tag{10.10}$$

或

$$n_{\mathrm{st}} = \frac{F_{\mathrm{cr}}}{F} \geqslant [n_{\mathrm{st}}] \tag{10.11}$$

式中:F——压杆的工作压力;

F_{cr}——压杆的临界力,细长杆按欧拉公式计算;中长杆则按经验公式算出临界应力后,再乘以横截面积A而得;

n_{st}——压杆的工作稳定安全系数;

$[n_{\mathrm{st}}]$——规定的稳定安全系数。

考虑到压杆存在的初曲率和不可避免的载荷偏心等不利影响,规定的安全系数一般都比强度安全系数大一些。在静载荷下地$[n_{\mathrm{st}}]$值如表10.3所示,结合具体构件,有关规范中还另有规定。例如,机床丝杠的稳定安全系数取2.5~4,活塞杆取4~8。矿山和冶金设备中的压杆,其稳定安全系数取的都比较大,这是因为这些设备的载荷比较复杂,变化幅度较大,而且动载荷的影响也较大的缘故。

表 10.3 稳定安全系数

材料	钢	木材	铸铁
$[n_{st}]$	1.8～3.0	2.5～3.5	4.5～5.5

还应指出,有时也会碰到压杆在局部截面被削弱的情况(例如杆上开有小孔或沟槽),由于压杆的临界力是由整个压杆的弯曲变形决定的,局部的截面削弱对临界力的影响很小,所以在稳定计算中不予考虑。但是,对于这类压杆,必要时还应对强度削弱了得横截面进行强度校核。

例 10.3 千斤顶如图 10.4 所示,丝杠处长度 $l=37.5$ cm, $d=4$ cm,材料为 45 钢,最大起重量 $F=80$ kN,规定的稳定安全系数$[n_{st}]=4$。试校核丝杠的稳定性。

解:

(1)计算柔度:丝杠可简化为下端固定、上端自由的压杆,长度系数$\mu=2$。又由式(10.3),丝杠的惯性半径为

$$i=\sqrt{\frac{I}{A}}=\sqrt{\frac{\frac{\pi d^4}{64}}{\frac{\pi d^2}{4}}}=\frac{d}{4}=1\ \text{cm}$$

故由式(10.4),丝杠的柔度为

$$\lambda=\frac{\mu l}{i}=\frac{2\times 37.5}{1}=75$$

由表 10.2 中查的,45 钢的 $\lambda_s=60$, $\lambda_p=100$,此丝杠的柔度介于两者之间,为中柔度杆,故应该用经验公式计算其临界力。

(2)计算临界力,校核稳定:又由表 10.2 查的:$a=589$ MPa,$b=3.82$ MPa,利用中长杆的临界应力公式(10.8),可得丝杠的临界力为

$$F_{cr}=\sigma_{cr}A=(a-b\lambda)\frac{\pi d^2}{4}=(589\times10^6-3.82\times10^6\times75)\times\frac{3.14\times0.04^2}{4}=380\ 133\ \text{N}$$

由公式(10.11),丝杠的工作安全稳定系数为

$$n_{st}=\frac{F_{cr}}{F}=\frac{380\ 133}{80\ 000}=4.74>4=[n_{st}]$$

校核结果可知,此千斤顶丝杠是稳定的。

例 10.3 简易起重如图 10.12 所示,起重臂 AB 长 $l=2.7$ m,由外径 $D=8$ cm,内径 $d=7$ cm 的无缝钢管制成;材料为 Q235 钢,规定的稳定安全系数$[n_{st}]=3$,试确定起重臂的安全载荷。

解:

(1)计算柔度:由图 10.12 所示的构造情况,考虑起重臂在平面 Oxy 内失稳时,两端可简化为铰支;考虑在平面 Oxz 内失稳时,应简化为一端固定,一端自由。显然,应根据后一情况来计算起重臂的柔度,取长度系数$\mu=2$。

因而圆管横截面的惯性半径为

$$i=\sqrt{\frac{I}{A}}=\sqrt{\frac{\frac{\pi(D^4-d^4)}{64}}{\frac{\pi(D^2-d^2)}{4}}}=\frac{1}{4}\sqrt{D^2+d^2}=\frac{1}{4}\sqrt{8^2+7^2}=2.66\ \text{cm}$$

起重臂的柔度为

$$\lambda=\frac{\mu l}{i}=\frac{2\times 270}{2.66}=203>\lambda_p=100$$

故知起重臂为大柔度杆，应按欧拉公式计算其临界力。

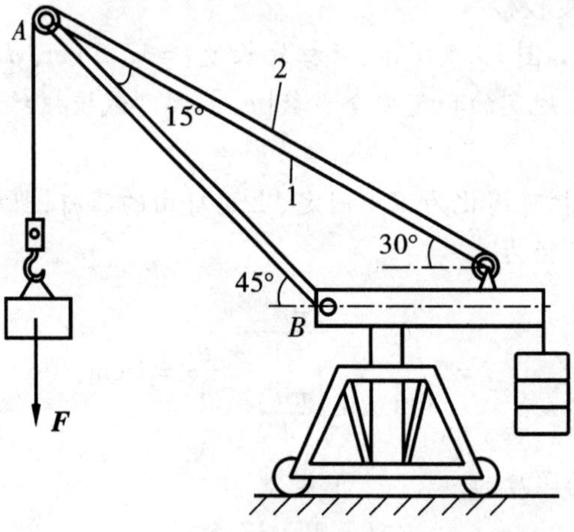

图 10.12

(2)计算临界力，确定安全载荷，圆管横截面的惯性矩为

$$I=\frac{\pi}{64}(D^4-d^4)=\frac{3.14}{64}(8^4-7^4)=82.3\ \text{cm}^4$$

由式(10.2)起重臂的临界力为

$$F_{cr}=\frac{\pi^2 EI}{(\mu l)^2}=\frac{3.14^2\times 200\times 10^9\times 83.2\times 10^{-8}}{(2\times 2.7)^2}=56\ 320\ \text{N}$$

由稳定条件(10.10)，起重臂的最大安全载荷为

$$F=\frac{F_{cr}}{[n_{st}]}=\frac{56\ 320}{3}=18\ 733\ \text{N}\approx 18.8\ \text{kN}$$

求得起重臂的安全载荷后，再考虑 A 点的平衡，即可求得起重机的安全起重量 Q。

第五节　提高压杆稳定性的措施

如前所述。某一压杆的临界力和临界应力的大小，反映了此压杆稳定性的高低。因此，欲提高压杆的稳定性，关键在于提高压杆的临界力或临界应力。由压杆的临界应力图(图 10.10)可见，压杆的临界应力与材料的力学性能和压杆的柔度有关，而柔度($\lambda=\frac{\mu l}{i}$)又综合了压杆的长度、约束情况和横截面的惯性半径等影响因素。因此，可以根据这些因素,采取适当的措施来提高压杆的稳定性。

一、减小压杆的支撑长度

压杆的柔度越小,相应的临界力或临界应力就越高。而减小压杆的支撑长度是降低压杆柔度的方法之一,可有效地提高压杆的稳定性。因此,在条件允许的情况下,应尽可能的减少压杆支撑长度,或者在压杆的中间增加中间支座,也同样起到减小压杆支撑长度的作用。例如,场矿中架空管道的支柱(图 10.13),每根支柱都受轴向压力。如在两支柱间加上横向和斜向支撑,这相当于在每个支柱的中间增加了支座,减小了压杆的支撑长度,从而提高了支柱的稳定性。又如,钢铁厂无缝钢管车间的穿孔机(10.14),原来轧制普通钢管,后改轧制合金钢管,要求顶杆的穿孔压力增大,为了提高顶杆的稳定性,在顶杆中段增加一个抱辊装置,这就达到了顶杆稳定性的目的。

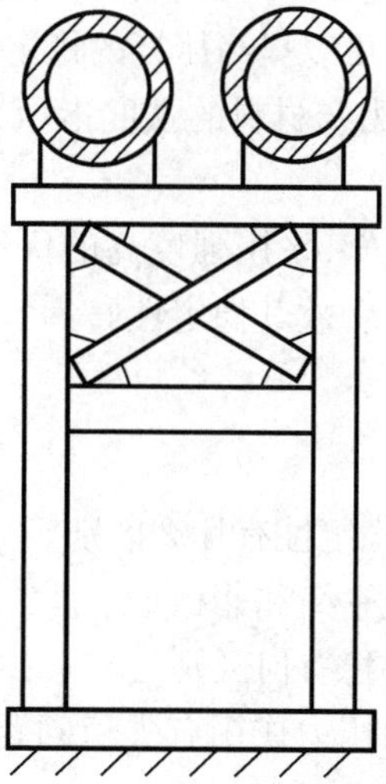

图 10.13

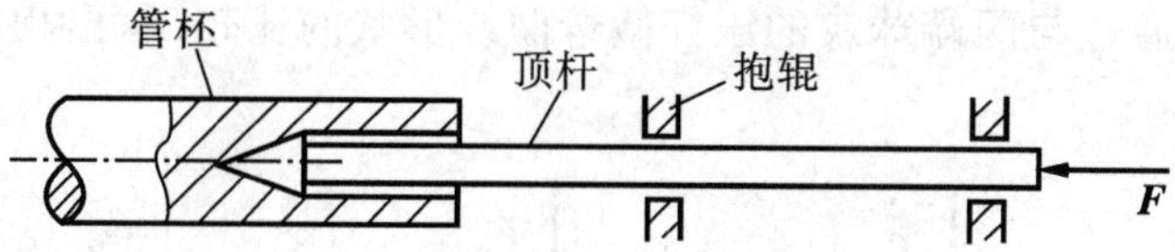

图 10.14

二、选择合理的截面

压杆的截面形状对临界力的数值有很大的影响。若截面形状选择合理,可以在不增加截面面积的情况下增加横截面的惯性矩 I,从而增大惯性半径,减小压杆的柔度,起到提高压杆稳定性的作用。为此,应尽量使截面材料远离截面的中性轴,例如,空心圆管的临界力就要比截面面积相同的实心圆杆的临界力大的多。

对在两个纵向平面内杆端约束相同的压杆，为使其在两个平面内的稳定性相同，应使横截面的最大和最小惯性矩相等，即 $I_{max} = I_{min}$ 。例如，由两槽钢组合的压杆，如采用图 10.15b 所示的组合形式，其稳定性要比图 10.15a 所示的形式好；如果两槽钢的距离 a 选取恰当，使 $I_y = I_z$ ，则可使压杆在两个平面内的稳定性相等。

1. 改善杆端的约束情况

从表 10.1 中可以看出，若杆端约束的刚性愈强，杆长的长度系数 μ 就越小，相应的，柔度 λ 就愈低，临界力就愈大。其中以固定端约束的刚性最好，铰支端的次之，自由端的最差。因此，应尽可能加强杆端的约束刚性，就能使压杆的稳定性得到相应的提高。

2. 合理的选用材料

上述各点，都是通过降低压杆柔度的方法来提高压杆的稳定性；另一方面，合理地选用材料，对提高压杆稳定性也能起到一定的作用。

对于大柔度杆。由式(10.2)可知，材料的弹性模量 E 愈大，压杆的临界力就愈高。故选用弹性模量较大的材料可以提高压杆的稳定性。但需注意，由于一般钢材的弹性模量 E 大致相同，且临界压力与材料的强度指示无关，故选用高强度钢并不能起到提高细长压杆稳定性的作用。

对于中柔度杆，由表 10.2 可知，采用强度高的优质钢，系数 a 显著增大，按式 $\sigma_{cr} = a - b\lambda$ ，压杆临界应力也就较高，故其稳定性好。

习题

10.1　构件的强度、刚度和稳定性有什么区别？

10.2　如何区别压杆的稳定平衡和非稳定平衡？

10.3　压杆的弯曲变形和失稳有何区别与联系？

10.4　为什么说直杆受轴向压力作用有失稳问题？而受轴向拉力作用时就无此问题呢？

10.5　根据支座对变形的限制情况，分别画出下图各压杆在临界压力作用下微弯的曲线形状，并通过与两端球铰的压杆微弯曲线形状的比较，写出相应的长度系数 μ 值。

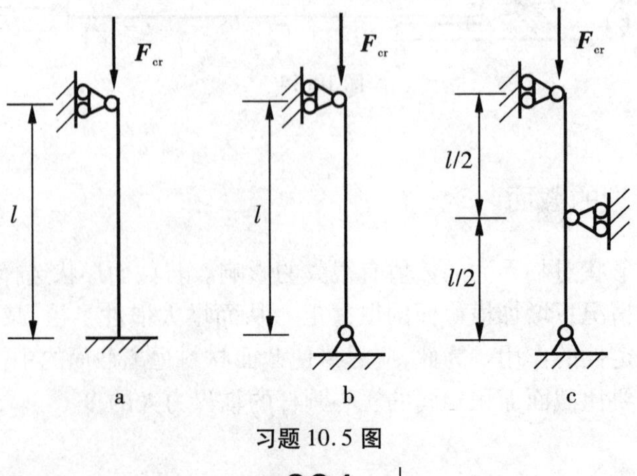

习题 10.5 图

10.6　对于两端铰支，由 Q235 钢制成的圆截面杆，问杆长 l 应比直径 d 大多少倍时，才能应用欧拉公式？大多少倍时可应用经验公式？

10.7　计算临界压力时，如对中等柔度杆件误用欧拉公式，或对大柔度杆件误用经验公式进行稳定性验算，将使计算结果偏大还是偏小？

10.8　压杆的临界压力和临界应力有何区别与联系？是否临界应力越大的压杆，其稳定性越好？

10.9　某型柴油机的挺杆，长度 $l=25.7$ cm，圆形横截面积直径 $d=8$ mm，钢材的弹性模量 $E=210$ GPa，比例极限 $\sigma_p=240$ MPa，挺杆所受的最大压力 $F=1.76$ kN。规定的稳定安全系数 $n_{st}=2\sim5$。试校核该挺杆的稳定性。

10.10　三根圆截面压杆，直径均为 $d=160$ mm，由 Q235 钢制成，弹性模量 $E=200$ GPa，比例极限 $\sigma_p=240$ MPa，两端均为铰支，长度分别为 l_1、l_2、l_3，且 $l_1=2$ m，$l_2=4$ m，$l_3=5$ m，试求各杆的临界失稳压力 F_{cr}。

10.11　由三根圆截面钢管制成的支架如图所示。钢管的外径 $D=30$ mm，内径 $d=22$ mm，长度 $l=2.5$ m，弹性模量 $E=200$ GPa，在支架顶部通过铰链将三杆铰接在一起，若取安全系数 $n_{st}=3$。试求该杆系的许可压力。

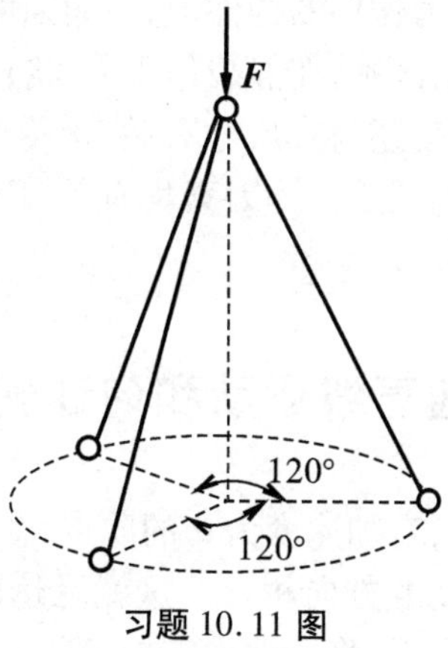

习题 10.11 图

10.12　一木柱两端铰支，其横截面积为 120 mm×200 mm 的矩形。长度 $l=4$ m，材料的弹性模量 $E=10$ GPa，比例极限 $\sigma_p=20$ MPa。试求该木柱的临界失稳压力 F_{cr}，临界失稳应力。计算临界应力的公式有

(1)欧拉公式

(2)经验公式 $\sigma_{cr}=28.7-0.19\lambda$

第十一章　动载荷与交变应力

第一节　动载荷与交变应力概念

以前我们讨论的杆件的强度和刚度的分析计算，都是认为杆件承受静载荷作用。但在实际问题中，如加速提升的构件、做定轴转动的构件等，由于存在加速度，因此承受有惯性力的作用；再如锻压气锤的锤杆、紧急制动的转轴等，在非常短暂的时间内速度发生急剧变化，加速度非常大，导致产生冲击动载荷。齿轮等传动零件又受到周期性变化的载荷的作用，这种随时间做周期性变化的应力，我们称之为交变应力。构件在交变应力作用下构件发生破坏的现象，我们称之为疲劳破坏或疲劳失效，简称疲劳。以上承受动载荷作用和交变应力作用的构件，它们的强度失效与静载情形下的强度失效，从失效机理上讲有着本质的区别，在静载作用下，构件的强度仅与材料力学性能有关；承受动载荷作用的构件，强度还与其尺寸有关；承受交变应力作用的构件，其强度与循环特征、构件尺寸及表面加工质量等因素均有关，因此本章讨论构件承受动载荷和交变应力时的强度计算问题。

第二节　构件作匀速直线运动和匀速转动时的动应力计算

我们先介绍惯性力的概念，对加速度为 $\boldsymbol{a}$ 的质点，惯性力等于质点的质量 m 与加速度 $\boldsymbol{a}$ 的乘积，方向则与加速度的方向相反。这就是达朗伯原理，也称动静法。动静法的原理是：对加速运动的质点系，将惯性力施加于其上，则质点系上的原来力系与惯性力组成平衡力系，这样就可以用静载下的应力和变形计算杆件的强度和刚度。

我们用几个例子说明构件作匀速直线运动和匀速转动时的动应力计算。

例 11.1　如图 11.1 所示，一杆件以匀加速度 $\boldsymbol{a}$ 向上提升，已知杆件的横截面面积为 A，单位体积的重量为 γ，试求杆件中的最大动应力。

解：构件每单位长度重量为 $A\gamma$，相应的惯性力为 $\dfrac{A\gamma}{g}a$，惯性力方向朝下。将惯性力施加于杆件上，则作用于杆件上的力有重力、惯性力和吊升力 F，它们组成平衡力系，如图 11.1b 所示。这时的杆件按照横力作用下的弯曲问题进行分析。均布载荷集度

$$q = A\gamma + \frac{A\gamma}{g}a = A\gamma\left(1 + \frac{a}{g}\right)$$

杆件中间截面上的弯矩

$$M = F\left(\frac{l}{2} - b\right) - \frac{1}{2}q\left(\frac{l}{2}\right)^2 = \frac{1}{2}A\gamma\left(1 + \frac{a}{g}\right)\left(\frac{l}{4} - b\right)l$$

杆件中间截面上的动应力

$$\sigma_d = \frac{M}{W} = \frac{A\gamma}{2W}\left(1 + \frac{a}{g}\right)\left(\frac{l}{4} - b\right)l$$

特殊情形下,加速度为零,这时的应力为静应力

$$\sigma_{st} = \frac{M}{W} = \frac{A\gamma}{2W}\left(\frac{l}{4} - b\right)l$$

动应力与静应力之间关系为

$$\sigma_d = \sigma_{st}\left(1 + \frac{a}{g}\right)$$

习惯上,我们称括号中的因子为动荷系数,记作

$$K_d = 1 + \frac{a}{g}$$

因此动应力与静应力之间关系又可表示为

$$\sigma_d = K_d\sigma_{st}$$

平动杆件作匀加速运动的强度条件为

$$\sigma_d = K_d\sigma_{st} \leqslant [\sigma]$$

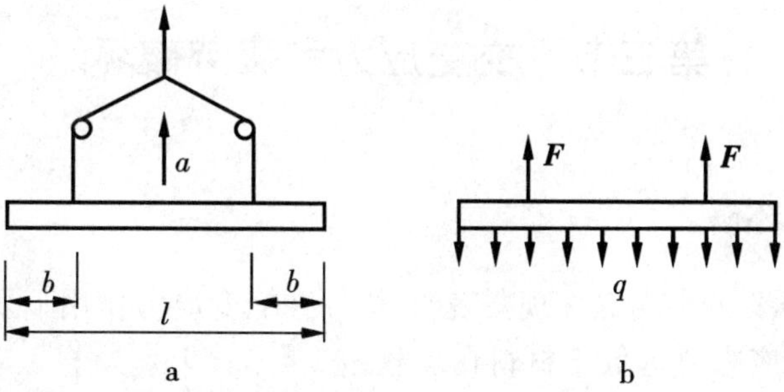

图 11.1

例 11.2　如图 11.2 所示为做匀速旋转运动的圆环,已知圆环的角速度 ω,绕通过圆心且垂直于纸面的转轴转动(图 11.2a),圆环的厚度 t 远小于直径 D,横截面面积为 A,单位体积的重量为 γ,试求圆环截面的动应力。

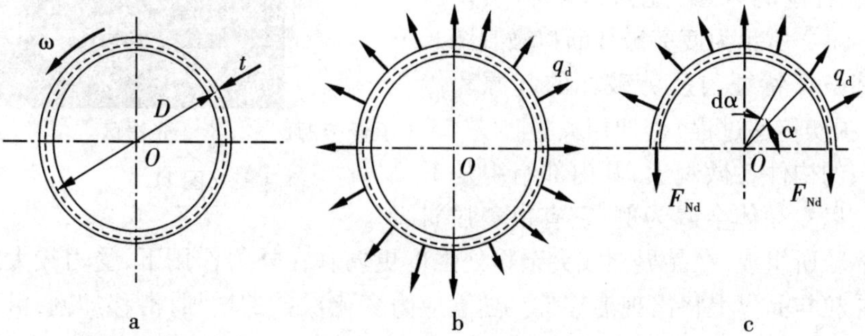

图 11.2

解:因圆环的厚度 t 远小于直径 D,我们可以认为环内各点的向心加速度大小相等,且都等于 $\frac{D\omega^2}{2}$。横截面面积为 A,单位体积的重量为 γ,则沿轴线分布的惯性力集度为 $q_d = \frac{A\gamma}{g}a_n = \frac{A\gamma D}{2g}\omega^2$,方向背离圆心,如图 11.2b 所示。由半个圆环的平衡得

$$\sum F_y = 0\ ,\ 2F_{Nd} = \int_{OA}^{\pi} q_d \sin\varphi \cdot \frac{D}{2}\mathrm{d}\varphi = q_d D$$

$$F_{Nd} = \frac{q_d D}{2} = \frac{A\gamma D^2}{4g}\omega^2$$

由此求得圆环横截面上的动应力为

$$\sigma_d = \frac{F_{Nd}}{A} = \frac{\gamma D^2\omega^2}{4g} = \frac{\gamma v^2}{g}$$

式中 $v = \frac{D\omega}{2}$ 是圆环轴线上的线速度。这时的强度条件

$$\sigma_d = \frac{\gamma v^2}{g} \leqslant [\sigma]$$

从圆环匀速转动动应力分析可以看出,环内应力与截面面积 A 无关,这一点与静载作用时的概念是不同的。

第三节　交变应力和疲劳破坏

一、疲劳破坏概念

大量试验结果以及疲劳破坏现象表明,构件在交变应力作用下发生破坏时,有几个重要特征:破坏应力值远低于材料在静载荷作用的强度指标;构件在确定的应力水平下发生疲劳破坏需要一个过程,即需要一定量的应力循环次数;构件在破坏前和破坏时都没有明显的塑性变形,即使塑性很好的材料,也将呈现脆性断裂;同一疲劳断口,一般都有两个明显的区域:光滑区域和颗粒区域,如图 11.3 所示为疲劳破坏断口微观图。

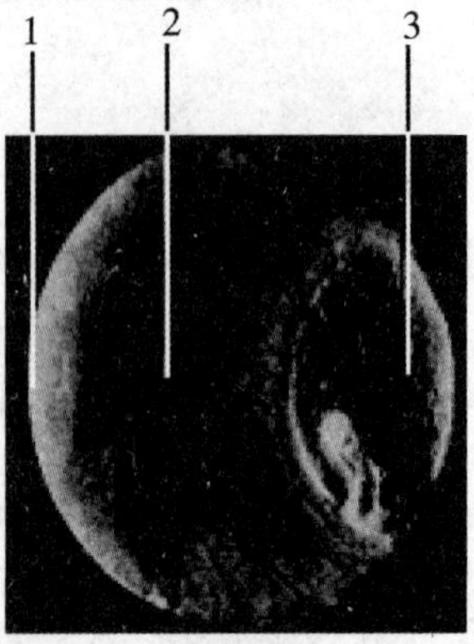

1.疲劳源区　　2.光滑区　　3.颗粒区

图 11.3

上述破坏特征与疲劳破坏的起源和传递过程(损伤传递过程)密切相关。

承载的构件在微观上,其内部组织是不均匀的。以多晶体金属为例,它有很多强弱不等的晶粒所组成,在晶界上或夹杂物处强度更弱。在外力作用下,受力较大或强度较弱的晶粒与晶界上将出现滑移带。随着应力变化次数的增加,滑移加剧,滑移带变

宽,最后沿滑移带裂开,形成裂纹。这种裂纹长度极小,约为 $10^{-4} \sim 10^{-9}$ m,故称为微观裂纹,简称微裂纹。此外,构件内部空洞等微观缺陷和机械加工过程所造成的刻痕以及其他应力集中处,也都可能最先产生微裂纹。这些微裂纹便是疲劳破坏的起源,简称疲劳源。

微裂纹生成后,在裂纹尖端处形成应力集中,在应力集中和应力反复交变的条件下,微裂纹不断扩展、相互贯通,形成较大的裂纹。这种裂纹的强度大于 10^{-4} m,能为裸眼所见,故称为宏观裂纹。

再经过若干次应力交变之后,宏观裂纹继续扩展,致使构件截面削弱,类似在构件上形成尖锐的“切口”。这种切口造成的应力集中,使局部区域内的应力达到很大数值。结果,在较低的应力水平下,构件发生破坏。

根据以上分析,由于裂纹的生成和扩展需要一定的应力交变次数,所以疲劳破坏需要经历一定的时间历程。在裂纹尖端不仅形成局部的应力集中,使应力达到很高的数值,而且使尖端附近的材料处于三向拉伸的应力状态。在这种应力状态下,即使塑性很好的材料也会发生脆性断裂,因而在疲劳破坏时没有明显的塑形变形。

此外,在裂纹扩展的过程中,由于应力反复变化,裂纹时张时合,类似研磨过程,所以形成了疲劳破坏断口上的光滑区域。断口上的颗粒状区域则是脆性端裂的特征。

需要指出的是,裂纹的生成和扩展是一个复杂的过程,它与构件的外形、尺寸、应力交变类型以及所处的介质等有很大关系。因此,对于承受交变应力的构件,在设计和使用中都必须特别注意裂纹的生成和扩展,防止发生疲劳破坏。乘坐火车的读者可能会注意到,当火车靠站时,都有铁路工人用小铁锤轻轻敲击车厢车轴的情景。这便是检验车轴是否发生裂纹,防止发生突然事故的一种措施。因为火车车厢的载荷方向不变,而车轴不断转动,其横截面上任意一点的位置随时间不断变化,所以任意点的应力亦随时间变化,故车轴有可能发生疲劳破坏。用小铁锤敲击车轴,可以从声音直观判断是否存在裂纹,以及裂纹扩展的程度。

二、关于交变应力的若干名词和术语

图 11.4 所示为杆件横截面上一点的应力随时间变化的曲线,其中 S 为广义应力记号,既可以是正应力(σ),又可以是剪应力(τ)。

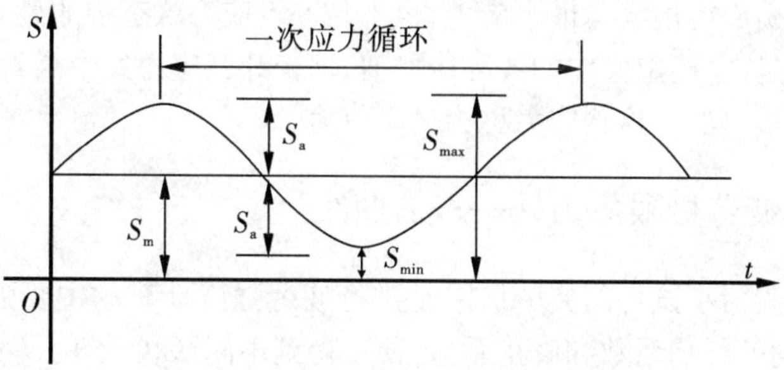

图 11.4

根据应力随时间的变化情况，定义下列名词和术语：

应力循环——应力变化一个周期，称为一次应力循环。例如应力从最大值变到最小值，再从最小值变到最大值。

循环特征——一次应力循环中最小应力与最大应力的比值，用 r 表示，即

$$r = \frac{S_{min}}{S_{max}} \quad (当\ |S_{min}| \leqslant |S_{max}|\ 时)$$

或

$$r = \frac{S_{max}}{S_{min}} \quad (当\ |S_{min}| \geqslant |S_{max}|\ 时)$$

平均应力——最大应力与最小应力的平均值，用 S_m 表示，即

$$S_m = \frac{S_{max} + S_{min}}{2}$$

应力幅值——应力变化的幅度，用 S_a 表示，即

$$S_a = \frac{S_{max} - S_{min}}{2}$$

最大应力——应力循环中的最大应力值，即

$$S_{max} = S_m + S_a$$

最小应力——应力循环中的最小应力值，即

$$S_{min} = S_m - S_a$$

对称循环——应力循环中应力数值与正负号都反复变化，且有 $S_{max} = -S_{min}$，这种应力循环称为“对称循环”。这时有

$$r = -1\ ,\ S_m = 0\ ,\ S_a = S_{max}$$

脉冲循环——应力循环中仅应力的数值随时间的变化而变化，而应力正负号不发生变化，且最小应力值等于零，这种应力循环称为“脉冲循环”。这时有

$$r = 0\ ,\ S_{min} = 0$$

静载荷——应力不随时间而变化的载荷。在静载荷下，有

$$r = 1\ ,\ S_{max} = S_{min} = S_m\ ,\ S_a = 0$$

需要注意的是，应力循环系是指一点的应力随时间而变化的循环，上述定义中的最大应力与最小应力等均指一点的应力循环中的数值。它们既不是横截面上由于应力分布不均匀所引起的最大与最小应力，也不是一点应力状态中的最大与最小应力。

还要指出的是，上述定义中的各种应力值，均未计其应力集中因素的影响，即是由材料力学理论公式得的。这些应力称为名义应力。

三、试件的疲劳极限应力——寿命曲线

对称循环下光滑小试件的疲劳极限是进行疲劳强度计算的主要强度指标。以此为基础，通过不同的影响系数和修正系数，便可得到不同形状、不同尺寸以及不同表面加工质量的实际构件的疲劳极限。

所谓疲劳极限，是指试件经过无穷多次应力循环而不发生破坏时，应力循环中应

力值最高限,又称为持久极限。图 11.5 是在专用的疲劳试验机上进行纯弯曲疲劳实验原理图。试验时将材料做成一组(6~7 根)直径 10 mm 的标准试件。不同的试件分别承受由大至小的不同载荷,使应力循环中的最大应力由高到低递减。然后让每根试件经历对称的应力循环,直至发生疲劳破坏。记录下每根试件危险截面上的最大应力值(σ_{max})以及发生破坏时所经历的循环次数(N)。

将试验结果标在 σ_{max}-N 坐标系中,根据大量数据的概率正态分布,可做出一曲线,称为“应力—寿命曲线”。简称“S-N 曲线”,如图 11.6 所示。

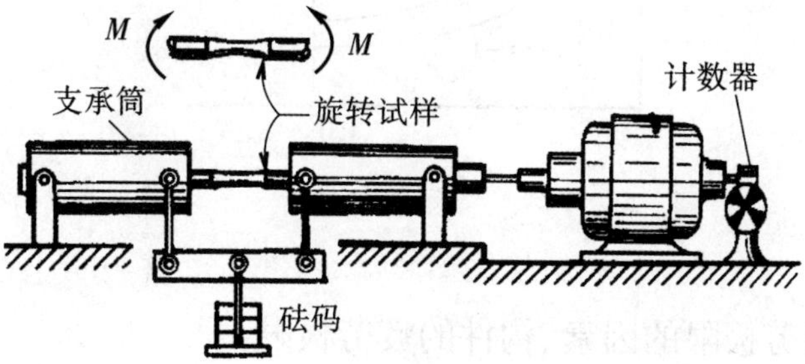

图 11.5

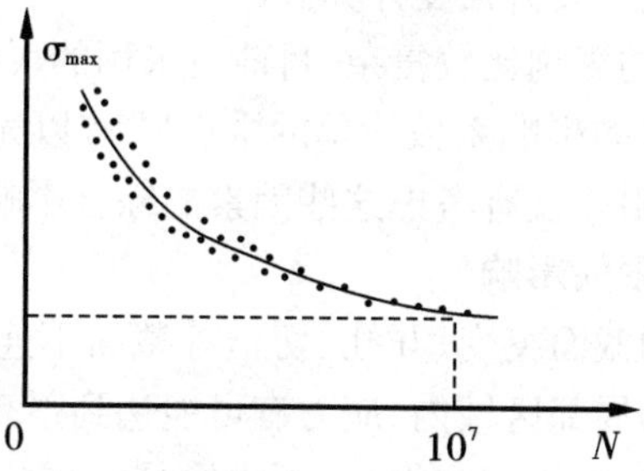

图 11.6

从图 11.6 中可以看出,曲线水平渐近线的纵坐标即为对称循环下的疲劳极限,用 σ_{-1}表示。其中下标“-1”为循环特征数值(r=-1)。实验结果表明,钢和铸铁均具有与图 11.6 中的曲线类似的应力—寿命曲线。

对于有色金属及其合金,在对称循环下的 S-N 曲线没有明显的水平渐近线,对于这些材料,工程上常采用条件疲劳极限或条件持久极限以代替疲劳极限。所谓条件疲劳极限是指在规定的应力循环次数(N_0)下,不发生疲劳破坏的最大应力值之最高限,其中 N_0称为“循环基数”,一般取 $N_0=10^{-7}\sim10^{-8}$。

大量的实验资料表明,钢材在拉压、弯曲、扭转对称循环下的疲劳极限与静载强度极限存在一定的数量关系:

弯曲:$\sigma_{-1}=0.4\sigma_b$,拉压:$\sigma_{-1}=0.28\sigma_b$,扭转:$\sigma_{-1}=0.22\sigma_b$

上述关系可以作为粗略估计疲劳极限的参考。

需要指出的的是，通过实验还可以确定其他循环特征下的疲劳极限（用 σ_r表示）。实验结果表明：疲劳极限与循环特征有很大的关系，循环特征（r）不同，疲劳极限（σ_r）亦不同，而且对称循环下的疲劳极限为最低。例如钢材在弯曲时，各循环特征下的疲劳极限曲线如图 11.7 所示。

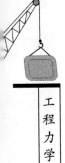

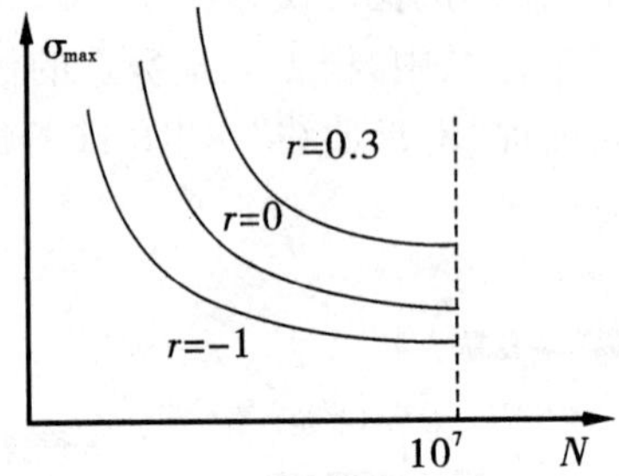

图 11.7

四、影响疲劳极限的因素、构件的疲劳极限

上述疲劳极限是用光滑小试件在实验室条件下得到的，排除了应力集中、试件尺寸以及表面加工质量等因素的影响。必须考虑这些实际因素的影响之后，才能确定实际构件的疲劳极限，进而进行疲劳强度计算。

各种因素对疲劳极限的影响比较复杂，目前所采用的大都是单个因素作用下的实验结果，并将这些单个因素的影响系数简单的乘（或除）以光滑小试件的疲劳极限，从而得到实际构件的疲劳极限。没有考虑这些因素的综合影响效果。

1. 应力集中对疲劳极限的影响

前面提及，在构件上的截面突变、开孔、切槽等截面不连续处，会产生应力集中现象，即在这些截面不连续的局部区域内，应力有可能达到很高的数值。

显然，在应力集中区域，由于应力很大，不仅容易形成疲劳裂纹，而且会促使裂纹加速扩展，因而使疲劳极限降低。

应力集中对疲劳极限的影响用有效应力集中系数度量，它表示疲劳极限降低的倍数。对于正应力和剪应力，有效应力集中系数分别用 k_σ 和 k_τ 表示，二者均大于 1。对于截面突变、开孔以及切槽等，有效应力集中系数具有不同的数值。

2. 构件尺寸对疲劳极限的影响

构件尺寸对疲劳极限有着明显的影响，这是疲劳强度与静载强度的主要差别之一。

实验结果表明，随着试样横截面尺寸的增大，持久极限却相应地降低。以图 11.8 中两个受扭试样进行说明。沿圆截面的半径，切应力是线性分布的，若两者最大切应力相等。显然有 $\alpha_1 < \alpha_2$，即沿圆截面半径，大试样应力的衰减比小试样缓慢，因而大试样横截面上的高应力区比小试样的大。即大试样中处于高应力状态的晶粒比小试样的多，所以形成疲劳裂纹的机会也就更多。

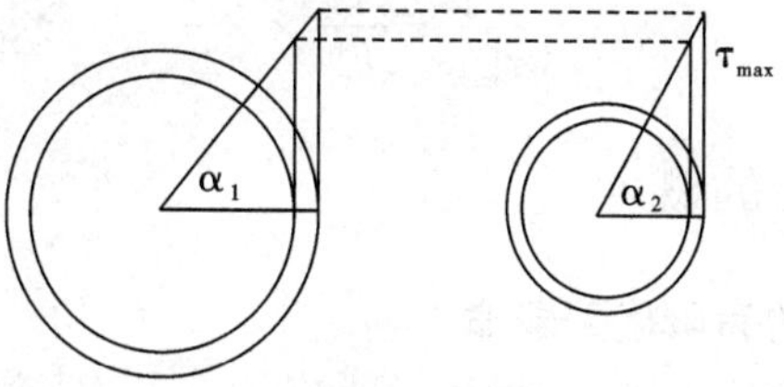

图 11.8

尺寸对疲劳极限的影响由尺寸系数度量，尺寸系数用 ε 表示，$\varepsilon \leqslant 1$ 。

3. 构件表面加工质量对疲劳极限的影响

粗糙的机械加工，会在构件表面形成深浅不同的刻痕，这些刻痕本身就是一些初始裂纹。当所受的应力比较大时，裂纹的扩展便首先从这些裂纹开始。因此，随着表面加工质量的提高疲劳极限将增加。表面加工质量对疲劳极限的影响由表面质量系数 β 度量，$\beta \leqslant 1$。

4. 对称循环下构件的疲劳极限

利用光滑小试件在弯曲和扭转对称循环下的疲劳极限 σ_{-1} 和 τ_{-1}，考虑到应力集中、构件尺寸以及表面加工质量的影响，不难得到构件在弯曲和扭转对称循环下的疲劳极限，即

$$\sigma_{-1}^{p} = \frac{\varepsilon_{\sigma}\beta}{k_{\sigma}}\sigma_{-1} \tag{11.6}$$

$$\tau_{-1}^{p} = \frac{\varepsilon_{\tau}\beta}{k_{\tau}}\tau_{-1} \tag{11.7}$$

其中影响疲劳极限的系数 k_{σ}、k_{τ}、ε_{σ}、ε_{τ}、β 等均可从有关工具书中查得。

5. 疲劳强度的安全系数校核法

为校核构件的疲劳强度，可将式（11.6）和式（11.7）中构件的疲劳极限除以规定的安全系数，得到疲劳许用应力，然后再将工作应力与许用应力进行比较，即可判断疲劳强度是否满足。

但是，目前工程上大都采用安全系数法对构件疲劳强度进行校核。所谓安全系数法，就是将构件承载时的工作安全系数（构件的疲劳极限与最大工作应力的比值，又称强度储备）与规定安全系数相比较，若前者大于或等于后者，则构件的疲劳强度是安全的；否则，便是不安全的。不难看出，这种方法与许用应力校核法是一致的。

若用 n_{σ} 和 n_{τ} 分别表示只有在正应力循环和只有剪应力循环时的工作安全系数，则两种循环下的疲劳强度条件分别为

$$n_{\sigma} \geqslant n$$

$$n_{\tau} \geqslant n$$

在对称循环下

$$n_{\sigma} = \frac{\sigma_{-1}^{p}}{\sigma_{\max}} = \frac{\beta\varepsilon_{\sigma}}{k_{\sigma}} \times \frac{\sigma_{-1}}{\sigma_{\max}}$$

$$n_\tau = \frac{\tau_{-1}^p}{\tau_{max}} = \frac{\beta\varepsilon_\tau}{k_\tau} \times \frac{\tau_{-1}}{\tau_{max}}$$

五、有限疲劳寿命的概念

1. 稳定交变应力下的有限疲劳寿命

前几节所讨论的交变应力中，最大和最小应力在各次应力循环中保持不变，这种交变应力称为稳定交变应力。

在稳定交变应力下，为保证构件经过无穷多次应力循环不发生疲劳破坏而进行的设计，称为无限寿命设计。

工程上某些构件并不要求无限寿命，而是规定一定的使用期限，超过这一期限，即将构件更换。这种设计称为有限寿命设计。

有限寿命设计不同于无限寿命设计，但二者有着一定的联系。以对称循环为例，图 11.9 所示为某种材料的 S–N 曲线，设寿命为 $N_0(=10^{-7})$ 时的疲劳极限为 σ_{-1}（此即条件疲劳极限），有限寿命为 N_i 时的疲劳极限为 σ_{-1i}，若 N_0 以左的 $S-N$ 曲线可表示成幂函数形式

$\sigma^m N = C$（m、C 对于确定的材料和受力形式，均为常数），利用（N_0，σ_{-1}）和（N_i，σ_{-1i}），则可得到 σ_{-1} 和 σ_{-1i} 之间的下列关系

$$\sigma_{-1i} = k_i \sigma_{-1}$$

这是确定有限寿命下疲劳极限的基本公式，其中 $k_i = (N_0/N_i)^{\frac{1}{m}}$，称为寿命系数。

不难看出，在稳定交变应力的情形下，只要将无限寿命设计计算公式中的 σ_{-1} 代之以 $k_i\sigma_{-1}$，便可用于有限寿命设计的计算。

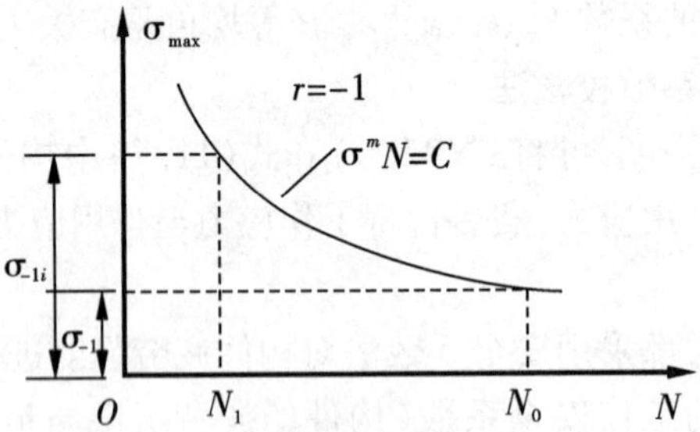

图 11.9

2. 不稳定交变应力下的有限寿命设计

当应力循环中的最大和最小应力值随时间变化时，这种应力称为不稳定交变应力。不稳定交变应力可以简化成若干级稳定交变应力的组合。仍以对称循环为例，某种构件中的不稳定的交变应力及其简化如图 11.10 所示。图中不稳定的交变应力简化为四级稳定交变应力。其中低于 σ_{-1} 的各级交变应力不会引起疲劳裂纹，故不予考虑；其余各级交变应力 $\sigma_i(i = 1,2,3,\cdots)$ 高于 σ_{-1}，在一个大周期（图 11.10 中的 T）内，这些级次的交变应力对应的循环次数为 n_i。

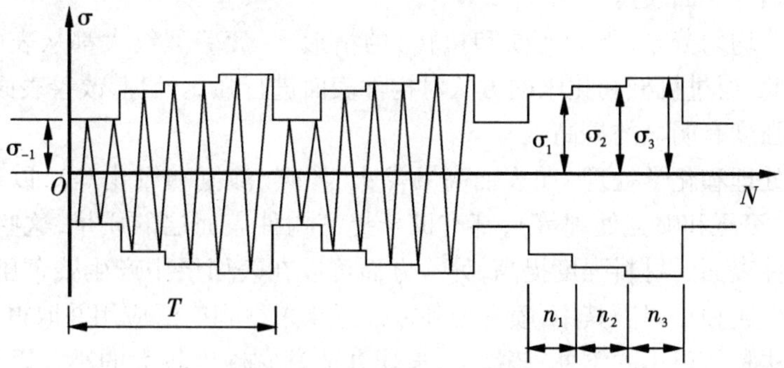

图 11.10

构件在各级交变应力单独作用下发生疲劳破坏时的循环次数，由 $S-N$ 曲线查的为 $N_i(i=1,2,3,\cdots)$（图 11.10），它们每循环一次对构件造成的破坏程度为 $1/N_i$（称为"损伤比"）。在一个大周期中，各级交变应力对构件的积累损伤比为 n_i/N_i（i=1,2,3,…）。假设构件在不稳定交变应力作用下发生疲劳破坏时的总周期数为 λ，根据"线性积累损伤"理论，各级交变应力对构件的积累损伤比的总和满足

$$\lambda \sum \frac{n_i}{N_i} = \alpha \tag{11.13}$$

式中 α 称为抗超载系数，它与各级交变应力的先后顺序、变化情况以及材料性能有关，在工程应用中一般取 α =1.0–1.5。

对于某一给定的构件，由 $S-N$ 曲线可以确定 N_i 根据不稳定交变应力的变化情况，经过适当简化不难确定 n_i；因此，在规定了抗超载系数 α 的情形下，由式(11.13)即可确定构件发生疲劳破坏时，不稳定交变应力所经历的周期数 λ，此即不稳定交变应力作用下的有限寿命。

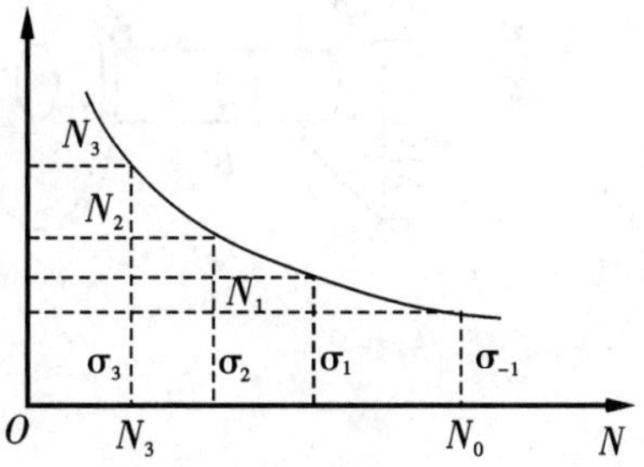

图 11.11

需要指出的是，由于由 $S-N$ 曲线具有统计平均的性质，故上述有限寿命 λ 值仅代表平均寿命。构件的安全寿命等于平均寿命除以分散系数。分散系数的大小取决于应力变化情况及构件的重要性。

第四节　提高构件动强度和疲劳强度的措施

通常所谓的提高构件疲劳强度，是指在不改变构件的基本尺寸和材料的前提下，通过减小应力集中和改善表面质量。提高构件的疲劳强度。

1. 缓和集中应力

截面不连续处的应力集中是产生裂纹和裂纹扩展的主要因素，因此，减缓截面不连续变化，有利于缓和应力集中，从而明显提高构件的疲劳强度。

2. 提高构件表面质量

在应力非均匀分布(例如弯曲和扭转)的情形下,疲劳裂纹大都从表面开始发生和扩展。因此,通过机械和化学的方法对构件表面进行强化处理,改善表面质量,将使构件的疲劳强度有明显的提高。

表面热处理和化学处理(如表面高频淬火、渗碳、渗氮和氰化等),以及冷压机械加工(如表面滚压和喷丸处理等),都有助于提高构件表面层的质量,这些表面处理,一方面使构件表面的材料强度提高,另一方面可以在表面层中产生残余压应力,抑制疲劳裂纹的生成和扩展。其中,喷丸处理方法近年来得到广泛应用并取得了明显的效益。这种方法是将很小的钢丸、铸铁丸、玻璃丸或其它硬度较大的小丸以很高的速度喷射到构件表面上,使表面材料产生塑性变形而强化,同时产生较大的残余压应力。

习题

11.1　交变应力中的“最大应力”与前几章讲的最大应力有何区别?

11.2　疲劳失效区别于静载失效、有哪些特征? 构件发生疲劳失效时,其破坏断口分成几个区域? 试解释这些区域是如何形成的?

11.3　什么是疲劳极限? 试件的疲劳极限与构件的疲劳极限有何区别与联系?

11.4　影响疲劳极限的因素有哪些? 用哪些系数计及这些影响?

11.5　试确定下列构件中,B 点的应力循环特征。

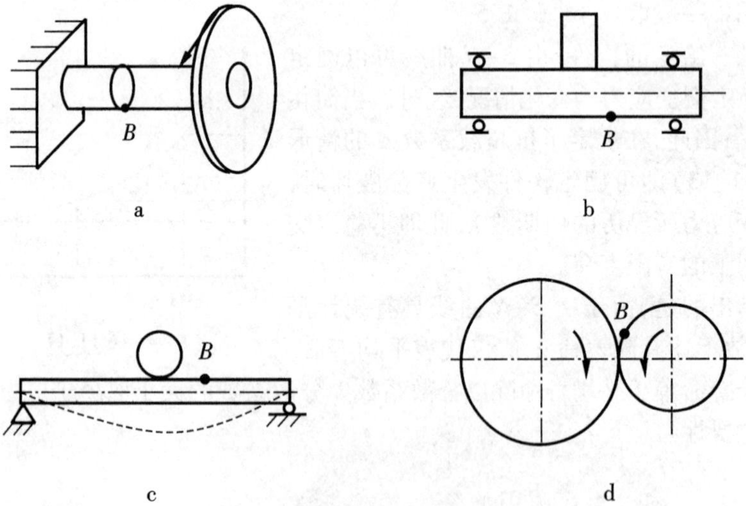

习题 11.5 图

(1)一具有偏心质量、承受水平力的轮子,在固定不动的轴上等速旋转(忽略轴的自重),如图 a。

(2)旋转轴上固结有偏心部件(忽略轴的自重),如图 b。

(3)梁上有振动荷载,其挠度为 δ ,如图 c。

(4)小齿轮带动有负荷的大齿轮,如图 c。

11.6 试确定下列构件中,A 点的应力循环特征。

(1)轴固定不动,滑轮绕轴转动,滑轮上作用有大小和方向不变的铅垂力(如图 a)。

(2)轴与滑轮固结,并一起旋转,滑轮上作用有大小和方向不变的铅垂力(如图 b)。

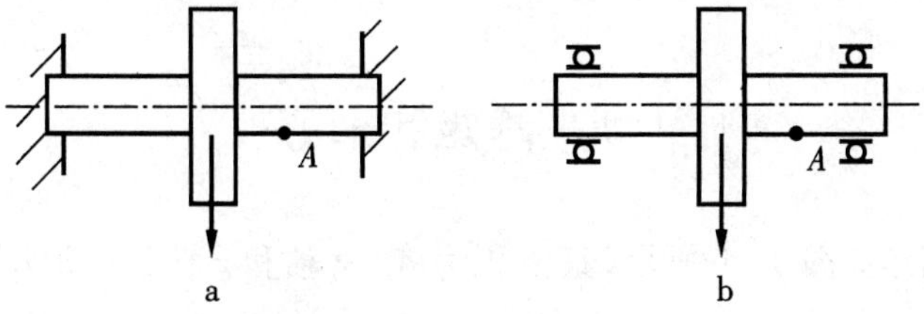

习题 11.6 图

附录Ⅰ 平面图形的几何性质

Ⅰ.1 静矩和形心

任意平面图形如图Ⅰ.1 所示，其面积为 A。y 轴和 z 轴为图形所在平面内的坐标轴。

在坐标(y,z)处，取微面积 dA，遍及整个图形面积 A 的积分

$$S_z = \int_A y dA \,,\ S_y = \int_A z dA \tag{Ⅰ.1}$$

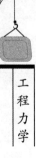

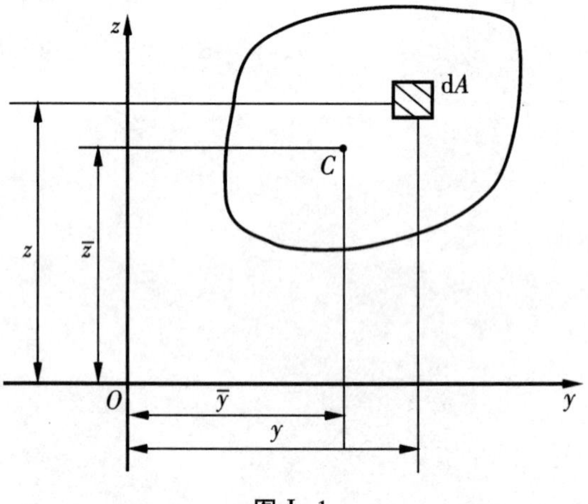

图Ⅰ.1

分别定义为图形对 z 轴和 y 轴的静矩，也称为图形对 z 轴和 y 轴的一次矩。

从公式(Ⅰ.1)看出，平面图形的静矩是对某一坐标轴而言的，同一图形对不同的坐标轴，其静矩也就不同。静矩的数值可能为正，可能为负，也可能等于零。静矩的量纲是长度的三次方，单位为 mm^3 或 m^3。

设想有一个厚度很小的均质薄板，薄板中间面的形状与图Ⅰ.1 中的平面图形相同。显然，在 yz 坐标系中，上述均质薄板的重心与平面图形的形心有相同的坐标 $\bar{y}$ 和 $\bar{z}$。由静力学的合力矩定理可知，薄板重心的坐标 $\bar{y}$ 和 $\bar{z}$ 分别是

$$\bar{y} = \frac{\int_A y dA}{A} \,,\ \bar{z} = \frac{\int_A z dA}{A} \tag{Ⅰ.2}$$

这也就是确定平面图形的形心坐标的公式。

利用公式(Ⅰ.1)可以把公式(Ⅰ.2)改写成

$$\bar{y}=\frac{S_z}{A}\ ,\ \bar{z}=\frac{S_y}{A} \qquad (Ⅰ.3)$$

所以,把平面图形对 z 轴和 y 轴的静矩,除以图形的面积 A,就得到图形形心的坐标 $\bar{y}$ 和 $\bar{z}$。

把上式改成为

$$S_z=A\cdot\bar{y}\ ,\ S_y=A\cdot\bar{z} \qquad (Ⅰ.4)$$

这表明,平面图形对 y 轴和 z 轴的静矩,分别等于图形面积 A 乘形心的坐标 $\bar{z}$ 和 $\bar{y}$。

由以上两式看出,若 $S_z=0$ 和 $S_y=0$,则 $\bar{y}=0$ 和 $\bar{z}=0$ 。可见,若图形对某一轴的静矩等于零,则该轴必然通过图形的形心;反之,若某一轴通过形心,则图形对该轴的静矩等于零。

例Ⅰ.1　在图Ⅰ.2 中抛物线的方程为 $z=h\left(1-\frac{y^2}{b^2}\right)$ 。计算由抛物线、y 轴和 z 轴所围成的平面图形对 y 轴和 z 轴的静矩 S_y 和 S_z ,并确定图形的形心 C 的坐标。

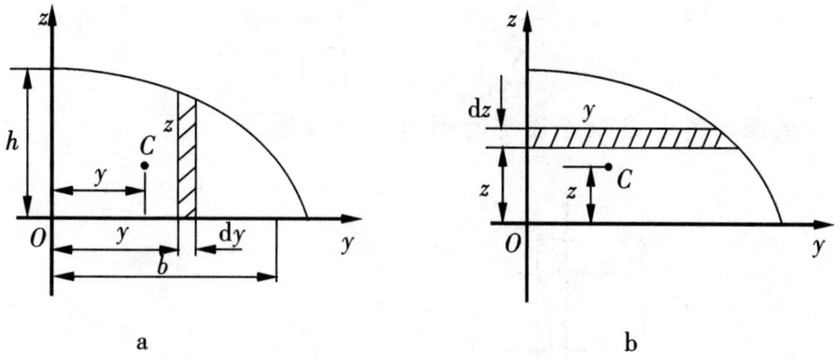

图Ⅰ.2

解:取平行于 z 轴的狭长条作为微面积 dA(图Ⅰ.2a),则

$$dA=zdy=h\left(1-\frac{y^2}{b^2}\right)dy\ ,$$

图形的面积和对 z 轴的静矩分别为

$$A=\int_A dA=\int_0^b h\left(1-\frac{y^2}{b^2}\right)dy=\frac{2bh}{3}\ ,$$

$$S_z=\int_A ydA=\int_0^b h\left(1-\frac{y^2}{b^2}\right)dy=\frac{b^2h}{4}\ ,$$

带入(Ⅰ.3)式,得

$$\bar{y}=\frac{S_z}{A}=\frac{3}{8}b$$

取平行于 y 轴的狭长条作为微面积如图Ⅰ.2b 所示,仿照上述方法,即可求出

$$S_y=\frac{4\ bh^2}{15}\ ,\ \bar{z}=\frac{2h}{5} \qquad (Ⅰ.4)$$

当一个平面图形是由若干个简单图形(例如矩形、圆形、三角形等)组成时,由静矩的

定义可知,图形各组成部分对某一轴的静矩的代数和,等于整个图形对同一轴的静矩,即

$$S_z = \sum_{i=1}^{n} A_i \overline{y_i} \text{ , } S_y = \sum_{i=1}^{n} A_i \overline{z_i} \text{ ,} \tag{Ⅰ.5}$$

式中,A_i 和 $\overline{y_i}$、$\overline{z_i}$ 分别表示任意组成部分的面积及其形心的坐标。n 表示图形由 n 个部分

组成。由于图形的任一组成部分都是简单图形,其面积及形心坐标都不难确定,所以公式

(Ⅰ.5)中的任一项都可由公式(Ⅰ.4)算出,其代数和即为整个组合图形的静矩。

若将公式(Ⅰ.5)中的 S_z 和 S_y ,代入公式(Ⅰ.3),便得组合图形形心坐标的计算公式

为

$$\bar{y} = \frac{\sum_{i=1}^{n} A_i \overline{y_i}}{\sum_{i=1}^{n} A_i} \text{ , } \bar{z} = \frac{\sum_{i=1}^{n} A_i \overline{z_i}}{\sum_{i=1}^{n} A_i} \text{ ,} \tag{Ⅰ.6}$$

例Ⅰ.2 试确定图Ⅰ.3所示图形的形心 C 的位置。

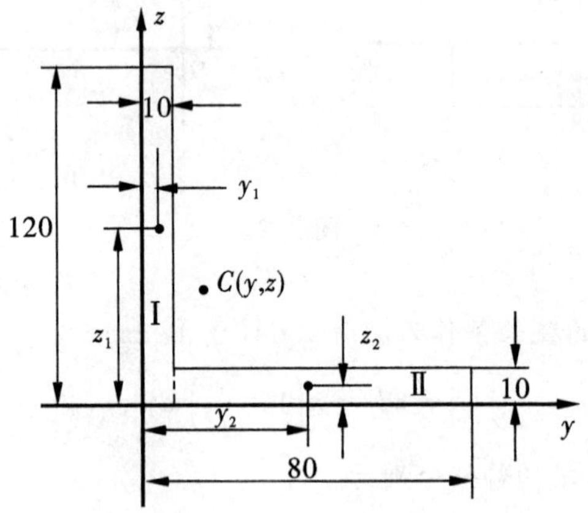

图Ⅰ.3

解:把图形看作是由两个矩形Ⅰ和Ⅱ组成的,选取坐标系如图所示。每一矩形的面积

及形心位置分别为:

矩形Ⅰ $A_1 = 120 \times 10 = 1\ 200\ \text{mm}^2$

$$\bar{y}_1 = \frac{10}{2} = 5\ \text{mm},\ \bar{z}_1 = \frac{120}{2} = 60\ \text{mm}$$

矩形Ⅱ $A_2 = 70 \times 10 = 700\ \text{mm}^2$

$$\bar{y}_2 = 10 + \frac{70}{2} = 45\ \text{mm},\ \bar{z}_1 = \frac{10}{2} = 5\ \text{mm}$$

应用公式(Ⅰ.6)求出整个图形形心 C 的坐标为

$$\bar{y} = \frac{A_1\overline{y_1} + A_2\overline{y_2}}{A_1 + A_2} = \frac{1\,200 \times 5 + 700 \times 45}{1\,200 + 700} = 19.7\ \text{mm}$$

$$\bar{z} = \frac{A_1\bar{z}_1 + A_2\bar{z}_2}{A_1 + A_2} = \frac{1\,200 \times 60 + 700 \times 5}{1\,200 + 700} = 39.7\ \text{mm}$$

例Ⅰ.3　某单臂液压机机架的横截面尺寸如图Ⅰ.4所示。试确定截面形心的位置。

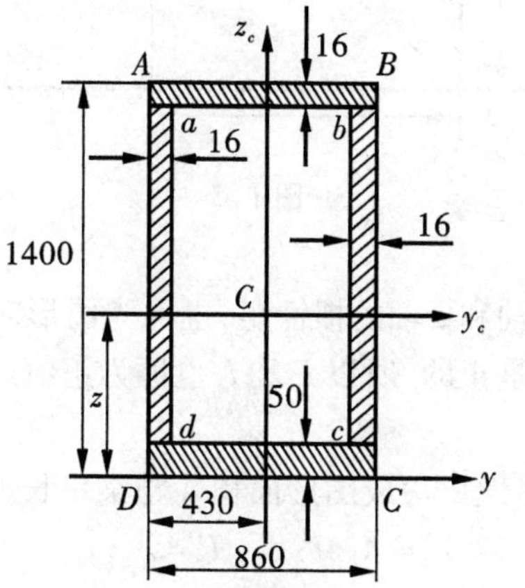

图Ⅰ.4

解:截面有一垂直对称轴,其形心必然在这一对称轴上,因而只需要确定形心在对称轴上的位置。把截面看成是由矩形 $ABCD$ 减去矩形 $abcd$,并设 $ABCD$ 的面积为 A_1,$abcd$ 的面积为 A_2。以底边 DC 作为参考坐标轴 y。

$$A_1 = 1.4 \times 0.86 = 1.204\ \text{m}^2$$

$$z -_1 = \frac{1.4}{2} = 0.7\ \text{m}$$

$$A_2 = (0.86 - 2 \times 0.016)(1.4 - 0.05 - 0.016) = 1.105\ \text{m}^2$$

$$\bar{z}_1 = \frac{1}{2}(1.4 - 0.05 - 0.016) + 0.05 = 0.717\ \text{m}$$

由公式(Ⅰ.6),整个截面的形心 C 的坐标 $\bar{z}$ 为

$$\bar{z} = \frac{A_1\overline{z_1} + A_2\bar{z}_2}{A_1 + A_2} = \frac{1.204 \times 0.7 - 1.105 \times 0.717}{1.204 - 1.105} = 0.51\ \text{mm}$$

Ⅰ.2　惯性矩和惯性半径

任意平面图形如图Ⅰ.5所示,其面积为 A。y 轴和 z 轴为平面内的坐标轴。在坐

标(y,z)处取微面积 dA,遍及整个图形面积 A 的积分

$$I_y = \int_A z^2 dA, I_z = \int_A y^2 dA \tag{Ⅰ.7}$$

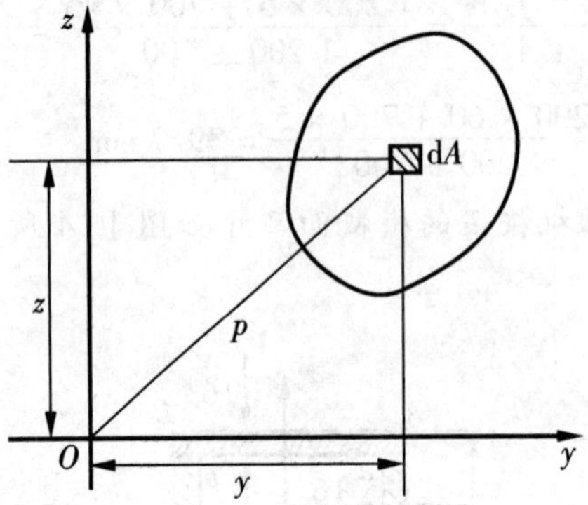

图Ⅰ.5

分别定义为图形对 y 轴和 z 轴的惯性矩,也称为图形对 y 轴和 z 轴二次矩。在公式(Ⅰ.7),由于 z^2 和 y^2 总是正的,所以 I_y 和 I_z 也恒为正值。惯性矩的量纲是长度的四次方。

力学计算中,有时把惯性矩写成图形面积 A 与某一长度的平方的乘积,即

$$I_y = A \cdot i_y^2, \quad I_z = A \cdot i_z^2 \tag{Ⅰ.8}$$

或者改写为

$$i_y = \sqrt{\frac{I_y}{A}}, \; i_z = \sqrt{\frac{I_Z}{A}} \tag{Ⅰ.9}$$

式中 i_y 和 i_z 分别称为图形对 y 轴和对 z 轴的惯性半径,惯性半径的量纲就是长度。

以 ρ 表示微面积 dA 到坐标原点 O 的距离,下列积分

$$I_p = \int_A \rho^2 dA \tag{Ⅰ.10}$$

定义为图形对坐标原点 O 的极惯性矩。由图Ⅰ.5 可以看出,$\rho^2 = y^2 + z^2$,于是有

$$I_p = \int_A \rho^2 dA = \int_A (y^2 + z^2) dA = \int_A y^2 dA + \int_A z^2 dA = I_z + I_y \tag{Ⅰ.11}$$

所以,图形对任意的一对互相垂直的轴的惯性矩之和,等于它对该两轴交点的极惯性矩。

例Ⅰ.4 试计算矩形对其对称轴 y 和 z(图Ⅰ.6)的惯性矩。矩形的高为 h,宽为 b。

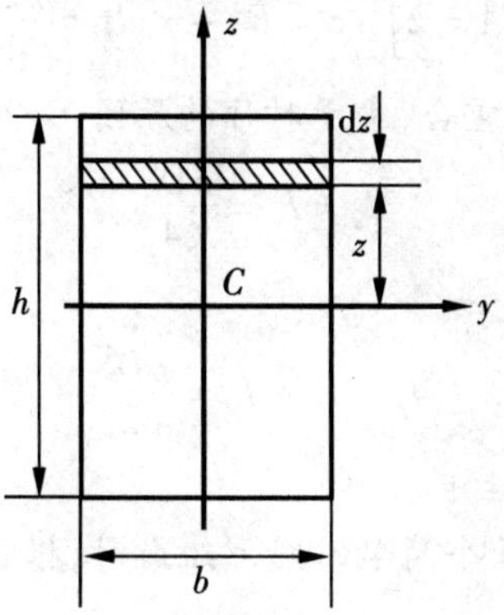

图Ⅰ.6

解:先求对 y 轴的惯性矩。取平行于 y 轴的狭长条作为微面积 dA。则

$$dA = bdz$$

$$I_y = \int_A z^2 dA = \int_{-\frac{h}{2}}^{\frac{h}{2}} bz^2 dz = \frac{bh^3}{12}$$

用完全相同的方法可以求得

$$I_z = \frac{hb^3}{12}$$

若图形为高为 h、宽为 b 的平行四边形(图Ⅰ.7),则由于算式完全形同,它对形心轴 y 的惯性矩仍是 $I_y = \frac{hb^3}{12}$。

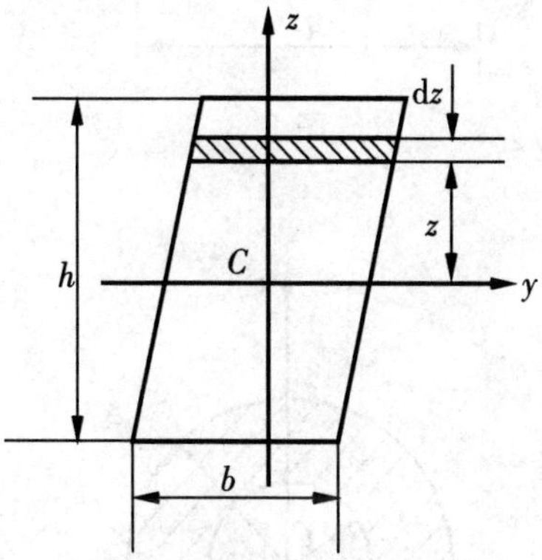

图Ⅰ.7

例Ⅰ.5　计算圆形对其形心轴的惯性矩。

解:取 dA 为图Ⅰ.8 中的阴影线面积,则

$$dA = 2ydz = 2\sqrt{R^2 - z^2}\,dz$$

$$I_y = \int_A z^2 dA = 2\int_{-R}^{R} z^2 \sqrt{R^2 - z^2}\, dz = \frac{\pi R^4}{4} = \frac{\pi D^4}{64}$$

z 轴和 y 轴都与圆的直径重合,由于对称的原因,必然有

$$I_z = I_y = \frac{\pi D^4}{64}$$

由公式(I.11),求得

$$I_p = I_z + I_y = \frac{\pi D^4}{32}$$

式中 I_p 是圆形对圆心的极惯性矩。

当一个平面图形是由若干个简单的图形组成时,根据惯性矩的定义,可先算出每一个

简单图形对同一轴的惯性矩,然后求其总和,即等于整个图形对于这一轴的惯性矩。这可

用下式表达为

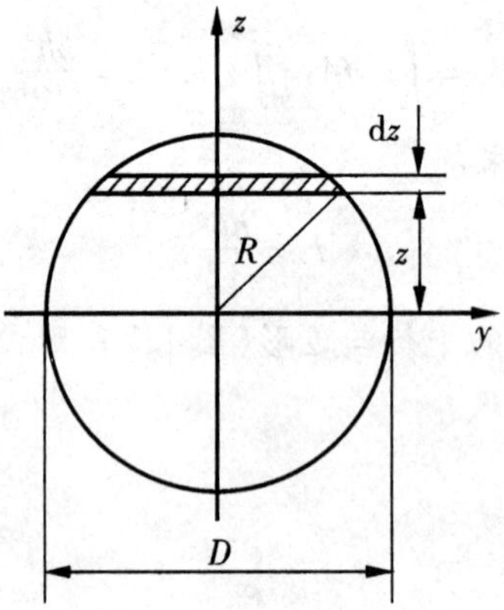

图 I.8

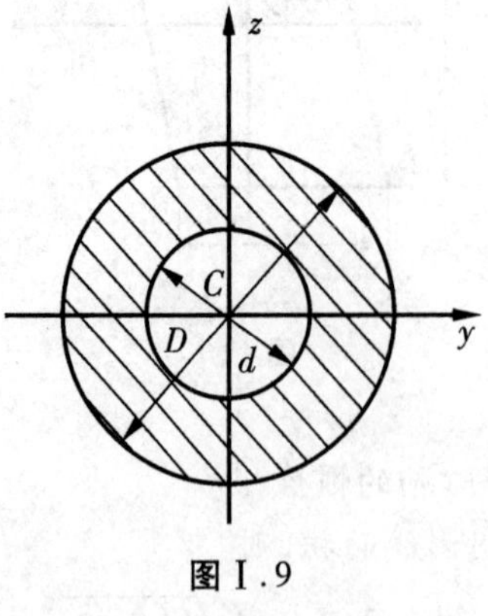

图 I.9

$$I_y = \sum_{i=1}^{n} I_{yi}\ ,\ I_z = \sum_{i=1}^{n} I_{zi} \qquad (\text{Ⅰ}.12)$$

例如可以把图Ⅰ.9所以空心圆，看作是由直径为 D 的实心圆减去直径为 d 的圆，由

公式(Ⅰ.12)，并使用例Ⅰ.5所得结果，即可求得

$$I_y = I_z = \frac{\pi D^4}{64} - \frac{\pi d^2}{64} = \frac{\pi}{64}(D^4 - d^4)$$

$$I_p = \frac{\pi D^4}{32} - \frac{\pi d^4}{32} = \frac{\pi}{32}(D^4 - d^4)$$

Ⅰ.3　惯性积

在平面图形的坐标(y,z)处，取微面积 dA(图Ⅰ.5)，遍及整个图形面积 A 的积分

$$\text{I}_{yz} = \int_A yz dA \qquad (\text{Ⅰ}.13)$$

定义为图形对 y、z 轴的惯性积。

由于坐标乘积 yz 可能为正或负，因此，I_{yz} 的数值可能为正，可能为负，也可能等于零。例如当整个图形都在第一象限内时(如图Ⅰ.5)，由于所有微面积 dA 的 y、z 坐标均为正值，所以图形对这两个坐标轴的惯性积也必为正值。又如当整个图形都在第二象限内时，由于所有微面积 dA 的 z 坐标为正，而 y 坐标为负，因而图形对这两个坐标轴的惯性积必为负值。惯性积的量纲是长度的四次方，常用单位是 mm^4 或 m^4。

若坐标轴 y 或 z 中有一个是图形的对称轴，例如图Ⅰ.10中的 z 轴。这时，如在 z 轴两侧的对称位置处，各取一微面积 dA，显然，两者的 z 坐标相同，y 坐标则数值相等但符号相反。因而两个微面积与坐标 y、z 乘积，数值相等而符号相反，他们在积分中相互抵消。所有微面积与坐标的乘积都两两相消，最后导致

$$I_{yz} = \int_A yz dA = 0$$

所以，坐标系的两个坐标轴中只要有一个为图形的对称轴，则图形对这一坐标系的惯性积等于零。

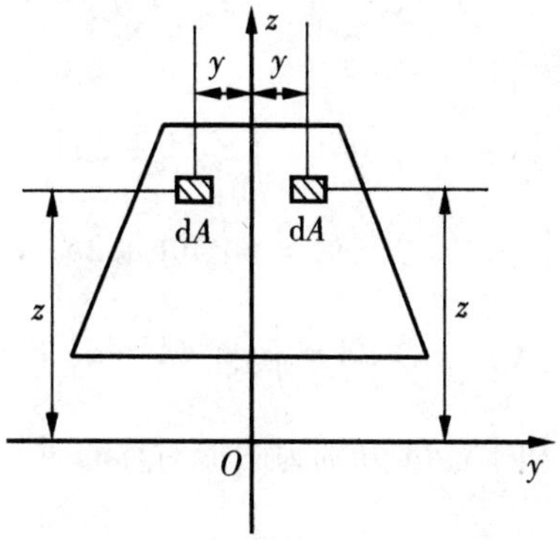

图Ⅰ.10

I.4　平行移轴公式

同一平面图形对于平行的两对坐标轴的惯性矩或惯性积并不相同，当其中一对轴是图形的形心轴时，它们之间有比较简单的关系。现在介绍这种关系的表达式。

在图 I.11 中，C 为图形的形心，y_c 和 z_c 是通过形心的坐标轴。图形对形心轴 y_c 和 z_c 的惯性矩和惯性积分别记为

$$I_{y_c} = \int_A z_c^2 dA \ , \ I_{z_c} = \int_A y_c^2 dA \ , \ I_{y_c z_c} = \int_A y_c z_c dA \tag{a}$$

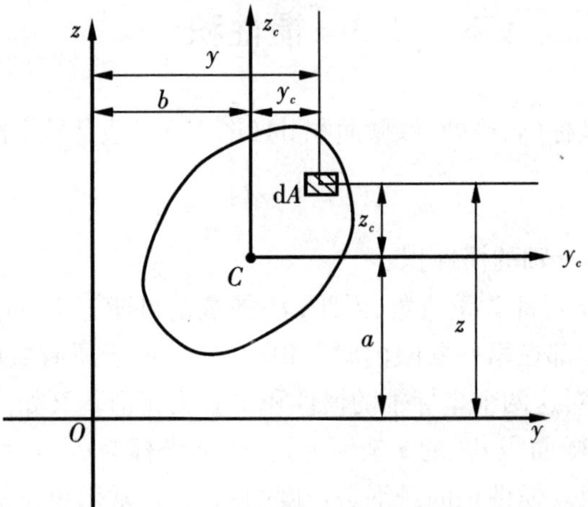

图 I.11

若 y 轴平行于 y_c，且两者的距离为 a；z 轴平行于 z_c，且两者的距离为 b，图形对 y 轴和 z 轴的惯性矩和惯性积应为

$$I_y = \int_A z^2 dA \ , I_z = \int_A y^2 dA \ , I_{yz} = \int_A yz dA \tag{b}$$

由图 I.11 可以看出

$$y = y_c + b \ , \ z = z_c + a \tag{c}$$

以式(c)代入式(b)，得

$$I_y = \int_A z^2 dA = \int_A (z_c + a)^2 dA = \int_A z_c^2 dA + 2a\int_A z_c dA + a^2\int_A dA$$

$$I_z = \int_A y^2 dA = \int_A (y_c + b)^2 dA = \int_A y_c^2 dA + 2a\int_A y_c dA + b^2\int_A dA$$

$$I_{yz} = \int_A yz dA = \int_A (y_c + b)(z_c + a) dA = \int_A y_c z_c dA + a\int_A y_c dA + b\int_A z_c dA + ab\int_A dA$$

在以上三式中，$\int_A z_c dA$ 和 $\int_A y_c dA$ 分别为图形对形心轴 y_c 和 z_c 的静矩，其值应等于零。$\int_A dA = A$ 。如再应用(a)式，则上列三式简化为

$$\left.\begin{aligned}I_y &= I_{y_c} + a^2A\\ I_z &= I_{z_c} + b^2A\\ I_{yz} &= I_{y_cz_c} + abA\end{aligned}\right\}\qquad (\text{I}.14)$$

公式(I.14)即为惯性矩和惯性积的平行移轴公式。利用这一公式可使惯性矩和惯性积的计算得到简化。下面用例题来说明。在使用平行移轴公式时,要注意 a 和 b 是图形的形心在 Oyz 坐标系中的坐标,所以它们是有正有负的。

例 I.6　试计算图 I.12 所示图形对其形心轴 y_c 的惯性矩 I_{yc}。

解:

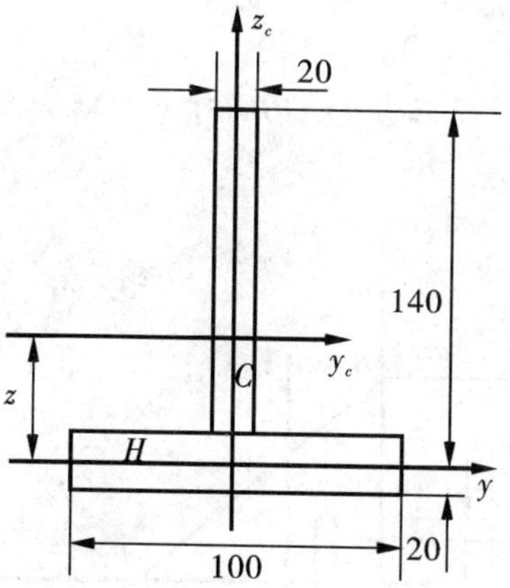

图 I.12

把图形看作是由两个矩形Ⅰ和Ⅱ所组成。图形的形心必然在对称轴上。为了确定 $\overline{z_c}$,取通过矩形Ⅱ的形心且平行于底边的参考轴 y,

$$\bar{z} = \frac{A_1z_1 + A_2z_2}{A_1 + A_2} = \frac{0.14\times0.02\times0.08+0.1\times0.02\times0}{0.14\times0.02+0.1\times0.02} = 0.0467\ \text{m}$$

形心位置确定后,使用平行移轴公式,分别算出矩形Ⅰ和Ⅱ对 y_c 轴的惯性矩,它们是

$$I_{y_c}^{\text{I}} = \frac{1}{12}\times0.02\times0.14^3 + (0.08 - 0.0467)^2\times0.02\times0.14 = 7.69\times10^{-6}\ \text{m}^4$$

$$I_{y_c}^{\text{II}} = \frac{1}{12}\times0.1\times0.02^3 + 0.0467^2\times0.1\times0.02 = 4.43\times10^{-6}\ \text{m}^4$$

整个图形对 y_c 轴的惯性矩应为

$$I_y = I_{y_c}^{\text{I}} + I_{y_c}^{\text{II}} = 7.69\times10^{-6} + 4.43\times10^{-6} = 12.12\times10^{-6}\ \text{m}^4$$

例 I.7　试计算例 I.3(图 I.4)中液压机机架横截面对形心轴 y_c 的惯性矩,对形心轴 y_c、z_c 的惯性矩 $I_{y_cz_c}$。

解：在例Ⅰ.3中已经求出 y_c 轴到截面底边的距离为 $\bar{z}=0.51$ m。现在把截面看作是从矩形 *ABCD* 中减去矩形 *abcd*。由平行移轴公式求出矩形 *ABCD* 对 y_c 轴的惯性矩为

$$I_{y_c}^{\mathrm{I}}=\frac{1}{12}\times 0.86\times 1.4^3+0.86\times 1.4(0.7-0.51)^2=0.24\ \mathrm{m}^4$$

矩形 *abcd* 对 y_c 轴的惯性矩为

$$I_{y_c}^{\mathrm{II}}=\frac{1}{12}\times 0.828\times 1.334^3+0.828\times 1.334\left(\frac{1.334}{2}+0.05-0.51\right)^2=0.211\ \mathrm{m}^4$$

整个截面对 y_c 轴的惯性矩是

$$I_y=I_{y_c}^{\mathrm{I}}-I_{y_c}^{\mathrm{II}}=0.24-0.211=0.029\ \mathrm{m}^4$$

由于 z_c 轴是对称轴，故 $I_{y_cz_c}=0$。

例Ⅰ.8 计算图Ⅰ.13所示三角形 *OBC* 对 *y*、*z* 轴和形心轴 y_c、z_c 的惯性积 I_{yz} 和 $I_{y_cz_c}$。

解：

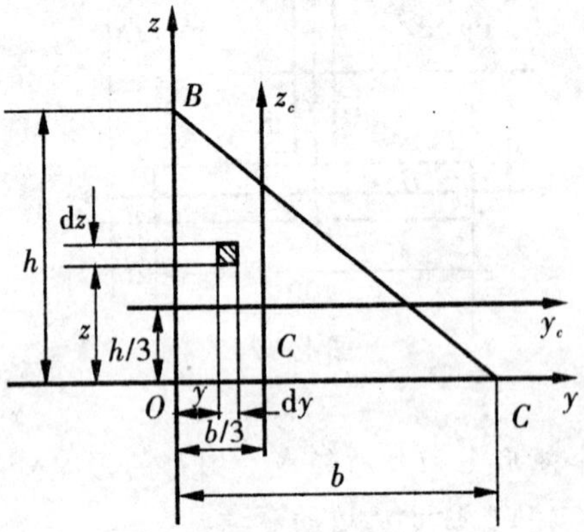

图Ⅰ.13

三角形斜边 *BC* 的方程式为

$$z=\frac{h(b-y)}{b}$$

取微面积 $dA=dydz$，三角形对 *y*、*z* 轴轴惯性积为 I_{yz} 为

$$I_{yz}=\int_A yz dA=\int_0^b\left[\int_0^z zdz\right]ydy=\int_0^b\frac{h^2}{2b^2}(b-y)^2ydy=\frac{b^2h^2}{24}$$

三角形的形心 *C* 在 *Oyz* 坐标系中的坐标为 $\left(\frac{b}{3},\frac{h}{3}\right)$，由惯性积的平行移轴公式得

$$I_{y_cz_c}=I_{yz}-\left(\frac{b}{3}\right)\left(\frac{h}{3}\right)A=\frac{b^2h^2}{24}-\frac{b}{3}\cdot\frac{h}{3}\cdot\frac{bh}{2}=-\frac{b^2h^2}{72}$$

附录Ⅱ 型钢规格表

表Ⅱ.1 热轧等边角钢(GB 9787—88)

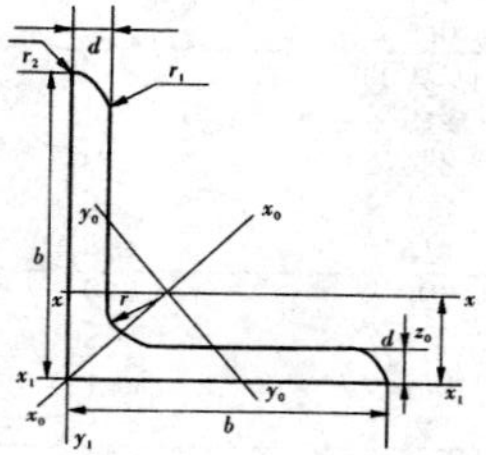

符号意义：

b——边宽度；　　I——惯性矩；
d——边厚度；　　i——惯性半径；
r——内圆弧半径；　　W——弯曲截面系数；
r_1——边端内圆弧半径；　　z_0——重心距离。

角钢号数	尺寸 mm			截面面积	理论重量	外表面积	参考数值										
							$x-x$			x_0-x_0			y_0-y_0			x_1-x_1	z_0
	b	d	r	cm^2	kg/m	m^2/m	I_x cm^4	i_x cm	W_x cm^3	I_{x_0} cm^4	i_{x_0} cm	W_{x_0} cm^3	I_{y_0} cm^4	i_{y_0} cm	W_{y_0} cm^3	I_{x_1} cm^4	cm
2	20	3	3.5	1.132	0.889	0.078	0.40	0.59	0.29	0.63	0.75	0.45	0.17	0.39	0.20	0.81	0.60
		4		1.459	1.145	0.077	0.50	0.58	0.36	0.78	0.73	0.55	0.22	0.38	0.24	1.09	0.64
2.5	25	3		1.432	1.124	0.098	0.92	0.70	0.40	1.29	0.95	0.73	0.34	0.49	0.33	1.57	0.73
		4		1.859	1.459	0.097	1.03	0.74	0.59	1.62	0.93	0.92	0.43	0.48	0.40	2.11	0.76
3.0	30	3	4.5	1.749	1.373	0.117	1.46	0.91	0.68	2.31	1.15	1.09	0.61	0.59	0.51	2.71	0.85
		4		2.276	1.786	0.117	1.84	0.90	0.87	2.92	1.13	1.37	0.77	0.58	0.62	3.63	0.89
3.6	36	3	4.5	2.109	1.656	0.141	2.58	1.11	0.99	4.09	1.39	1.61	1.07	0.71	0.76	4.68	1.00
		4		2.756	2.163	0.141	3.29	1.09	1.28	5.22	1.38	2.05	1.37	0.70	0.93	6.25	1.04
		5		3.382	2.654	0.141	3.95	1.08	1.56	6.24	1.36	2.45	1.65	0.70	1.09	7.84	1.07

续表

角钢号数	尺寸 mm			截面面积	理论重量	外表面积	参考数值										
							$x-x$			x_0-x_0			y_0-y_0			x_1-x_1	z_0
	b	d	r	cm^2	kg/m	m^2/m	I_x cm^4	i_x cm	W_x cm^3	I_{x_0} cm^4	i_{x_0} cm	W_{x_0} cm^3	I_{y_0} cm^4	i_{y_0} cm	W_{y_0} cm^3	I_{x_1} cm^4	cm
4.0	40	3	5	2.359	1.852	0.157	3.59	1.23	1.23	5.69	1.55	2.01	1.49	0.79	0.98	6.41	1.09
		4		3.086	2.422	0.157	4.60	1.22	1.60	7.29	1.54	2.58	1.91	0.79	1.19	8.56	1.13
		5		3.791	2.976	0.156	5.53	1.21	1.96	8.76	1.52	3.10	2.30	0.78	1.39	10.74	1.17
4.5	45	3	5	2.659	2.088	0.177	5.17	1.40	1.58	8.20	1.76	2.58	2.14	0.89	1.24	9.12	1.22
		4		3.486	2.736	0.177	6.65	1.38	2.05	10.56	1.74	3.32	2.75	0.89	1.54	12.18	1.26
		5		4.292	3.369	0.176	8.04	1.37	2.51	12.74	1.72	4.00	3.33	0.88	1.81	15.25	1.30
		6		5.076	3.985	0.176	9.33	1.36	2.95	14.76	1.70	4.64	3.89	0.88	2.06	18.36	1.33
5	50	3	5.5	2.971	2.332	0.197	7.18	1.55	1.96	11.37	1.96	3.22	2.98	1.00	1.57	12.50	1.34
		4		3.897	3.059	0.197	9.26	1.54	2.56	14.70	1.94	4.16	3.82	0.99	1.96	16.69	1.38
		5		4.803	3.770	0.196	11.21	1.53	3.13	17.79	1.92	5.03	4.64	0.98	2.31	20.90	1.42
		6		5.688	4.465	0.196	13.05	1.52	3.68	20.68	1.91	5.85	5.42	0.98	1.63	25.14	1.46
5.6	56	3	6	3.343	2.624	0.221	10.19	1.75	2.48	16.14	2.20	4.08	4.24	1.13	2.02	17.56	1.48
		4		4.390	3.446	0.220	13.18	1.73	3.24	20.92	2.18	5.28	5.46	1.11	2.52	23.43	1.53
		5		5.415	4.251	0.220	16.02	1.72	3.97	25.42	2.17	6.42	6.61	1.10	2.98	29.33	1.57
		6		8.367	6.568	0.219	23.63	1.68	6.03	37.37	2.11	9.44	9.89	1.09	4.16	47.24	1.68
6.3	63	4	7	4.978	3.907	0.248	19.03	1.96	4.13	30.17	2.46	6.78	7.89	1.26	3.29	33.35	1.70
		5		6.143	4.882	0.248	23.17	1.94	5.08	36.77	2.45	8.25	9.57	1.25	3.90	41.73	1.74
		6		7.288	5.721	0.247	27.12	1.93	6.00	43.03	2.43	9.66	11.20	1.24	4.46	50.14	1.78
		8		9.515	7.469	0.247	34.36	1.90	7.75	54.56	2.40	12.25	14.33	1.23	5.47	67.11	1.85
		10		11.657	9.151	0.246	41.09	1.88	9.39	64.85	2.36	14.56	17.33	1.22	6.36	84.31	1.93
7	70	4	8	5.570	4.372	0.275	26.39	2.18	5.14	41.80	2.74	8.44	10.99	1.40	4.17	45.74	1.86
		5		6.875	5.397	0.275	32.21	2.16	6.32	51.08	2.73	10.32	13.34	1.39	4.95	57.21	1.91
		6		8.160	6.406	0.275	37.77	2.15	7.48	59.93	2.71	12.11	15.61	1.38	5.67	68.73	1.95
		7		9.424	7.398	0.275	43.09	2.14	8.59	68.35	2.69	13.81	17.82	1.38	6.34	80.29	1.99
		8		10.667	8.373	0.274	48.17	2.12	9.68	76.37	2.68	15.43	19.82	1.37	6.98	91.92	2.03
7.5	75	5	9	7.412	5.818	0.295	39.97	2.33	7.32	63.30	2.92	11.94	16.63	1.50	5.77	70.56	2.04
		6		8.797	6.905	0.294	46.95	2.31	8.64	74.38	2.90	14.02	19.51	1.49	6.67	84.55	2.07
		7		10.161	7.916	0.294	53.57	2.30	9.93	84.96	2.89	16.02	22.18	1.48	7.44	98.71	2.11
		8		11.503	9.030	0.294	59.96	2.28	11.20	95.07	2.88	17.93	24.86	1.47	8.19	112.97	2.15
		10		14.126	11.089	0.293	71.98	2.26	13.64	113.92	2.84	21.46	30.05	1.46	9.56	141.71	2.22

续表

角钢号数	尺寸 mm			截面面积	理论重量	外表面积	参考数值										z_0
							$x-x$			x_0-x_0			y_0-y_0			x_1-x_1	
	b	d	r	cm^2	kg/m	m^2/m	I_x cm^4	i_x cm	W_x cm^3	I_{x_0} cm^4	i_{x_0} cm	W_{x_0} cm^3	I_{y_0} cm^4	i_{y_0} cm	W_{y_0} cm^3	I_{x_1} cm^4	cm
8	80	5	9	7.912	6.211	0.315	48.79	2.48	8.34	77.33	3.13	13.67	2.25	1.60	6.66	85.36	2.15
		6		9.397	7.376	0.314	57.35	2.47	9.87	90.98	3.11	16.08	23.72	1.59	7.65	102.50	2.19
		7		10.860	8.525	0.314	65.58	2.46	11.37	104.07	3.10	19.40	27.09	1.58	8.58	119.70	2.23
		8		12.303	9.658	0.314	73.49	2.44	12.83	116.60	3.08	20.61	30.39	1.57	9.46	136.97	2.27
		10		15.126	11.874	0.313	88.43	2.42	15.64	140.09	3.04	24.76	36.77	1.56	11.08	171.74	2.35
9	90	6	10	10.637	8.350	0.354	82.77	2.79	12.61	131.26	3.51	20.63	34.28	1.80	9.95	145.87	2.44
		7		12.301	9.656	0.354	94.83	2.78	14.54	150.47	3.50	23.64	39.18	1.78	11.19	170.30	2.48
		8		13.944	10.946	0.353	106.47	2.76	16.42	168.97	3.48	26.55	43.97	1.78	12.35	194.80	2.52
		10		17.167	13.476	0.353	128.58	2.74	20.07	203.90	3.45	32.04	53.26	1.76	14.52	244.07	2.59
		12		20.306	15.940	0.352	149.22	2.71	23.57	236.21	3.41	37.12	62.22	1.75	16.49	293.76	2.67
10	100	6	12	11.932	9.366	0.393	114.95	3.10	15.68	181.93	3.90	25.74	47.92	2.00	12.69	200.07	2.67
		7		13.796	10.830	0.393	131.86	3.09	17.10	208.97	3.89	29.55	54.74	1.99	14.26	233.54	2.71
		8		15.638	12.276	0.393	148.24	3.08	20.47	235.07	3.88	33.42	61.41	1.98	15.75	267.09	2.76
		10		19.261	15.120	0.392	179.51	3.05	25.06	284.68	3.84	40.26	74.35	1.96	18.54	334.48	2.84
		12		22.800	17.898	0.391	208.90	3.03	29.48	330.95	3.81	46.80	86.84	1.95	21.08	402.34	2.91
		14		26.256	20.611	0.391	236.53	3.00	33.73	374.06	3.77	52.90	99.00	1.94	23.44	470.75	2.99
		16		29.627	23.611	0.390	262.53	2.98	37.82	414.46	3.74	58.57	110.89	1.94	25.63	539.80	3.06
11	110	7	12	15.196	110928	0.433	177.16	3.41	22.05	230.94	4.30	36.12	73.38	2.20	17.51	310.64	2.96
		8		17.238	13.532	0.433	199.46	3.40	24.95	316.49	4.28	40.69	82.42	2.19	19.39	355.20	3.01
		10		21.261	16.690	0.432	24219	3.38	30.60	384.39	4.25	49.42	99.98	2.17	22.91	444.65	3.09
		12		25.200	19.782	0.431	282.55	3.35	36.05	448.17	4.22	57.62	116.93	2.15	26.15	534.60	3.16
		14		29.056	22.809	0.431	320.71	3.32	41.31	508.01	4.18	65.31	133.40	2.14	29.14	625.16	3.24
12.5	125	8	14	19.750	15.504	0.492	297.03	3.88	32.52	470.89	4.88	53.28	123.16	2.50	25.86	521.01	3.37
		10		24.373	19.133	0.491	361.67	3.85	39.97	573.89	4.85	64.93	149.46	2.48	30.62	651.93	3.45
		12		28.912	22.696	0.491	432.16	3.83	41.17	671.44	4.82	75.96	174.88	2.46	35.03	783.42	3.53
		14		33.367	26.193	0.490	481.65	3.80	54.16	763.73	4.78	86.41	199.57	2.45	39.13	915.61	3.61
14	140	10		27.373	21.488	0.551	514.65	4.43	50.58	817.27	5.45	82.56	212.04	2.78	39.20	915.11	3.82
		12		32.512	25.522	0.551	603.68	4.31	59.80	958.79	5.43	96.85	248.57	2.76	45.02	1099.28	3.90
		14		37.567	29.490	0.550	688.81	4.28	68.75	1093.56	5.40	110.47	284.06	2.75	50.45	1284.22	3.98
		16		42.593	33.393	0.549	770.24	4.26	77.46	1221.81	5.36	123.42	318.67	2.74	55.55	1470.07	4.06

续表

角钢号数	尺寸 mm			截面面积	理论重量	外表面积	参考数值										
							x - x			$x_0 - x_0$			$y_0 - y_0$			$x_1 - x_1$	z_0
	b	d	r	cm^2	kg/m	m^2/m	I_x cm^4	i_x cm	W_x cm^3	I_{x_0} cm^4	i_{x_0} cm	W_{x_0} cm^3	I_{y_0} cm^4	i_{y_0} cm	W_{y_0} cm^3	I_{x_1} cm^4	cm
16	160	10	16	31.502	24.729	0.630	779.53	4.98	66.70	1237.30	6.27	109.36	321.76	3.20	52.76	1365.33	4.31
		12		37.441	29.391	0.630	916.58	4.95	78.98	1455.68	6.24	128.67	377.49	3.18	60.74	1639.57	4.39
		14		43.441	33.987	0.629	1048.36	4.92	90.95	1665.02	6.20	147.17	431.70	3.16	68.24	1914.68	4.47
		16		49.067	38.518	0.629	1175.08	4.89	102.63	1865.57	6.17	164.89	484.59	3.14	75.31	2190.82	4.55
18	180	12	16	42.241	33.159	0.710	1321.35	5.59	100.82	2100.10	7.05	165.00	542.61	3.58	78.41	2332.80	4.89
		14		48.896	38.383	0.709	1514.48	5.56	116.25	2407.42	7.02	189.14	621.53	3.56	88.38	2723.48	4.97
		16		55.467	43.542	0.709	1700.99	5.54	131.13	2703.37	6.98	212.40	698.60	3.55	97.83	3115.29	5.05
		18		61.955	48.634	0.708	1875.12	5.50	145.64	2988.24	6.94	234.78	762.01	3.51	105.14	3502.43	5.13
20	200	14	18	54.642	42.894	0.788	2103.55	6.20	144.70	3343.26	7.82	236.40	863.83	3.98	111.82	3734.10	5.46
		16		62.013	48.860	0.788	2366.15	6.18	163.65	3760.89	7.79	265.93	971.41	3.96	123.96	4270.39	5.54
		18		69.301	54.401	0.787	2620.64	6.15	182.22	4164.54	7.75	294.48	1076.74	3.94	135.52	4808.13	5.62
		20		76.505	60.056	0.787	2867.30	6.12	200.42	4554.55	7.72	322.06	1180.04	3.93	146.55	5347.51	5.69
		24		90.661	71.168	0.785	3338.25	6.07	236.17	5294.97	7.64	374.41	1381.53	3.90	166.65	6457.16	5.87

注：截面图中的 $r_1 = d/3$ 及表中的 r 值的数据用于孔型设计，不作为交货条件。

表Ⅱ.2 热轧不等边角钢(GB 9788—1988)

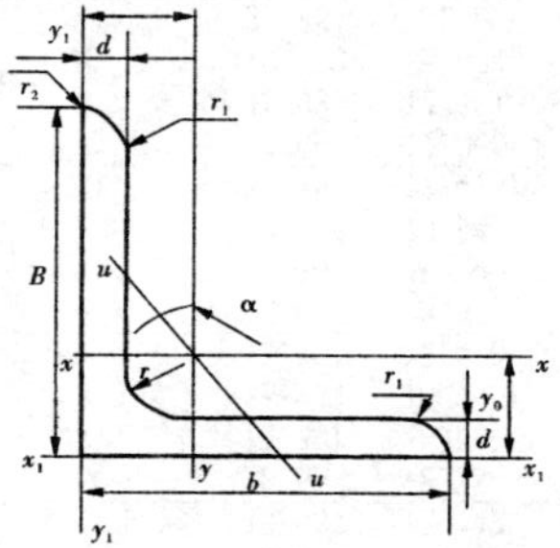

符号意义:

B——长边宽度; b——短边宽度;

d——边厚度; r——内圆弧半径;

r_1——边端内圆弧半径; I——惯性矩;

i——惯性半径; W——弯曲截面系数;

x_0——形心坐标; y_0——形心坐标。

角钢号数	尺寸 mm				截面面积	理论重量	外表面积	参考数值													
								$x-x$			$y-y$			x_1-x_1		y_1-y_1		$u-u$			
	B	b	d	r	cm^2	kg/m	m^2/m	I_Z cm^4	i_z cm	W_x cm^3	I_{y_0} cm^4	i_{y_0} cm	W_{y_0} cm^3	I_{x_1} cm^4	y_0 cm	I_{y_1} cm^4	x_0 cm	I_u cm^4	i_u cm	W_u cm^3	$\tan\alpha$
2.5/1.6	25	16	3	3.5	1.162	0.192	0.080	0.70	0.78	0.43	0.22	0.44	0.19	1.56	0.86	0.43	0.42	0.14	0.34	0.16	0.392
			4		1.499	1.176	0.079	0.88	0.77	0.55	0.27	0.43	0.24	2.09	0.90	0.59	0.46	0.17	0.34	0.20	0.381
3.2/2	32	20	3		1.492	1.171	0.102	1.53	1.01	0.72	0.46	0.55	0.30	3.27	1.08	0.82	0.49	0.28	0.43	0.25	0.382
			4		1.939	1.522	0.101	1.93	1.00	0.93	0.57	0.54	0.39	4.37	1.12	1.12	0.53	0.35	0.42	0.32	0.374
4/2.5	40	25	3	4	1.89	1.484	0.127	3.08	1.28	1.15	0.93	0.70	0.49	5.39	1.32	1.59	0.59	0.56	0.54	0.40	0.385
			4		2.467	1.936	0.127	3.93	1.26	1.49	1.18	0.69	0.63	8.53	1.37	2.14	0.63	0.71	0.54	0.52	0.381
4.5/2.8	45	28	3	5	2.149	1.687	0.143	4.45	1.44	1.47	1.34	0.79	0.62	9.10	1.47	2.23	0.64	0.80	0.61	0.51	0.383
			4		2.806	2.203	0.143	5.69	1.42	1.91	1.70	0.78	0.80	12.13	1.51	3.00	0.68	1.02	0.60	0.66	0.380
5/3.2	50	32	3	5	2.431	1.908	0.161	6.24	1.60	1.84	2.02	0.91	0.82	12.49	1.60	3.31	0.73	1.20	0.70	0.68	0.404
			4		3.177	2.494	0.160	8.02	1.59	2.39	2.58	0.90	1.06	16.65	1.65	4.45	0.77	1.53	0.69	0.87	0.402
5.6/3.6	56	36	3	6	2.743	2.153	0.181	8.88	1.80	2.32	2.92	1.03	1.05	17.54	1.78	4.70	0.80	1.73	0.79	0.87	0.408
			4		3.59	2.188	0.180	11.45	1.79	3.03	3.76	1.02	1.37	23.39	1.82	6.33	0.85	2.23	0.79	1.13	0.408
			5		4.415	3.466	0.180	13.86	1.77	3.71	4.49	1.01	1.65	29.25	1.87	7.94	0.88	2.67	0.78	1.36	0.404
6.3/4	63	40	4	7	4.058	3.185	0.202	16.49	2.02	3.87	5.23	1.14	1.70	33.20	2.04	8.63	0.92	3.12	0.88	1.40	0.398
			5		4.993	3.92	0.202	20.02	2.00	4.74	6.31	1.12	2.71	41.63	2.08	10.86	0.95	3.76	0.87	1.71	0.396
			6		5.908	4.638	0.201	23.36	1.96	5.59	7.29	1.11	2.43	49.98	2.12	13.12	0.99	4.34	0.86	1.99	0.393
			7		6.802	5.339	0.201	26.53	1.98	6.40	8.24	1.10	2.78	58.07	2.15	15.47	1.03	4.97	0.86	2.29	0.389

续表

角钢号数	尺寸 mm				截面面积	理论重量	外表面积	参考数值													
								x - x			y - y			$x_1 - x_1$		$y_1 - y_1$		u - u			
	B	b	d	r	cm^2	kg/m	m^2/m	I_Z cm^4	i_z cm	W_x cm^3	I_{y_0} cm^4	i_{y_0} cm	W_{y_0} cm^3	I_{x_1} cm^4	y_0 cm	I_{y_1} cm^4	x_0 cm	I_u cm^4	i_u cm	W_u cm^3	tan α
7/4.5	70	45	4	7.5	4.547	3.57	0.226	23.17	2.26	4.86	7.55	1.29	2.17	45.92	2.24	12.26	1.02	4.40	0.98	1.77	0.410
			5		5.609	4.403	0.225	27.95	2.23	5.92	9.13	1.28	2.65	57.10	2.28	15.39	1.06	5.40	0.98	2.19	0.407
			6		6.647	5.218	0.225	32.54	2.21	6.95	10.62	1.26	3.12	68.35	2.32	18.58	1.09	6.35	0.98	2.59	0.404
			7		7.657	6.011	0.225	37.22	2.20	8.03	12.01	1.25	3.57	79.99	2.36	21.84	1.13	7.16	0.97	2.94	0.402
(7.5/5)	75	50	5	8	6.125	4.808	0.245	34.86	2.39	6.83	12.61	1.44	3.30	70.00	2.40	21.04	1.17	7.41	1.10	2.74	0.435
			6		7.260	5.699	0.245	41.12	2.38	8.12	14.70	1.42	3.88	84.30	2.44	25.37	1.21	8.54	1.08	3.19	0.435
			8		9.467	7.431	0.244	52.39	2.35	10.52	18.53	1.40	4.99	112.50	2.52	34.23	1.29	10.87	1.07	4.10	0.429
			10		11.590	9.098	0.244	62.71	2.33	12.79	21.96	1.38	6.04	140.80	2.60	43.43	1.36	13.10	1.06	4.99	0.423
8/5	80	50	5	8	6.375	6.005	0.255	41.96	2.56	7.78	12.82	1.42	3.32	85.21	2.60	21.06	1.14	7.66	1.10	2.74	0.388
			6		7.56	5.935	0.255	49.49	2.56	9.25	14.95	1.41	3.91	102.53	2.65	25.41	1.18	8.85	1.08	3.20	0.387
			7		8.724	6.848	0.255	56.16	2.54	10.58	16.96	1.39	4.48	119.33	2.69	29.82	1.21	10.18	1.08	3.70	0.384
			8		9.867	7.745	0.254	62.83	2.52	11.92	18.85	1.38	5.03	136.41	2.73	34.32	1.25	11.38	1.07	4.16	0.381
9/6.5	90	56	5	9	7.212	5.661	0.287	60.45	2.90	9.92	18.32	1.59	4.21	121.32	2.91	29.53	1.25	10.98	1.23	3.49	0.385
			6		8.557	6.717	0.286	71.03	2.88	11.74	21.42	1.58	4.96	145.59	2.95	35.58	1.29	12.90	1.23	4.13	0.384
			7		9.88	7.756	0.286	81.08	2.86	13.49	24.36	1.57	5.70	169.60	3.00	41.71	1.33	14.67	1.22	4.72	0.382
			8		11.183	8.799	0.286	91.03	2.85	15.27	27.15	1.56	6.41	194.17	3.04	47.93	1.36	16.34	1.21	5.29	0.380
10/6.3	100	63	6	10	9.617	7.55	0.320	99.06	3.21	14.64	30.94	1.79	6.35	199.71	3.24	50.50	1.43	18.42	1.38	5.25	0.394
			7		11.111	8.722	0.320	113.45	3.20	16.88	35.26	1.78	7.29	233.00	3.28	59.14	1.47	21.00	1.38	6.02	0.394
			8		12.548	9.878	0.319	127.37	3.18	19.08	39.39	1.77	8.21	266.32	3.32	67.88	1.50	23.50	1.37	6.78	0.391
			10		15.467	12.142	0.319	153.81	3.15	23.32	47.12	1.74	9.98	33.06	3.40	85.73	1.58	28.33	1.35	8.24	0.387
10/8	100	80	6	10	10.637	8.35	0.354	107.04	3.17	15.19	61.24	2.40	10.16	199.83	2.95	102.68	1.97	31.65	1.72	8.37	0.627
			7		12.301	9.656	0.354	122.37	3.16	17.52	70.08	2.39	11.71	233.20	3.00	119.98	2.01	36.17	1.72	9.60	0.626
			8		13.944	10.946	0.353	137.92	3.14	19.81	17.58	2.37	13.21	266.61	3.04	137.37	2.05	40.58	1.71	10.80	0.625
			10		17.167	13.476	0.353	166.87	3.12	24.24	94.65	2.35	16.12	33.63	3.12	172.48	2.13	49.10	1.69	13.12	0.622
11/7	110	70	6	10	10.637	8.35	0.354	133.37	3.54	17.83	42.92	2.01	7.90	265.78	3.53	69.08	1.57	25.36	1.54	6.53	0.403
			7		12.301	9.656	0.354	153.00	3.53	20.60	49.01	2.00	9.09	310.07	3.57	80.82	1.61	28.95	1.53	7.50	0.402
			8		13.944	10.946	0.353	172.04	3.51	23.30	54.87	1.98	10.25	354.39	3.62	92.70	1.65	32.45	1.53	8.45	0.401
			10		17.167	13.476	0.353	208.39	3.48	28.54	65.88	1.96	12.48	443.13	3.70	116.83	1.72	39.20	1.51	10.29	0.397
12.5/8	125	80	7	11	14.096	11.066	0.403	227.98	4.02	26.86	74.42	2.30	12.01	454.99	4.10	120.32	1.80	43.81	1.76	9.92	0.408
			8		15.989	12.551	0.403	256.77	4.01	30.41	83.49	2.28	13.56	519.99	4.06	137.85	1.84	49.15	1.75	11.18	0.407
			10		19.712	15.474	0.402	312.04	3.98	37.33	100.67	2.26	16.56	650.09	4.14	173.40	1.92	59.45	1.74	13.64	0.404
			12		23.351	18.33	0.402	364.41	3.95	44.01	116.67	2.24	19.43	780.39	4.22	209.67	2.00	69.35	1.72	16.01	0.400

续表

角钢号数	尺寸 mm				截面面积	理论重量	外表面积	参考数值													
								x - x			y - y			$x_1 - x_1$		$y_1 - y_1$		u - u			
	B	b	d	r	cm^2	kg/m	m^2/m	I_Z cm^4	i_z cm	W_x cm^3	I_{y_0} cm^4	i_{y_0} cm	W_{y_0} cm^3	I_{x_1} cm^4	y_0 cm	I_{y_1} cm^4	x_0 cm	I_u cm^4	i_u cm	W_u cm^3	$\tan\alpha$
14/9	140	90	8	12	18.038	14.16	0.453	365.64	4.50	38.48	120.69	2.59	17.34	730.53	4.50	195.79	2.04	70.83	1.98	14.31	0.411
			10		22.261	17.475	0.452	445.50	4.47	47.31	140.03	2.56	21.22	913.20	4.58	245.92	2.12	85.82	1.96	17.48	0.409
			12		26.4	20.724	0.451	521.59	4.44	55.87	169.79	2.54	24.95	1096.09	4.66	296.89	2.19	100.21	1.95	20.54	0.406
			14		30.456	23.908	0.451	594.10	4.42	64.18	192.10	2.51	28.54	1279.26	4.76	348.82	2.27	114.13	1.04	23.52	0.403
16/10	160	100	10	13	25.315	19.872	0.512	668.69	5.14	62.13	205.03	2.85	26.56	1262.89	5.24	336.59	2.28	121.74	2.19	21.92	0.390
			12		30.054	23.592	0.511	784.91	5.11	73.49	239.06	2.82	31.28	1635.56	5.32	405.94	2.36	142.33	2.17	25.79	0.388
			14		34.709	27.247	0.510	896.30	5.08	84.56	271.20	2.80	35.83	1908.50	5.40	476.42	2.43	162.23	2.16	29.56	0.385
			16		39.281	30.835	0.510	1003.04	5.05	95.33	301.60	2.77	40.24	2182.79	5.48	548.22	2.51	182.57	2.16	33.44	0.382
18/11	180	110	10	14	28.373	22.273	0.571	956.25	5.80	78.96	278.11	3.13	32.49	1940.40	5.89	447.22	2.44	166.50	2.42	26.88	0.376
			12		33.712	26.464	0.571	1124.72	5.78	93.53	325.03	3.10	38.32	2328.38	5.98	538.94	2.52	194.87	2.40	31.66	0.374
			14		38.967	30.589	0.570	1286.91	5.75	107.76	369.55	3.08	43.97	2716.60	6.06	631.95	2.59	222.30	2.39	36.32	0.372
			16		44.139	34.649	0.569	1443.06	5.72	121.64	411.85	3.06	49.44	3105.15	6.14	726.46	2.67	248.94	2.38	40.87	0.369
20/12.5	200	125	12	14	37.912	29.761	0.641	1570.90	6.44	116.73	483.16	3.57	49.99	3193.85	6.54	787.74	2.83	285.79	2.74	41.23	0.392
			14		43.867	34.436	0.640	1800.97	6.41	134.65	550.83	3.54	57.44	3726.17	6.62	922.47	2.91	326.58	2.73	47.34	0.390
			16		49.739	39.054	0.629	2023.35	6.38	152.18	615.44	3.52	64.69	4258.86	6.70	1058.86	2.99	366.21	2.71	53.32	0.388
			18		55.526	43.588	0.639	2238.30	6.35	169.33	677.19	3.49	71.74	4792.00	6.78	1197.13	3.06	404.83	2.70	59.18	0.385

注：1. 括号内型号不推荐使用。2. 截面图中的 $r_1=d/3$ 及表中的 r 值的数据用于孔型设计，不作为交货条。

表Ⅱ.3 热轧槽钢(GB 707—1988)

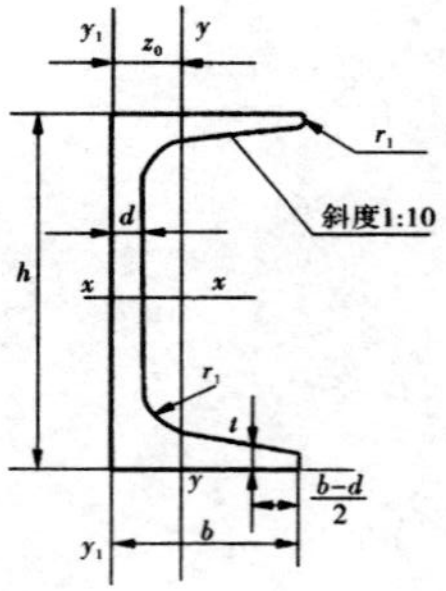

符号意义：

h——高度；
b——腿宽度；
d——腰厚度；
δ——平均腿厚度；
r——内圆弧半径；
r_1——腿端圆弧半径；
I——惯性矩；
W——弯曲截面系数；
i——惯性半径；
z_0——y-y 轴与 y_1-y_1 轴间距。

型号	尺寸 mm						截面面积	理论重量	参考数值							
									x-x			y-y			y_1-y_1	z_0
	h	b	d	δ	r	δ	cm^2	kg/m	W_x cm^3	I_x cm^4	i_x cm	W_y cm^3	I_y cm^4	i_y cm	I_{y1} cm^4	cm
5	50	37	4.5	7	7.0	3.5	6.928	5.438	10.4	26.0	1.94	3.55	8.30	1.10	20.9	1.35
6.3	63	40	4.8	7.5	7.5	3.8	8.451	6.635	16.1	50.8	2.45	4.50	11.9	1.19	28.4	1.36
8	80	43	5.0	8	8.0	4.0	10.248	8.045	25.3	101	3.15	5.79	16.6	1.27	37.4	1.43
10	100	48	5.3	8.5	8.5	4.2	12.748	10.007	39.7	198	3.95	7.8	25.6	1.41	54.9	1.52
12.6	126	53	5.5	9	9.0	4.5	15.692	12.318	62.1	391	4.95	10.2	38.0	1.57	77.1	1.59
14a	140	58	6.0	9.5	9.5	4.8	18.516	14.535	80.5	564	5.52	13.0	53.2	1.70	107	1.71
14b	140	60	8.0	9.5	9.5	4.8	21.316	16.733	87.1	609	5.35	14.1	61.1	1.69	121	1.67
16a	160	63	6.5	10	10.0	5.0	21.962	17.240	108	866	6.28	16.3	73.3	1.83	144	1.80
16	160	65	8.5	10	10.0	5.0	25.162	19.752	117	935	6.10	17.6	83.4	1.82	161	1.75
18a	180	68	7.0	10.5	10.5	5.2	25.699	20.174	141	1270	7.04	20.0	98.6	1.96	190	1.88
18	180	70	9.0	10.5	10.5	5.2	29.299	23.000	152	1370	6.84	21.5	111	1.95	210	1.84

续表

型号	尺寸 mm						截面面积	理论重量	参考数值							
									$x-x$			$y-y$			y_1-y_1	z_0
	h	b	d	δ	r	δ	cm^2	kg/m	W_x cm^3	I_x cm^4	i_x cm	W_y cm^3	I_y cm^4	i_y cm	I_{y1} cm^4	cm
20a	200	73	7.0	11	11.0	5.5	28.837	22.637	178	1780	7.86	24.2	128	2.11	244	2.01
20	200	75	9.0	11	11.0	5.5	32.837	25.777	191	1910	7.64	25.9	144	2.09	268	1.95
22a	220	77	7.0	11.5	11.5	5.8	31.864	24.999	218	2390	8.67	28.2	158	2.23	298	2.10
22	220	79	9.0	11.5	11.5	5.8	36.246	28.453	234	2570	8.42	30.1	176	2.21	326	2.03
a	250	78	7.0	12	12.0	6.0	34.917	27.410	270	3370	9.82	30.6	176	2.24	322	2.07
25b	250	80	9.0	12	12.0	6.0	39.917	31.335	282	3530	9.41	32.7	196	2.22	353	1.98
c	250	82	11.0	12	12.0	6.0	44.917	35.260	295	3690	9.05	35.9	218	2.21	384	1.92
a	280	82	7.5	12.5	12.5	6.2	40.034	31.427	340	4760	10.9	35.7	218	2.33	388	2.10
28b	280	84	9.5	12.5	12.5	6.2	45.634	35.823	366	5130	10.6	37.9	242	2.30	428	2.02
c	280	86	11.5	12.5	12.5	6.2	51.234	40.219	393	5500	10.4	40.3	268	2.29	463	1.95
a	320	88	8.0	14	14.0	7.0	48.513	38.083	475	7600	12.5	46.5	305	2.50	552	2.24
32b	320	90	10.0	14	14.0	7.0	54.913	43.107	509	8140	12.2	49.2	336	2.47	593	2.16
c	3202	92	12.0	14	14.0	7.0	61.313	48.131	543	8690	11.9	52.6	374	2.47	643	2.09
a	360	96	9.0	16	16.0	8.0	60.910	47.814	660	11900	14	63.5	455	2.73	818	2.44
36b	360	98	11.0	16	16.0	8.0	68.110	53.466	703	12700	13.6	66.9	497	2.70	880	2.37
c	360	100	13.0	16	16.0	8.0	75.310	59.118	746	13400	13.4	70.0	536	2.67	948	2.34
a	400	100	10.5	18	18.0	9.0	75.368	58.928	879	17600	15.3	78.8	592	2.81	1070	2.49
40b	400	102	12.5	18	18.0	9.0	83.068	65.208	932	18600	15	82.5	640	2.78	1140	2.44
c	400	104	14.5	18	18.0	9.0	91.068	71.488	986	19700	14.7	86.2	688	2.75	1220	2.42

注：截面图和表中标注的圆弧半径 r,r_1 的数据用于孔型设计，不作为交货条件。

表Ⅱ.4　热轧工字钢(GB 706—1988)

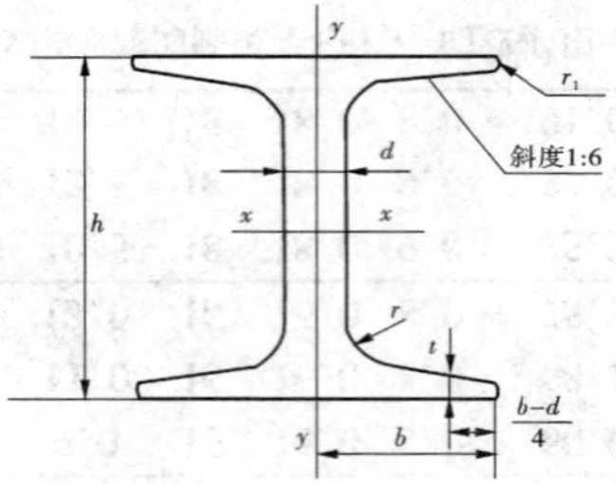

符号意义：

h——高度；
b——腿宽度；
d——腰厚度；
δ——平均腿厚度；
r——内圆弧半径；
r_1——腿端圆弧半径；
I——惯性矩；
W——弯曲截面系数；
i——惯性半径；
S——半截面的静矩。

型号	尺寸 mm						截面面积	理论重量	$x-x$				$y-y$		
	h	b	d	δ	r	r_1	cm^2	kg/m	$I_x cm^4$	$W_x cm^3$	i_x cm	$I_x:S_x$ cm	$I_y cm^4$	$W_y cm^3$	i_y cm
10	100	68	4.5	7.6	6.5	3.3	14.345	11.261	245	49.0	4.14	8.59	33.0	9.72	1.52
12.6	126	74	5.0	8.4	7.0	3.5	18.118	14.223	488	77.5	5.20	10.8	46.9	12.7	1.61
14	140	80	5.5	9.1	7.5	3.8	21.516	16.890	712	102	5.76	12.0	64.4	16.1	1.73
16	160	88	6.0	9.9	8.0	4.0	26.131	20.513	1130	141	6.58	13.8	93.1	21.2	1.89
18	180	94	6.5	10.7	8.5	4.3	30.756	24.143	1660	185	7.36	15.4	122	26.0	2.00
20a	200	100	7.0	11.4	9.0	4.5	35.578	27.929	2370	237	8.15	17.2	158	31.5	2.12
20b	200	102	9.0	11.4	9.0	4.5	39.578	31.069	2500	250	7.96	16.9	169	33.1	2.06
22a	220	110	7.5	12.3	9.5	4.8	42.128	33.070	3400	309	8.99	16.9	225	40.9	2.31
22b	220	112	9.5	12.3	9.5	4.8	46.528	36.524	3570	325	8.78	18.7	239	42.7	2.27
25a	250	116	8.0	13.0	10.0	5.0	48.541	38.105	5020	402	10.20	21.6	280	48.3	2.403
25b	250	118	10.0	13.0	10.0	5.0	53.541	42.030	5280	423	9.94	21.3	309	52.4	2.404
28a	280	122	8.5	13.7	10.5	5.3	55.404	43.492	7110	508	11.30	24.6	345	56.6	2.50
28b	280	124	10.5	13.7	10.5	5.3	61.004	47.888	7480	534	11.10	24.2	379	61.2	2.49

续表

型号	尺寸 mm						截面面积	理论重量	x-x				y-y		
	h	b	d	δ	r	r_1	cm^2	kg/m	$I_x\ cm^4$	$W_x\ cm^3$	i_x cm	$I_x:S_x$ cm	$I_y\ cm^4$	$W_y\ cm^3$	i_y cm
32a	320	130	9.5	15.0	11.5	5.8	67.156	52.717	11100	692	12.80	27.5	460	70.8	2.62
32b	320	132	11.5	15.0	11.5	5.8	73.556	57.741	11600	726	12.60	27.1	502	76	2.61
32c	320	134	13.5	15.0	11.5	5.8	79.956	62.765	12200	760	12.30	26.8	54	81.2	2.61
36a	360	136	10.0	15.8	12.0	6.0	76.480	60.037	15800	875	14.40	30.7	552	81.2	2.69
36b	360	138	12.0	15.8	12.0	6.0	83.680	65.689	16500	919	14.10	30.3	582	84.3	2.64
36c	360	140	14.0	15.8	12.0	6.0	90.880	71.341	17300	962	13.80	29.9	612	87.4	2.60
40a	400	142	10.5	16.5	12.5	6.3	86.112	67.598	21700	1090	15.90	34.1	660	93.2	2.77
40b	400	144	12.5	16.5	12.5	6.3	94.112	73.878	22800	1140	15.60	33.6	692	96.2	2.71
40c	400	146	14.5	16.5	12.5	6.3	102.112	80.158	23900	1190	15.20	33.2	727	99.6	2.65
45a	450	150	1105.0	18.0	13.5	6.8	102.446	80.420	32200	1430	17.70	38.6	855	114	2.89
45b	450	152	13.5	18.0	13.5	6.8	111.446	87.485	33800	1500	17.40	38.0	894	118	2.84
45c	450	154	15.5	18.0	13.5	6.8	120.446	94.550	35300	1570	17.10	37.6	938	122	2.79
50a	500	158	12.0	202.0	14.0	7.0	119.304	93.654	46500	1860	19.70	42.8	1120	142	3.07
50b	500	160	14.0	20.0	14.0	7.0	129.304	101.504	48600	1940	19.40	42.4	1170	146	3.01
50c	500	162	16.0	20.0	14.0	7.0	139.304	109.354	50600	2080	19.00	41.8	1200	151	2.96
56a	560	166	12.5	21.0	14.5	7.3	135.435	106.316	65600	2340	22.00	47.7	1370	165	3.18
56b	560	168	14.5	21.0	14.5	7.3	146.635	115.108	68500	2450	21.60	47.2	1490	174	3.16
56c	560	170	16.5	21.0	14.5	7.3	157.835	123.900	71400	2550	21.30	46.7	1560	183	3.16
63a	630	176	13.0	22.0	15.0	7.5	154.658	121.407	93900	2980	24.50	54.2	1700	193	3.31
63b	630	178	15.0	252.0	15.0	7.5	167.258	131.298	98100	3160	24.20	53.5	1810	204	3.29
63c	630	180	17.0	22.0	15.0	7.5	179.858	141.189	102000	3300	23.80	52.9	1920	214	3.27

注：截面图和表中标注的圆弧半径 r，r_1 的数据用于孔型设计，不作为交货条件。